OPTIMIZACIÓN DINÁMICA

OPTIMIZACIÓN DINÁMICA

Emilio Cerdá Tena

Catedrático de Fundamentos del Análisis Económico

Universidad Complutense de Madrid

Garceta
grupo editorial

OPTIMIZACIÓN DINÁMICA

Emilio Cerdá Tena

ISBN: 978-84-9281-292-9

IBERGARCETA PUBLICACIONES, S.L., Madrid, 2012

Edición: 1ª

Nº de páginas: 348

Formato: 17 × 24 cm.

Materia CDU: 51 Matemáticas.

info@garceta.es

OPTIMIZACIÓN DINÁMICA

ISBN: **978-84-9281-292-9**

Edición 1ª.

Impresión 1ª.

Depósito legal: M-34439-2011

Impresión: Print House, marca registrada de Coplar, S.A.

OI: 122/2011

IMPRESO EN ESPAÑA-PRINTED IN SPAIN

A mis Padres,

a Beatriz y a Irene

Contenidos

Prólogo

La Optimización dinámica estudia la obtención de la solución óptima de sistemas que evolucionan en el tiempo, susceptibles de influencia mediante decisiones externas. La mejor decisión a tomar depende del horizonte temporal desde el que se contemple el problema a estudiar. En general, la decisión óptima en un contexto dinámico no se obtiene mediante una secuencia de las decisiones estáticas óptimas para cada uno de los instantes o períodos que constituyen dicho contexto dinámico. Asimismo, las decisiones óptimas a corto plazo, en general, no coinciden con las decisiones óptimas a largo plazo. La utilización de técnicas de Optimización dinámica permite obtener la solución óptima, en cada caso.

La primera versión de los Capítulos 4 y 6 del libro se escribió en el primer trimestre del curso 1987-88, expresamente para el curso "Matemáticas" que impartí en el Centro de Estudios Monetarios y Financieros (CEMFI) de Madrid, en los cursos académicos 1987-88, 1988-89 y 1989-90. La primera versión de los Capítulos 2 y 5 se escribió para auxiliar a los alumnos del curso de doctorado de la asignatura "Optimización dinámica" que impartí en el programa de doctorado en Análisis Económico de la Universidad Complutense, durante los cursos 1987-88, 1988-89 y 1989-90. En el curso 1990-91, con motivo del curso de doctorado "Análisis matemático II" que impartí en la Universidad Carlos III de Madrid, trabajé significativamente sobre las versiones previas de los temas ya elaborados. En septiembre de 1991, con motivo de un curso intensivo sobre "Control estocástico" que impartí en la Universidad de Málaga, elaboré unas notas sobre control estocástico. Toda la documentación elaborada fue utilizada y actualizada en los cursos de doctorado "Métodos recurrentes en economía dinámica" (en los cursos 1990-91, 1991-92 y 1992-93) y "Matemáticas" (1991-92, 1992-93 y 1993-94) impartidos en el programa de doctorado en Análisis económico y Economía cuantitativa de la Universidad Complutense de Madrid.

Desde el curso académico 1996-97,y durante cinco cursos académicos consecutivos, he impartido esta asigantura de "Optimización dinámica" en la licenciatura en Economía, en la Universidad Complutense de Madrid. Esta asignatura, de 60 horas, se imparte en el primer semestre del tercer curso y es optativa, aunque deben cursarla obligatoriamente todos los alumnos que sigan la especialidad de Análisis económico.

Durante esos cinco años se han modificado sustancialmente las versiones previas de los diferentes capítulos, tratando de hacerlos más comprensibles, mejorando el aspecto pedagógico, añadiendo ejemplos y aplicaciones y trabajando la motivación del alumno y del lector. El resultado final de este largo proceso es el libro que presentamos a continuación.

Paralelamente a las actividades docentes, en mi actividad investigadora a lo largo de estos años la Optimización dinámica ha ocupado un lugar importante, comenzando con mi tesis doctoral "Control estocástico de modelos con expectativas racionales", dirigida por Pilar Ibarrola y presentada en la Facultad de Matemáticas de la Universidad Complutense de Madrid en 1987. Este libro va dirigido fundamentalmente a alumnos de segundo y tercer ciclo de licenciatura en Economía, en las especialidades de Análisis económico y Economía cuantitativa. También puede ser interesante y útil para alumnos de Administración y Dirección de empresas, Ciencias matemáticas, Ciencias físicas, Ciencias del mar, Ciencias ambientales o de Escuelas de ingenieros (Agrónomos, Forestales, Industriales...).

El libro es una introducción a la Optimización dinámica. Al lector no se le exige ningún conocimiento previo sobre el tema. El enfoque que se pretende dar es el siguiente: partir de la comprensión básica y rigurosa de los conceptos matemáticos, ilustrar cada concepto, propiedad y condición con ejemplos, tratar de ejercitar al lector para que adquiera habilidad para utilizar adecuadamente las técnicas que se presentan, y finalizar aplicando los conocimientos adquiridos a Teoría económica, Economía financiera y Gestión de recursos naturales, sin renunciar a otras aplicaciones clásicas puntuales a problemas de Física, Ingeniería e Investigación operativa. Al final de cada capítulo se presentan alrededor de diez ejercicios propuestos.

Los conocimientos previos necesarios para seguir el libro son los básicos de álgebra lineal, análisis matemático, programación matemática y ecuaciones diferenciales. Para la parte de control estocástico se requieren conocimientos básicos de estadística. Para seguir los ejemplos y aplicaciones con contenido económico es suficiente con haber seguido previamente un curso de introducción a la economía.

El libro se compone de cinco partes: introducción, cálculo de variaciones, control óptimo en tiempo continuo, control óptimo en tiempo discreto y control estocástico en tiempo discreto (en el Apéndice).

Como se demuestra en el Capítulo 5, todo problema de cálculo de variaciones se puede formular y resolver como un problema de control óptimo en tiempo continuo. De hecho, el control óptimo en tiempo continuo es más general y ha desplazado al cálculo de variaciones. Por ello, el hecho de dedicar una parte del libro al cálculo de variaciones requiere una justificación. En primer lugar, muchos artículos sobre problemas económicos están escritos en el contexto de cálculo de variaciones, incluyendo artículos recientes. En segundo lugar, la demostración rigurosa del principio del máximo, resultado fundamental en control óptimo, es inabordable a este nivel introductorio. De hecho, las demostraciones que se presentan en el libro sobre el principio del máximo para algunos casos particulares, utilizan métodos de cálculo de variaciones. Por ello, el cálculo de variaciones ayuda a la mejor comprensión del control óptimo. Por último, el cálculo de variaciones permite relacionar de una manera natural la Optimización de funciones (Optimización dinámica) con la Optimización en el espacio R^n (programación matemática). Todas las demostraciones de cálculo de variaciones son asequibles y también son interesantes para la formación del estudiante.

Agradecimientos:

Este libro no hubiera sido posible sin la valiosa ayuda de muchas personas:

Pilar Ibarrola, además de ser mi directora de tesis doctoral, fue la persona que me introdujo en la Optimización dinámica. Por todo ello le estoy muy agradecido.

Agradezco a Rafael Repullo, Carlos Hervés y Rafael Caballero que contaran conmigo para impartir los cursos que he comentado anteriormente en el CEMFI, Universidad Carlos III de Madrid y Universidad de Málaga, respectivamente, gracias a los cuales se empezó de hecho a escribir este libro, aunque en aquel momento no tuviera conciencia de ello.

Rosa Barbolla fue la persona que en determinado momento me sugirió que escribiera este libro, a partir de las notas y apuntes que tenía. De ella he recibido apoyo y ánimo, así como sugerencias y comentarios, que han mejorado versiones previas de muchos capítulos.

Francisco Javier André me ha facilitado algunos de los ejemplos con contenido económico y ha elaborado algunos de los gráficos que aparecen en el libro. También me ha ayudado en algunas de las interpretaciones económicas.

Con Francisco Álvarez he tenido interesantes conversaciones sobre temas relacionados con el libro, que me han enriquecido.

Sonia Quiroga ha elaborado muchos de los gráficos que aparecen en el libro.

Las siguientes personas me han hecho llegar comentarios y sugerencias a versiones preliminares del libro: Francisco Javier André, Francisco Álvarez, Rosa Barbolla, Isabel García, Celia Fernández, David Martín, Julio Moreno, Sonia Quiroga, Jesús Ruiz y Francisco Saez.

Teresa González, Gustavo Marrero, Luis Puch y Heiko Siede me han resuelto todas las dificultades informáticas que me han ido surgiendo con respecto al proceso y transmisión del texto.

Agradezco a los profesores/as del departamento de Economía Aplicada VI que siguieron el curso intensivo sobre Optimización dinámica que les impartí en septiembre de 1998 las preguntas, comentarios y sugerencias que me hicieron, que fueron muy enriquecedores.

Les doy las gracias a los todos los alumnos que han seguido mis cursos de Optimización dinámica a lo largo de estos años, que siempre han constituido un estímulo y me han dado muchas satisfacciones.

En el Instituto Complutense de Análisis Económico (ICAE) he tenido el ambiente adecuado de tranquilidad, estímulo y trabajo. Personalizo el agradecimiento en Antonio Abadía y Alfonso Novales.

Quiero expresar mi reconocimiento a la profesionalidad y al excelente trato que he recibido en todo momento por parte de la Editorial Garceta, así como mi agradecimiento por haber decidido llevar adelante este proyecto. Personalizo en Andrés Otero, que ha creido en la importancia de volver a reeditar esta obra para que pueda estar disponible de nuevo para todas las personas interesadas.

Por último, unas palabras de agradecimiento a las personas a las que dedico el libro. A mis padres les debo reconocer el enorme esfuerzo y el interés que siempre tuvieron en que dispusiera de las mejores condiciones y los mejores medios para estudiar y prosperar, aunque tuviera que desplazarme muy lejos del hogar a la edad de catorce años. Mi esposa Beatriz y mi hija Irene, que siempre me dan su apoyo incondicional y que siempre han tenido mucha paciencia y tolerancia con la dedicación que me ha exigido la preparación de estelibro.

Emilio Cerdá Tena.
Madrid, julio de 2011.

Parte I

Introducción

Capítulo 1. Introducción

CAPÍTULO 1

Introducción

En este Capítulo introductorio comenzamos en la Sección 1.1 con algunos ejemplos que ayuden a adquirir una idea muy general de la optimización dinámica. En la Sección 1.2 se hace un breve recorrido por la historia de la optimización dinámica, señalando en particular algunos problemas de interés en economía en los que se utiliza este importante instrumento matemático. En la Sección 1.3 se introduce el descuento intertemporal en los casos de tiempo discreto y tiempo continuo. El Capítulo termina con un conjunto de ejercicios propuestos.

1.1 OPTIMIZACIÓN DINÁMICA

La optimización dinámica, como su nombre indica, estudia la optimización de sistemas dinámicos, es decir, la optimización de sistemas que evolucionan en el tiempo. Dado un sistema que evoluciona en el tiempo, se trata de guiar o controlar el sistema de manera óptima a lo largo de un horizonte temporal dado, de acuerdo a un objetivo previamente fijado. Veamos algunos ejemplos que pueden ayudar a una primera comprensión de la materia:

- Consideremos el cuerpo humano de una determinada persona, Alejandro Ramos. El cuerpo humano de Alejandro es un sistema que evoluciona en el tiempo, es por tanto un sistema dinámico. Un día determinado Alejandro decide ir al médico pues no se encuentra bien. El médico, tras escuchar al paciente, le explora para conocer su estado de salud: le toma la temperatura, la tensión sanguínea, le hace un electrocardiograma y mide, mediante analítica, el estado de sus plaquetas, transaminasas, leucocitos, colesterol, etc. Es decir, el médico mide el "estado del sistema" en dicho momento y toma nota de él (son las variables de estado en dicho momento). Como el estado del paciente no es el adecuado, hay que tomar medidas para modificar dicho estado: el médico le dice al paciente que debe poner en práctica las siguientes medidas: dormir ocho horas diarias, hacer ejercicio físico tres días por semana, dejar de fumar, no tomar más de un café al día, tomarse las medicinas que le receta y seguir la dieta mediterránea (son las variables de control). Cuando el paciente ponga en práctica las medidas propuestas por el médico su estado de salud variará, de manera que cuando vuelva al médico un mes más tarde a pasar la revisión, el valor que tomarán las variables de estado será diferente. Los nuevos valores de las variables de estado dependerán de los valores que tenían el mes anterior y de las medidas que se han puesto en práctica (las variables de control). Las medidas que propone el médico se entiende que son las óptimas en la situación de Alejandro: llevar una vida normal para una persona de su edad. Hubieran sido diferentes si el paciente fuera un deportista de élite que se está preparando para las próximas olimpiadas o si fuera un astronauta que se está preparando para una misión espacial, es decir, en cada caso la función objetivo sería distinta y, en consecuencia, las medidas a tomar (variables de control) también serían diferentes.

- Una persona viaja en su coche desde una ciudad A hasta otra ciudad B. El coche se va moviendo, por lo que se trata de un sistema dinámico. En un momento dado, el estado del sistema viene dado por el lugar en que se encuentra el vehículo y por la velocidad que lleve en ese momento. En cada instante, el conductor tiene a su disposición los controles: volante, freno y acelerador, fundamentalmente, que están sujetos a ciertas restricciones. El estado del sistema en un momento dado depende del estado del sistema en algún momento anterior y de los controles que haya introducido entre ambos. La trayectoria que siga el vehículo dependerá del punto de partida y de los controles que el conductor vaya introduciendo en el sistema en cada instante, los cuales a su vez dependerán del objetivo del conductor: puede ser minimizar el tiempo, o minimizar el coste o minimizar la cantidad de combustible, por ejemplo.
- La economía de un determinado país es un sistema que evoluciona en el tiempo, por lo que es un sistema dinámico. En un determinado momento, el estado de dicha economía se recoge en un cuadro macroeconómico, donde aparecen los valores que toman las siguientes variables, por ejemplo: consumo privado, consumo público, formación bruta de capital fijo, variación de existencias, demanda interna, exportaciones, importaciones, PIB, tasa de paro e inflación (son las variables de estado). La autoridad económica decide poner en práctica una serie de medidas de política monetaria y de política fiscal (son las variables de control), que van a afectar al comportamiento de los agentes económicos y que llevarán a nuevos valores de las variables de estado, cuando éstas se presenten en otro momento posterior. Los valores del cuadro macroeconómico a final de año dependerán de los valores del mismo a principios de año y de las medidas de política económica tomadas durante el año, y en este caso también de la respuesta de los agentes a dichas medidas. Las medidas de política económica dependen de los objetivos que tenga el gobierno en el momento en que se toman.

Los ejemplos anteriores probablemente no se puedan resolver utilizando técnicas de optimización dinámica, al menos en los términos en que están expresados, ya que para ello hace falta que el sistema dinámico en cuestión se pueda representar matemáticamente mediante un sistema de ecuaciones diferenciales (en caso de tiempo continuo) o de ecuaciones en diferencias (caso de tiempo discreto), conteniendo las variables de estado y las variables de control. Asimismo las condiciones iniciales, las restricciones a las variables y la función objetivo del problema se tienen que poder expresar matemáticamente, como en los ejemplos siguientes:

Ejemplo 1.1 Un consumidor tiene una función de utilidad $U[C(t)]$, en donde $C(t)$ es su consumo en el instante $t \in [0, T]$. Se supone que $U' > 0$ y que $U'' < 0$ (por lo que su utilidad es creciente y cóncava). La persona recibe una dotación inicial de stock de capital igual a K_0. Los ingresos de la persona vienen dados por iK, obtenidos a partir del stock de capital, en donde i es el tipo de interés de mercado. Además, la persona puede consumir el stock de capital en cualquier instante, vendiendo capital (normalizamos su precio a la unidad). Suponemos también que el consumidor es impaciente, siendo δ su tasa de descuento. También se tiene que cumplir que $K(T) \geq 0$. El problema consiste en:

$$\max_{\{C(t)\}_{t=0}^{T}} \int_0^T e^{-\delta t} U\left[C(t)\right] dt,$$
$$\text{sujeto a}: K'(t) = iK(t) - C(t),$$
$$\text{con}: K(0) = K_0, \ K(T) \geq 0.$$

En la ecuación diferencial se puede despejar $C(t)$, por lo que el problema se puede expresar como:

$$\max_{\{K(t)\}_{t=0}^{T}} \int_0^T e^{-\delta t} U\left[iK(t) - K'(t)\right] dt,$$
$$\text{con}: K(0) = K_0, \ K(T) \geq 0.$$

Se trata de un problema de cálculo de variaciones.

El cálculo de variaciones se estudia en la Parte II del libro, compuesta por los Capítulos 2 y 3.

■

Ejemplo 1.2 (Problema de asignación regional de inversión, Takayama 1967 y 1985) Se considera una economía nacional en la que existen dos regiones (1 y 2). Sea:

$$Y(t) = Y_1(t) + Y_2(t), \ \text{para } t \in [0, T],$$

en donde, para cada t : Y es el producto nacional, Y_i $(i = 1, 2)$ es el output de cada región. Se supone que el output de cada región es producido con un ratio fijo capital-output, por lo que

$$Y_i(t) = b_i K_i(t),$$

en donde K_i es el stock de capital de la región i. El objetivo de la autoridad responsable de la planificación es maximizar el producto nacional en el instante final T del horizonte temporal:

$$Y(T) = Y_1(T) + Y_2(T) = b_1 K_1(T) + b_2 K_2(T).$$

Los fondos de inversión (Z) para el conjunto de las dos regiones consisten en los ahorros acumulados en el conjunto de la economía, por lo que:

$$Z(t) = s_1 Y_1(t) + s_2 Y_2(t),$$

en donde $s_i \in (0, 1)$ es la propensión al ahorro en la región i. Se tiene que

$$Z(t) = g_1 K_1(t) + g_2 K_2(t),$$

en donde $g_i = s_i b_i$. Sea $\varphi(t)$ la proporción de fondos de inversión a asignar a la región 1. Entonces, ignorando la depreciación del stock de capital se tienen las siguientes ecuaciones diferenciales:

$$\dot{K}_1(t) = \varphi(t)\left[g_1 K_1(t) + g_2 K_2(t)\right],$$
$$\dot{K}_2(t) = (1 - \varphi(t))\left[g_1 K_1(t) + g_2 K_2(t)\right],$$

en donde $\dot{K}_i(t)$ es la derivada de la función K_i con respecto a t, para $i = 1, 2$.

Se supone que $K_1(0) = K_1^0$ y $K_2(0) = K_2^0$ son conocidos. El problema, por tanto, es:

$$\begin{aligned} \max_{\{\varphi(t)\}_{t=0}^{T}} \quad & b_1 K_1(T) + b_2 K_2(T), \\ \text{sujeto a}: \quad & \dot{K}_1(t) = \varphi(t)\left[g_1 K_1(t) + g_2 K_2(t)\right], \\ & \dot{K}_2(t) = (1 - \varphi(t))\left[g_1 K_1(t) + g_2 K_2(t)\right], \\ \text{con}: \quad & K_1(0) = K_1^0, \ K_2(0) = K_2^0, \\ & 0 \leq \varphi(t) \leq 1, \ \text{para } 0 \leq t \leq T. \end{aligned}$$

En este caso, $K_1(t)$ y $K_2(t)$ son las variables de estado y $\varphi(t)$ es la variable de control. Se trata de un problema de control óptimo en tiempo continuo.

El control óptimo en tiempo continuo se estudia en la Parte III del libro, que contiene los Capítulos 4 y 5.

■

Ejemplo 1.3 Una mina tiene reservas iniciales de $R(0) = 250$ y puede estar activa durante el horizonte temporal $t = 0, 1, \ldots, 19$. En $t = 20$ la mina será expropiada y no se obtendrá ninguna compensación económica por el mineral que quede sin extraer en ese período. El beneficio neto en cada período t viene dado por:

$$\pi_t = \left[p - \frac{cq(t)}{R(t)}\right] q(t),$$

en donde $q(t)$ es la cantidad de mineral a extraer durante el período t, $R(t)$ es el stock de mineral en la mina al comienzo del período t, p es el precio unitario del mineral y c es un parámetro referente al coste. Se supone que el factor de descuento es

$$\beta = \frac{1}{1 + \delta},$$

en donde δ es la tasa de descuento. El problema consiste en calcular cuál debe ser la cantidad de mineral a extraer en cada período para maximizar el valor presente de los beneficios descontados, es decir:

$$\begin{aligned} \max_{\{q_t\}_{t=0}^{19}} \quad & \sum_{t=0}^{19} \beta^t \left[p - \frac{cq(t)}{R(t)}\right] q(t), \\ \text{sujeto a}: \quad & R(t+1) = R(t) - q(t), \ \text{para } t = 0, 1, \ldots, 19, \\ \text{con}: \quad & R(0) = 250, \\ & q(t) \geq 0, \ \text{para } t = 0, 1, \ldots, 19, \\ & R(t) \geq 0, \ \text{para } t = 1, 2, \ldots, 20. \end{aligned}$$

En este problema, $R(t)$ es la variable de estado y $q(t)$ es la variable de control. Por tanto, se trata de un problema de control óptimo en tiempo discreto.

El control óptimo en tiempo discreto se estudia en la Parte IV del libro, que contiene los Capítulos 6 y 7.

■

Ejemplo 1.4 (Un problema de control de inventario) En un establecimiento se dispone en un momento dado ($k = 0$) de un inventario x_0 de un determinado producto. Se trata de calcular la cantidad de producto que hay que pedir al comienzo de cada uno de los N próximos períodos, de manera que se minimice el coste total esperado. Para cada $k = 0, 1, \ldots, N-1$, sean:

$x(k)$, el inventario disponible al principio del período k.

$u(k)$, la cantidad de producto pedido (e inmediatamente suministrado), al principio del período k.

$w(k)$, la demanda durante el período k, con distribución de probabilidad dada.

Además, se consideran los siguientes datos:

h, el coste de tener en stock una unidad no vendida al final del período k.

c, el coste por unidad de stock pedida.

p, coste por unidad de demanda no atendida por no tener stock disponible.

B es la capacidad del almacén.

Se supone que $w(0), w(1), \ldots, w(N-1)$ son variables aleatorias independientes y que el exceso de demanda no se pierde sino que es atendido en cuanto hay stock adicional disponible (con lo que se quiere decir que puede haber inventario negativo).

El problema es:

$$\min_{\{u(k)\}_{k=0}^{N-1}} \; E\left\{\sum_{k=0}^{N-1} [cu(k) + p\max(0, w(k) - x(k) - u(k)) + h\max(0, x(k) + u(k) - w(k)]\right\},$$

$$\text{sujeto a} : x(k+1) = x(k) + u(k) - w(k), \;\; \text{para } k = 0, 1, .., N-1,$$

$$\text{con} : x(0) = x_0,$$

$$0 \leq u(k) \leq B - x(k).$$

Se trata de un problema de control óptimo estocástico en tiempo discreto. Una introducción al control estocástico discreto se estudia en el Apéndice final del libro.

■

1.2 BREVE HISTORIA DE LA OPTIMIZACIÓN DINÁMICA

Se puede considerar que la optimización dinámica tiene raíces en el cálculo de variaciones, la teoría clásica de control y la programación lineal y no lineal (Bryson(1999)).

El cálculo de variaciones surgió en el siglo XVIII y recibió en los trabajos de Euler (1707-1783) y de Lagrange (1736-1813) la forma de una teoría matemática rigurosa.

Tras algunos trabajos previos Euler publicó en 1744 el libro *Método de búsqueda de líneas curvas con propiedades de máximo o mínimo, o la resolución del problema isoperimétrico tomado en su sentido más amplio*, que es el primer libro en la historia sobre cálculo de variaciones.

En 1755 Lagrange comunicó a Euler el método general analítico, creado por él, en el que introduce la variación de una función y en donde extiende a las variaciones las reglas del cálculo diferencial. Esta idea de variaciones daría el nombre a la nueva disciplina.

Otras aportaciones importantes al cálculo de variaciones se deben a Legendre (1752-1833), Jacobi (1804-1851), Hamilton (1805-1865), Weierstrass (1815-1897), Bolza (1857-1942) y Bliss (1876-1951).

El cálculo de variaciones se aplicó, tras su descubrimiento, sobre todo en física, especialmente en mecánica.

El desarrollo sistemático de la teoría de control se inició en Estados Unidos alrededor de 1930 en el campo de las ingenierías eléctrica y mecánica. Hasta 1940, aproximadamente, los sistemas de control construídos eran sistemas de regulación: la velocidad de un motor o de una turbina hidráulica debían ser mantenidas en un entorno de un valor constante. Los diseños trataban de evitar inestabilidad.

Durante la segunda guerra mundial aparecieron sistemas de control en los que la transición era más importante que la quietud: es la clase de los servomecanismos, sistemas de persecución. Por ejemplo: el sistema de control para un arma de fuego requerida para alcanzar un objetivo móvil, con la ayuda de un radar. Se descubrió que gran parte de la teoría necesaria para el diseño de tales sistemas ya había sido desarrollada en el campo de la ingeniería de la comunicación. Aparece la llamada teoría clásica de control, basada fundamentalmente en el dominio frecuencia. Se comprobó que las ecuaciones diferenciales o en diferencias que describían la dinámica del sistema eran a menudo intratables, pero pasando al dominio frecuencia a través de la transformada de Laplace o z-transformada, se producían resultados algebraicos a partir de los cuales se podían inferir características del sistema. Sin embargo, esta teoría presentaba serias limitaciones pues restringía el estudio a sistemas lineales, con una sola variable de entrada y una de salida, e invariantes en el tiempo. Por otra parte, había que considerar, en determinados problemas, otros criterios que valorasen la evolución del sistema.

Los conceptos de controlabilidad y observabilidad introducidos por Kalman (1960), así como los métodos de optimización de Belman (1957) y Pontryagin (1962), fueron el origen de lo que se conoce como teoría moderna de control o teoría del control óptimo, basada en la descripción de un sistema según el enfoque del espacio de los estados. Los nuevos avances y sus aplicaciones no solo caían en el campo de la ingeniería, sino también en el de la economía, biología, medicina y ciencias sociales. En esos años tuvieron lugar las aplicaciones más importantes del control óptimo al programa espacial americano.

En economía, aparecen en los años cincuenta y sesenta del siglo XX algunas aportaciones que utilizan la teoría de control, aunque se trata de contribuciones aisladas. En los años sesenta se utilizan ya sistemáticamente técnicas de control óptimo en la investigación de la teoría de crecimiento. A partir de 1970 hay ya gran interés por la teoría de control en distintos campos de la economía, tanto en trabajos teóricos como empíricos, y desde entonces proliferan los trabajos sobre el tema, que ha sido el instrumento básico para describir el comportamiento de individuos y empresas cuando la actividad económica se desarrolla a través del tiempo.

En economía de la empresa se utilizan estas técnicas, con muy buenos resultados, para el estudio de problemas como, por ejemplo, control de inventarios, selección de inversiones, mantenimiento y reemplazamiento de máquinas, planificación de la producción, política de publicidad, etc. todo ello desde la segunda mitad de los años setenta.

En macroeconomía hubo en los años setenta gran interés por la utilización de la teoría de control (Kendrick (1976) analiza alrededor de noventa aplicaciones). En dicha década, la modelización econométrica y la teoría de control alcanzan un alto grado de madurez y, al mismo tiempo, había importantes apoyos de software que permitían tratar problemas con altos requerimientos computacionales. A finales de la década de los setenta se atenuó el entusiasmo inicial de la macroeconomía por el control óptimo, a partir de las críticas procedentes de la escuela de la nueva macroeconomía clásica a su utilización en el análisis de políticas alternativas en modelos econométricos. Paradójicamente, sin embargo, métodos de teoría de control aunque utilizadas en un contexto diferente, constituyen hoy en día el principal instrumento matemático de la nueva macroeconomía clásica. La utilización de estos métodos de análisis hace posible tener en cuenta la conocida crítica de Lucas a la práctica de la econometría en algunos modelos. Por tanto, ya sea en el tratamiento "tradicional" o en tratamiento "nuevo", los métodos de teoría de control son ampliamente utilizados en el análisis macroeconómico actual. En la literatura económica se habla cada vez con más insistencia de economía dinámica, en la cual la teoría de control es un instrumento fundamental.

1.3 DESCUENTO

En optimización dinámica nos vamos a encontrar con múltiples situaciones en las que en un horizonte temporal dado, hay que considerar cantidades monetarias (ya sean ingresos o costes) que se producen en momentos distintos. Asimismo aparecen otras situaciones en las que se producen utilidades en momentos distintos. La temporalidad de estas cantidades nos obliga a realizar una homogeneización de las mismas pues no es lo mismo recibir R unidades monetarias ahora que recibirlas dentro de tres o cuatro años, como tampoco es lo mismo tener una utilidad U ahora que tenerla dentro de varios años. Para ello se introduce el concepto de tasa de descuento.

Supongamos que se tienen A euros, que se depositan en un banco a un tipo de interés anual δ, en tanto por uno. Dicha cuenta se deja abierta durante varios años, sin ingresos ni reintegros, acumulándose los intereses que se vayan generando en el tiempo (interés compuesto). Se trata de calcular la cantidad de dinero que existe en la cuenta a lo largo de cada uno de los años sucesivos. Dicha cantidad dependerá de A, de δ, de los años transcurridos, y también de las veces que se contabilicen los intereses durante cada año. A continuación se realizan los cálculos, para diferentes casos posibles, según se contabilicen los intereses una vez al año, dos veces al año, m veces al año o se contabilicen de manera continua.

i) Se contabiliza una vez al año

La cantidad de dinero que se tendrá en la cuenta a través del tiempo será:

- Al principio, A.
- Al cabo de un año, $(1+\delta)A$.
- Al cabo de dos años, $(1+\delta)^2 A$
- Al cabo de tres años, $(1+\delta)^3 A$
- En general, al cabo de t años, $(1+\delta)^t A$.

De esta manera vemos que, en las condiciones consideradas, A euros de ahora se transforman en $B = (1+\delta)^t A$ euros dentro de t años. En la Tabla 1.1 aparecen los valores en que se transforman A =5000 euros, para distintos valores de δ y de t. Los cálculos se realizan fácilmente mediante una hoja de cálculo.

$t\backslash\delta$	0,02	0,04	0,05
0	5000	5000	5000
1	5100	5200	5250
2	5202	5408	5512,5
3	5306,04	5624,32	5788,12
4	5412,16	5849,29	6077,53
5	5520,40	60,83,26	6381,41
10	6094,97	7401,22	8144,47
20	7429,74	10955,62	13266,49
50	13457,94	35533,42	57337,00

Tabla 1.1 Valores futuros cuando se contabiliza una vez al año

Recíprocamente, para que dentro de t años tengamos B euros en la cuenta necesitamos depositar

$$A = \left(\frac{1}{1+\delta}\right)^t B$$

euros. Dicho de otra forma, B euros dentro de t años corresponden a

$$\left(\frac{1}{1+\delta}\right)^t B$$

euros ahora. En la Tabla 1.2 aparecen los valores presentes descontados correspondientes a $B = 1000$ euros dentro de t años, para distintos valores de δ. Los cálculos se realizan fácilmente mediante una hoja de cálculo.

$t \backslash \delta$	0,02	0,04	0,05
0	1000	1000	1000
1	980,39	961,54	952,38
2	961,17	924,56	907,03
3	942,32	889,00	863,84
4	923,85	854,80	822,70
5	905,73	821,93	783,53
10	820,35	675,56	613,91
20	672,97	456,39	376,89
50	371,53	140,71	87,20

Tabla 1.2 Valores presentes descontados al contabilizar una vez al año

ii) Se contabiliza dos veces al año

Suponemos, por tanto, que se mantienen las condiciones anteriores, salvo que en este caso la cuenta se contabiliza dos veces al año, o sea, cada seis meses. La cantidad de dinero que se tendrá en la cuenta a través del tiempo será:

- Al principio, A.
- Al cabo de seis meses,
$$\left(1+\frac{\delta}{2}\right) A.$$
- Al cabo de un año,
$$\left(1+\frac{\delta}{2}\right)^2 A.$$
- Al cabo de un año y medio,
$$\left(1+\frac{\delta}{2}\right)^3 A.$$
- Al cabo de dos años,
$$\left(1+\frac{\delta}{2}\right)^4 A.$$
- En general, al cabo de t años,
$$\left(1+\frac{\delta}{2}\right)^{2t} A.$$

De esta forma, vemos que, en este caso, A euros de ahora se transforman en

$$B = \left(1 + \frac{\delta}{2}\right)^{2t} A$$

euros dentro de t años. En la Tabla 1.3 aparecen los valores en que se transforman A=5000 euros, para distintos valores de δ y t, para el caso en que se contabiliza dos veces al año.

$t\backslash\delta$	0,02	0,04	0,05
0	5000	5000	5000
1	5100,5	5202	5253,13
2	5203,02	5412,16	5519,06
3	5307,60	5630,81	5798,47
4	5414,28	5858,30	6092,01
5	5523,11	6094,97	6400,42
10	6100,95	7429,74	8193,08
20	7444,32	11040,20	13425,32
50	13524,07	36223,23	59068,58

Tabla 1.3 Valores futuros cuando se contabiliza dos veces al año

Recíprocamente, para que dentro de t años tengamos B euros en la cuenta, necesitamos depositar ahora

$$A = \left(1 + \frac{\delta}{2}\right)^{-2t} B$$

euros. Dicho de otra forma, B euros dentro de t años corresponden a

$$\left(\frac{1}{1 + \frac{\delta}{2}}\right)^{2t} B$$

euros ahora. En la Tabla 1.4 aparecen los valores presentes descontados correspondientes a $B = 1000$ euros dentro de t años, para distintos valores de δ, cuando se contabiliza 2 veces al año.

$t\backslash\delta$	0,02	0,04	0,05
0	1000	1000	1000
1	980,30	961,17	951,81
2	960,98	923,85	905,95
3	942,05	887,97	862,30
4	923,48	853,50	820,75
5	905,29	820,35	781,20
10	819,54	672,97	610,27
20	671,65	452,89	372,43
50	369,71	138,03	84,65

Tabla 1.4 Valores presentes descontados al descontabilizar dos veces al año

iii) Se contabiliza m veces al año

La cantidad de dinero que se tendrá en la cuenta a través del tiempo será:

- Al principio, A.
- Al cabo de $\frac{1}{m}$ años (obsérvese que $\frac{1}{m}$ es menor que 1),
$$\left(1+\frac{\delta}{m}\right)A.$$
- Al cabo de $\frac{2}{m}$ años,
$$\left(1+\frac{\delta}{m}\right)^2 A.$$
- Al cabo de $\frac{3}{m}$ años,
$$\left(1+\frac{\delta}{m}\right)^3 A.$$
- Al cabo de 1 año,
$$\left(1+\frac{\delta}{m}\right)^m A.$$
- Al cabo de 2 años,
$$\left(1+\frac{\delta}{m}\right)^{2m} A.$$
- En general, al cabo de t años.
$$\left(1+\frac{\delta}{m}\right)^{tm} A.$$

De esta forma vemos que, en este caso, A euros de ahora se transforman en
$$B=\left(1+\frac{\delta}{m}\right)^{tm} A$$
euros dentro de t años. En la Tabla 1.5 aparecen los valores en que se transforman A=5000 euros, para $\delta = 0,04$ y distintos valores de t y de m.

$t\backslash m$	3	4	6	12	100
0	5000	5000	5000	5000	5000
1	5202,68	5203,02	5203,36	5203,71	5204,01
2	5413,57	5414,28	5415,00	5415,71	5416,35
3	5633,02	5634,13	5635,24	5636,36	5637,35
4	5861,35	5862,89	5864,44	5865,99	5867,37
5	6098,95	6100,95	6102,96	6104,98	6106,77
10	7439,43	7444,32	7449,23	7454,16	7458,53
20	11069,03	11083,58	11098,20	11112,91	11125,92
50	36460,22	36580,09	36700,88	36822,61	36930,51

Tabla 1.5 Valores futuros cuando se contabiliza m veces al año

Recíprocamente, para que dentro de t años tengamos B euros en la cuenta, necesitamos depositar ahora
$$A=\left(1+\frac{\delta}{m}\right)^{-mt} B$$

euros. Dicho de otra forma, B euros dentro de t años corresponden a

$$\left(\frac{1}{1+\frac{\delta}{m}}\right)^{mt} B$$

euros ahora. En la Tabla 1.6 aparecen los valores presentes descontados correspondientes a $B = 1000$ euros dentro de t años, para $\delta = 0,04$ y distintos valores de t y m, cuando se contabiliza m veces al año.

$t \backslash m$	3	4	6	12	100
0	1000	1000	1000	1000	1000
1	961,04	960,98	960,92	960,85	960,80
2	923,60	923,48	923,36	923,24	923,13
3	887,62	887,45	887,27	887,10	886,94
4	853,05	852,82	852,60	852,37	852,17
5	819,81	819,54	819,27	819,00	818,76
10	672,09	671,65	671,21	670,77	670,37
20	451,71	451,12	450,52	449,93	449,40
50	137,14	136,69	136,24	135,79	135,39

Tabla 1.6 Valores presentes descontados al contabilizar m veces al año

iv) Se contabiliza de manera continua

Suponemos ahora que se contabiliza de manera continua, es decir, m veces al año, cuando m tiende a infinito.

La cantidad de dinero que se tendrá al cabo de t años será:

$$\lim_{m\to\infty}\left(1+\frac{\delta}{m}\right)^{tm} A = A \lim_{m\to\infty}\left(1+\frac{\delta}{m}\right)^{tm} = A \lim_{m\to\infty}\left[\left(1+\frac{1}{m/\delta}\right)^{m/\delta}\right]^{\delta t} = Ae^{\delta t},$$

ya que

$$\lim_{k\to\infty}\left(1+\frac{1}{k}\right)^{k} = e.$$

De esta forma vemos que si el problema se formula en tiempo continuo, A euros de ahora se transforman en

$$B = Ae^{\delta t}$$

euros dentro de t años. En la Tabla 1.7 aparecen los valores en que se transforman A=5000 euros, para distintos valores de δ y t, para el caso en que se contabiliza de manera continua.

Recíprocamente, para que dentro de t años tengamos B euros en la cuenta, necesitamos depositar ahora

$$A = e^{-\delta t} B$$

euros. Dicho de otra forma, B euros dentro de t años corresponden a

$$e^{-\delta t} B$$

euros ahora. En la Tabla 1.8 aparecen los valores presentes descontados correspondientes a $B = 1000$ euros dentro de t años, para distintos valores de δ, cuando se contabiliza de manera continua.

$t\backslash\delta$	0,02	0,04	0,05
0	5000	5000	5000
1	5101,01	5204,05	5256,36
2	5204,05	5416,44	5525,85
3	5309,18	5637,48	5809,17
4	5416,44	5867,55	6107,01
5	5525,85	6107,01	6420,13
10	6107,01	7459,12	8243,61
20	7459,12	11127,70	13591,41
50	13591,41	36945,28	60912,47

Tabla 1.7 Valores futuros cuando se contabiliza de manera continua

$t\backslash\delta$	0,02	0,04	0,05
0	1000	1000	1000
1	980,20	960,79	951,23
2	960,79	923,12	904,84
3	941,76	886,92	860,71
4	923,12	852,14	818,73
5	904,84	818,73	778,80
10	818,73	670,32	606,53
20	670,32	449,33	367,88
50	367,88	135,34	82,08

Tabla 1.8 Valores presentes descontados al contabilizar de manera continua

El descuento se utiliza en otros ámbitos, además del propiamente financiero. Así, en el caso de tiempo discreto, supongamos que se tienen las utilidades

$$U\left[C(0), 0\right], U\left[C(1), 1\right], \ldots, U\left[C(N-1), N-1\right],$$

correpondientes respectivamente a los períodos $k = 0, 1, \ldots, N-1$. Se considera el factor de descuento

$$\beta = \frac{1}{1+\delta},$$

en donde δ es la tasa de descuento. El valor presente del flujo de utilidad descontada en el horizonte temporal dado es igual a:

$$\sum_{k=0}^{N-1} \beta^k U\left[C(k), k\right].$$

La tasa de descuento, así como el factor de descuento, son ahora subjetivos y reflejan la valoración del presente sobre el futuro que hace el planificador o el individuo. Si $\beta = 0$ (o lo que es lo mismo $\delta = \infty$), sólo se valora el presente, el futuro no vale nada. Si $\beta = 1$ (o lo que se lo mismo $\delta = 0$) el futuro se valora exactamente igual que el presente. Cuando β va creciendo desde 0 hasta 1 (o δ va decreciendo desde ∞ hasta 0), el futuro va teniendo más peso.

En el caso de tiempo continuo, supongamos que se tiene el siguiente nivel de utilidad en cada instante t perteneciente al horizonte temporal $[0, T]$. Si δ es la tasa de descuento, y $U\left[C(t), t\right]$ el nivel de utilidad en el instante t. En este caso, el valor presente del flujo de utilidad descontada en el horizonte temporal dado es igual a:

$$\int_0^T e^{-\delta t} U\left[C(t), t)\right] dt.$$

Al igual que ocurre en tiempo discreto, si $\delta = 0$ el futuro se valora exactamente igual que el presente. Si $\delta = \infty$ sólo se valora el presente. Cuanto mayor es δ menor valor se concede al futuro.

1.4 EJERCICIOS PROPUESTOS

Ejercicio 1.1 Formular el siguiente problema de control óptimo en tiempo continuo: un país recibe ayuda monetaria del exterior a una tasa de una unidad monetaria por unidad de tiempo. Sea $x(t)$ el nivel de infraestructura en el tiempo t, sea $u(t)$ la parte de la ayuda que asigna a infraestructuras en t. La parte de la ayuda que no se gasta en infraestructuras se dedica a consumo. Sea U la función de utilidad y sea δ la tasa de descuento. El período de planificación es $[0, T]$, el nivel de infraestructuras al inicio es x_0, conocido, y se exige que dicho nivel al final sea, al menos, de x_T. El objetivo es maximizar el flujo de utilidad descontada en el período de planificación. Se supone que hay utilidad por consumo.

Ejercicio 1.2 Formular el siguiente problema de control óptimo en tiempo continuo: una mina contiene una cantidad X de mineral. Sea $x(t)$ la cantidad extraída de mineral hasta el momento t, de manera que $u(t) = x'(t)$ es la tasa de extracción. Supongamos que la tasa actual de beneficios obtenidos en la mina es $P(u)$, en donde $P' > 0$ y $P'' < 0$. Suponemos que el propietario de la mina maximiza su riqueza en el horizonte temporal $[0, T]$ y que no puede obtener ningún rendimiento después de T. Suponemos un tipo de interés anual de mercado δ, conocido y fijo.

Ejercicio 1.3 Se considera un proceso de inversión caracterizado por los siguientes parámetros: en el momento inicial se desembolsa una cantidad K, la vida de la inversión es de n años, al cabo de $1, 2, \ldots, n$ años se generan respectivamente los rendimientos $R_1, R_2, \ldots, R_n$, medidos en unidades monetarias, el tipo de descuento es δ. Calcular el valor actual neto de la inversión.

Ejercicio 1.4 Supongamos que para construir una presa hay que incurrir en unos costes de 20 millones de euros en un año. Al comienzo del segundo año la presa da unos beneficios netos de 2 millones de euros al año, durante 30 años. Calcular el valor presente neto de la presa, suponiendo una tasa de descuento de 0,05.

Ejercicio 1.5 Se deposita una cantidad de dinero X en un banco. El tipo de interés anual es δ, se contabiliza de manera continua y los intereses se quedan en la cuenta, por lo que estamos ante interés compuesto. Calcular el tiempo necesario para que se doble la cantidad inicial.

Ejercicio 1.6 Una botella de vino cuesta ahora 3 euros. Su valor de venta en el futuro en el tiempo t viene dado por:

$$V(t) = 3 + \sqrt{t}.$$

El coste de almacenaje por unidad de tiempo es de 0,1 euros y el tipo de interés vigente es de 0,04. Se desea saber la fecha en la que debe venderse la botella para maximizar el valor presente del beneficio.

Calcular el valor total descontado del coste de almacenaje desde el tiempo 0 hasta t. Expresar el valor presente del beneficio en términos de t. Encontrar el tiempo óptimo de venta y el valor del beneficio. Resolver también el problema para tipos de interés de $0{,}05$ y $0{,}1$.

Parte II

Cálculo de variaciones

CAPÍTULO 2

El problema básico

En este capítulo se presenta el problema básico de cálculo de variaciones, con la deducción de las condiciones necesarias y suficientes de optimalidad. El resultado fundamental es la ecuación de Euler.

El primer apartado trata sobre el problema que históricamente dio origen al cálculo de variaciones. A continuación se formula el problema a estudiar en este capítulo, introduciendo los conceptos que se necesitan para ello. En el tercer apartado se presentan las condiciones necesarias de optimalidad: Euler y Legendre. Posteriormente se estudia cómo cambian las condiciones necesarias de optimalidad si el problema presenta condiciones finales diferentes a las consideradas en los apartados previos. En el apartado quinto se estudian las condiciones suficientes de optimalidad global. Se presentan dos problemas de economía en los que se interpretan las condiciones de optimalidad. El capítulo termina con los enunciados de los ejercicios propuestos.

2.1 EL PROBLEMA DE LA BRAQUISTÓCRONA

El siguiente problema, llamado de la braquistócrona (que en griego significa tiempo mínimo), propuesto a los matemáticos de su tiempo por el suizo Johann Bernouilli (1667-1748), fue el que dio origen al cálculo de variaciones:

> "Dados dos puntos A y B situados en un plano vertical, pero no en la misma recta vertical, y a diferentes alturas, se trata de encontrar la forma de la curva que los une, de manera que una partícula que se deslice por ella vaya desde A hasta B en un tiempo mínimo, suponiendo gravedad constante y que no hay fricción".

El problema se puede formular en los siguientes términos:

Se introduce un sistema de coordenadas, con origen en el punto A, como indica la Figura 2.1 (nótese que se han girado los ejes habituales noventa grados, en el sentido de avance de las agujas del reloj).

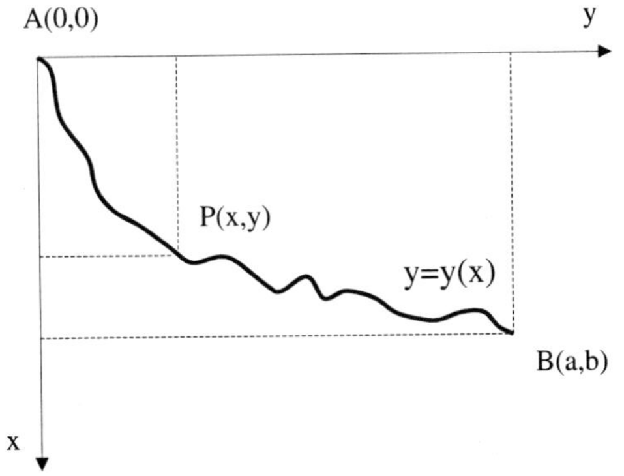

Figura 2.1 El problema de la braquistócrona

De todas las funciones que unen el punto A con el punto B y son "suficientemente suaves" (lo cual, matemáticamente, quiere decir que poseen derivada primera continua), se trata de encontrar aquélla para la que se alcance el tiempo mínimo, en las condiciones indicadas en el enunciado. Sea $y = y(x)$, una de las funciones candidatas a óptimo. La gráfica de dicha función parte del punto A, por lo que verifica $y(0) = 0$, y llega al punto B, por lo que verifica $y(a) = b$. Sea $P = (x, y)$ un punto perteneciente a la gráfica de dicha función, tal como aparece en la Figura 2.1.

Sea s la longitud del arco de curva que une A con P (en la gráfica de $y = y(x)$). La velocidad de la partícula en el punto P será

$$v = \frac{ds}{dt},$$

de donde se obtiene que

$$dt = \frac{ds}{v},$$

por lo que el tiempo que tarda en desplazarse una partícula desde A hasta P viene dado por

$$t = \int_0^s \frac{ds}{v}.$$

Veamos ahora cómo se pueden expresar v y ds, en función de x y de $y(x)$.

Comenzamos con v:

Se supone que la partícula parte de A, desde el reposo. Puesto que no hay fricción, se tiene que cumplir el principio de conservación de la energía. Ello significa que, al moverse la partícula partiendo del reposo, desde un punto más alto a un punto más bajo, la energía potencial se convierte en energía cinética. La energía potencial en un punto con elevación vertical h es igual a mgh, en donde m es la masa y g es la constante de gravitación universal. La energía cinética en un punto es igual a $\frac{1}{2}mv^2$, en donde v es la velocidad. Como en el punto A la energía cinética es cero, se tiene que cumplir que la energía cinética en P es igual a la variación de la energía potencial entre A y P, por lo que

$$\frac{1}{2}mv^2 = mgx,$$

de donde se deduce que

$$v = \sqrt{2gx}.$$

Veamos ahora cómo se puede expresar ds:

Consideremos los puntos $P = (x, y)$ y $(x + \triangle x, y + \triangle y)$, pertenecientes a la gráfica de la función $y = y(x)$. Sea $\triangle s$ la variación de la longitud del arco de curva al pasar de un punto al otro, tal como se expresa en la Figura 2.2.

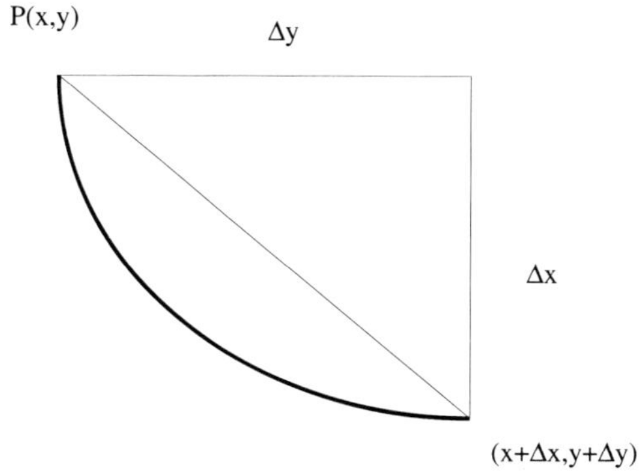

Figura 2.2 Variación de la longitud del arco de curva

Si $\triangle x$ es "pequeño" se verifica que $\triangle s$ es aproximadamente igual a

$$\sqrt{\triangle x^2 + \triangle y^2}.$$

Por tanto, $\frac{\triangle s}{\triangle x}$ es aproximadamente igual a

$$\sqrt{1 + \left(\frac{\triangle y}{\triangle x}\right)^2}.$$

Tomando límites cuando $\triangle x$ tiende a cero, se obtiene que

$$\frac{ds}{dx} = \sqrt{1 + \left(\frac{dy}{dx}\right)^2},$$

por lo que:

$$ds = \sqrt{1 + \left(\frac{dy}{dx}\right)^2} dx.$$

A partir de los cálculos realizados, se llega a que el tiempo que tarda una partícula en ir desde A hasta B, siguiendo la trayectoria $y = y(x)$,viene dado por

$$T[y(x)] = \int_0^a \sqrt{\frac{1 + \left(\frac{dy}{dx}\right)^2}{2gx}} dx.$$

El problema, por tanto, es:

Encontrar aquella función $y(x)$, continua y derivable, con derivada continua (o sea, de clase $C^{(1)}$), que resuelve el siguiente problema:

$$\min T\,[y(x)] = \frac{1}{\sqrt{2g}} \int_0^a \left[\frac{1 + \left(\frac{dy}{dx}\right)^2}{x} \right]^{1/2} dx,$$
$$\text{con} \ : \ y(0) = 0, \ y(a) = b.$$

En este capítulo se estudian las técnicas que permiten resolver este problema. La solución que se obtiene, expresada en coordenadas paramétricas es

$$\begin{cases} x = \frac{1}{2c^2}(1 - \cos\theta), \\ y = \frac{1}{2c^2}(\theta - \operatorname{sen}\theta), \end{cases}$$

que corresponde a lo que en matemáticas se llama un cicloide, y se representa en la Figura 2.3.

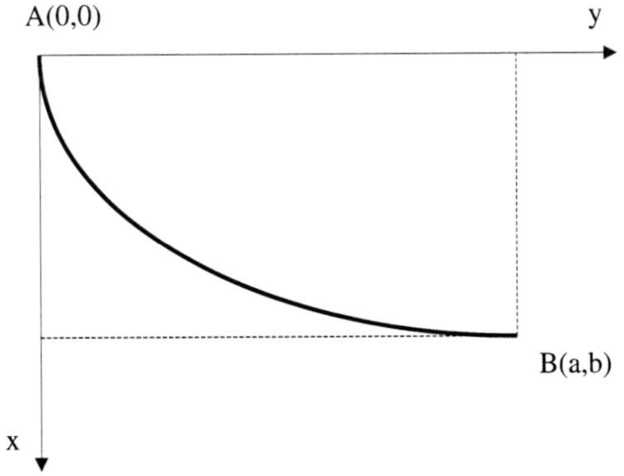

Figura 2.3 Solución óptima del problema de la braquistócrona

A la vista del problema formulado, hay dos aspectos que merece la pena comentar:

- En este problema de optimización, el conjunto de oportunidad o conjunto factible es el siguiente:

$$\Psi = \left\{ y : [0, a] \to [0, b] \mid y \text{ es de clase } C^{(1)}, \text{con } y(0) = 0, \, y(a) = b \right\}.$$

  Por tanto, se trata de seleccionar la función óptima entre un conjunto de funciones.
  En un problema de optimización de programación matemática (programación diferenciable sin restricciones, Lagrange, Khun-Tucker, programación lineal, cuadrática, entera, etc.) el conjunto factible es un subconjunto de puntos de $\mathbb{R}^n$, sin embargo, en el problema de la braquistócrona, y en general en cualquier problema de cálculo de variaciones, el conjunto factible está constituído por elementos que son funciones. Ésta es una diferencia fundamental entre la programación matemática y el cálculo de variaciones.

- En el problema de la braquistócrona, y en general en cualquier problema de cálculo de variaciones, a cada función $y \in \Psi$, que llamaremos función admisible, se le asocia un número real (en este caso, el tiempo que tarda una partícula elemental en desplazarse desde A hasta B). La función óptima es aquélla para la cual el número real asociado es mínimo. En este aspecto, un problema de cálculo de variaciones es análogo a un problema de programación matemática: en ambos casos a cada elemento del conjunto factible (ya sea un punto, en programación matemática, o una función, en cálculo de variaciones) se le hace corresponder un número real, lo que permite establecer un ranking en el conjunto factible o admisible y seleccionar el óptimo.

2.2 FORMULACIÓN DEL PROBLEMA DE CÁLCULO DE VARIACIONES

En el problema de la braquistócrona se trataba de encontrar una función continua y derivable, con derivada continua, que verificara unas condiciones inicial y final, y para la cual se alcanzara el valor mínimo de cierta expresión que dependía de la propia función. Como hemos visto en el apartado anterior, en cálculo de variaciones hay que decidir entre elementos que son funciones, mientras que en programación matemática se elige entre puntos.

Antes de formular el problema de forma general, necesitamos unos conceptos previos referidos a funciones. Habitualmente vamos a utilizar t como variable independiente, ya que en la mayor parte de los problemas que vamos a estudiar dicha variable será el tiempo, siendo x la variable dependiente.

2.2.1 Conceptos previos

Sean t_0, t_1 números reales, verificando que $t_0 < t_1$. Se considera el intervalo cerrado $[t_0, t_1]$. Se define el siguiente conjunto de funciones:

$$\Omega = \{x : [t_0, t_1] \to \mathbb{R}/x \text{ posee derivadas primera y segunda, continuas en } [t_0, t_1]\}.$$

En este conjunto de funciones, se consideran las operaciones usuales de suma y producto por un número real:

Para $x_1, x_2 \in \Omega, t \in [t_0, t_1]$, se define

$$(x_1 + x_2)(t) = x_1(t) + x_2(t).$$

Para $\lambda \in \mathbb{R}, x_1 \in \Omega, t \in [t_0, t_1]$, se define

$$(\lambda x)(t) = \lambda \cdot x(t).$$

Por ejemplo, para $t_0 = 1, t_1 = 5, x_1(t) = t^2, x_2(t) = 2t + 1, \lambda = 3$, será

$$\begin{aligned}(x_1 + x_2)(t) &= t^2 + 2t + 1, \text{ para cada } t \in [1, 5],\\ (3x_1)(t) &= 3t^2, \text{ para cada } t \in [1, 5],\\ (3x_2)(t) &= 3(2t + 1) = 6t + 3, \text{ para cada } t \in [1, 5].\end{aligned}$$

El conjunto Ω, sobre el cuerpo $\mathbb{R}$, con las dos operaciones definidas, tiene estructura de espacio vectorial.

En Ω, se define ahora la siguiente norma:

$$\begin{aligned}\|\cdot\| : \quad &\Omega \to \mathbb{R}\\ &x \to \|x\| = \max_{t\in[t_0,t_1]} |x(t)| .\end{aligned}$$

Esta norma tiene una sencilla interpretación geométrica, como se puede comprobar en la Figura 2.4.

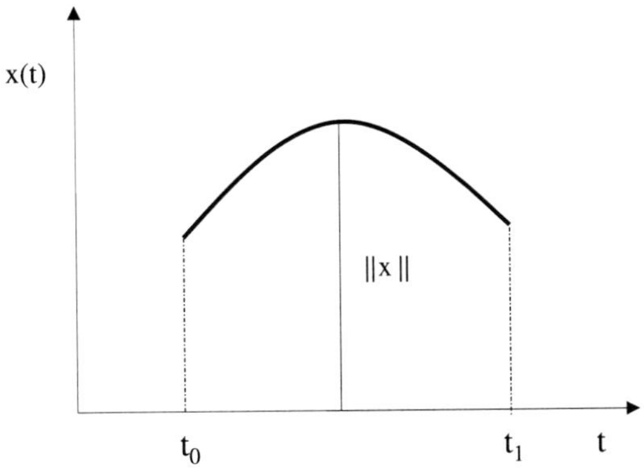

Figura 2.4 Norma de una función

Para los ejemplos que estamos considerando, se obtienen:

$$\|x_1\| = \max_{t\in[1,5]} \left|t^2\right| = 25,$$
$$\|x_2\| = \max_{t\in[1,5]} |2t + 1| = 11.$$

Para

$$x_3(t) = 1 + \sqrt{36 - (t - 4)^2},$$

se obtiene

$$\|x_3\| = \max_{t\in[1,5]} \left|1 + \sqrt{36 - (t - 4)^2}\right| = 7.$$

El espacio vectorial Ω, con la norma definida, es un espacio normado.

La norma considerada induce una distancia, que es la siguiente:

Para $x_1, x_2 \in \Omega$,

$$d(x_1, x_2) = \|x_1 - x_2\| = \max_{t\in[t_0,t_1]} |x_1(t) - x_2(t)|\,.$$

La intepretación geométrica de la distancia definida se ve en la Figura 2.5.

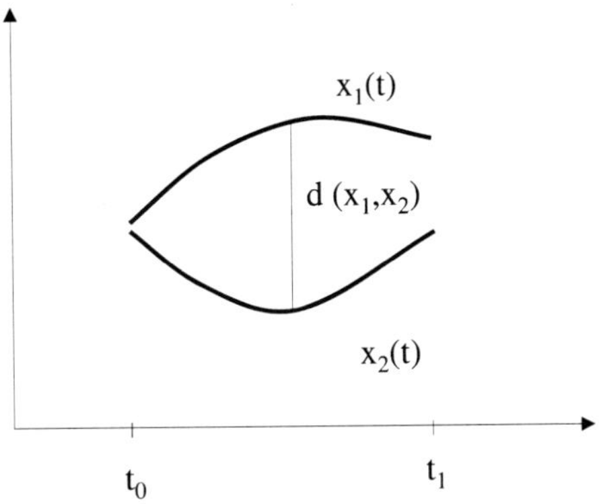

Figura 2.5 Distancia entre dos funciones

El conjunto Ω, con la distancia d es un espacio métrico.

En el ejemplo que estamos considerando en este apartado, se obtiene

$$d(x_1, x_2) = \|x_1 - x_2\| = \max_{t\in[1,5]} \left|t^2 - 2t - 1\right| = 14.$$

Sean $x_0 \in \Omega$, $\delta \in \mathbb{R}$, $(\delta > 0)$. Se define bola abierta de centro x_0 y radio δ, el siguiente conjunto:

$$B(x_0, \delta) = \{x \in \Omega : d(x, x_0) < \delta\}.$$

Cualquier $x \in \Omega$, cuya gráfica esté contenida en la franja representada en la Figura 2.6, pertenece a la bola $B(x_0, \delta)$.

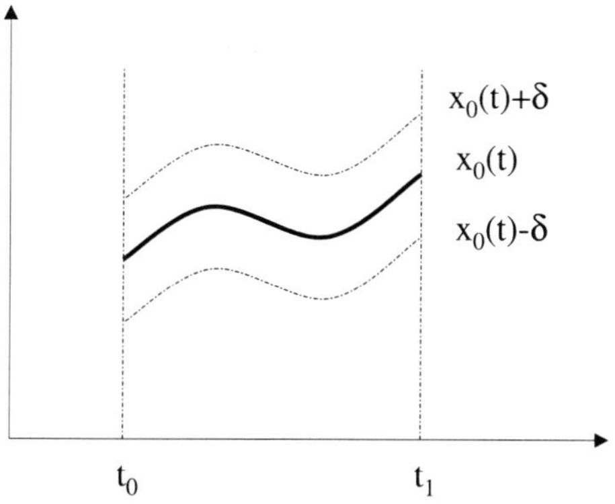

Figura 2.6 Bola abierta de centro x_0 y radio δ

Terminamos este apartado definiendo el concepto de **funcional**.

En el problema de la braquistócrona a cada función admisible se le hace corresponder un número real, que es el tiempo que tarda una partícula elemental en ir desde A hasta B. Análogamente, en cualquier problema de cálculo de variaciones, a cada función admisible se le asigna un número real, lo cual se establece a partir de un funcional.

Un funcional es una aplicación, cuyo dominio es un conjunto de funciones, y cuyo rango es un subconjunto de $\mathbb{R}$.

En el caso que nos ocupa, consideramos funcionales J cuyo dominio es el conjunto Ω, es decir:

$$J: \begin{array}{l} \Omega \to \mathbb{R} \\ x \to J(x). \end{array}$$

Veamos algunos ejemplos sencillos de funcionales:

1º) A cada función $x \in \Omega$, le hacemos corresponder

$$J(x) = \int_{t_o}^{t_1} x(t)dt.$$

Como $x \in \Omega$, x es una función continua por lo que es integrable, y por tanto, $J(x)$ es un número real. Se trata por tanto de un funcional.

2º) Para $x \in \Omega$, sea $L(x) = x'(t)$. En este caso no se trata de un funcional pues la derivada de una función derivable es en general otra función, y no es un número real.

3º) Para $x \in \Omega$, sea

$$K(x) = x'(\frac{t_o + t_1}{2}).$$

En este caso es un funcional pues, al ser x derivable, la derivada de x en el punto medio del intervalo en el que está definida, existe y es un número real.

2.2.2 Formulación del problema de cálculo de variaciones

A continuación, se define el problema de cálculo de variaciones para el caso escalar, con extremos fijos.

Sea F una función de tres variables, de clase $C^{(2)}$ (es decir que posee todas las derivadas parciales primeras y segundas, y son continuas). Se considera el siguiente funcional:

$$J(x) = \int_{t_0}^{t_1} F[x(t), \dot{x}(t), t]dt,$$

en donde $\dot{x}(t)$ es la función derivada de $x(t)$ con respecto a t.

Se trata de encontrar aquella función $x^*(t)$, con derivadas primera y segunda continuas en $[t_0, t_1]$, verificando que $x^*(t_0) = x_0, x^*(t_1) = x_1$, siendo x_0 y x_1 dados, para la que el funcional J alcance el valor máximo (o el valor mínimo).

El problema, por tanto, en el caso de maximización es

$$\begin{aligned} &\max_{x \in \Omega} J(x) = \int_{t_0}^{t_1} F[x(t), \dot{x}(t), t]dt, \\ &\text{con}: \ x(t_0) = x_0, \ x(t_1) = x_1, \end{aligned} \tag{2.1}$$

en donde recordamos que $\Omega = \{x : [t_0, t_1] \to \mathbb{R} \mid x$ posee derivadas primera y segunda continuas en $[t_0, t_1]\}$.

Por tanto, para este problema, el conjunto factible (llamado conjunto de funciones admisibles) es

$$\Psi = \{x \in \Omega \mid x(t_0) = x_0, \ x(t_1) = x_1\}.$$

Como es habitual en optimización, el considerar sólo el máximo (o el mínimo) de la función objetivo, en este caso del funcional objetivo, no supone ninguna pérdida de generalidad, ya que

$$\min J(x), \text{ es equivalente a } -\max[-J(x)]$$

y, además, el elemento x que minimiza $J(x)$ es el mismo x que maximiza $[-J(x)]$.

A continuación se presentan algunos ejemplos de formulación de problemas de cálculo de variaciones.

Ejemplo 2.1 Dados los puntos (a, α) y (b, β), del plano (t, x), siendo $a \neq b$, se trata de encontrar la función $x^*(t)$ que une dichos puntos, cuya longitud sea mínima.

SOLUCIÓN. Obtengamos la formulación matemática del problema:

En la Figura 2.7 se representan diferentes funciones que unen los puntos dados.

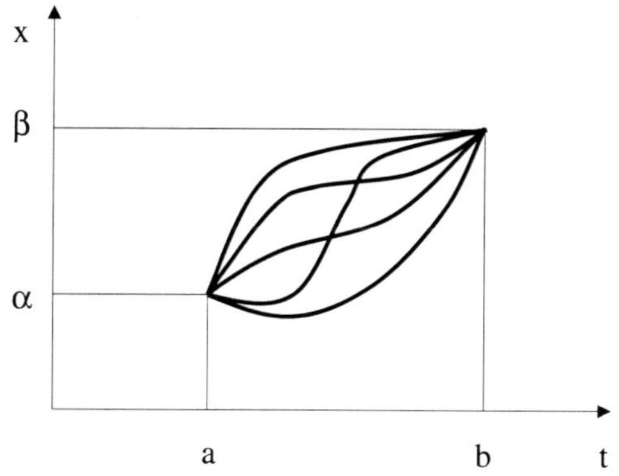

Figura 2.7 Funciones admisibles

Dada $x(t)$ una función cualquiera como las que aparecen en la figura anterior, se sabe que la longitud del arco de curva entre los puntos dados viene dada por

$$\ell = \int_a^b \sqrt{1 + \dot{x}^2(t)}dt.$$

Por tanto, el problema que nos ocupa es

$$\min J(x) = \int_a^b \sqrt{1 + \dot{x}^2(t)}dt,$$
$$\text{con } x(a) = \alpha, \ x(b) = \beta.$$

■

Ejemplo 2.2 Una mina contiene una cantidad B de mineral. El beneficio instantáneo que se puede obtener vendiendo el recurso a una tasa x, es $\ln x$. Encontrar la tasa a la cual el recurso debería ser vendido en un periodo fijado $[0, t_1]$, para maximizar el valor presente de los beneficios de la mina. Se supone que el tipo de descuento es una constante r, y que el recurso no tiene valor después de t_1.

SOLUCIÓN. Formulación del problema:

Para cada $t \in [0, t_1]$, se define la variable $y(t)$, que expresa las ventas acumuladas en $[0, t]$.

Se verifica que $y(0) = 0$, ya que cuando empieza el período sobre el que se realiza el estudio, no se ha vendido nada. Por otra parte, $y(t_1) = B$, pues, al no tener valor el recurso después del tiempo t_1, se querrá tener todo vendido en t_1. Por definición de $x(t)$ y de $y(t)$ se verifica que $\dot{y}(t) = x(t)$, para todo $t \in [0, t_1]$.

Por tanto, el problema es:

$$\max J(y) = \int_0^{t_1} e^{-rt} \ln \dot{y}(t)dt,$$
$$\text{con} : y(0) = 0, \ y(t_1) = B.$$

La solución del problema formulado nos dará $y^*(t)$, y entonces el valor que se pide $x^*(t)$ será igual a $\dot{y}^*(t)$.

■

Ejemplo 2.3 Una persona se plantea cuál debe ser su consumo $C(t)$, en cada instante de tiempo t, en un horizonte temporal dado $[0, t_1]$, de manera que maximice su flujo de utilidad descontada en $[0, t_1]$, siendo r la tasa de descuento. La utilidad es una función que depende de $C(t)$ y que se supone posee derivadas primera y segunda continuas. Sea $K(t)$ el capital que posee la persona en el instante t. Se supone que $K(0) = K_0$ es conocido y que se fija $K(t_1) = K_{t_1}$. La persona puede prestar o pedir prestado su capital a un tipo de interés i. Los ingresos que obtiene esta persona provienen del salario instantáneo $v(t)$, determinado exógenamente, y de los intereses obtenidos por el préstamo de su capital.

SOLUCIÓN. Formulación del problema:

El flujo de utilidad descontada en $[0, t_1]$ viene dado por

$$\int_0^{t_1} e^{-rt} U(C(t))dt.$$

Para cada instante $t \in [0, t_1]$ se verifica

$$K'(t) = iK(t) + v(t) - C(t).$$

Esta expresión indica que, en cada instante, la variación del capital es igual al ingreso que obtiene por intereses (o que se gasta en intereses, si tiene capital negativo por haber tenido que endeudarse mediante un crédito) más el ingreso que obtiene por salario, menos la cantidad que destina al consumo.

Como en la anterior expresión se puede despejar el consumo instantáneo, obteniendo

$$C(t) = iK(t) + v(t) - K'(t),$$

el problema que hay que resolver es:

$$\max J(K) = \int_0^{t_1} e^{-rt} U(iK(t) + v(t) - K'(t))dt,$$
$$\text{con}: K(0) = K_0,\ K(t_1) = K_{t_1}.$$

■

2.3 CONDICIONES NECESARIAS DE OPTIMALIDAD

Al igual que ocurre en programación matemática, en cálculo de variaciones se definen los conceptos de óptimo global y de óptimo local. En este caso, refiriéndonos al Problema (2.1), definimos máximo global y máximo local. Antes de pasar propiamente a las condiciones de optimalidad, veamos unas definiciones previas.

Definición 2.1 *Se dice que x es una función admisible para el Problema (2.1), si verifica que*

$$x \in \Omega,\ x(t_0) = x_0 \text{ y } x(t_1) = x_1.$$

Podemos definir, por tanto el conjunto de todas las funciones admisibles para el Problema (2.1), de la siguiente forma:

$$\begin{aligned}\Psi &= \{\text{funciones admisibles para el Problema (2.1)}\}\\ &= \{x \in \Omega \mid x(t_0) = x_0,\ x(t_1) = x_1\}.\end{aligned}$$

A continuación se define el concepto de máximo global.

Definición 2.2 *Sea x^* una función admisible para el Problema (2.1). Se dice que x^*es máximo global si para cualquier función admisible x, se verifica que*

$$J(x) \leq J(x^*).$$

Al igual que ocurre en programación matemática, en muchas ocasiones no dispondremos de instrumentos que nos detecten máximos locales, y sí dispondremos de condiciones que nos permitan obtener máximos locales.

Definición 2.3 *Sea x^* una función admisible para el Problema (2.1). Se dice que x^* es máximo local, si existe un $\delta > 0$, tal que para toda función admisible x, perteneciente a $B(x^*, \delta)$, se verifica que*

$$J(x) \leq J(x^*).$$

De manera análoga, se definen los conceptos de mínimo global y de mínimo local.

Para resolver el Problema (2.1) que nos ocupa, tenemos que calcular el máximo global, sin embargo, al igual que ocurre en programación matemática, consideramos máximos locales porque vamos a obtener condiciones de optimalidad que detectan óptimos locales y no óptimos globales.

2.3.1 Condición necesaria de primer orden. Ecuación de Euler

La condición que vamos a obtener, llamada condición o ecuación de Euler, es la más importante del cálculo de variaciones. Su deducción es muy sencilla y fácilmente comprensible, pues se apoya en la programación matemática clásica de funciones diferenciables. A continuación se enuncian dos resultados previos, la fórmula de Leibniz y un lema, que se utilizan posteriormente en la demostración del teorema que da la ecuación de Euler.

(Fórmula de Leibniz) *Supongamos que las funciones*

$$u'(\alpha)\ ,\ v'(\alpha) \text{ son continuas en } \{\alpha \mid \alpha_0 - \epsilon < \alpha < \alpha_0 + \epsilon\}, \text{ para } \epsilon > 0,$$

$$f,\ \frac{\partial f}{\partial \alpha} \text{ son continuas en } \{u(\alpha) \leq z \leq v(\alpha),\ \alpha_0 - \epsilon < \alpha < \alpha_0 + \epsilon\}.$$

Entonces se verifica que:

$$\left[\frac{d}{d\alpha}\left(\int_{u(\alpha)}^{v(\alpha)} f(\alpha, z)dz\right)\right](\alpha_0) = f(\alpha_0, v(\alpha_0))v'(\alpha_0) - f(\alpha_0, u(\alpha_0))u'(\alpha_0) + \int_{u(\alpha_0)}^{v(\alpha_0)} \left[\frac{\partial f(\alpha, z)}{\partial \alpha}\right](\alpha_0)dz. \tag{2.2}$$

A continuación se ilustra la fórmula de Leibniz mediante un ejemplo.

Ejemplo 2.4 Calcular, utilizando la fórmula de Leibniz:

$$\frac{d}{d\alpha}\left[\int_{\alpha}^{\alpha^2} \left(z^2 + \alpha z + 3\right) dz\right].$$

SOLUCIÓN. En este caso:

$$f(\alpha, z) = z^2 + \alpha z + 3,$$
$$u(\alpha) = \alpha,$$
$$v(\alpha) = \alpha^2.$$

Aplicando la fórmula de Leibniz, se obtiene:

$$\frac{d}{d\alpha}\left(\int_{\alpha}^{\alpha^2} \left(z^2 + \alpha z + 3\right) dz\right) = \left(\alpha^4 + \alpha^3 + 3\right) 2\alpha - (\alpha^2 + \alpha^2 + 3) + \int_{\alpha}^{\alpha^2} z dz$$
$$= 2\alpha^5 + 2\alpha^4 + 6\alpha - 2\alpha^2 - 3 + \left[\frac{z^2}{2}\right]_{\alpha}^{\alpha^2}$$
$$= 2\alpha^5 + \frac{5}{2}\alpha^4 - \frac{5}{2}\alpha^2 + 6\alpha - 3.$$

En este ejemplo, también se puede hacer el cálculo resolviendo primero la integral y derivando a continuación, llegándose lógicamente al mismo resultado.

■

(Caso particular) *Si $u(\alpha) = a$, $v(\alpha) = b$, y las funciones f y $\frac{\partial f}{\partial \alpha}$ son continuas, se verifica que*

$$\frac{d}{d\alpha}\left(\int_{a}^{b} f(\alpha, z)dz\right) = \int_{a}^{b} \frac{\partial f(\alpha, z)}{\partial \alpha} dz. \tag{2.3}$$

El siguiente lema se utiliza en la demostración del teorema que le sigue.

Lema 2.1 *Sea f una función continua, definida en $[t_0, t_1]$. Sea η una función diferenciable, definida en $[t_0, t_1]$, con $\eta(t_0) = \eta(t_1) = 0$. Si*

$$\int_{t_0}^{t_1} f(t)\eta(t)dt = 0,$$

para toda función η que cumple las condiciones señaladas, entonces: $f(t) = 0$, para todo $t \in [t_0, t_1]$.

DEMOSTRACIÓN. Por reducción al absurdo. Supongamos que $\exists \hat{t} \in (t_0, t_1)$, con $f(\hat{t}) > 0$. Al ser f continua, entonces $f(t) > 0$, en un entorno de $\hat{t}$, (s_0, s_1) con $t_0 < s_0 < \hat{t} < s_1 < t_1$.

Definimos:

$$\eta(t) = \begin{cases} 0, & \text{en } [t_0, s_0], \\ (t - s_0)^2(t - s_1)^2, & \text{en } [s_0, s_1], \\ 0, & \text{en } [s_1, t_1]. \end{cases}$$

La función $\eta(t)$ definida, es diferenciable en $[t_0, t_1]$, con $\eta(t_0) = \eta(t_1) = 0$.

Se verifica que $\int_{t_0}^{t_1} f(t)\eta(t)dt = \int_{s_0}^{s_1} f(t)[t - s_0]^2[t - s_1]^2 dt > 0$, al ser el integrando estrictamente positivo en (s_0, s_1), lo cual está en contradicción con la hipótesis.

Razonando de manera análoga, llegamos a que no puede ser $f(t') < 0$, en (t_0, t_1).

Luego $f(t) = 0, \forall t \in (t_0, t_1)$, y por tanto $f(t) = 0, \forall t \in [t_0, t_1]$ ya que f es continua en $[t_0, t_1]$.

■

A continuación, se enuncia y demuestra el teorema fundamental que da una condición necesaria de optimalidad local. La técnica de demostración, habitual en cálculo de variaciones, consiste en partir de la solución óptima e introducir pequeñas variaciones a partir de ella, reduciendo el problema a uno de maximización de una función real de variable real.

Teorema 2.1 (Condición de Euler) *Si $x^*(t)$ es un máximo local del Problema (2.1), entonces en $x^*(t)$ se verifica la siguiente condición:*

$$F_x\left[x^*(t), \dot{x}^*(t), t\right] - \frac{d}{dt}F_{\dot{x}}\left[x^*(t), \dot{x}^*(t), t\right] = 0, \ \forall t \in [t_0, t_1],$$

que es la ecuación de Euler, en donde F_x es la derivada parcial de F con respecto a su primera variable x, y $F_{\dot{x}}$ es la derivada parcial de F con respecto a su segunda variable $\dot{x}$.

DEMOSTRACIÓN. Sea $x^*(t)$ máximo local del Problema (2.1).

Sea $\eta(t)$, función de clase $C^{(2)}$ definida en $[t_0, t_1]$, verificando que $\eta(t_0) = \eta(t_1) = 0$ y que $\|\eta\| \neq 0$ (es decir, $\eta(t)$ no vale cero en todos los puntos).

Para cada número real ε, definimos la siguiente función

$$x_\varepsilon(t) = x^*(t) + \varepsilon\eta(t), \text{ para } t_0 \leq t \leq t_1,$$

que se representa en la Figura 2.8.

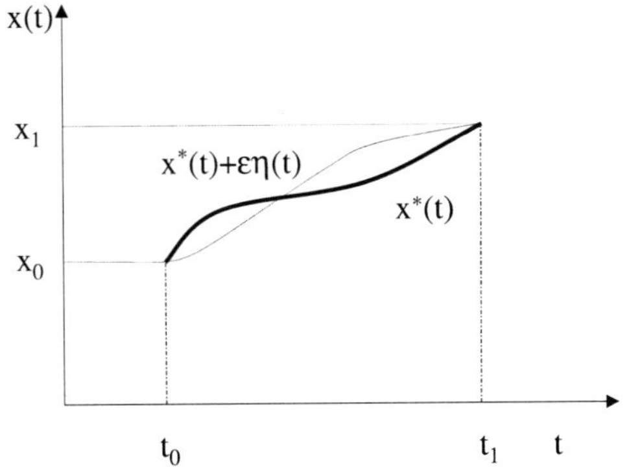

Figura 2.8 Funciones x^* y x_ε

Para $\varepsilon = 0$, es $x_\varepsilon(t) = x_0(t) = x^*(t)$, para cada $t \in [t_0, t_1]$.

Si ε es "pequeño", $x_\varepsilon(t)$ está "cerca" de la función $x^*(t)$.

Claramente $x_\varepsilon(t)$ es una función admisible, para cada $\varepsilon \in \mathbb{R}$, ya que:

$$x_\varepsilon(t_0) = x^*(t_0) + \varepsilon\eta(t_0) = x_0,$$
$$x_\varepsilon(t_1) = x^*(t_1) + \varepsilon\eta(t_1) = x_1,$$
x_ε es de clase $C^{(2)}$, por definición de x_ε, siendo x^* y η de clase $C^{(2)}$.

Además, por ser $x^*(t)$ un máximo local del problema (2.1), se verifica que existe un $\delta > 0$, tal que para $x_\varepsilon \in B(x^*, \delta)$,

$$J(x^*) \geq J(x_\varepsilon) = \int_{t_0}^{t_1} F\left[x_\varepsilon(t), \dot{x}_\varepsilon(t), t\right] dt$$
$$= \int_{t_0}^{t_1} F[x^*(t) + \varepsilon\eta(t), \dot{x}^*(t) + \varepsilon\dot{\eta}(t), t]dt.$$

Pero, fijados x^* y η, el valor que toma el funcional para x_ε depende sólo de ε.

Podemos, por tanto, definir: $J(x_\varepsilon) = J(\varepsilon)$, con lo que se consigue reducir el problema de cálculo de variaciones a un problema de maximización de una función de una variable real.

Como la función $J(\varepsilon)$ que se corresponde con $J(x_\varepsilon)$, alcanza un máximo local para $\varepsilon = 0$ (ya que $x_0 = x^*$), la condición necesaria de optimalidad local, para funciones de variable real, nos asegura que

$$[J'(\varepsilon)]_{\varepsilon=0} = 0.$$

Calculemos

$$J'(\varepsilon) = \frac{d}{d\varepsilon}\left\{\int_{t_0}^{t_1} F[x^*(t) + \varepsilon\eta(t), \dot{x}^*(t) + \varepsilon\dot{\eta}(t), t]dt\right\},$$

utilizando la fórmula de Leibniz, para el caso particular en que los límites de integración no dependen del parámetro sobre el que se deriva, es decir, expresión (2.3), será:

$$J'(\varepsilon) = \int_{t_0}^{t_1} \frac{d}{d\varepsilon}\left\{F[x^*(t) + \varepsilon\eta(t), \dot{x}^*(t) + \varepsilon\dot{\eta}(t), t]dt\right\}.$$

Aplicando la regla de la cadena, se obtiene que la expresión anterior es

$$\int_{t_0}^{t_1} \left\{\eta(t)F_x[x^*(t)+\varepsilon\eta(t),\dot{x}^*(t)+\varepsilon\dot{\eta}(t),t]+\dot{\eta}(t)F_{\dot{x}}[x^*(t)+\varepsilon\eta(t),\dot{x}^*(t)+\varepsilon\dot{\eta}(t),t]\right\}dt.$$

Particularizando en $\varepsilon = 0$, se obtiene:

$$J'(0) = 0 = \int_{t_0}^{t_1} \left\{\eta(t)F_x[x^*(t),\dot{x}^*(t),t]+\dot{\eta}(t)F_{\dot{x}}[x^*(t),\dot{x}^*(t),t]\right\}dt.$$

Para simplificar la notación, podemos escribir:

$$\int_{t_0}^{t_1} \eta F_x dt + \int_{t_0}^{t_1} \dot{\eta} F_{\dot{x}} dt = 0, \qquad (2.4)$$

en donde F_x, $F_{\dot{x}}$ están definidas en $[x^*(t), \dot{x}^*(t), t]$,y η, $\dot{\eta}$ lo están en t.

La segunda de esas integrales se puede resolver por partes:

$$\int_{t_0}^{t_1} F_{\dot{x}}\dot{\eta}dt = (*) : \text{tenemos} \left\{ \begin{array}{ll} u = F_{\dot{x}} & \Longrightarrow du = \frac{d}{dt}F_{\dot{x}}dt \\ dv = \dot{\eta}dt & \Longrightarrow v = \eta \end{array} \right\}$$

$$(*) = \eta \; F_{\dot{x}}]_{t_0}^{t_1} - \int_{t_0}^{t_1} \eta(t).\frac{d}{dt}F_{\dot{x}}dt = -\int_{t_0}^{t_1} \eta(t)\frac{d}{dt}F_{\dot{x}}dt, \text{ ya que } \eta(t_1) = \eta(t_0) = 0.$$

Queda, por tanto, sustituyendo en (2.4) y reordenando:

$$0 = \int_{t_0}^{t_1} \eta(t)\left[F_x - \frac{d}{dt}F_{\dot{x}}\right]dt.$$

Aplicando el Lema 2.1 se obtiene que $F_x - \frac{d}{dt}F_{\dot{x}} = 0$, con lo que el teorema queda demostrado. ■

Observación 2.1 Es inmediato comprobar que la condición de Euler es también condición necesaria de mínimo local.

2.3.2 Algunas consideraciones sobre la ecuación de Euler

La ecuación de Euler (aportación de L. Euler, en 1744), para una función admisible $x(t)$ genérica, es por tanto:

$$F_x(x(t),\dot{x}(t),t) - \frac{d}{dt}F_{\dot{x}}(x(t),\dot{x}(t),t) = 0.$$

Se puede desarrollar el segundo sumando, calculando a partir de la regla de la cadena la derivada con respecto a t, obteniendo:

$$F_x - F_{\dot{x}x}\dot{x} - F_{\dot{x}\dot{x}}\ddot{x} - F_{\dot{x}t} = 0, \qquad (2.5)$$

en donde $F_{\dot{x}x}$ es la derivada segunda de F, con respecto a sus variables x y $\dot{x}$, $F_{\dot{x}\dot{x}}$ es la derivada segunda de F, con respecto a su variable $\dot{x}$ dos veces, $F_{\dot{x}t}$ es la derivada segunda de F, con respecto a sus variables $\dot{x}$ y t, $\ddot{x}$ es la derivada segunda de $x(t)$ respecto de t dos veces.

La ecuación de Euler es, por tanto, una ecuación diferencial de segundo orden, como se ve claramente en (2.5). Las soluciones a dicha ecuación se llaman extremales y dependen de dos constantes arbitrarias C_1 y C_2, es decir, son de la forma:

$$x = x(t, C_1, C_2).$$

Para obtener soluciones que verifiquen la condición necesaria de máximo local del Problema (2.1), hay que resolver la ecuación de Euler e imponer al resultado las condiciones inicial y final dadas.

Vamos a ilustrar estas consideraciones con algunos ejemplos.

Ejemplo 2.5 Obtener las funciones que verifiquen las condiciones necesarias de máximo local del siguiente problema:

$$\max\ J(x) = \int_0^2 \left(-12tx - \dot{x}^2\right) dt,$$
$$\text{con}\ :\ x(0) = 2, x(2) = 12.$$

SOLUCIÓN. En este caso, $F(x, \dot{x}, t) = -12tx - \dot{x}^2$.

Calculemos sus derivadas con respecto a x y a $\dot{x}$:

$$F_x = -12t,$$
$$F_{\dot{x}} = -2\dot{x}.$$

De donde:

$$\frac{d}{dt}F_{\dot{x}} = -2\ddot{x}.$$

Como la ecuación de Euler es:

$$F_x - \frac{d}{dt}F_{\dot{x}} = 0,$$

en este caso queda así:

$$-12t + 2\ddot{x} = 0, \text{ es decir: } \ddot{x} = 6t.$$

Integrando ambos miembros de la igualdad, se obtiene:

$$\dot{x}(t) = 3t^2 + C_1,$$
$$x(t) = t^3 + C_1 t + C_2,$$

que es el único extremal.

Al imponer ahora las condiciones inicial y final, se obtiene.

$$2 = x(0) = C_2,$$
$$12 = x(2) = 8 + 2C_1 + 2 \Longrightarrow C_1 = 1,$$

por lo que el máximo sólo puede alcanzarse en la función

$$x(t) = t^3 + t + 2, \text{ para } 0 \leq t \leq 2.$$

■

Ejemplo 2.6 Obtener las funciones que verifiquen las condiciones necesarias de máximo o mínimo local del siguiente problema:

$$opt\ J(x) = \int_0^1 (tx + x^2 - 2x^2\dot{x})dt$$
$$\text{con}\ :\ x(0) = 2,\ x(1) = 5,$$

donde *opt* significa optimizar.

SOLUCIÓN. En este caso, como

$$F(x, \dot{x}, t) = tx + x^2 - 2x^2\dot{x},$$

se tiene que

$$F_x = t + 2x - 4x\dot{x},$$
$$F_{\dot{x}} = -2x^2 \Longrightarrow \frac{d}{dt}F_{\dot{x}} = -4x\dot{x},$$

y, por tanto, la ecuación de Euler es:

$$t + 2x - 4x\dot{x} + 4x\dot{x} = 0 \iff x(t) = -\frac{1}{2}t,\ \text{para}\ 0 \leq t \leq 1.$$

Imponemos condiciones inicial y final:

$$2 = x(0) = 0. \qquad \text{Imposible.}$$
$$5 = x(1) = -\frac{1}{2}. \qquad \text{Imposible.}$$

Luego el problema dado no tiene máximo ni mínimo, ya que no existe ningún extremal que verifique las condiciones inicial y final.

■

2.3.3 Algunos casos especiales de la ecuación de Euler

Se ha visto que la ecuación de Euler es una ecuación diferencial de segundo orden. Dicha ecuación puede ser muy difícil de resolver analíticamente. En algunos casos, la forma de la función F permite que la ecuación se pueda expresar de otra forma más simple. Vamos a considerar los siguientes casos:

a) F no depende de x.

b) F no depende de $\dot{x}$.

c) F sólo depende de x y de $\dot{x}$.

Caso en que F no depende de x

Supongamos que F no depende de x, es decir sea $F = F(\dot{x}, t)$. En este caso es, por tanto, $F_x = 0$. La ecuación de Euler queda

$$\frac{d}{dt}F_{\dot{x}} = 0,$$

que es equivalente a:

$$F_{\dot{x}} = C. \tag{2.6}$$

Ejemplo 2.7

$$\max\ J(x) = \int_0^1 (t^2 - \dot{x}^2)dt,$$
$$\text{con}:\ x(0) = 1,\ x(1) = 2.$$

SOLUCIÓN. Como F no depende de x, la ecuación de Euler se puede expresar en la forma dada por (2.6).

En este caso,

$$F_{\dot{x}} = -2\dot{x},$$

por lo que,

$$-2\dot{x} = C \iff \dot{x} = -\frac{C}{2} = C_1.$$

Integrando, queda:

$$x(t) = C_1 t + C_2,$$

que es el extremal.

Al considerar las condiciones inicial y final, queda:

$$1 = x(0) = C_2,$$
$$2 = x(1) = C_1 + 1 \Longrightarrow C_1 = 1,$$

por lo que la única función en la que puede alcanzarse el máximo es:

$$x(t) = t + 1, \text{ para } 0 \leq t \leq 1.$$

■

Caso en que F no depende de $\dot{x}$

Supongamos que F no depende de $\dot{x}$, es decir sea $F = F(x, t)$.

Al ser, en este caso, $F_{\dot{x}} = 0$, la ecuación de Euler queda:

$$F_x = 0, \tag{2.7}$$

que es una ecuación algebraica. La solución a dicha ecuación no dependerá de constantes arbitrarias, por lo que sólo cumplirá por casualidad las condiciones inicial y final dadas.

Ejemplo 2.8 Para el problema,

$$\min J(x) = \int_0^1 (t + x)^2 dt,$$
$$\text{con}: x(0) = a,\ x(1) = b,$$

se trata de encontrar la solución a la ecuación de Euler y determinar los valores de a y b para los que dicha solución es función admisible.

SOLUCIÓN. En este caso la ecuación de Euler obtenida en (2.7) es:

$$2(t + x) = 0, \text{ es decir, } x(t) = -t, \text{ para } 0 \leq t \leq 1.$$

Al imponer las condiciones inicial y final, se obtiene:

$$\begin{aligned} a &= x(0) = 0, \\ b &= x(1) = -1, \end{aligned}$$

por lo que, para $a = 0, b = -1$, la única función para la que puede alcanzarse el mínimo es $x(t) = -t$, para $0 \leq t \leq 1$ suponiendo que $x(0) = 0; x(1) = -1$.

Si $x(0) \neq 0$, ó, $x(1) \neq -1$, no existe ninguna función para la que pueda alcanzarse el mínimo.

■

Caso en que F sólo depende de x y de $\dot{x}$

Supongamos que F sólo depende de x y $\dot{x}$, es decir, $F = F(x, \dot{x})$.

En general, si $F = F(x, \dot{x}, t)$, tenemos el siguiente esquema de dependencias entre las variables

$$\begin{array}{ccccc} t & \rightarrow & x & & \\ & & & \searrow^{F} & \\ t & \rightarrow & \dot{x} & \longrightarrow & F \\ & & & \nearrow & \\ & & t & & \end{array}$$

Por tanto, aplicando la regla de la cadena se tiene que

$$\frac{dF}{dt} = \frac{\partial F}{\partial x}\frac{dx}{dt} + \frac{\partial F}{\partial \dot{x}}\frac{d\dot{x}}{dt} + \frac{\partial F}{\partial t},$$

que, con otra notación, se puede expresar como

$$\frac{dF}{dt} = F_x\dot{x} + F_{\dot{x}}\ddot{x} + F_t.$$

En este caso, al ser $F_t = 0$, se tiene

$$\frac{dF}{dt} = F_x\dot{x} + F_{\dot{x}}\ddot{x}, \tag{2.8}$$

pero la ecuación de Euler impone que

$$F_x = \frac{d}{dt}F_{\dot{x}},$$

por lo que (2.8) puede escribirse como:

$$\frac{dF}{dt} = \left(\frac{d}{dt}F_{\dot{x}}\right)\dot{x} + F_{\dot{x}}\ddot{x}, \tag{2.9}$$

pero obsérvese que la segunda parte de esta igualdad es igual a la derivada de $\dot{x}F_{\dot{x}}$ con respecto a t, es decir:

$$\frac{d}{dt}(\dot{x}F_{\dot{x}}) = \left(\frac{d}{dt}F_{\dot{x}}\right)\dot{x} + F_{\dot{x}}\ddot{x}.$$

Por tanto, podemos reescribir (2.9) como:

$$\frac{dF}{dt} = \frac{d}{dt}(\dot{x}F_{\dot{x}}),$$

que se puede expresar en la forma:

$$\frac{d}{dt}(F - \dot{x}F_{\dot{x}}) = 0,$$

o lo que es lo mismo:

$$F - \dot{x}F_{\dot{x}} = C, \tag{2.10}$$

que es otra forma para la ecuación de Euler, que se puede utilizar en el caso que nos ocupa.

En este caso en que F sólo depende de x y de $\dot{x}$ se puede utilizar la ecuación de Euler en la forma habitual, o bien en la forma obtenida en (2.10).

Ejemplo 2.9

$$\max J(x) = \int_0^1 (2 - 3x\dot{x}^2)dt,$$
$$\text{con} : x(0) = 0,\ x(1) = 1.$$

SOLUCIÓN. Sea

$$F = 2 - 3x\dot{x}^2,$$

de donde se obtiene que

$$F_{\dot{x}} = -6x\dot{x}.$$

Luego, la ecuación de Euler, en la forma dada por (2.10) será:

$$2 - 3x\dot{x}^2 + 6x\dot{x}^2 = C,$$

es decir,

$$3x\dot{x}^2 = C - 2.$$

Reordenando,

$$\dot{x} = \sqrt{\frac{C-2}{3}}.\frac{1}{\sqrt{x}} = A\frac{1}{\sqrt{x}}.$$

$$\frac{dx}{dt} = A\frac{1}{\sqrt{x}} \iff \int \sqrt{x}dx = \int Adt.$$

Resolviendo las integrales, se obtiene:

$$x^{3/2} = \frac{3}{2}At + \frac{3}{2}B,$$

por lo que

$$x(t) = \left(\frac{3}{2}At + \frac{3}{2}B\right)^{\frac{2}{3}} = (Dt + E)^{\frac{2}{3}}.$$

Imponiendo las condiciones inicial y final,

$$0 = x(0) = E^{\frac{2}{3}} \Longrightarrow E = 0,$$
$$1 = x(1) = D^{\frac{2}{3}} \Longrightarrow D = 1,$$

se llega a que

$$x(t) = t^{\frac{2}{3}}, \text{ para } 0 \leq t \leq 1,$$

es la única función para la que puede alcanzarse el máximo.

Para este ejemplo, el lector puede comprobar que si se utiliza la forma habitual de la ecuación de Euler, en lugar de utilizar la expresión (2.10), la ecuación diferencial de segundo orden a resolver, es mucho más complicada.

■

2.3.4 Condición necesaria de segundo orden. Condición de Legendre

La ecuación de Euler proporciona una condición necesaria de optimalidad que tienen que cumplir los máximos y los mínimos locales. Dicha ecuación la obteníamos en la demostración del Teorema 2.1, a partir de la primera derivada de una función de la variable ε. A continuación nos vamos a apoyar en la derivada segunda de la misma función de ε, para obtener la condición de Legendre, que es una condición necesaria de optimalidad local en cálculo de variaciones, y que permite distinguir entre candidatos a máximo y candidatos a mínimo.

A continuación se estudia un lema, que se utiliza posteriormente en la demostración del Teorema 2.2, que nos da la condición de Legendre.

Lema 2.2 *Sean $P(t)$ y $Q(t)$ funciones continuas dadas en $[t_0, t_1]$, y sea el funcional cuadrático:*

$$\int_{t_0}^{t_1} \{P(t)[\dot{\eta}(t)]^2 + Q(t)[\eta(t)]^2\}dt,$$

definido para todas las funciones $\eta(t)$, con derivada continua en $[t_0, t_1]$, tales que

$$\eta(t_0) = \eta(t_1) = 0.$$

Una condición necesaria para que el funcional dado sea menor o igual que cero, para todas las funciones $\eta(t)$ que verifiquen las hipótesis dadas, es que $P(t) \leq 0$, para todo $t \in [t_0, t_1]$.

DEMOSTRACIÓN. Por reducción al absurdo.

Supongamos que existe $t \in [t_0, t_1]$, tal que $P(t) > 0$. En tal caso, por ser P continua, existirá s punto interior a $[t_0, t_1]$, tal que $P(s) > 0$.

Sea $b > 0$, tal que $P(s) = 2b > 0$.

Por ser P continua, existirá un $c > 0$, verificando:

$$t_0 \leq s - c < s < s + c \leq t_1, \text{ con } P(t) > b, \text{ paa todo } t \in [s - c, s + c],$$

tal como se refleja en la Figura 2.9.

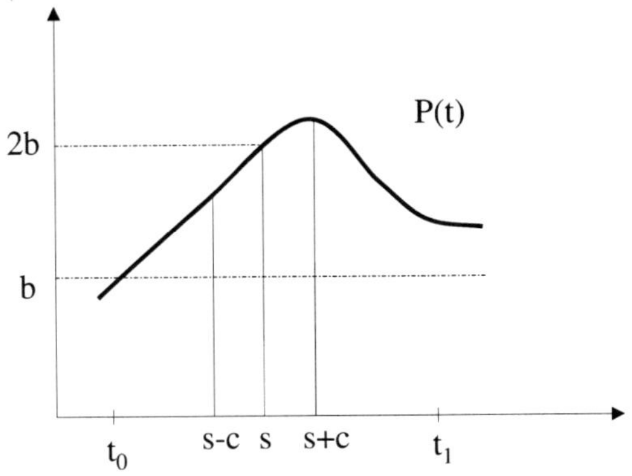

Figura 2.9 Si no es $P(t) \leq 0$, para todo t

Fijada dicha función P, se considera ahora la siguiente función η :

$$\eta(t) = \begin{cases} \operatorname{sen}^2 \frac{\pi(t-s)}{c} & , \text{si } s-c < t < s+c, \\ 0 & , \text{en el resto del intervalo } [t_0, t_1]. \end{cases}$$

Sea

$$r = \frac{\pi(t-s)}{c}.$$

La derivada de la función η es:

$$\dot{\eta}(t) = \begin{cases} \frac{\pi}{c} 2 \operatorname{sen} r \cos r = \frac{\pi}{c} \operatorname{sen} 2r & , \text{si } s-c < t < s+c, \\ 0 & , \text{si } t \notin [s-c, s+c], \text{con } [t_0, t_1]. \end{cases}$$

Para las funciones que estamos considerando, el funcional cuadrático del enunciado tomará el siguiente valor:

$$\int_{t_0}^{t_1} \{P(t)[\dot{\eta}(t)]^2 + Q(t)[\eta(t)]^2\} dt = \int_{s-c}^{s+c} P(t) \left(\frac{\pi}{c}\right)^2 \operatorname{sen}^2(2r) dt + \int_{s-c}^{s+c} Q(t) \operatorname{sen}^4 r dt.$$

Analicemos cada uno de los dos sumandos del segundo miembro:

1) Por ser $P(t) > b, \forall t \in [s-c, s+c]$, resulta que:

$$\int_{s-c}^{s+c} P(t) \left(\frac{\pi}{c}\right)^2 \operatorname{sen}^2(2r) dt \geq \int_{s-c}^{s+c} b \left(\frac{\pi}{c}\right)^2 \operatorname{sen}^2(2r) dt.$$

Pero

$$\int_{s-c}^{s+c} b \left(\frac{\pi}{c}\right)^2 \operatorname{sen}^2(2r) dt = b \frac{\pi}{2c} \int_{-2\pi}^{2\pi} \operatorname{sen}^2 u du = b \frac{\pi^2}{c},$$

$$\text{en donde } u = \frac{2\pi(t-s)}{c}.$$

2) Por otra parte, al ser la función Q continua en $[s-c, s+c]$, existe $k \in \mathbb{R}^+$, tal que

$$-k \leq Q(t) \leq k, \ \text{para todo } t \in [s-c, s+c].$$

Por ser $0 \leq \text{sen}^4 r \leq 1$, para todo r, resulta que

$$-k \leq -k\,\text{sen}^4 r \leq Q(t) sen^4 r \leq k\,\text{sen}^4 r \leq k, sis - c \leq t \leq s + c.$$

Por tanto:

$$\int_{s-c}^{s+c} Q(t)\,\text{sen}^4 r dt \geq -k \int_{s-c}^{s+c} dt = -2ck.$$

Queda finalmente que:

$$\int_{t_0}^{t_1} \{P(t)[\dot{\eta}(t)]^2 + Q(t)[\eta(t)]^2\} dt \geq \frac{b\pi^2}{c} - 2ck.$$

Pero

$$\frac{b\pi^2}{c} - 2ck > 0 \iff c^2 < \frac{b\pi^2}{2k}.$$

Podemos elegir c, tal que verifique dicha condición, con lo cual el funcional dado toma un valor positivo, en contra de la hipótesis del enunciado. Con ello queda demostrado el lema.

■

A continuación se estudia el Teorema 2.2 que da la condición de Legendre, y en cuya demostración se utiliza el Lema 2.2.

Teorema 2.2 (Condición de Legendre)

- *Si $x^*(t)$es un máximo local del Problema (2.1), entonces en $x^*(t)$ se verifica la siguiente condición:*

$$F_{\dot{x}\dot{x}}[x^*(t), \dot{x}^*(t), t] \leq 0, \forall t \in [t_0, t_1].$$

- *Si $x^*(t)$ es un mínimo local del Problema (2.1), entonces en $x^*(t)$ se verifica la siguiente condición:*

$$F_{\dot{x}\dot{x}}[x^*(t), \dot{x}^*(t), t] \geq 0, \forall t \in [t_0, t_1],$$

en donde $F_{\dot{x}\dot{x}}$ es la derivada parcial segunda de F, con respecto a su segunda variable $\dot{x}$ dos veces.

DEMOSTRACIÓN. Vamos a demostrar la condición para el caso de máximo. Análogamente se demuestra para el caso de mínimo.

En la demostración del Teorema 2.1, en que se obtenía la ecuación de Euler, hemos aplicado condiciones de optimalidad de primer orden a la función:

$$J(\varepsilon) = \int_{t_0}^{t_1} F[x^*(t) + \varepsilon\eta(t), \dot{x}^*(t) + \varepsilon\dot{\eta}(t), t] dt.$$

Apliquemos ahora condiciones necesarias de segundo orden, para la maximización de dicha función de una variable.

Teníamos que:

$$J'(\varepsilon) = \int_{t_0}^{t_1} \{\eta(t) F_x + \dot{\eta}(t) F_{\dot{x}}\} dt,$$

en donde F_x y $F_{\dot{x}}$ están definidas en $(x^*(t)+\varepsilon\eta(t), \dot{x}^*(t)+\varepsilon\,\dot{\eta}(t), t)$.

Aplicando de nuevo la fórmula de Leibniz (2.3), se obtiene:

$$J''(\varepsilon)=\int_{t_0}^{t_1}\{\eta(t)[F_{xx}\eta(t)+F_{x\dot{x}}\dot{\eta}(t)]+\dot{\eta}(t)[F_{\dot{x}x}\eta(t)+F_{\dot{x}\dot{x}}\dot{\eta}(t)]dt,$$

en donde F_{xx}, $F_{x\dot{x}}$, $F_{\dot{x}x}$, $F_{\dot{x}\dot{x}}$ están definidas en $(x^*(t)+\varepsilon\eta(t), \dot{x}^*(t)+\varepsilon\dot{\eta}(t), t)$.

Por ser F de clase $C^{(2)}$ se verifica el teorema de Schwartz, y $F_{x\dot{x}}=F_{\dot{x}x}$.

Particularizando en $\varepsilon=0$, se obtiene:

$$J''(0)=\int_{t_0}^{t_1}[\eta^2F_{xx}+2\eta\dot{\eta}F_{x\dot{x}}+\dot{\eta}^2F_{\dot{x}\dot{x}}]dt,$$

en donde F_{xx}, $F_{x\dot{x}}$, $F_{\dot{x}\dot{x}}$ están definidas en $(x^*(t), \dot{x}^*(t), t)$.

Resolvemos, por partes la integral:

$$2\int_{t_0}^{t_1}F_{x\dot{x}}\eta\dot{\eta}dt=(*)$$

Sea

$$\begin{cases} u=F_{x\dot{x}}\Longrightarrow du=\dfrac{d}{dt}F_{x\dot{x}}dt, \\ dv=\eta\dot{\eta}dt\Longrightarrow v=\dfrac{1}{2}\eta^2, \end{cases}$$

luego,

$$(*)=2\left\{\left[\frac{1}{2}\eta^2F_{x\dot{x}}\right]_{t_0}^{t_1}-\frac{1}{2}\int_{t_0}^{t_1}\eta^2\frac{d}{dt}F_{x\dot{x}}dt\right\}=-\int_{t_0}^{t_1}\eta^2\frac{d}{dt}F_{x\dot{x}}dt,$$

ya que el primer bloque es cero, por ser $\eta(t_1)=\eta(t_0)=0$.

Por tanto, queda

$$J''(0)=\int_{t_0}^{t_1}\left\{F_{\dot{x}\dot{x}}[\dot{\eta}(t)]^2+[F_{xx}-\frac{d}{dt}F_{x\dot{x}}][\eta(t)]^2\right\}dt\leq 0,$$

condición necesaria de segundo orden de máximo, para funciones de variable real.

Aplicando el Lema 2.2 se obtiene: $F_{\dot{x}\dot{x}}\leq 0$, como se quería demostrar.

■

En cálculo de variaciones se procede con las condiciones necesarias de optimalidad de la misma forma que en el caso de la programación matemática: se calculan en primer lugar las soluciones que verifican las condiciones de primer orden (resolviendo la ecuación de Euler e imponiendo condiciones inicial y final), y a continuación se estudia la condición de segundo orden (condición de Legendre, en cálculo de variaciones), para cada una de las soluciones que verifiquen las de primer orden. Veamos algunos ejemplos.

Ejemplo 2.10 Obtener las funciones que verifiquen las condiciones necesarias de primer y segundo orden de máximo o mínimo local del siguiente problema:

$$opt\ J(x)=\int_0^1\left(x^2+\dot{x}^2+2xe^t\right)dt,$$
$$\text{con}\ :\ x(0)=0,\ x(1)=1/2.$$

SOLUCIÓN. En este caso,

$$F(x,\dot{x},t) = x^2 + \dot{x}^2 + 2xe^t,$$

por lo que:

$$F_x = 2x + 2e^t,\ F_{\dot{x}} = 2\dot{x}.$$

La ecuación de Euler:

$$F_x - \frac{d}{dt}F_{\dot{x}} = 0,$$

aplicada a este problema es:

$$2x + 2e^t - \frac{d}{dt}(2\dot{x}) = 0, \text{ es decir: } \ddot{x} - x = e^t.$$

La solución general de tal ecuación diferencial es:

$$x(t) = Ae^t + Be^{-t} + \frac{1}{2}te^t.$$

Imponiendo ahora las condiciones inicial y final del problema, para obtener el valor de A y B, queda finalmente

$$x^*(t) = \frac{e}{2(1+e)}e^{-t} - \frac{e}{2(1+e)}e^t + \frac{1}{2}te^t, \text{ para } 0 \le t \le 1,$$

que es la única función en la que puede alcanzarse un máximo o un mínimo, por ser la única que cumple la condición de Euler.

Estudiemos ahora la condición de Legendre:

$$F_{\dot{x}\dot{x}}(x,\dot{x},t) = 2, \text{ para todo } x(t) \text{ y en particular también para } x^*(t).$$

Por tanto, se cumple la condición de Legendre para mínimo y no para máximo.

La función obtenida $x^*(t)$ es la única en la que se puede alcanzar un mínimo local, no alcanzándose máximo en ninguna función.

■

Ejemplo 2.11 Obtener las funciones que verifiquen las condiciones necesarias de primer y segundo orden de máximo o mínimo local del siguiente problema, según los distintos valores de los parámetros a, b y c

$$opt\ J(x) = \int_0^4 (a\dot{x}^2 + bx + ct)dt, \text{ siendo } a,\ b,\ c \in R, a \neq 0,$$
$$\text{con}: x(0) = 2\ ,\ x(4) = 4.$$

SOLUCIÓN. En este caso,

$$F(x,\dot{x},t) = a\dot{x}^2 + bx + ct,$$

por lo que

$$F_x = b,\ F_{\dot{x}} = 2a\dot{x},\ \frac{d}{dt}F_{\dot{x}} = 2a\ddot{x}.$$

La ecuación de Euler queda, en este caso:

$$\ddot{x} = \frac{b}{2a},$$

cuya solución general es:

$$x(t) = \frac{b}{4a}t^2 + At + B.$$

Imponiendo las condiciones inicial y final para calcular los valores de las constantes A y B se obtiene:

$$x^*(t) = \frac{b}{4a}t^2 - \left(\frac{b}{a} - \frac{1}{2}\right)t + 2, \text{ para } t \in [0, 4].$$

La condición de Legendre en este caso es:

$$F_{\dot{x}\dot{x}} = 2a, \text{ que es } \begin{array}{l} > 0, \text{ si } a > 0, \\ < 0, \text{ si } a < 0. \end{array}$$

Por tanto, si $a > 0$, $x^*(t)$ es la única función que verifica las condiciones necesarias de mínimo local y no hay ninguna que verifique las condiciones de máximo.

Si $a < 0$, $x^*(t)$ es la única función que verifica las condiciones necesarias de máximo local, y no hay ninguna que verifique las de mínimo.

■

Ejemplo 2.12 Para el problema:

$$\max \; J(x) = \int_0^1 (2 - 3x\dot{x}^2)dt,$$
$$\text{con}: x(0) = 0, \; x(1) = 1,$$

hemos obtenido anteriormente (Ejemplo 2.9) que $x^*(t) = t^{\frac{2}{3}}$, para $0 \leq t \leq 1$, es la única función que satisface la ecuación de Euler junto con las condiciones inicial y final. Comprobar que dicha función verifica la condición de Legendre para máximo.

SOLUCIÓN. En este caso es

$$F = 2 - 3x\dot{x}^2,$$

por lo que

$$F_{\dot{x}} = -6x\dot{x}, \; F_{\dot{x}\dot{x}} = -6x.$$

Particularizando en $x^*(t)$, queda:

$$F_{\dot{x}\dot{x}}(x^*(t), \dot{x}^*(t), t) = -6x^*(t) = -6t^{\frac{2}{3}} < 0, \forall t \in [0, 1],$$

por lo que dicha función verifica la condición de Legendre para máximo.

■

2.4 DIFERENTES TIPOS DE CONDICIONES FINALES

Hasta ahora hemos estudiado el problema del cálculo de variaciones, de manera que las funciones admisibles tenían que cumplir una condición inicial $x(t_0) = x_0$, y una condición final $x(t_1) = x_1$. En aplicaciones económicas normalmente las condiciones iniciales están fijadas históricamente, pero en muchos modelos las condiciones finales no están predeterminadas. Vamos a estudiar las condiciones necesarias de optimalidad en los siguientes casos:

a) Instante final dado y estado final libre.

b) Instante final dado y estado final acotado inferiormente.

c) Instante final y estado final libres.

d) Instante final libre y estado final dado.

e) El instante final y el estado final están ligados mediante una función.

Caso de instante final dado y estado final libre

Supongamos t_1 dado y $x(t_1)$ libre.

En este caso, el problema es:

$$\max_{x\in\Omega} J(x) = \int_{t_0}^{t_1} F[x(t), \dot{x}(t), t]dt,$$
$$\text{con} : x(t_0) = x_0. \tag{2.11}$$

Serán admisibles aquellas funciones, de clase $C^{(2)}$ que partan del punto (t_0, x_0) y que lleguen a algún punto de la recta $t = t_1$, tal como se representa en la Figura 2.10.

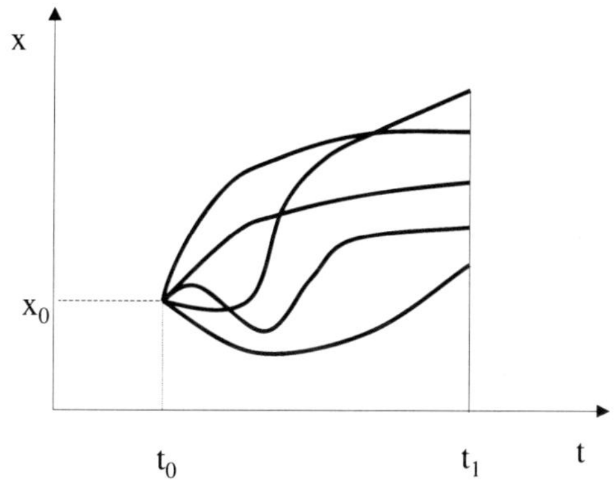

Figura 2.10 Funciones admisibles en el caso de instante final dado y estado final libre

Como demostraremos a continuación, la solución óptima del problema que nos ocupa debe cumplir la condición de Euler que, como hemos estudiado, depende de dos constantes arbitrarias. Hasta ahora añadíamos las condiciones inicial y final, con lo que se concretaba el valor de dichas constantes. En el caso que nos ocupa veremos que aparece una nueva condición, llamada condición de transversalidad, que sustituye a la condición final. La siguiente proposición da las condiciones necesarias de optimalidad local para el problema que nos ocupa.

Proposición 2.1 *Si $x^*(t)$ es un máximo local del problema (2.11), entonces en $x^*(t)$ se verifican:* 1) *La ecuación de Euler, junto con la condición inicial $x(t_0) = x_0$, y la condición de transversalidad $[F_{\dot{x}}]_{t=t_1} = 0$.* 2) *La condición de Legendre.*

DEMOSTRACIÓN. Se parte de la demostración de la deducción de la ecuación de Euler realizada anteriormente en el Teorema 2.1, donde se efectúan algunas modificaciones referentes al nuevo problema.

Sea $x^*(t)$ máximo local del Problema (2.11).

Para cada número real ε, se define la función:

$$x_\varepsilon(t) = x^*(t) + \varepsilon\eta(t),$$

siendo η función de clase $C^{(2)}$, definida en $[t_0, t_1]$,verificando que $\eta(t_0) = 0$, pero siendo ahora $\eta(t_1)$ libre, con $\|\eta\| \neq 0$.

Análogamente al caso ya estudiado anteriormente en el Teorema 2.1, se define:

$$J(\varepsilon) = J(x_\varepsilon) = \int_{t_0}^{t_1} F[x^*(t) + \varepsilon\eta(t), \dot{x}^*(t) + \varepsilon\dot{\eta}(t), t]dt,$$

y se llega a que:

$$0 = J'(0) = \eta(t_1)[F_{\dot{x}}]_{t=t_1} + \int_{t_0}^{t_1} \eta(t)[F_x - \frac{d}{dt}F_{\dot{x}}]dt, \tag{2.12}$$

en donde F_x y $F_{\dot{x}}$ están definidas en $[x^*(t), \dot{x}^*(t), t]$.

Si $x^*(t)$ es máximo local del Problema (2.11), también lo será del problema que resulta de añadirle al mismo la condición final $x(t_1) = x^*(t_1)$, ya que el conjunto de funciones admisibles del problema con la condición final añadida es un subconjunto del de funciones admisibles del Problema (2.11). Por tanto, por tratarse de un problema con condición final fijada, F tiene que cumplir las condiciones de Euler y Legendre, como se ha demostrado en los Teoremas 2.1 y 2.2.

La condición inicial $x(t_0) = x_0$, hay que imponerla.

Como se cumple la ecuación de Euler para la función $x^*(t)$, será

$$\int_{t_0}^{t_1} \eta(t)\left[F_x - \frac{d}{dt}F_{\dot{x}}\right]dt = 0,$$

por lo que (2.12) queda:

$$\eta(t_1)[F_{\dot{x}}]_{t=t_1} = 0.$$

Como $\eta(t_1)$ puede tomar cualquier valor, se deduce que, en $x^*(t)$ tiene que cumplirse

$$F_{\dot{x}}[x^*(t_1), \dot{x}^*(t_1), t_1] = 0,$$

que es la condición de transversalidad.

■

Observación 2.2

- Si se trata de minimizar el funcional objetivo, la proposición anterior es válida, sin más que cambiar máximo por mínimo.
- Si en el problema no se tuviera la condición inicial $x(t_0) = x_0$, aparecería de manera análoga la condición de transversalidad en t_0:

$$[F_{\dot{x}}]_{t=t_0} = 0.$$

Ejemplo 2.13 Obtener las funciones que verifiquen las condiciones necesarias de primer y segundo orden de máximo o mínimo local del siguiente problema:

$$opt\ J(x) = \int_0^2 (t\dot{x} + \dot{x}^2)dt,$$

$$\text{con} : x(0) = 0.$$

SOLUCIÓN. En este caso,

$$F(x, \dot{x}, t) = t\dot{x} + \dot{x}^2.$$

Las derivadas parciales con respecto a sus variables primera y segunda son

$$\begin{aligned} F_x &= 0, \\ F_{\dot{x}} &= t + 2\dot{x}. \end{aligned}$$

Como F no depende de x, la ecuación de Euler es

$$2\dot{x} + t = A,$$

de donde:

$$\dot{x}(t) = -\frac{t}{2} + \frac{A}{2},$$

y, por tanto,

$$x(t) = -\frac{t^2}{4} + \frac{A}{2}t + B, \text{ para } 0 \leq t \leq 2.$$

La condición de Legendre es

$$F_{\dot{x}\dot{x}} = 2 > 0,$$

que corresponde a un candidato a mínimo.

Como han de verificarse las condiciones inicial y de transversalidad, se tendrá que

$$\begin{aligned} 0 &= x(0) = B, \\ 0 &= [F_{\dot{x}}]_{t=2} = [t - t + A]_{t=2} = A. \end{aligned}$$

Por tanto:

$$x^*(t) = -\frac{t^2}{4}, \text{ para } 0 \leq t \leq 2,$$

es la única función que verifica todas las condiciones necesarias de mínimo local, no habiendo ninguna función que verifique las de máximo.

■

Caso de instante final dado y estado final acotado inferiormente

Supongamos t_1 dado y $x(t_1) \geq x_1$.

En este caso, el problema es:

$$\max_{x\in\Omega} J(x) = \int_{t_0}^{t_1} F[x(t), \dot{x}(t), t]dt,$$
$$\text{con}: x(t_0) = x_0, \;\; x(t_1) \geq x_1. \tag{2.13}$$

Serán admisibles aquellas funciones, de clase $C^{(2)}$ que partan del punto (t_0, x_0) y que lleguen a algún punto de la semi-recta $t = t_1$; $x \geq x_1$, tal como se representa en la Figura 2.11.

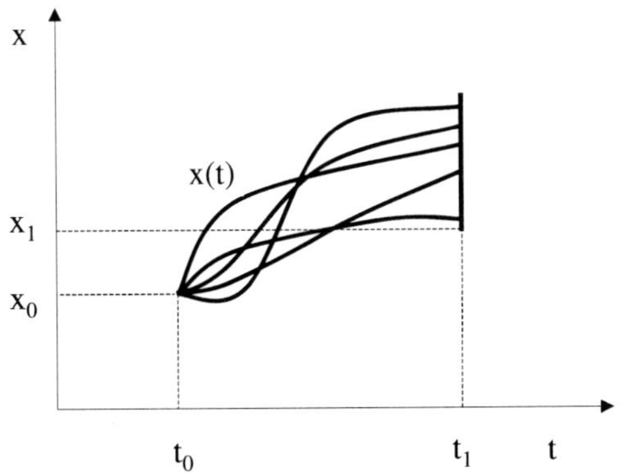

Figura 2.11 Funciones admisibles en el caso de instante final dado y estado final acotado inferiormente

Por tanto, se parte de una situación conocida (condición inicial), y se quiere asegurar que la solución alcance en el instante final un valor que iguale o supere una cantidad fijada de antemano.

La siguiente proposición da las condiciones necesarias de optimalidad para el problema que nos ocupa.

Proposición 2.2 *Si $x^*(t)$ es un máximo local del Problema (2.13), entonces en $x^*(t)$ se verifican:*

1. *La ecuación de Euler, junto con la condición inicial: $x(t_0) = x_0$, la condición final: $x(t_1) \geq x_1$, y la siguiente condición de transversalidad:*

$$[F_{\dot{x}}]_{t=t_1} \leq 0 \; (= 0, \; si \; x^*(t_1) > x_1).$$

2. *La condición de Legendre.*

DEMOSTRACIÓN. Sea $x^*(t)$ máximo local del Problema(2.13).

Seguimos la demostración de la deducción de la ecuación de Euler en el Teorema 2.1, con las modificaciones referentes al problema que nos ocupa.

Para cada número real ε, se define la función

$$x_\varepsilon(t) = x^*(t) + \varepsilon\eta(t), \text{ para } t_0 \leq t \leq t_1,$$

siendo η función de clase $C^{(2)}$, definida en $[t_0, t_1]$, verificando que

$$\eta(t_0) = 0, \text{ y } x_\varepsilon(t_1) = x^*(t_1) + \varepsilon\eta(t_1) \geq x_1.$$

La solución óptima $x^*(t)$ debe cumplir la condición final $x^*(t_1) \geq x_1$. Esta condición se puede cumplir con desigualdad o con igualdad. Veamos qué implica cada una de las dos posibilidades.

1. Supongamos que $x^*(t_1) > x_1$.
   Sea
   $$\alpha = x^*(t_1) - x_1 > 0.$$
   Si ε, η son tales que
   $$|\varepsilon||\eta(t_1)| < \alpha, \text{ entonces } x^*(t_1) + \varepsilon\eta(t_1) > x_1.$$
   Se define:
   $$J(\varepsilon) = J(x_\varepsilon) = \int_{t_0}^{t_1} F[x^*(t) + \varepsilon\eta(t), \dot{x}^*(t) + \varepsilon\dot{\eta}(t), t]dt,$$
   y, derivando con respecto a ε ,particularizando para $\varepsilon = 0$, e igualando la derivada a cero, se llega a que:
   $$0 = J'(0) = \eta(t_1)[F_{\dot{x}}]_{t=t_1} + \int_{t_0}^{t_1} \eta(t)\left[F_x - \frac{d}{dt}F_{\dot{x}}\right]dt, \quad (2.14)$$
   en donde F_x y $F_{\dot{x}}$ están definidas en $[x^*(t), \dot{x}^*(t), t]$.
   Razonando como en la proposición anterior se comprueba que tienen que cumplirse la ecuación de Euler y la condición de Legendre, así como las condiciones inicial y final.
   Por tanto,
   $$\int_{t_0}^{t_1} \eta(t)\left[F_x - \frac{d}{dt}F_{\dot{x}}\right]dt = 0,$$
   y la expresión (2.14) queda
   $$0 = \eta(t_1)[F_{\dot{x}}]_{t=t_1},$$
   pero $\eta(t_1)$ puede ser elegido distinto de cero, por lo que se llega a que
   $$[F_{\dot{x}}]_{t=t_1} = 0.$$

2. Supongamos ahora que $x^*(t_1) = x_1$.
   Se tiene que cumplir que
   $$x^*(t_1) + \varepsilon\eta(t_1) \geq x_1,$$
   por lo que en este caso deberá ser
   $$\varepsilon\eta(t_1) \geq 0.$$
   Elegimos $\eta(t)$, de manera que
   $$\eta(t_0) = 0;\ \eta(t_1) > 0.$$
   Entonces,
   $$x^*(t) + \varepsilon\eta(t) \text{ es admisible, } \forall\varepsilon \geq 0.$$
   En este caso, $x^*(t)$ es solución óptima del problema:
   $$\max\ J(\varepsilon),$$
   $$\text{sujeto a } : \varepsilon \geq 0,$$

que corresponde a $\varepsilon = 0$. La condición de primer orden es:

$$J'(0) \leq 0,$$

es decir,

$$\eta(t_1)[F_{\dot{x}}]_{t=t_1} + \int_{t_0}^{t_1} \eta(t) \left[F_x - \frac{d}{dt} F_{\dot{x}} \right] dt \leq 0.$$

Como en los casos anteriores, deben cumplirse las condiciones de Euler y Legendre, así como la condición inicial. Por tanto, queda:

$$\eta(t_1)[F_{\dot{x}}]_{t=t_1} \leq 0, \text{ pero } \eta(t_1) > 0 \text{ por lo que debe ser } [F_{\dot{x}}]_{t=t_1} \leq 0,$$

como se quería demostrar.

■

Observación 2.3

- En la demostración de la Proposición 2.2, en el segundo caso, se puede proceder fijando η, con $\eta(t_0) = 0$; $\eta(t_1) < 0$, siendo entonces $\varepsilon \leq 0$, llegando a idéntico resultado.
- Si en lugar de maximizar, como en (2.13) se quiere minimizar el mismo problema, se obtiene la siguiente condición de transversalidad

$$[F_{\dot{x}}]_{t=t_1} \geq 0 \, (= 0, \text{ si } x^*(t_1) > x_1),$$

que sustituye a la que se ha obtenido en la Proposición 2.2.

Ejemplo 2.14 Obtener las funciones que verifiquen las condiciones necesarias de primer y segundo orden del siguiente problema:

$$\begin{aligned} &\min \; J(x) = \int_0^1 (x^2 + \dot{x}^2) dt, \\ &\text{con: } x(0) = 0, \; x(1) \geq 1 \end{aligned}$$

SOLUCIÓN. En este caso,

$$F(x, \dot{x}, t) = x^2 + \dot{x}^2,$$

de donde obtenemos que

$$F_x = 2x \; ; \; F_{\dot{x}} = 2\dot{x}.$$

La ecuación de Euler es

$$\ddot{x} - x = 0,$$

cuya solución es

$$x(t) = Ae^t + Be^{-t}, \text{ para } 0 \leq t \leq 1.$$

Imponiendo la condición inicial $0 = x(0)$, se obtiene que $B = -A$.
Queda, por tanto:

$$x(t) = A(e^t - e^{-t}).$$

Condición final:

$$x(1) \geq 1 \iff A(e - e^{-1}) \geq 1,$$

de donde se deduce que A tiene que ser mayor que cero.

Condición de transversalidad:

$$[F_{\dot{x}}]_{t=1} \geq 0 \,(= 0, \; \text{si } x(1) > 1).$$

$F_{\dot{x}}$, particularizado en la solución óptima, es

$$2A(e^t + e^{-t}).$$

Para $t = 1$, queda:

$$[F_{\dot{x}}]_{t=1} = 2A(e + e^{-1}) \geq 0 \,(= 0, \; \text{si } x(1) > 1).$$

Como, a partir de la condición final, hemos obtenido que $A > 0$, esa expresión no puede ser igual a cero, por lo que se tiene que cumplir que $x(1) = 1$. Por tanto:

$$1 = A(e - e^{-1}) \Longrightarrow A = \frac{1}{e - e^{-1}} = \frac{e}{e^2 - 1}.$$

Por tanto:

$$x^*(t) = \frac{e}{e^2 - 1} e^t - \frac{e}{e^2 - 1} e^{-t}, \text{ para } 0 \leq t \leq 1,$$

es la única función que verifica las condiciones necesarias de primer orden.

Condición de Legendre: $F_{\dot{x}\dot{x}} = 2 > 0$, luego cumple la condición de mínimo.

■

Caso de instante final y estado final libres

Supongamos t_1 libre, incógnita a determinar, $x(t_1)$ libre.

Hasta ahora, en este capítulo, se han considerado problemas con t_0, y t_1 fijados, es decir, con horizonte temporal dado, en los que se trataba de optimizar un funcional. Hay situaciones interesantes en las que se puede decidir la amplitud del horizonte temporal, es decir, situaciones en las que el tiempo de comienzo está dado, y se puede decidir en qué momento es óptimo que finalice el proceso sujeto a estudio. En estos casos hay que calcular tanto el instante de finalización, como la función solución, de manera que se optimice el funcional objetivo.

El problema es:

$$\begin{aligned} &\max_{x \in \Omega, t_1} J(x) = \int_{t_0}^{t_1} F[x(t), \dot{x}(t), t] dt, \\ &\text{con} : x(t_0) = x_0, \end{aligned} \tag{2.15}$$

siendo t_0, x_0 dados, t_1 libre, siendo uno de los valores a calcular ($t_1 > t_0$).

Serán admisibles aquellas funciones de clase $C^{(2)}$, que partan del punto (t_0, x_0) (fijado de antemano), y lleguen a algún punto (t_1, x_1), con $t_1 > t_0$, $t_1 \in \mathbb{R}$, $x_1 \in \mathbb{R}$ (no fijado de antemano), tal como se representa en la Figura 2.12.

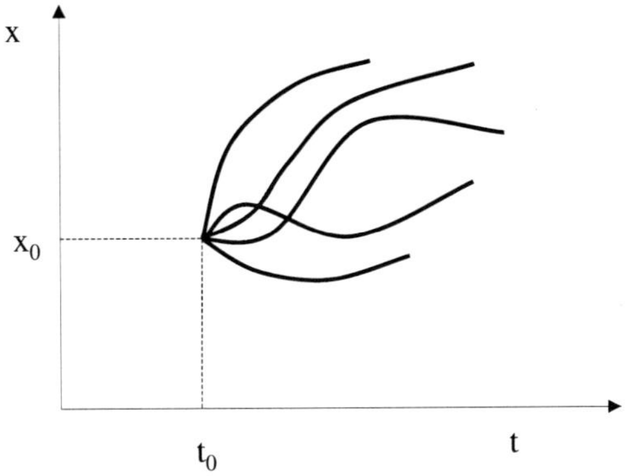

Figura 2.12 Funciones admisibles en el caso de instante final y estado final libres

La siguiente proposición da las condiciones necesarias de optimalidad para el problema que nos ocupa.

Proposición 2.3 *Si $x^*(t)$ es un máximo local del Problema (2.15) con t_1^* instante óptimo de finalización, entonces en $x^*(t)$ y t_1^* se verifican:*

1. *La ecuación de Euler, junto con la condición inicial, y las siguientes condiciones de transversalidad:*

$$[F_{\dot{x}}]_{t=t_1^*} = 0,$$
$$[F - \dot{x}F_{\dot{x}}]_{t=t_1^*} = 0.$$

2. *La condición de Legendre.*

DEMOSTRACIÓN. Sean t_1^* y $x^*(t)$, para $t_0 \leq t \leq t_1^*$, óptimos.

Se va a comparar $x^*(t)$, definida en $[t_0, t_1^*]$,con otra función $x(t)$, cuyo dominio de definición es $[t_0, t_1^* + \delta t_1]$. Ambas funciones son de clase $C^{(2)}$ y tienen la misma condición inicial, pudiendo diferir en sus dominios de definición, ya que δt_1 puede ser positivo, negativo o nulo.

Se extenderá x^* o x, dependiendo de que $\delta t_1 > 0$ o $\delta t_1 < 0$, de manera que ambas funciones tengan idéntico dominio. Así, si $\delta t_1 > 0$, se define:

$$x^*(t) = x^*(t_1^*) + \dot{x}^*(t_1^*)(t - t_1^*), \text{ para } t_1^* \leq t \leq t_1^* + \delta t_1,$$

si fuera $\delta t_1 < 0$, se extendería x por una extrapolación análoga.

Se define la función $\eta(t) = x(t) - x^*(t)$, para $t_0 \leq t \leq \max(t_1^*, t_1^* + \delta t_1)$, con $\eta(t_0) = 0$.

Sólo se van a considerar funciones x, que estén próximas a x^*, según la siguiente distancia:

$$d(x, x^*) = \max_t |\eta(t)| + \max_t |\dot{\eta}(t)| + |\delta t_1| + |x(t_1^* + \delta t_1) - x^*(t_1^*)|.$$

Luego, de acuerdo con la distancia definida, x, x^* están próximas si, en cada punto del dominio extendido, sus valores están próximos y sus pendientes son similares y, además, sus puntos de terminación están cercanos. Véase la Figura 2.13.

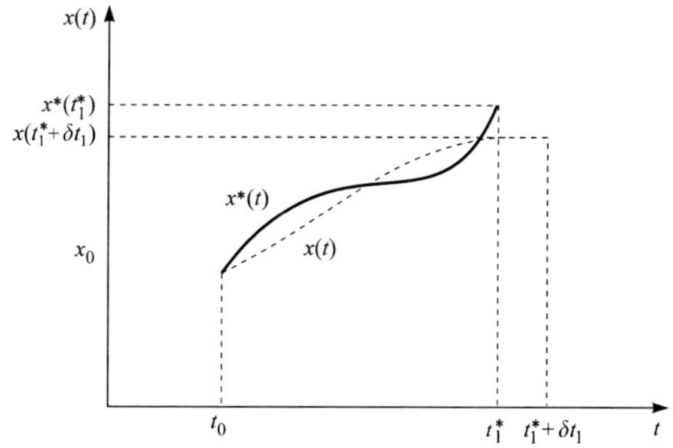

Figura 2.13 Distancia entre x y x^*

Sean $\eta(t)$, δt_1 fijos.

Para $\varepsilon \in \mathbb{R}$, definimos:

$$J(\varepsilon) = \int_{t_0}^{t_1^*+\varepsilon\delta t_1} F[x^*(t) + \varepsilon\eta(t), \dot{x}^*(t), \varepsilon\dot{\eta}(t), t]dt.$$

Como hemos partido de que t_1^* y $x^*(t)$ son óptimos, la función $J(\varepsilon)$ alcanza el máximo para $\varepsilon = 0$, luego la condición de primer orden es $J'(0) = 0$.

Aplicando ahora la fórmula de Leibniz (2.2), se obtiene:

$$J'(0) = F[x^*(t_1^*), \dot{x}^*(t_1^*), t_1^*]\delta t_1 + \int_{t_0}^{t_1^*} (\eta F_x + \dot{\eta} F_{\dot{x}})dt = 0.$$

Resolviendo por partes el segundo sumando del integrando, queda:

$$\begin{aligned} 0 = {} & F[x^*(t_1^*), \dot{x}^*(t_1^*), t_1^*]\delta t_1 + F_{\dot{x}}[x^*(t_1^*), \dot{x}^*(t_1^*), t_1^*]\eta(t_1^*) + \\ & + \int_{t_0}^{t_1^*} \eta(t)[F_x - \frac{d}{dt} F_{\dot{x}}]dt, \end{aligned}$$

en donde las funciones F_x y $F_{\dot{x}}$ de la integral, están definidas en $[x^*(t), \dot{x}^*(t), t]$.

Sea $\delta x_1 = x(t_1^* + \delta t_1) - x^*(t_1^*)$.

Al estar las funciones x y x^* próximas, según la distancia definida, se tiene que

$$\delta x_1 \simeq x(t_1^*) - x^*(t_1^*) + \dot{x}^*(t_1^*)\delta t_1 = \eta(t_1^*) + \dot{x}^*(t_1^*)\delta t_1,$$

de donde:

$$\eta(t_1^*) \simeq \delta x_1 - \dot{x}^*(t_1^*)\delta t_1.$$

Sustituyendo:

$$0 = \int_{t_0}^{t_1^*} \eta(t) \left[F_x - \frac{d}{dt} F_{\dot{x}} \right] dt + [F_{\dot{x}}]_{t=t_1^*} \delta x_1 + [F - \dot{x} F_{\dot{x}}]_{t=t_1^*} \delta t_1.$$

Como en los casos anteriores, se tiene que cumplir la ecuación de Euler (así como la condición inicial y la condición de Legendre). Por tanto, queda:

$$[F_{\dot{x}}]_{t=t_1^*}\delta x_1 + [F - \dot{x}F_{\dot{x}}]_{t=t_1^*}\delta t_1 = 0.$$

En particular, para funciones con $\delta t_1 = 0$, quedará

$$[F_{\dot{x}}]_{t=t_1^*}\delta x_1 = 0,$$

pero como δx_1 no tiene por qué ser cero, debe ser

$$[F_{\dot{x}}]_{t=t_1^*} = 0.$$

Análogamente, para funciones con $\delta x_1 = 0$, y δt_1 cualquiera, se llega a:

$$[F - \dot{x}F_{\dot{x}}]_{t=t_1^*} = 0.$$

■

Observación 2.4

- La proposición anterior es igualmente válida si se trata de minimizar el funcional objetivo, sustituyendo en el enunciado máximo por mínimo.
- Es inmediato comprobar que las dos condiciones de transversalidad obtenidas, se pueden expresar también como:
$$[F_{\dot{x}}]_{t=t_1^*} = 0, \text{ y } [F]_{t=t_1^*} = 0.$$

Ejemplo 2.15 Obtener las funciones que verifiquen las condiciones necesarias de primer y segundo orden de máximo o mínimo local del siguiente problema:

$$opt\ J(x) = \int_0^{t_1} \left(\dot{x}^2 + 10tx\right) dt,$$
$$\text{con : } x(0) = 1,$$

siendo t_1 variable a determinar (con $t_1 > 0$).

Solución: En este caso,

$$F(x, \dot{x}, t) = \dot{x}^2 + 10tx,$$

por lo que sus derivadas parciales con respecto a x y a $\dot{x}$ son:

$$F_x = 10t,\ F_{\dot{x}} = 2\dot{x}.$$

La ecuación de Euler es:

$$10t - 2\ddot{x} = 0,$$

es decir,

$$\ddot{x}(t) = 5t.$$

Integrando dos veces esta ecuación se obtiene:

$$\dot{x}(t) = \frac{5}{2}t^2 + A,$$
$$x(t) = \frac{5}{6}t^3 + At + B, \text{ para } 0 \leq t \leq t_1^*.$$

La condición de Legendre queda, en este caso:

$$F_{\dot{x}\dot{x}} = 2, \text{ que corresponde a mínimo.}$$

La condición inicial es:

$$1 = x(0) = B,$$

por tanto:

$$x(t) = \frac{5}{6}t^3 + At + 1, \text{ para } 0 \leq t \leq t_1^*.$$

Tenemos dos incógnitas por determinar: A y t_1^*. Utilizaremos las dos condiciones de transversalidad.

$$[F_{\dot{x}}]_{t=t_1^*} = 0,$$

es decir:

$$\left[2\left(\frac{5}{2}t^2 + A\right)\right]_{t=t_1^*} = 0 \Longleftrightarrow 5t_1^{*2} + 2A = 0,$$

de donde obtenemos que:

$$A = -\frac{5}{2}t_1^{*2}. \tag{2.16}$$

La otra condición de transversalidad es:

$$\left[F(x^*, \dot{x}^*, t)\right]_{t=t_1^*} = 0.$$

Sustituyendo, obtenemos:

$$\left[\dot{x}^2 + 10tx\right]_{t_1^*} = 0 \Longleftrightarrow \left[\frac{5}{2}t_1^{*2} + A\right]^2 + 10t_1^*\left[\frac{5}{6}t_1^{*3} + At_1^* + 1\right] = 0.$$

Utilizando la expresión (2.16), queda:

$$10t_1^*\left[\frac{5}{6}t_1^{*3} - \frac{5}{2}t_1^{*3} + 1\right] = 0,$$

pero $t_1^* > 0$, por lo que:

$$-\frac{10}{6}t_1^{*3} + 1 = 0,$$

es decir,

$$t_1^* = \left(\frac{3}{5}\right)^{\frac{1}{3}} \text{ y } A = -\frac{5}{2}\left(\frac{3}{5}\right)^{\frac{2}{3}}.$$

No hay solución al problema de maximizar. Hay una solución que verifica las condiciones necesarias de mínimo local, que es:

$$t_1^* = \left(\frac{3}{5}\right)^{\frac{1}{3}},$$

$$x^*(t) = \frac{5}{6}t^3 - \frac{5}{2}\left(\frac{3}{5}\right)^{\frac{2}{3}}t + 1, \text{ para } 0 \leq t \leq \left(\frac{3}{5}\right)^{\frac{1}{3}}.$$

■

Caso de instante final libre y estado final dado

Supongamos t_1 libre, incógnita a determinar y $x(t_1) = x_1$, dado.

En este caso, el problema es:

$$\max_{x \in \Omega, t_1} J(x) = \int_{t_0}^{t_1} F[x(t), \dot{x}(t), t]dt,$$
$$\text{con} : x(t_0) = x_0, x(t_1) = x_1. \tag{2.17}$$

Siendo t_0, x_0 , x_1 dados, t_1 libre, y uno de los valores a calcular ($t_1 > t_0$).

Serán admisibles aquellas funciones de clase $C^{(2)}$, que partan del punto (t_0, x_0) (fijado de antemano), y lleguen a algún punto (t_1, x_1), con $t_1 > t_0$, $t_1 \in \mathbb{R}$, con x_1 fijado de antemano y t_1 no fijado, tal como se representa en la Figura 2.14.

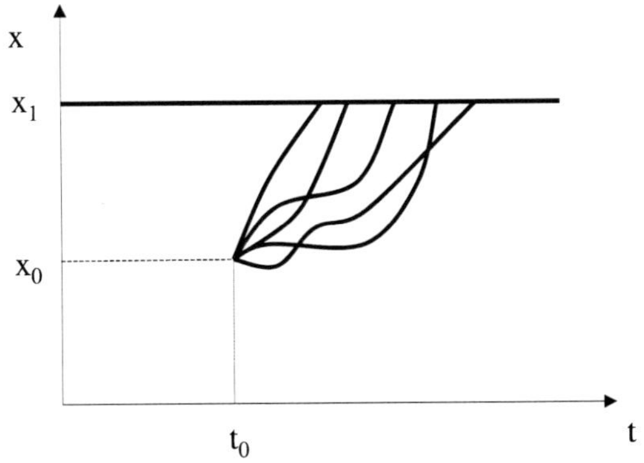

Figura 2.14 Funciones admisibles en el caso de instante final libre y estado final dado

La siguiente proposición da las condiciones necesarias de optimalidad para el problema que nos ocupa.

Proposición 2.4 *Si $x^*(t)$ es un máximo local del Problema (2.17) con t_1^* instante óptimo de finalización, entonces en $x^*(t)$ y t_1^* se verifican:*

1. *La ecuación de Euler, junto con las condiciones inicial ($x(t_0) = x_0$), final ($x(t_1^*) = x_1$) y de transversalidad:*

$$[F - \dot{x}F_{\dot{x}}]_{t=t_1^*} = 0.$$

2. *La condición de Legendre.*

DEMOSTRACIÓN. Sean t_1^* y $x^*(t)$, para $t_0 \leq t \leq t_1^*$, óptimos.

Siguiendo exactamente la anterior proposición, se llega a que se tienen que cumplir las condiciones de Euler y Legendre, así como las condiciones inicial y final, obteniendo que

$$0 = [F_{\dot{x}}]_{t=t_1^*} \delta x_1 + [F - \dot{x}F_{\dot{x}}]_{t=t_1^*} \delta t_1.$$

En este caso, $\delta x_1 = 0$, por lo que:

$$0 = [F - \dot{x}F_{\dot{x}}]_{t=t_1^*} \delta t_1,$$

pero δt_1 no tiene por qué ser cero, con lo cual resulta que:

$$[F - \dot{x}F_{\dot{x}}]_{t=t_1^*} = 0,$$

en donde F y $F_{\dot{x}}$ están particularizados en $\left[x^*(t), \dot{x}^*(t), t\right]$.

■

Observación 2.5 La proposición anterior es igualmente válida si se trata de minimizar el funcional objetivo, sustituyendo en el enunciado máximo por mínimo.

Ejemplo 2.16 Obtener las funciones que verifiquen las condiciones necesarias de primer y segundo orden de máximo o mínimo local del siguiente problema:

$$opt\ J(x) = \int_0^{t_1} \left(3\dot{x}^2 + x\right) dt,$$
$$\text{con: } x(0) = 0,\ x(t_1) = 5,$$

siendo $t_1 > 0$, variable a determinar.

SOLUCIÓN. Como

$$F(x, \dot{x}, t) = 3\dot{x}^2 + x,$$

se verifica que

$$F_x = 1,\ F_{\dot{x}} = 6\dot{x}.$$

La ecuación de Euler es, en este caso:

$$1 - 6\ddot{x}(t) = 0,$$

es decir,

$$\ddot{x}(t) = \frac{1}{6},$$

de donde se obtiene que

$$\dot{x}(t) = \frac{1}{6}t + A,$$
$$x(t) = \frac{1}{12}t^2 + At + B, \text{ para } 0 \leq t \leq t_1^*.$$

La condición de Legendre se cumple para mínimo, ya que

$$F_{\dot{x}\dot{x}} = 6 > 0.$$

La condición inicial, que es

$$0 = x(0) = B,$$

implica que

$$x(t) = \frac{1}{12}t^2 + At, \text{ para } 0 \leq t \leq t_1^*.$$

La condición final, que es

$$5 = x(t_1^*) = \frac{t_1^{*2}}{12} + At_1^*,$$

da lugar a la ecuación

$$t_1^{*2} + 12At_1^* - 60 = 0. \tag{2.18}$$

La condición de transversalidad es

$$[F - \dot{x}F_{\dot{x}}]_{t=t_1^*} = 0. \tag{2.19}$$

Efectuando operaciones se obtiene,

$$F - \dot{x}F_{\dot{x}} = 3\dot{x}^2 + x - 6\dot{x}^2 = -3\dot{x}^2 + x.$$

Sustituyendo x y $\dot{x}$ por el valor obtenido, llegamos a que

$$F - \dot{x}F_{\dot{x}} = -3\left(\frac{t}{6} + A\right)^2 + \frac{t^2}{12} + At,$$

por lo que (2.19) queda

$$-3\left(\frac{t_1^{*2}}{36} + A^2 + \frac{At_1^*}{3}\right) + \frac{t_1^{*2}}{12} + At_1^* = 0 \Longleftrightarrow -3A^2 = 0 \Longleftrightarrow A = 0.$$

Sustituyendo en la ecuación (2.18), se obtiene que

$$t_1^{*2} = 60,$$

por lo que, al ser $t_1^* > 0$, queda

$$t_1^* = +\sqrt{60}.$$

Por tanto, el problema de maximizar no tiene solución. El problema de minimizar tiene una única posible solución, que satisface las condiciones necesarias de optimalidad, que es

$$t_1^* = +\sqrt{60},$$

Así,

$$x^*(t) = \frac{t^2}{12}, \text{ para } 0 \leq t \leq +\sqrt{60}.$$

■

Caso en que el instante final y el estado final están ligados mediante una función

Supongamos t_1 libre, $x(t_1) = \phi(t_1)$, siendo ϕ una función dada, de clase $C^{(1)}$.

En este caso, el problema es:

$$\max_{x \in \Omega,\, t_1} J(x) = \int_{t_0}^{t_1} F\,[x(t), \dot{x}(t), t]\, dt,$$
$$\text{con}: x(t_0) = x_0,\, x(t_1) = \phi(t_1), \tag{2.20}$$

siendo t_0, x_0 dados, t_1 libre (con $t_1 > t_0$), incógnita a determinar, ϕ función de clase $C^{(1)}$ conocida.

Serán admisibles aquellas funciones de clase $C^{(2)}$ que partan del punto (t_0, x_0) (fijado), y lleguen a algún punto (t_1, x_1), con $t_1 > t_0$, $t_1 \in \mathbb{R}$, $x_1 = \phi(t_1)$, estando t_1 sin fijar de antemano, tal como se representa en la Figura 2.15.

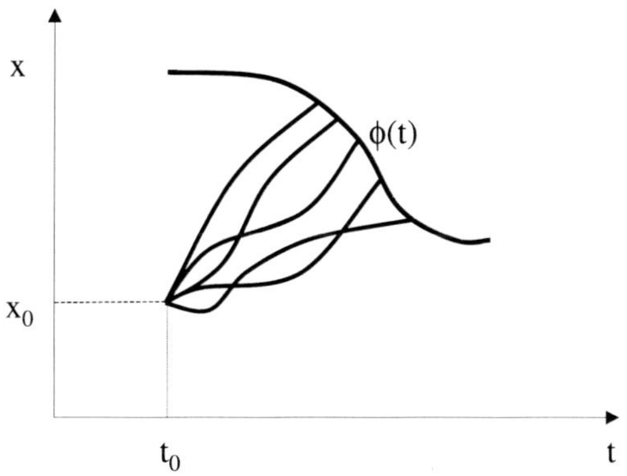

Figura 2.15 Funciones admisibles en el caso en que el instante final y el estado final están ligados mediante una función

La siguiente proposición da las condiciones necesarias de optimalidad para el problema que nos ocupa.

> **Proposición 2.5** *Si $x^*(t)$ es un máximo local del Problema (2.20) con t_1^* instante óptimo de finalización, entonces en $x^*(t)$ y t_1^* se verifican:*
>
> 1. *La ecuación de Euler, junto con las condiciones inicial ($x(t_0) = x_0$), final ($x(t_1^*) = \phi(t_1^*)$) y de transversalidad:*
> $$\left[F + F_{\dot{x}}(\phi' - \dot{x})\right]_{t=t_1^*} = 0.$$
> 2. *La condición de Legendre.*

Demostración. Sean t_1^* y $x^*(t)$, para $t_0 \leq t \leq t_1^*$, óptimos.

Siguiendo exactamente los pasos efectuados en las demostraciones de las proposiciones anteriores, se llega a que se tienen que cumplir las condiciones de Euler y Legendre, así como las condiciones inicial y final, obteniendo que:

$$0 = [F_{\dot{x}}]_{t=t_1^*}\,\delta x_1 + [F - \dot{x}F_{\dot{x}}]_{t=t_1^*}\,\delta t_1. \tag{2.21}$$

Pero, habíamos definido a δx_1 como

$$\delta x_1 = x(t_1^* + \delta t_1) - x^*(t_1^*),$$

que en este caso será

$$\delta x_1 = \phi(t_1^* + \delta t_1) - \phi(t_1^*) \simeq \phi'(t_1^*)\delta t_1.$$

Sustituyendo en (2.21), se obtiene:

$$0 = [F_{\dot{x}}]_{t=t_1^*}\,\phi'(t_1^*)\delta t_1 + [F - \dot{x}F_{\dot{x}}]_{t=t_1^*}\,\delta t_1.$$

Como δt_1 no tiene por qué ser cero, será necesariamente:

$$0 = [F_{\dot{x}}]_{t=t_1^*}\,\phi'(t_1^*) + [F - \dot{x}F_{\dot{x}}]_{t=t_1^*}\,.$$

Reordenando, queda:

$$\left[F + F_{\dot{x}}(\phi' - \dot{x})\right]_{t=t_1^*} = 0,$$

que es la condición de transversalidad que queríamos demostrar.

■

Observación 2.6 La proposición anterior es igualmente válida si se trata de minimizar el funcional objetivo, sustituyendo en el enunciado máximo por mínimo.

Ejemplo 2.17 Calcular la distancia mínima del punto (0, 1), a la recta $x = 3t$.

SOLUCIÓN. Vamos a plantearlo, como un problema de cálculo de variaciones.

Se consideran todas las funciones x, de clase $C^{(2)}$, que parten del punto (0, 1), por lo que verifican la condición inicial $x(0) = 1$, y llegan a la recta $x = 3t$, por lo que cumplen la condición final $x(t_1) = 3t_1$, tal como se representa en la Figura 2.16. A cada una de dichas funciones se le asigna como valor objetivo, la longitud del arco de curva $x(t)$, que parte del punto (0, 1) y llega a la recta $x = 3t$. Se sabe que dicha longitud es igual a:

$$\ell = J(x) = \int_0^{t_1} \sqrt{1 + \dot{x}(t)^2}dt$$

Se trata de calcular aquella función x^*, admisible, para la que se minimiza la longitud ℓ. La distancia mínima que se pide, será $\ell^* = J(x^*)$.

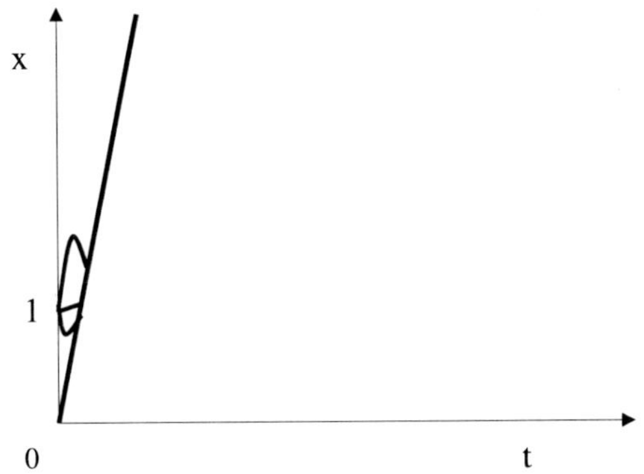

Figura 2.16 Distancia del punto $(0, 1)$ **a la recta** $x = 3t$

El problema, por tanto, es:

$$\begin{array}{l} \min J(x) = \int_0^{t_1} \sqrt{1 + \dot{x}^2}dt, \\ \text{con} : x(0) = 1, \ x(t_1) = 3t_1 \ (\text{con } t_1 > 0). \end{array}$$

Vamos a calcular la función que verifica las condiciones necesarias de primer y segundo orden:

$$F(x, \dot{x}, t) = \sqrt{1 + \dot{x}^2},$$

por lo que

$$F_x = 0 \ , \ F_{\dot{x}} = \frac{\dot{x}}{\sqrt{1 + \dot{x}^2}}.$$

La ecuación de Euler es:

$$\frac{\dot{x}}{\sqrt{1+\dot{x}^2}} = A,$$

que podemos expresar como

$$\dot{x} = C, \text{ en donde } C = \sqrt{\frac{A^2}{1-A^2}},$$

por lo que:

$$x(t) = Ct + D, \text{ para } 0 \le t \le t_1.$$

La condición de Legendre es:

$$F_{\dot{x}\dot{x}} = \frac{1}{(1+\dot{x}^2)^{3/2}} > 0,$$

que corresponde a mínimo.

La condición inicial es:

$$1 = x(0) = D,$$

por lo que

$$x(t) = Ct + 1.$$

La condición final es:

$$3t_1^* = x(t_1^*) = Ct_1^* + 1,$$

por lo que debe cumplirse que

$$t_1^* = \frac{1}{3-C}.$$

La condición de transversalidad es:

$$[F + F_{\dot{x}}(\phi' - \dot{x})]_{t=t_1^*} = 0.$$

Sustituyendo las expresiones por su valor, se obtiene:

$$\phi(t) = 3t, \text{ por lo que } \phi'(t) = 3.$$

$$\phi' - \dot{x} = 3 - C.$$

$$F + F_{\dot{x}}(\phi' - \dot{x}) = \sqrt{1+C^2} + \frac{C}{\sqrt{1+C^2}}(3-C) = \frac{1+3C}{\sqrt{1+C^2}}.$$

Por tanto:

$$[F + F_{\dot{x}}(\phi' - \dot{x})]_{t=t_1^*} = 0 \iff 1 + 3C = 0 \iff C = -\frac{1}{3}.$$

Por consiguiente, la única solución que verifica las condiciones necesarias de primer y segundo orden es:

$$t_1^* = \frac{3}{10},$$

$$x^*(t) = 1 - \frac{t}{3}, \text{ para } 0 \le t \le \frac{3}{10},$$

que corresponde al segmento de la recta que pasa por el punto $(0,1)$ y es perpendicular a la recta $x = 3t$. El punto de corte entre ambas rectas, véase la Figura 2.17, se obtiene dando a t el valor $t_1^* = 0.3$:

$$x^*(t_1^*) = x^*(0.3) = 1 - \frac{0.3}{3} = \frac{9}{10}.$$

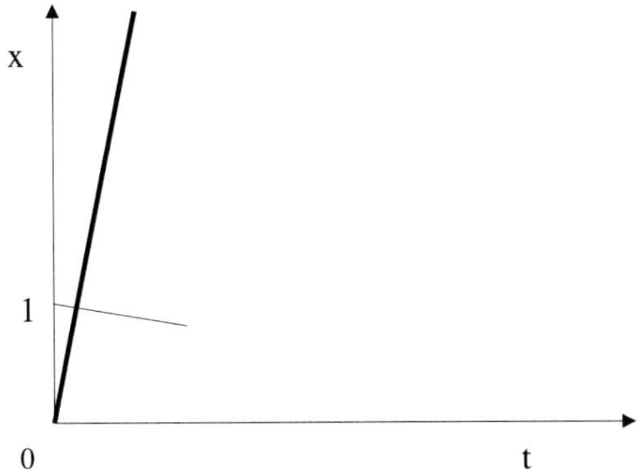

Figura 2.17 Distancia mínima del punto a la recta

La distancia mínima es:

$$J(x^*) = \int_0^{3/10} \sqrt{1 + (-1/3)^2 dt} = \frac{\sqrt{10}}{10}.$$

Obsérvese que dicha distancia mínima también se puede calcular utilizando la fórmula de distancia euclidea entre los puntos $(0,1)$ y $(0.3, 0.9)$:

$$d^* = \sqrt{(0 - 0.3)^2 + (1 - 0.9)^2} = \frac{\sqrt{10}}{10}.$$

■

2.5 CONDICIONES SUFICIENTES

En programación matemática es habitual utilizar condiciones necesarias de optimalidad de primer y segundo orden y condiciones suficientes, que en el caso convexo lo son de optimalidad global. A continuación se va a enunciar y demostrar un teorema que establece que en determinadas condiciones se puede asegurar que una solución es un óptimo global para un problema de cálculo de variaciones.

Se considera el siguiente problema:

$$\max_{x \in \Omega} J(x) = \int_{t_0}^{t_1} F[x, \dot{x}, t] dt,$$
$$\text{con} : x(t_0) = x_0,$$

siendo t_0 y t_1 fijos, sujeto a alguna de las condiciones terminales siguientes:

(i) $x(t_1) = x_1$; (ii) $x(t_1) \geq x_1$; (iii) $x(t_1)$ libre, en donde F es una función de clase $C^{(2)}$.

> **Teorema 2.3** *Supongamos que $F[x, \dot{x}, t]$ es una función cóncava en $(x, \dot{x})$ para cada $t \in [t_0, t_1]$. Si $x^* = x^*(t)$ verifica la ecuación de Euler, junto con la condición inicial, condición final (en los casos (i) y (ii)), y la correspondiente condición de transversalidad (en los casos (ii) y (iii)), entonces $x^*(t)$ es un máximo global para el problema que estamos considerando.*

DEMOSTRACIÓN. Sea $x(t)$, función de clase $C^{(2)}$, que verifica $x(t_0) = x_0$, y alguna de las condiciones terminales (i), (ii) o (iii).

Por ser la función F cóncava en $(x, \dot{x})$, y diferenciable, verificará la siguiente propiedad:

$$F(x, \dot{x}, t) - F(x^*, \dot{x}^*, t) \leq F_x(x^*, \dot{x}^*, t)(x - x^*) + F_{\dot{x}}(x^*, \dot{x}^*, t)(\dot{x} - \dot{x}^*).$$

A continuación se simplifica la notación, utilizando

$$F = F(x, \dot{x}, t)\ ,\ F^* \equiv F(x^*, \dot{x}^*, t)\ ,\ F_x^* = F_x(x^*, \dot{x}^*, t) \text{ y } F_{\dot{x}}^* = F_{\dot{x}}(x^*, \dot{x}^*, t).$$

De acuerdo con esta notación:

$$F - F^* \leq F_x^*(x - x^*) + F_{\dot{x}}^*(\dot{x} - \dot{x}^*).$$

Pero, de acuerdo con la ecuación de Euler, es

$$F_x^* = \frac{d}{dt}F_{\dot{x}}^*,$$

por lo que si sustituimos en la expresión anterior se obtiene:

$$F - F^* \leq \frac{d}{dt}F_{\dot{x}}^*(x - x^*) + F_{\dot{x}}^*(\dot{x} - \dot{x}^*) = \frac{d}{dt}[F_{\dot{x}}^*(x - x^*)],$$

que se verifica para cada $t \in [t_0, t_1]$. Integrando miembro a miembro, entre t_0 y t_1, y efectuando operaciones, se obtiene:

$$\int_{t_0}^{t_1}(F - F^*)dt \leq \int_{t_0}^{t_1}\frac{d}{dt}[F_{\dot{x}}^*(x - x^*)]dt = F_{\dot{x}}^*(x - x^*)]_{t_0}^{t_1} =$$
$$= [F_{\dot{x}}^*]_{t=t_1}[x(t_1) - x^*(t_1)].$$

Sea

$$d = [F_{\dot{x}}^*]_{t=t_1}[x(t_1) - x^*(t_1)].$$

Veamos que $d \leq 0$ para cada una de las condiciones terminales que se consideran en el enunciado del problema.

(i) En este caso es $x(t_1) = x_1$ y $x^*(t_1) = x_1$,por lo que

$$[x(t_1) - x^*(t_1)] = 0,$$

y por tanto, d es igual a cero.

(ii) La condición de transversalidad es:

$$[F^*_{\dot{x}}]_{t=t_1} \leq 0 \text{ (=0, si } x^*(t_1) > x_1).$$

- Si $x^*(t_1) > x_1$, entonces $[F^*_{\dot{x}}]_{t=t_1} = 0$, y $d = 0$.
- Si $x^*(t_1) = x_1$, al ser $x(t_1) \geq x_1$, se verifica que $[x(t_1) - x^*(t_1)] \geq 0$, y como $[F^*_{\dot{x}}]_{t=t_1} \leq 0$, resulta que $d \leq 0$.

(iii) En este caso, la condición de transversalidad es: $[F^*_{\dot{x}}]_{t=t_1} = 0$, luego $d = 0$.

Por tanto, en cualquier caso:

$$\int_{t_0}^{t_1} (F - F^*)dt \leq 0 \iff \int_{t_0}^{t_1} F(x, \dot{x}, t)dt \leq \int_{t_0}^{t_1} F(x^*, \dot{x}^*, t)dt,$$

luego $x^*(t)$ es máximo global para el problema considerado.

■

Observación 2.7 Si en el enunciado del problema se tiene minimizar (en lugar de maximizar), el teorema es cierto, sustituyendo F cóncava en $(x, \dot{x})$ por F convexa en $(x, \dot{x})$, obteniendo que $x^*(t)$ es mínimo global (en lugar de máximo global).

Ejemplo 2.18 Se considera el problema:

$$\begin{aligned} &\min J(x) = \textstyle\int_0^1 (x^2 + \dot{x}^2)dt, \\ &\text{con} : x(0) = 1, \ \ x(1) \text{ libre.} \end{aligned}$$

Estudiar si se cumplen las condiciones suficientes.

SOLUCIÓN. La función $F(x, \dot{x}, t) = x^2 + \dot{x}^2$, es convexa en $(x, \dot{x})$ ya que la matriz hessiana de F (con respecto a $(x, \dot{x})$), es

$$\begin{pmatrix} 2 & 0 \\ 0 & 2 \end{pmatrix},$$

que es definida positiva. Por tanto, la función

$$x^*(t) = \frac{1}{1 + e^2}[e^t + e^2 e^{-t}],$$

que verifica la ecuación de Euler, la condición inicial y la condición de transversalidad $[F^*_{\dot{x}}]_{t=1} = 0$, verifica las hipótesis del teorema, luego cumple la condición suficiente de mínimo global.

■

2.6 INTERPRETACIÓN ECONÓMICA DE LAS CONDICIONES DE OPTIMALIDAD

En las secciones anteriores se ha formulado el problema básico de cálculo de variaciones, para el que se han enunciado y demostrado las condiciones necesarias y las suficientes de optimalidad. En esta sección vamos a ver, a través de dos ejemplos concretos, qué interpretación económica tiene cada una de las condiciones establecidas.

El primer modelo que se considera trata de un problema de gestión de stocks, el segundo trata de un problema de gestión de recursos naturales no renovables.

2.6.1 Un modelo de gestión de stocks

En el instante t_0, una empresa dispone de un stock $x(t_0) = x_0$ de un determinado producto. El mantenimiento de cada unidad de dicho stock lleva aparejado un coste instantáneo de c unidades monetarias. La empresa puede utilizar las unidades del bien que tiene en stock para venderlas en cierto mercado. La venta de q unidades de este bien en el mercado proporciona un beneficio, sin contar los costes de mantenimiento del stock, que viene dado por la función $\Pi(q)$, que se supone es cóncava.

La empresa desea distribuir sus existencias de modo óptimo durante cierto horizonte de planificación, $[t_0, t_1]$, de modo que maximice su beneficio total a lo largo de ese período. Se supone que en ese tiempo no es posible que la empresa obtenga más unidades del bien, y que las unidades no vendidas en el horizonte temporal dado no tienen ningún valor después del instante t_1. El problema al que se enfrenta es, por tanto,

$$\max_{q,x} \int_{t_0}^{t_1} [\Pi(q) - cx]\,dt,$$
$$\text{sujeto a : } \dot{x} = -q,$$
$$\text{con : } x(t_0) = x_0,\ x(t_1) \geq 0.$$

Utilizando la restricción para eliminar la variable q, el problema anterior se puede expresar como:

$$\max_{x} \int_{t_0}^{t_1} [\Pi(-\dot{x}) - cx]\,dt,$$
$$\text{con : } x(t_0) = x_0,\ x(t_1) \geq 0.$$

Para este problema,

$$F(x, \dot{x}, t) = \Pi(-\dot{x}) - cx,$$

por lo que

$$F_x = -c,\ F_{\dot{x}} = -\Pi'.$$

La ecuación de Euler es

$$F_x - \frac{d}{dt}F_{\dot{x}} = 0,$$

es decir,

$$c = \frac{d}{dt}\Pi'. \tag{2.22}$$

La ecuación (2.22) tiene la siguiente interpretación: al decidir qué cantidad de producto extraer de su stock, la empresa compara las ganancias y las pérdidas derivadas de mantener el stock o venderlo. El lado izquierdo de (2.22) representa el coste marginal de mantener una unidad de producto en stock, que es el coste de almacenaje. El lado derecho representa la ganancia derivada de mantener una unidad de stock, es decir, cuánto aumenta en el tiempo el beneficio marginal que se podrá obtener por esa unidad.

La condición de Legendre para máximo, $F_{\dot{x}\dot{x}} = \Pi'' \leq 0$, se cumple, ya que por hipótesis Π es una función cóncava (se cumple que $\Pi'' \leq 0$).

Como el valor final del stock está restringido a ser no negativo ($x(t_1) \geq 0$), la condición de transversalidad es

$$[F_{\dot{x}}]_{t=t_1} \leq 0,\ (= 0,\ \text{si } x(t_1) > 0),$$

es decir,

$$\left[\Pi'\right]_{t=t_1} \geq 0, \ (= 0, \ \text{si}\ x(t_1) > 0).$$

La interpretación de esta condición es la siguiente: en el instante final, ya no tiene objeto mantener stock para futuras ventas y, por tanto, deberán venderse las existencias hasta que se agoten ($x(t_1) = 0$), o bien hasta que el beneficio marginal sea cero, en ningún caso se llegará a extraer del stock una cantidad de producto que haga descender los beneficios (es decir, $\Pi' < 0$).

La condición suficiente se cumple si la función $F(x, \dot{x}, t)$ es cóncava en $(x, \dot{x})$, para cada $t \in [t_0, t_1]$. Se obtiene que

$$\nabla_{x,\dot{x}} F = (F_x, F_{\dot{x}}),$$

y

$$H_{x,\dot{x}} F = \begin{pmatrix} F_{xx} & F_{x\dot{x}} \\ F_{\dot{x}x} & F_{\dot{x}\dot{x}} \end{pmatrix} = \begin{pmatrix} 0 & 0 \\ 0 & \Pi'' \end{pmatrix},$$

y esta matriz es semidefinida negativa, ya que $\Pi'' \leq 0$, por ser Π función cóncava. Por tanto, la condición suficiente se cumple por ser Π función cóncava.

Supongamos ahora que a la empresa le está permitido vender en corto, es decir, llegar a vender más producto del que tiene disponible en el almacén. En tal caso, ya no habría que exigir que fuera $x(t_1) \geq 0$. Entonces, la condición de transversalidad pasa a ser

$$[F_{\dot{x}}]_{t=t_1} = 0,$$

es decir,

$$\left[\Pi'\right]_{t=t_1} = 0,$$

lo que quiere decir que se extraerá justo aquella cantidad que hace que el beneficio marginal sea cero. Si es $\Pi' > 0$, es óptimo aumentar la venta de producto incurriendo, si es preciso, en un descubierto. Por el contrario, si $\Pi' < 0$, deben reducirse las ventas hasta el punto en que $\Pi' = 0$.

2.6.2 Un modelo de gestión de un recurso natural no renovable

Una empresa tiene los derechos de explotación de un recurso natural no renovable. Su función de beneficios es $\Pi(x, q, t)$, donde x representa el stock de recurso existente en el instante t y q representa la extracción instantánea de dicho recurso. El hecho de que la tasa de extracción aparezca en la función de beneficios es fácilmente comprensible. La presencia del stock en dicha función puede justificarse mediante su influencia en los costes de extracción: a mayor stock disponible, menor coste de extracción y, por tanto, mayor beneficio. Otra interpretación para la influencia de la variable x consiste en atribuir al recurso dos usos alternativos: uno como recurso productivo, mediante su extracción, y otro como bien recreativo, por un determinado atractivo que lo hace valioso en su estado natural.

El stock del recurso evoluciona en el tiempo de acuerdo a la ecuación diferencial

$$\dot{x} = -q,$$

de modo que la función de beneficios también se puede expresar como

$$F(x, \dot{x}, t) = \Pi(x, -\dot{x}, t),$$

y se cumple que

$$F_x = \Pi_x, F_{\dot{x}} = -\Pi_q.$$

La empresa debe decidir una política de extracción/conservación del recurso con el objetivo de maximizar su flujo de beneficios en un cierto horizonte temporal comprendido entre t_0 y t_1. Por tanto, se enfrenta al siguiente problema de cálculo de variaciones:

$$\max \int_{t_0}^{t_1} F(x, \dot{x}, t)dt,$$
$$\text{con} : x(t_0) = x_0, x(t_1) \geq 0.$$

La ecuación de Euler es

$$F_x - \frac{d}{dt}F_{\dot{x}} = 0,$$

que, en este caso se puede expresar como:

$$\Pi_x + \frac{d}{dt}\Pi_q = 0.$$

Esta ecuación determina el stock que merece la pena conservar en cada instante. En concreto, conservar el recurso proporciona dos tipos de ganancia: en primer lugar, una unidad adicional de x permite obtener un beneficio marginal inmediato de Π_x. Por otra parte, el stock disponible podrá ser extraído en el futuro proporcionando un beneficio marginal Π_q. El término

$$\frac{d}{dt}\Pi_q$$

mide el cambio temporal en dicho beneficio marginal. Cuando

$$\Pi_x + \frac{d}{dt}\Pi_q > 0,$$

el recurso es más valioso en su estado actual (es decir, en el yacimiento), de modo que es rentable aprovechar el stock actual y esperar para explotarlo en el futuro. Cuando

$$\Pi_x + \frac{d}{dt}\Pi_q < 0,$$

la espera es contraproducente y merece la pena agotar el stock cuanto antes. A lo largo de la política óptima, en cada instante se extrae justo aquella cantidad de recurso en que se produce la igualdad, de modo que no es posible obtener ganancias extrayendo una cantidad instantánea mayor ni menor.

La condición de Legendre es $F_{\dot{x}\dot{x}} \leq 0$, que equivale a $\Pi_{qq} \leq 0$, es decir, el beneficio es una función cóncava en la extracción del recurso.

La condición de transversalidad es

$$[F_{\dot{x}}]_{t=t_1} \leq 0, \ (= 0, \ \text{si}\ x(t_1) > 0),$$

es decir,

$$\left[\Pi_q\right]_{t=t_1} \geq 0, \ (= 0, \ \text{si}\ x(t_1) > 0),$$

cuya interpretación es la siguiente: en el último instante del período de planificación no hay ningún motivo para conservar el recurso, y debe atenderse sólo al beneficio marginal que proporciona su extracción. En concreto, si el beneficio marginal es positivo ($\Pi_q > 0$), debe explotarse el recurso hasta que se agote ($x(t_1) = 0$). El único motivo para conservar al final del período un stock sin explotar es que el beneficio marginal sea justamente cero, de modo que un pequeño aumento de la tasa de extracción no generaría ningún incremento en los beneficios. Por último, nunca llegará a extraerse una cantidad de recurso tan elevada que llegue a hacer descender los beneficios, es decir, $\Pi_q < 0$. Si se produjese esta situación, lo correcto sería emplear una tasa de extracción menor hasta que $\Pi_q = 0$.

Un caso particular

Supongamos que la función de beneficios tiene la forma

$$\Pi(x, q, t) = e^{-\delta t}(pq - C(x)),$$

donde δ es la tasa de descuento intertemporal, p es el precio de mercado del recurso extraído y $C(x)$ representa los costes de extracción. Supongamos, también, que $C' < 0$, es decir, cuanto mayor sea el stock de recurso disponible, menos costosa resulta la extracción.

El problema queda como

$$\max \int_{t_0}^{t_1} e^{-\delta t}\,(pq - C(x))\,dt = \min \int_{t_0}^{t_1} e^{-\delta t}(p\dot{x} + C(x))dt.$$

La ecuación de Euler es

$$\begin{aligned} e^{-\delta t}C'(x) &= \frac{d}{dt}(e^{-\delta t}p) = e^{-\delta t}(-\delta p + \dot{p}) \Longleftrightarrow \\ &\Longleftrightarrow C'(x) = -\delta p + \dot{p}. \end{aligned}$$

que también se puede expresar como

$$\delta p = \dot{p} - C'(x),$$

que es la regla de Hotelling y expresa el equilibrio entre las dos alternativas: extraer o conservar el recurso. El lado izquierdo representa la ganancia marginal de extraer inmediatamente una unidad de recurso: el precio obtenido por ella multiplicado por la rentabilidad intertemporal obtenida. El lado derecho representa la ganancia marginal de esperar: el incremento de precio más (recuérdese que C' es negativo) el ahorro en los futuros costes de extracción debido a un mayor stock.

Teniendo en cuenta que $F_{\dot{x}\dot{x}} = \Pi_{qq} = 0$, se cumple la condición de Legendre.

La condición de transversalidad es

$$p(t_1) \geq 0, \ (= 0, \ \text{si } x(t_1) > 0),$$

por lo que si en el instante final no se agota el recurso es porque el precio en dicho instante es cero.

2.7 EJERCICIOS PROPUESTOS

Ejercicio 2.1 (a) Los gráficos de las siguientes funciones pasan por los puntos $(0, 0)$ y $(1, e^2 - 1)$ en el plano tx.

(i) $x = (e^2 - 1)t$

(ii) $x = (e^2 - 1)\,\text{sen}(\frac{1}{2}\pi t)$

(iii) $x = e^{1+t} - e^{1-t}$

(iv) $x = at^2 + (e^2 - a - 1)t$.

Calcular en cada caso el valor de

$$J(x) = \int_0^1 (x^2 + \dot{x}^2)dt.$$

(b) Demostrar que el problema de maximizar $J(x)$ entre todas las curvas que unen $(0, 0)$ y $(1, e^2 - 1)$ no tiene solución. (Indicación: ¿qué ocurre con $J(x)$, cuando x, dado por (iv) es tal que $a \to \infty$?).

Ejercicio 2.2 En cada uno de los siguientes casos, calcular los extremales, imponer las condiciones inicial y final, y comprobar la condición de Legendre:

(a) $J[x(t)] = \int_0^1 (2e^x - x^2)dt$, con: $x(0) = 1, x(1) = e$.

(b) $J[x(t)] = \int_1^e (t\dot{x}^2 + x\dot{x})dt,$ con : $x(1) = 0, x(e) = 1$.

(c) $J[x(t)] = \int_0^1 x\dot{x}^2 dt, con : x(0) = 1, x(1) = \sqrt[3]{4}$.

Ejercicio 2.3 Consideremos el funcional

$$J[x(t)] = \int_a^b F(x, \dot{x}, t)dt,$$

con las condiciones: $x(a) = A, x(b) = B$. Demostrar que la ecuación de Euler subsiste al agregar al integrando la diferencial total de cualquier función, $u = u(x, t)$, que posea derivadas paciales continuas hasta el orden 2.

Ejercicio 2.4 Una población de N pescados en cierto lago, crece a la tasa siguiente:

$$N'(t) = aN(t) - bN^2(t),$$

si no es perturbada por la gente. El pescado puede ser cogido del lago y consumido a una tasa $C(t)$, dando una utilidad $U(C(t))$ a la comunidad, y reduciendo la tasa de crecimiento del pescado, según:

$$N'(t) = aN(t) - bN^2(t) - C(t).$$

Suponer qué futuras utilidades de la comunidad son descontadas a tasa constante r. Caracterizar un plan de consumo de pescado entre 0 y t_1 (fijado), para maximizar el valor presente de las utilidades descontadas. Suponer que

$$N(0) = \frac{a}{b}, \text{ y que } U' > 0, U'' < 0.$$

Ejercicio 2.5 Se considera el problema:

$$\max \int_0^{2\pi} (x^2 - \dot{x}^2)dt, \text{ con : } x(0) = 0, x(2\pi) = 0.$$

(a) Mostrar que los extremales son de la forma

$$x(t) = C \operatorname{sen} t,$$

dando un valor de cero para la integral, ¿se verifica la condición de Legendre?

(b) Mostrar que

$$x(t) = t - \frac{t^2}{2\pi},$$

es una solución factible que da un valor positivo para la integral.

¿Qué conclusión se obtiene sobre la suficiencia de la condición de Legendre? ¿Qué se puede decir sobre la existencia de solución para el problema?

Ejercicio 2.6 Una persona pretende averiguar la tasa de consumo instantánea que maximice su utilidad sobre un período fijado de longitud T. La utilidad del consumo $U[C(t)]$ en cada momento t es una función conocida, creciente y cóncava. La futura utilidad es descontada a tasa r. El individuo deriva su ingreso del salario $v(t)$, determinado exógenamente, y del interés iK sobre su stock de capital $K(t)$. Suponemos que el individuo puede prestar su capital o pedir prestado ($K < 0$), siempre con tipo de interés i. El capital puede ser comprado o vendido a precio unidad. Así, el ingreso por intereses y salario se dedica a consumo o a inversión. El stock de capital inicial es $K(0) = K_0$, y el final $K(T) = K_T$, especificados. Se pide: (a) Formular el problema. (b) Encontrar la solución a la ecuación de Euler. Verificar la condición de Legendre. (c) Supongamos que:

$$U(C) = \ln C,\ v(t) = 0,\ \text{para } 0 \leq t \leq T,\ K_T = 0.$$

Encontrar, en ese caso, el $C(t)$ óptimo.

Ejercicio 2.7 Se considera el problema:

$$\min \int_0^1 (t\dot{x} + \dot{x}^2)dt, \text{ con : } x(0) = 1.$$

Para (i) $x(1)$, libre; (ii) $x(1) \geq 1$.

Encontrar las posibles soluciones a estos dos problemas.

Ejercicio 2.8 En cada uno de los siguientes casos, resolver el problema, sin comprobar condiciones suficientes:

(a) $opt \int_0^{t_1} (\dot{x}^2 - 8xt + t)dt$, con : $x(0) = \frac{-1}{24}$, $t_1 > 0$, incógnita a determinar.

(b) $opt \int_1^{t_1} (x + t\dot{x} + \dot{x}^2)dt$, con: $x(1) = 3$, $x(t_1) = 4$, $t_1 > 1$, incógnita a determinar.

Ejercicio 2.9 Una empresa ha recibido un pedido de B unidades de producto, que deben ser entregadas al cabo de un tiempo T, fijado. La empresa quiere saber cuál debe ser la tasa de producción $P(t)$, $0 \leq t \leq T$, para atender ese pedido en la fecha fijada, al coste mínimo. Se sabe que el coste unitario de producción es proporcional a la tasa de producción (sea C_1 la constante de proporcionalidad), y que el coste unitario de mantener el producto en inventario es constante (C_2). Sea $x(t)$ el inventario acumulado en el instante t. Entonces, tenemos $x(0) = 0$, y debemos alcanzar $x(T) = B$. Se pide: a) Encontrar la tasa de producción y el inventario acumulado óptimos (ignórese la restricción $P(t) \geq 0$). ¿Qué condición tiene que cumplirse para que la solución óptima cumpla $P(t) \geq 0$? b) Suponer ahora que B es una constante dada, pero T es libre. Encontrar la solución óptima (ignorando $P(t) \geq 0$).

Ejercicio 2.10 Comprobar que el camino más corto desde un punto dado (t_0, x_0) a una curva $R(t) = x$, es una linea recta desde (t_0, x_0) a $(t_1, R(t_1))$, perpendicular a la tangente a $R(t) = x$, en $(t_1, R(t_1))$, para algún t_1.

CAPÍTULO 3

Varias funciones

En el capítulo anterior se ha estudiado con todo detalle el problema básico de cálculo de variaciones. En este capítulo se extenderá en diferentes direcciones el problema básico, sin llegar en general al nivel de detalle anterior, especialmente en la presentación de las demostraciones. En el primer apartado se consideran problemas con un funcional objetivo más general, en donde se valora el estado al que llega el sistema en el instante final. A continuación se consideran extensiones habituales en problemas de optimización: el paso de una a varias variables, y la incorporación de diferentes tipos de restricciones. Por último se estudia el problema de cálculo de variaciones en el que el funcional objetivo depende de derivadas de la función, de orden mayor que uno.

3.1 UN FUNCIONAL OBJETIVO MÁS GENERAL

En algunos casos de interés en economía, se precisa incorporar en el funcional objetivo un sumando en el que se valora cómo queda la función solución en el instante final. Así, por ejemplo:

- En un problema de gestión de stocks tal vez sea necesario incorporar en el funcional objetivo no sólo el beneficio que se obtiene durante el período de planificación, sino también el valor del stock final.
- En un problema de extracción de un recurso natural, tal vez la sociedad valore la cantidad de recurso que queda sin utilizar al final del horizonte temporal en que se realiza el estudio.
- En un problema de inversiones financieras, además del flujo de beneficios obtenidos, también es interesante tener en cuenta la cantidad de capital invertido al final del horizonte temporal.

Así pues, el problema a estudiar es el siguiente:

$$\max_x \; J(x) = \int_{t_0}^{t_1} F(x, \dot{x}, t)dt + S[x(t_1)],$$
$$\text{con } x(t_0) = x_0, \tag{3.1}$$

en donde se supone que S es una función que posee derivadas continuas hasta el orden tres.

La diferencia entre el Problema (3.1), en el que hemos supuesto extremos t_0 y $t_1$fijos y $x(t_1)$ libre, y los estudiados en el capítulo anterior, está en la función $S[x(t_1)]$ que aparece incorporada al funcional objetivo. Como veremos en las dos proposiciones siguientes, tanto las condiciones de Euler y Legendre, como la condición inicial, no dependen de la función S, y por tanto tienen la misma forma que las ya estudiadas en el capítulo anterior, en cambio las condiciones suficientes y de transversalidad cambian, puesto que dependen de S.

Proposición 3.1 (Condiciones necesarias de máximo local) *Sea $x^*(t)$, máximo local del Problema (3.1). Entonces en x^* es necesario que se cumplan :*

1. *La ecuación de Euler: $F_x - \frac{d}{dt}F_{\dot{x}} = 0$.*
2. *La condición inicial: $x(t_0) = x_0$.*
3. *La condición de transversalidad, que en este caso es:*

$$[F_{\dot{x}}]_{t=t_1} + \frac{dS[x(t_1)]}{dx} = 0.$$

4. *La condición de Legendre: $F_{\dot{x}\dot{x}} \leq 0$.*

DEMOSTRACIÓN. Se verifica que:

$$S[x(t_1)] - S[x(t_0)] = \int_{t_0}^{t_1} \frac{d}{dt} S[x(t)]dt = \int_{t_0}^{t_1} S'(x)\dot{x}dt.$$

Para cada función admisible $x(t)$ en el problema que nos ocupa se verifica que

$$S[x(t_0)] = S(x_0) = \text{constante},$$

por lo que :

$$S[x(t_1)] = \int_{t_0}^{t_1} S'(x)\dot{x}dt + \text{constante},$$

y la constante no influye en el problema de optimización.

Por tanto, $x^*(t)$ es solución del problema que nos ocupa si y sólo si es solución del siguiente problema:

$$\max_x \; L[x(t)] = \int_{t_0}^{t_1} [F(x, \dot{x}, t) + S'(x)\dot{x}]dt$$
$$\text{con } x(t_0) = x_0.$$

Sea:

$$F_1(x, \dot{x}, t) = F(x, \dot{x}, t) + S'(x)\dot{x}.$$

La ecuación de Euler para este problema es:

$$F_{1x} - \frac{d}{dt} F_{1\dot{x}} = 0.$$

Teniendo en cuenta la definición de F_1, las derivadas parciales que aparecen en la Ecuación de Euler son:

$$F_{1x} = F_x + S''(x)\dot{x}$$
$$F_{1\dot{x}} = F_{\dot{x}} + S'(x), \text{ por lo que } \frac{d}{dt} F_{1\dot{x}} = \frac{d}{dt} F_{\dot{x}} + S''(x)\dot{x}.$$

Sustituyendo, se obtiene que:

$$F_{1x} - \frac{d}{dt} F_{1\dot{x}} = 0 \Longleftrightarrow F_x - \frac{d}{dt} F_{\dot{x}} = 0,$$

con lo que queda demostrado que se tiene que cumplir la ecuación de Euler para $x^*(t)$.

Sabemos del capítulo anterior que la solución a la ecuación de Euler depende de dos constantes que se determinan añadiendo sendas condiciones que se tienen que cumplir en los extremos t_0 y t_1, que para el problema que nos ocupa serán la condición inicial: $(x(t_0) = x_0)$ y la condición de transversalidad: $[F_{1\dot{x}}]_{t=t_1} = 0$. A partir de la definición de F_1 se obtiene que:

$$[F_{1\dot{x}}]_{t=t_1} = 0 \Longleftrightarrow [F_{\dot{x}} + S'(x)]_{t=t_1} = 0 \Longleftrightarrow [F_{\dot{x}}]_{t=t_1} + S'[x(t_1)] = 0.$$

La condición de Legendre será: $F_{1\dot{x}\dot{x}} \leq 0$. Previamente hemos obtenido que:

$$F_{1\dot{x}} = F_{\dot{x}} + S'(x),$$

de donde se deduce que:

$$F_{1\dot{x}\dot{x}} = F_{\dot{x}\dot{x}},$$

por lo que la condición de Legendre queda como: $F_{\dot{x}\dot{x}} \leq 0$, y la proposición queda demostrada.

■

Proposición 3.2 (Condición suficiente de máximo global) *Supongamos que $F(x, \dot{x}, t)$ es una función cóncava en $(x, \dot{x})$, para cada $t \in [t_0, t_1]$ y $S(x)$ es una función cóncava. Si $x^*(t)$ verifica la ecuación de Euler, junto con las condiciones inicial y de transversalidad, entonces $x^*(t)$ es un máximo global para el problema considerado.*

La demostración se omite por ser similar a la correspondiente del capítulo anterior.

Observación 3.1 Si se trata de minimizar, en lugar de maximizar, la ecuación de Euler, junto con las condiciones inicial y de transversalidad quedan como en la Proposión 3.1. La condición de Legendre es: $F_{\dot{x}\dot{x}} \geq 0$. La condición suficiente es que $F(x, \dot{x}, t)$ sea convexa en $(x, \dot{x})$,para cada $t \in [t_0, t_1]$, y que $S(x)$ sea convexa.

Ejemplo 3.1 Resolver el problema:

$$\min_x \ J(x) = \int_0^1 (x^2 + \dot{x}^2)dt + [x(1)]^2,$$
$$\text{con } x(0) = 1.$$

SOLUCIÓN. En este caso: $F(x, \dot{x}, t) = x^2 + \dot{x}^2$; $S(x) = x^2$. La ecuación de Euler (ya resuelta en el capítulo anterior para esta función F) da como resultado:

$$x(t) = Ae^t + Be^{-t}.$$

Imponiendo la condición inicial, queda:

$$1 = x(0) = A + B.$$

La condición de transversalidad es:

$$[F_{\dot{x}}]_{t=1} + S'[x(1)] = 0.$$

Sustituyendo queda:

$$[2\dot{x}]_{t=1} + 2x(1) = 0 \Longleftrightarrow [2Ae^t - 2Be^{-t}]_{t=1} + 2Ae + 2Be^{-1} = 0 \Longleftrightarrow 4Ae = 0.$$

Por tanto, se obtiene que: $A = 0$ y $B = 1$, por lo que:

$$x^*(t) = e^{-t}, \ \text{para } 0 \leq t \leq 1,$$

verifica las condiciones necesarias de mínimo local.

La condición suficiente se cumple si F es convexa en $(x, \dot{x})$,para cada $t \in [0, 1]$, y $S(x) = x^2$ es convexa.

La función F cumple la condición, como fácilmente se comprobó en el capítulo anterior. Es claro que S es función convexa, ya que $S''(x) = 2 > 0$, para todo x.

Se verifica la condición suficiente, por lo que podemos asegurar que $x^*(t) = e^{-t}$, para $0 \leq t \leq 1$, es el mínimo global del problema.

■

Ejemplo 3.2 (Un problema de control de stocks) En el instante t_0 una empresa dispone de un stock de un bien igual a x_0 y debe decidir cómo emplear dicho stock a lo largo del horizonte temporal $[t_0, t_1]$. Durante ese tiempo, no dispone de la posibilidad de adquirir más unidades del bien, de modo que el stock sólo puede mantenerse o irse reduciendo a medida que se venden unidades del producto.

Si denotamos por $q(t)$ la cantidad que se vende en el instante t, entonces el stock evoluciona temporalmente de acuerdo con la ecuación diferencial:

$$\dot{x}(t) = -q(t). \tag{3.2}$$

La empresa opera en un contexto de competencia perfecta, de modo que en cualquier momento t puede vender todas las unidades que desee al precio vigente en el mercado en ese instante, denotado por $p(t)$. Mantener en el almacén x unidades conlleva un coste de almacenaje dado por la función $C(x)$. Así pues, en cualquier instante comprendido entre t_0 y t_1, el beneficio instantáneo de la empresa está dado por:

$$\Pi(q, p, x) = p(t)q(t) - C(x).$$

La empresa sabe que en el momento t_1 se celebra la feria bianual del bien en cuestión en la cual, teniendo en cuenta la situación del mercado y la experiencia de ferias pasadas, espera obtener un ingreso de $S[x(t_1)]$.

El objetivo de la empresa consiste en maximizar su beneficio total descontado a lo largo del horizonte temporal $[t_0, t_1]$, es decir,

$$\max \int_{t_0}^{t_1} e^{-\delta t}[p(t)q(t) - C(x)]dt + e^{-\delta t_1} S(x(t_1)),$$
$$\text{con } :x(t_0) = x_0,$$

en donde δ es el tipo de interés con capitalización continua.

Empleando (3.2), este problema se puede expresar como:

$$\min \int_{t_0}^{t_1} e^{-\delta t}[p(t)\dot{x}(t) + C(x)]dt - e^{-\delta t_1} S(x(t_1)),$$
$$\text{con } :x(t_0) = x_0.$$

La ecuación de Euler es la siguiente:

$$e^{-\delta t} C'(x) - \frac{d}{dt}(e^{-\delta t} p(t)) = 0,$$

que se puede expresar como:

$$\dot{p}(t) - C'(x) = \delta p(t) \tag{3.3}$$

La ecuación (3.3) tiene la siguiente interpretación: para que la venta de las unidades de producto se esté produciendo a un ritmo óptimo, el beneficio de vender una unidad adicional del producto debe ser igual al beneficio de mantener una unidad adicional en stock. El lado derecho de (3.3) representa la ganancia derivada de vender una unidad de stock, que es igual al ingreso obtenido por la venta , multiplicado por el tipo de interés que se puede obtener invirtiendo dicho ingreso. El lado izquierdo representa la ganancia de mantener el stock, que es igual a la revalorización del producto, es decir, el incremento de precio menos el coste de almacenaje.

La condición de transversalidad es:

$$p(t_1) = \frac{dS(x(t_1))}{dx}, \tag{3.4}$$

que tiene la siguiente interpretación: el stock que se conserva en el instante final debe ser aquel que hace que el ingreso marginal obtenido en la feria sea precisamente el precio de mercado vigente en el instante t_1. En caso de que el lado izquierdo de (3.4) sea mayor que su lado derecho, el stock final es excesivo, y conviene vender una cantidad mayor en los momentos previos a t_1 para no perder dinero. Por el contrario, si $p(t_1)$ es menor que el lado derecho de (3.4) se ha vendido una cantidad excesiva y habría sido preferible reducir las ventas en el período de planificación para llegar a t_1 con un stock mayor y obtener mayores ganancias en la feria.

3.2 CASO DE n FUNCIONES

En el capítulo anterior se trataba de calcular una función $x^*(t)$,de clase $C^{(2)}$, definida en un intervalo $[t_0, t_1]$,verificando unas condiciones inicial y final, y para la cual el funcional objetivo alcanzará el valor máximo (o mínimo). En algunos casos, se presentan problemas análogos a los del capítulo anterior, pero en donde en lugar de calcular una única función hay que obtener n funciones $x_1^*(t), x_2^*(t), \ldots, x_n^*(t)$. Se trata, por tanto, de la extensión del problema básico de cálculo de variaciones al caso vectorial.

Como ejemplos típicos en economía se pueden citar las empresas multiproducto, que deben realizar una gestión conjuntamente óptima de distintos productos, o las economías con varios sectores de actividad.

3.2.1 Formulación del problema

A continuación se define el problema de cálculo de variaciones, para el caso vectorial.

Sea F una función real de $2n+1$ variables, de clase $C^{(2)}$ (lo cual quiere decir que posee todas las derivadas parciales primeras y segundas , y son continuas). Se considera el siguiente funcional:

$$J(x_1, x_2, \ldots, x_n) = \int_{t_0}^{t_1} F[x_1(t), x_2(t), \ldots, x_n(t), \dot{x}_1(t), \dot{x}_2(t), \ldots, \dot{x}_n(t), t]dt,$$

en donde $\dot{x}_i(t)$ es la derivada de $x_i(t)$ con respecto a t, para cada $i \in \{1, 2, \ldots, n\}$.

Sean:

$$x(t) = (x_1(t), x_2(t), \ldots, x_n(t)) \in \mathbb{R}^n$$
$$\dot{x}(t) = (\dot{x}_1(t), \dot{x}_2(t), \ldots, \dot{x}_n(t)) \in \mathbb{R}^n,$$

para cada $t \in [t_0, t_1] \subset \mathbb{R}$.

Se trata de encontrar aquella función $x^*(t)$, con derivadas primera y segunda continuas en $[t_0, t_1]$, verificando determinadas condiciones iniciales y finales, para la que el funcional J alcance el valor máximo (o el valor mínimo).

El problema, por tanto, en el caso de maximización es:

$$\max_{(x_1,\ldots,x_n)\in\Omega} J(x_1, \ldots, x_n) = \int_{t_0}^{t_1} F[x_1(t), x_2(t), \ldots, x_n(t), \dot{x}_1(t), \dot{x}_2(t), \ldots, \dot{x}_n(t), t]dt,$$
$$\text{con } x_i(t_0) = x_i^0, \text{ para } i = 1, \ldots, n,$$
$$x_i(t_1) = x_i^1, \text{ para } i = 1, \ldots, k,$$
$$x_i(t_1) \,:\, libre, \text{ para } i = k+1, \ldots, l,$$
$$x_i(t_1) \geq x_i^1, \text{ para } i = l+1, \ldots, n.$$

en donde:

$$\Omega = \left\{(x_1, \ldots, x_n) : [t_0, t_1] \longrightarrow \mathbb{R}^n \mid x_i \text{ posee derivadas } 1^a \text{ y } 2^a \text{ continuas}, \forall i = 1, \ldots, n\right\}.$$

Como se ve en la formulación del problema, se considera que hay una condición vectorial inicial $x(t_0) = x^0$, y que la condición final puede ser de tres tipos distintos (de tipo igualdad, libre y de tipo desigualdad) para las diferentes funciones.

Utilizando notación vectorial, el mismo problema se puede escribir como:

$$\begin{aligned}
&\max_{x\in\Omega} J(x) = \int_{t_0}^{t_1} F[x(t), \dot{x}(t), t]dt,\\
&\text{con } x(t_0) = x^0,\\
&\quad x_i(t_1) = x_i^1, \text{ para } i = 1, \ldots, k,\\
&\quad x_i(t_1) \ : \ libre, \text{ para } i = k+1, \ldots, l,\\
&\quad x_i(t_1) \geq x_i^1, \text{ para } i = l+1, \ldots, n.
\end{aligned}$$

3.2.2 Condiciones de optimalidad

En las dos proposiciones siguientes se establecen condiciones por una parte necesarias y por otra suficientes de optimalidad.

Proposición 3.3 (Condiciones necesarias de máximo local) *Sea $x^*(t) = (x_1^*(t), \ldots, x_n^*(t))$ máximo local del problema. Entonces en x^* es necesario que se cumplan:*

1. *Las ecuaciones de Euler: $F_{x_i} - \frac{d}{dt}F_{\dot{x}_i} = 0$, para $i = 1, \ldots, n$.*
2. *Las condiciones iniciales: $x_i(t_0) = x_i^0$, para $i = 1, \ldots, n$.*
3. *Las condiciones finales:*

$$\begin{aligned}
&x_i(t_1) = x_i^1, \ para \ i = 1, \ldots, k\\
&x_i(t_1) \geq x_i^1, \ para \ i = l+1, \ldots, n.
\end{aligned}$$

4. *Las condiciones de transversalidad, que en este caso son:*

$$\begin{aligned}
&[F_{\dot{x}_i}]_{t=t_1} = 0, para \ i = k+1, \ldots, l\\
&[F_{\dot{x}_i}]_{t=t_1} \leq 0 \ (= 0, \ si \ x_i^*(t_1) > x_i^1), \ para \ i = l+1, \ldots, n.
\end{aligned}$$

5. *La condición de Legendre que, en este caso, es que la matriz $F_{\dot{x}\dot{x}}$ sea definida negativa o semidefinida negativa, para cada $t \in [t_0, t_1]$, en donde:*

$$F_{\dot{x}\dot{x}} = \begin{pmatrix} F_{\dot{x}_1\dot{x}_1} & \ldots & F_{\dot{x}_1\dot{x}_n} \\ \ldots & \ldots & \ldots \\ F_{\dot{x}_n\dot{x}_1} & \ldots & F_{\dot{x}_n\dot{x}_n} \end{pmatrix}.$$

La idea de la demostración es la que se vió en el caso escalar, pero teniendo en cuenta el comportamiento vectorial. Como es una simple extensión, no la incorporamos. La misma consideración cabe para la siguiente proposición que contiene la condición suficiente de optimalidad global.

Proposición 3.4 (Condición suficiente) *Supongamos que $F(x, \dot{x}, t)$ es una función cóncava en $(x, \dot{x})$, para cada $t \in [t_0, t_1]$. Si $x^*(t)$ verifica las ecuaciones de Euler, junto con las condiciones iniciales, finales y de transversalidad, entonces $x^*(t)$ es un máximo global para el problema que estamos considerando.*

Observación 3.2 Si se trata de minimizar en lugar de maximizar, las ecuaciones de Euler, junto con las condiciones iniciales y finales así como las de transversalidad para $i = k+1, \ldots, l$ quedan como en la Proposión 3.3. La condición de transversalidad para $i = l+1, \ldots, n$ es: $[F_{\dot{x}_i}]_{t=t_1} \geq 0$ $(= 0$, si $x_i^*(t_1) > x_i^1)$. La condición de Legendre es que la matriz $F_{\dot{x}\dot{x}}$ sea definida positiva o semidefinida positiva, para cada $t \in [t_0, t_1]$. La condición suficiente requiere que $F(x, \dot{x}, t)$ sea convexa en $(x, \dot{x})$,para cada $t \in [t_0, t_1]$.

Ejemplo 3.3 Estudiar si se verifican o no las condiciones necesarias y suficientes de optimalidad para el siguiente problema:

$$\begin{aligned} \min_{x_1, x_2} J(x_1, x_2) &= \int_0^1 (\dot{x}_1^2 + \dot{x}_2^2 + 2x_1)dt, \\ \text{con} \ : \ & x_1(0) = 1, x_2(0) = 0, \\ & x_1(1) = \frac{3}{2}, x_2(1) = 1. \end{aligned}$$

SOLUCIÓN. En este caso, $F(x_1, x_2, \dot{x}_1, \dot{x}_2, t) = \dot{x}_1^2 + \dot{x}_2^2 + 2x_1$.

- Ecuaciones de Euler:
  La ecuación de Euler para x_1 es: $F_{x_1} - \frac{d}{dt}F_{\dot{x}_1} = 0$. Como

  $$F_{x_1} = 2; \ F_{\dot{x}_1} = 2\dot{x}_1, \text{ por lo que } \frac{d}{dt}F_{\dot{x}_1} = 2\ddot{x}_1,$$

  queda:

  $$2 - 2\ddot{x}_1 = 0, \text{ es decir } \ddot{x}_1 = 1,$$

  por tanto:

  $$\dot{x}_1 = t + A \Longrightarrow x_1(t) = \frac{t^2}{2} + At + B.$$

  La ecuación de Euler para x_2 es: $F_{x_2} - \frac{d}{dt}F_{\dot{x}_2} = 0$. Como

  $$F_{x_2} = 0; \ F_{\dot{x}_2} = 2\dot{x}_2, \text{ por lo que } \frac{d}{dt}F_{\dot{x}_2} = 2\ddot{x}_2,$$

  queda:

  $$2\ddot{x}_2 = 0, \text{ es decir } \dot{x}_2 = C \Longrightarrow x_2(t) = Ct + D.$$

- Condiciones iniciales y finales:
  A los resultados obtenidos tras aplicar las ecuaciones de Euler, les imponemos las condiciones iniciales y finales:

  $$\begin{aligned} & 1 = x_1(0) = B \ ; 0 = x_2(0) = D, \\ & \frac{3}{2} = x_1(1) = \frac{1}{2} + A + 1 \Longrightarrow A = 0, \\ & 1 = x_2(1) = C. \end{aligned}$$

  Queda, por tanto:

  $$\begin{aligned} & x_1^*(t) = \frac{t^2}{2} + 1, \text{ para } 0 \leq t \leq 1. \\ & x_2^*(t) = t, \ \text{ para } 0 \leq t \leq 1, \end{aligned}$$

  que son las funciones que verifican las condiciones necesarias de primer orden.

- Condición de Legendre:

$$F_{\dot{x}\dot{x}} = \begin{pmatrix} 2 & 0 \\ 0 & 2 \end{pmatrix}, \text{ para cada } t \in [0, 1].$$

Dicha matriz es definida positiva por lo que las funciones obtenidas cumplen la condición de Legendre para mínimo.

- Condición suficiente:
La pregunta es: ¿es F convexa en $(x_1, x_2, \dot{x}_1, \dot{x}_2)$, para cada $t \in [0, 1]$?
Para responder a la pregunta necesitamos calcular y clasificar la parte de la matriz Hessiana de F que contenga las derivadas segundas con respecto a $x_1, x_2, \dot{x}_1, \dot{x}_2$.

$$\text{Como } \nabla_{x,\dot{x}} F = (2, 0, 2\dot{x}_1, 2\dot{x}_2), \text{ se obtiene que:}$$

$$H_{x,\dot{x}} F = \begin{pmatrix} 0 & 0 & 0 & 0 \\ 0 & 0 & 0 & 0 \\ 0 & 0 & 2 & 0 \\ 0 & 0 & 0 & 2 \end{pmatrix}, \text{ para cada } t \in [0, 1],$$

y dado que esta matriz es semidefinida positiva, F es convexa en $(x_1, x_2, \dot{x}_1, \dot{x}_2)$, para cada $t \in [0, 1]$, se cumple la condición suficiente, y por tanto las funciones obtenidas $x_1^*(t)$ y $x_2^*(t)$ constituyen el mínimo global del problema. No hay máximo.

■

Ejemplo 3.4 Estudiar si se verifican o no las condiciones necesarias y suficientes de optimalidad para el siguiente problema:

$$\begin{aligned} \min_{x_1, x_2} J(x_1, x_2) &= \int_0^{\pi} (2\dot{x}_1^2 + 2\dot{x}_2^2 + x_1 x_2) dt, \\ \text{con } &: x_1(0) = 0 \,;\, x_2(0) = 2, \\ x_1(\pi) &\geq 1 \,;\, x_2(\pi) : \text{ libre.} \end{aligned}$$

SOLUCIÓN. En este caso es $F(x_1, x_2, \dot{x}_1, \dot{x}_2, t) = 2\dot{x}_1^2 + 2\dot{x}_2^2 + x_1 x_2$.

- Ecuaciones de Euler:
Para x_1 :

$$F_{x_1} - \frac{d}{dt} F_{\dot{x}_1} = 0,$$

pero al ser:

$$F_{x_1} = x_2;\ F_{\dot{x}_1} = 4\dot{x}_1 \Longrightarrow \frac{d}{dt} F_{\dot{x}_1} = 4\ddot{x}_1,$$

se obtiene que:

$$x_2 - 4\ddot{x}_1 = 0.$$

Para x_2

$$F_{x_2} - \frac{d}{dt} F_{\dot{x}_2} = 0.$$

$$F_{x_2} = x_1;\ F_{\dot{x}_2} = 4\dot{x}_2 \Longrightarrow \frac{d}{dt} F_{\dot{x}_2} = 4\ddot{x}_2,$$

resultando que
$$x_1 - 4\ddot{x}_2 = 0.$$
Se tiene, por tanto, el siguiente sistema de ecuaciones diferenciales:
$$x_2 - 4\ddot{x}_1 = 0,$$
$$x_1 - 4\ddot{x}_2 = 0.$$
Eliminando x_2 se obtiene:
$$\frac{d^4x_1}{dt^4} - \frac{1}{16}x_1 = 0.$$
Se trata de una ecuación diferencial de orden 4, lineal, homogénea, con coeficientes constantes. Para resolverla, hay que obtener la ecuación característica, que es:
$$\lambda^4 - \frac{1}{16} = 0,$$
cuyas soluciones son:
$$\lambda_1 = \frac{1}{2}; \lambda_2 = -\frac{1}{2}; \lambda_3 = \frac{i}{2}; \lambda_4 = -\frac{i}{2},$$
por lo que la solución de la ecuación diferencial es:
$$x_1(t) = Ae^{\frac{t}{2}} + Be^{-\frac{t}{2}} + C\cos\frac{t}{2} + D\,\mathrm{sen}\,\frac{t}{2}.$$
Además:
$$x_2(t) = 4\ddot{x}_1(t) = Ae^{\frac{t}{2}} + Be^{-\frac{t}{2}} - C\cos\frac{t}{2} - D\,\mathrm{sen}\,\frac{t}{2}.$$
Las soluciones obtenidas dependen de 4 constantes que hay que determinar utilizando las condiciones iniciales, condición final y condiciones de transversalidad.

- Condiciones iniciales:
$$0 = x_1(0) = A + B + C,$$
$$2 = x_2(0) = A + B - C,$$
de donde se obtiene que $B = 1 - A$,y que $C = -1$. Por tanto, podemos sustituir en las expresiones obtenidas para x_1 y x_2, de manera que ya sólo dependan de dos constantes A y D, que se determinarán imponiendo la condición final y las condiciones de transversalidad:
$$x_1(t) = Ae^{\frac{t}{2}} + (1-A)e^{-\frac{t}{2}} - \cos\frac{t}{2} + D\,\mathrm{sen}\,\frac{t}{2},$$
$$x_2(t) = Ae^{\frac{t}{2}} + (1-A)e^{-\frac{t}{2}} + \cos\frac{t}{2} - D\,\mathrm{sen}\,\frac{t}{2}.$$

- Condiciones de transversalidad:
Por ser libre $x_2(\pi)$, procede aplicar la condición de transversalidad: $[F_{\dot{x}_2}]_{t=\pi} = 0$. Como $F_{\dot{x}_2} = 4\dot{x}_2$,resulta que :
$$[F_{\dot{x}_2}]_{t=\pi} = 0 \Longleftrightarrow [\dot{x}_2]_{t=\pi} = 0,$$
pero para la función $x_2(t)$ obtenida, se verifica:
$$\dot{x}_2(t) = \frac{A}{2}e^{\frac{t}{2}} - \frac{1-A}{2}e^{-\frac{t}{2}} - \frac{1}{2}\,\mathrm{sen}\,\frac{t}{2} - \frac{D}{2}\cos\frac{t}{2},$$

por lo que:

$$[\dot{x}_2]_{t=\pi} = 0 \Longleftrightarrow \frac{A}{2}e^{\frac{\pi}{2}} - \frac{1-A}{2}e^{-\frac{\pi}{2}} - \frac{1}{2} = 0,$$

de donde se deduce que:

$$A = \frac{1+e^{\frac{\pi}{2}}}{1+e^{\pi}} \;;\; B = 1 - A = \frac{e^{\pi} - e^{\frac{\pi}{2}}}{1+e^{\pi}}.$$

Por otra parte, la condición de transversalidad asociada a la restricción final $x_1(\pi) \geq 1$, es:

$$[F_{\dot{x}_1}]_{t=\pi} \geq 0 \; (= 0, \text{ si } x_1(\pi) > 1).$$

Como $F_{\dot{x}_1} = 4\dot{x}_1$,resulta que :

$$[F_{\dot{x}_1}]_{t=\pi} \geq 0 \Longleftrightarrow [\dot{x}_1]_{t=\pi} \geq 0,$$

pero para la función $x_1(t)$ obtenida se verifica :

$$\dot{x}_1(t) = \frac{A}{2}e^{\frac{t}{2}} - \frac{1-A}{2}e^{-\frac{t}{2}} + \frac{1}{2}\operatorname{sen}\frac{t}{2} + \frac{D}{2}\cos\frac{t}{2},$$

por tanto:

$$[\dot{x}_1]_{t=\pi} \geq 0 \Longleftrightarrow \frac{A}{2}e^{\frac{\pi}{2}} - \frac{1-A}{2}e^{-\frac{\pi}{2}} + \frac{1}{2} \geq 0,$$

pero al imponer la primera condición de transversalidad, hemos obtenido que

$$\frac{A}{2}e^{\frac{\pi}{2}} - \frac{1-A}{2}e^{-\frac{\pi}{2}} = \frac{1}{2} \text{ lo que implica que } [\dot{x}_1]_{t=\pi} = 1 > 0.$$

y por consiguiente:

$$[F_{\dot{x}_1}]_{t=\pi} > 0,$$

por lo que tiene que cumplirse que

$$x_1(\pi) = 1.$$

Imponiendo dicha condición, se obtiene:

$$1 = x_1(\pi) = \frac{1+e^{\frac{\pi}{2}}}{1+e^{\pi}}e^{\frac{\pi}{2}} + \frac{e^{\pi} - e^{\frac{\pi}{2}}}{1+e^{\pi}}e^{-\frac{\pi}{2}} + D,$$

de donde se despeja:

$$D = \frac{2 - 2e^{\frac{\pi}{2}}}{1+e^{\pi}}.$$

Obsérvese que al ser $x_1(\pi) = 1$, se cumple la condición final $x_1(\pi) \geq 1$.
Por tanto, las funciones que cumplen las condiciones necesarias de primer orden son:

$$x_1^*(t) = \frac{1+e^{\frac{\pi}{2}}}{1+e^{\pi}}e^{\frac{t}{2}} + \frac{e^{\pi} - e^{\frac{\pi}{2}}}{1+e^{\pi}}e^{-\frac{t}{2}} - \cos\frac{t}{2} + \frac{2-2e^{\frac{\pi}{2}}}{1+e^{\pi}}\operatorname{sen}\frac{t}{2}, \text{ para } 0 \leq t \leq \pi,$$

$$x_2^*(t) = \frac{1+e^{\frac{\pi}{2}}}{1+e^{\pi}}e^{\frac{t}{2}} + \frac{e^{\pi} - e^{\frac{\pi}{2}}}{1+e^{\pi}}e^{-\frac{t}{2}} + \cos\frac{t}{2} - \frac{2-2e^{\frac{\pi}{2}}}{1+e^{\pi}}\operatorname{sen}\frac{t}{2}, \text{ para } 0 \leq t \leq \pi.$$

- Condición de Legendre:

$$F_{\dot{x}\dot{x}} = \begin{pmatrix} 4 & 0 \\ 0 & 4 \end{pmatrix}, \text{ para cada } t \in [0, \pi].$$

Dicha matriz es definida positiva por lo que las funciones obtenidas cumplen la condición de Legendre para mínimo.

- Condición suficiente:
Veamos si F es convexa en $(x_1, x_2, \dot{x}_1, \dot{x}_2)$, para cada $t \in [0, \pi]$. Como

$$\nabla_{x,\dot{x}} F = (x_2, x_1, 4\dot{x}_1, 4\dot{x}_2),$$

se obtiene que:

$$H_{x,\dot{x}} F = \begin{pmatrix} 0 & 1 & 0 & 0 \\ 1 & 0 & 0 & 0 \\ 0 & 0 & 4 & 0 \\ 0 & 0 & 0 & 4 \end{pmatrix},$$

para cada $t \in [0, 1]$, y esta matriz es indefinida, lo cual se comprueba inmediatamente ya que su determinante es negativo. También se puede comprobar calculando sus autovalores, que son 4 (doble), +1 y -1. Por ser la matriz indefinida, se puede asegurar que la función F no es convexa en $(x_1, x_2, \dot{x}_1, \dot{x}_2)$, por lo que no se cumple la condición suficiente.
Por tanto, las funciones $x_1^*(t)$ y $x_2^*(t)$ obtenidas son las únicas que verifican las condiciones necesarias de optimalidad, aunque no cumplen la condición suficiente. Por tanto, no se puede asegurar ni descartar que sean la solución óptima del problema, sin embargo, si el problema tuviera mínimo global, seguro que se alcanzaría en las funciones obtenidas.

■

Ejemplo 3.5 (Un problema de gestión óptima de recursos naturales) Se considera una economía en la que existe un único bien de consumo, cuya cantidad representada por Y es consumida íntegramente. Dicho bien se obtiene a partir de dos recursos naturales no renovables, empleados en cantidades X_1 y X_2 respectivamente, según la función de producción

$$Y = F(X_1, X_2),$$

siendo F una función de clase $C^{(2)}$, estrictamente cóncava y creciente en ambos argumentos, por lo que sus derivadas primeras y segundas cumplen:

$$F_{X_1} > 0, \; F_{X_2} > 0, \; F_{X_1X_1} < 0, \; F_{X_2X_2} < 0, \; F_{X_1X_1}F_{X_2X_2} - F_{X_1X_2}^2 > 0.$$

Sea $S_i(t)$ el stock del recurso i $(i = 1, 2)$, de manera que la evolución temporal del recurso i viene dada por

$$\dot{S}_i(t) = -X_i(t). \tag{3.5}$$

Un planificador social, encargado de la gestión de los recursos naturales, tiene como objetivo maximizar el bienestar, durante cierto horizonte temporal $[t_0, t_1]$, de un consumidor representativo de la economía , que depende de la cantidad consumida según la función de utilidad $U(Y)$, que es de clase $C^{(2)}$ y cumple:

$$U' > 0, \; U'' < 0.$$

El bienestar total del consumidor, por tanto, se obtiene mediante la siguiente expresión:

$$\int_{t_0}^{t_1} e^{-\delta t} U(Y) dt = \int_{t_0}^{t_1} e^{-\delta t} U\left[F\left(X_1, X_2\right)\right] dt,$$

siendo δ la tasa de descuento intertemporal. Despejando X_1 y X_2 en (3.5) y sustituyendo en la función objetivo se obtiene el siguiente problema de cálculo de variaciones:

$$\begin{aligned} & \max_{S_1, S_2} \int_{t_0}^{t_1} e^{-\delta t} U\left[F\left(-\dot{S}_1(t), -\dot{S}_2(t)\right)\right] dt, \\ & \text{con: } S_i(t_0) = S_i^0, \ i = 1, 2, \\ & \quad S_i(t_1) \geq 0, \ i = 1, 2. \end{aligned}$$

La solución óptima de este problema dará el stock óptimo de cada recurso en cada instante del horizonte temporal dado, y a partir de dicha solución se pueden obtener inmediatamente las sendas óptimas de extracción de ambos recursos $(X_1(t), X_2(t))$ así como la evolución de la producción $Y(t)$.

La ecuación de Euler es la siguiente:

$$\frac{d}{dt}\left(e^{-\delta t} U' F_{X_i}\right) = 0, \text{ para } i = 1, 2,$$

de donde se obtiene que, para cada uno de los recursos naturales, $i = 1, 2$:

$$\frac{1}{U' F_{X_i}} \frac{d}{dt}(U' F_{X_i}) = \delta. \tag{3.6}$$

El producto $U' F_{X_i}$, de la utilidad marginal del consumo por la productividad marginal del recurso i representa la utilidad marginal obtenida por el consumidor representativo gracias al empleo de una unidad del recurso i. La ecuación (3.6) indica, por tanto, que la utilidad marginal del consumo de cada uno de los recursos debe crecer de modo continuo a lo largo del tiempo a una tasa constante e igual a δ, lo que garantiza que para el consumidor es indiferente emplear una unidad del recurso i en el instante presente que en el futuro. Si la tasa de crecimiento de $U' F_{X_i}$ fuese mayor que δ, sería deseable reducir el empleo del recurso i para utilizarlo en el futuro, puesto que la ganancia obtenida por la espera sería superior a la tasa que mide la disponibilidad a la sustitución intertemporal. Por el contrario, si $U' F_{X_i}$ estuviera creciendo a una tasa inferior a δ, el consumidor valoraría más una unidad de consumo actual que de consumo futuro, y sería conveniente acelerar la extracción del recurso i.

Por otra parte, desarrollando (3.6), se llega a:

$$\frac{1}{F_{X_i}} \frac{dF_{X_i}}{dt} = \delta - \frac{1}{U'} \frac{dU'}{dt}, \text{ para } i = 1, 2. \tag{3.7}$$

Esta ecuación indica que la productividad de ambos recursos debe evolucionar en el tiempo a la misma tasa, dada por el lado derecho de (3.7), en cuyo caso, la Relación Marginal Técnica de Sustitución, $\frac{F_{X_1}}{F_{X_2}}$ es constante a lo largo del tiempo, lo cual garantiza que la intensidad relativa de empleo de los dos recursos, es decir, la proporción $\frac{X_1}{X_2}$, está siendo la apropiada. Si F_{X_1}, la productividad del recurso 1 aumentase en el tiempo a una tasa mayor (o disminuyese a una tasa menor) que la del recurso 2, F_{X_2}, sería rentable disminuir algo el ratio $\frac{X_1}{X_2}$, de modo que la producción actual dependiese algo más del recurso 2 y menos del recurso 1, y lo contrario en el futuro, donde sería apropiado elevar $\frac{X_1}{X_2}$, para aprovechar el mayor crecimiento de la productividad de X_1. Lo contrario sucede si F_{X_1} crece más despacio (o disminuye más deprisa) que F_{X_2}.

Como el stock de los recursos no puede ser negativo, las condiciones de transversalidad son las siguientes:

$$\left[U' F_{X_i}\right]_{t=t_1} \geq 0, \quad (= 0, \text{ si } S_i(t_1) > 0), \text{ para } i = 1, 2,$$

cuya interpretación es la siguiente: como en el problema no se recoge ninguna utilidad para la existencia de recursos al final del período, se extraerá el recurso i, $(i = 1, 2)$ hasta que se presente una de las dos situaciones siguientes: o bien se agota el stock $(S_i(t) = 0)$, o bien la utilidad marginal de la extracción del recurso es cero. En ningún caso se llegará a extraer hasta el punto de obtener una utilidad marginal negativa.

La condición de Legendre consiste en que la siguiente matriz sea definida negativa o semidefinida negativa:

$$\begin{pmatrix} U' F_{X_1 X_1} + U'' F_{X_1}^2 & U' F_{X_1 X_2} + U'' F_{X_1} F_{X_2} \\ U' F_{X_1 X_2} + U'' F_{X_1} F_{X_2} & U' F_{X_2 X_2} + U'' F_{X_2}^2 \end{pmatrix},$$

lo cual equivale a que la función compuesta $U\left[F\left(X_1, X_2\right)\right]$ sea cóncava en (X_1, X_2). Obsérvese que, de hecho, el factor del integrando $e^{-\delta t}$ no tiene ninguna influencia en las condiciones de transversalidad, Legendre y suficiente.

Como la función $U\left[F\left(-\dot{S}_1, -\dot{S}_2\right)\right]$ no depende de S_1 ni de S_2, la condición suficiente consiste en que $U\left[F\left(-\dot{S}_1, -\dot{S}_2\right)\right]$ sea una función cóncava en $(\dot{S}_1, \dot{S}_2)$, de modo que en este caso la condición suficiente es idéntica a la condición de Legendre.

■

3.3 PROBLEMAS CON RESTRICCIONES

Hay problemas de cálculo de variaciones en los que, además de las condiciones iniciales y finales que tienen que cumplir las funciones admisibles, existen restricciones impuestas por la naturaleza del problema , que hay que incorporar a la formulación del mismo y que además tendrán trascendencia en la solución óptima.

A continuación se estudian tres tipos de problemas de cálculo de variaciones con restricciones: a) restricciones punto; b) restricciones ecuaciones diferenciales; c) restricciones isoperimétricas.

3.3.1 Problemas con restricciones punto

El problema es:

$$\begin{aligned} \max_{(x_1,\ldots,x_n)\in\Omega} \quad J(x_1, \ldots, x_n) &= \int_{t_0}^{t_1} F(x_1, \ldots, x_n, \dot{x}_1, \ldots, \dot{x}_n, t)dt, \\ \text{sujeto a} \ : \ & g^1(x_1, \ldots, x_n, t) = 0, \\ & \ldots\ldots\ldots\ldots\ldots\ldots\ldots\ldots \\ & g^m(x_1, \ldots, x_n, t) = 0, \\ \text{con} \ : \ & x_i(t_0) = x_i^0 \,;\, x_i(t_1) = x_i^1, \text{ para } i = 1, \ldots, n. \end{aligned} \tag{3.8}$$

Se supone que las funciones g^k, para $k = 1, \ldots, m$ son de clase $C^{(2)}$, verificando que $m < n$, y siendo independientes las ecuaciones que determinan las restricciones, por lo que:

$$\text{Rango}(J_x g) = m,$$

en donde $J_x g$ es la parte de la matriz Jacobiana del sistema de restricciones que contiene las derivadas parciales de las funciones g^k con respecto a las variables $x_1, \ldots, x_n$. Es decir:

$$J_x g = \begin{pmatrix} g^1_{x_1} & \ldots & g^1_{x_n} \\ \ldots & \ldots & \ldots \\ g^m_{x_1} & \ldots & g^m_{x_n} \end{pmatrix}.$$

Este problema se puede resolver por sustitución o por el método de multiplicadores de Lagrange.

El método de sustitución consiste en despejar m de las variables x_i en las restricciones, y sustituir en el funcional objetivo, quedando un problema de cálculo de variaciones sin restricciones, con $n-m$ variables. Es el **método de sustitución** habitual en programación matemática.

Ejemplo 3.6 Resolver el siguiente problema:

$$\begin{aligned} \min_{x_1, x_2} J(x_1, x_2) &= \int_0^1 (2x_1^2 + \dot{x}_1^2 + \dot{x}_2^2) dt, \\ \text{sujeto a } &: x_1 - x_2 - t = 0, \\ \text{donde } &: x_1(0) = 0, \; x_1(1) = 2. \end{aligned}$$

SOLUCIÓN. Cómo, a partir de la restricción se tiene que:

$$x_2 = x_1 - t,$$

hay que resolver , tras sustituir en el objetivo:

$$\begin{aligned} \min_{x_1} K(x_1) &= \int_0^1 (2x_1^2 + 2\dot{x}_1^2 - 2\dot{x}_1 + 1) dt, \\ \text{con } &: x_1(0) = 0, \; x_1(1) = 2. \end{aligned}$$

En este caso:

$$F(x_1, \dot{x}_1, t) = 2x_1^2 + 2\dot{x}_1^2 - 2\dot{x}_1 + 1.$$

La ecuación de Euler es, en este caso:

$$\ddot{x}_1 - x_1 = 0,$$

cuya solución es:

$$x_1(t) = Ae^t + Be^{-t}.$$

Imponiendo las condiciones inicial y final, queda:

$$x_1^*(t) = \frac{2e}{e^2 - 1}(e^t - e^{-t}), \text{ para } 0 \leq t \leq 1.$$

Veamos si se cumple la condición suficiente de optimalidad global. En efecto:

$$H_{x_1, \dot{x}_1} F = \begin{pmatrix} 4 & 0 \\ 0 & 4 \end{pmatrix},$$

es definida positiva, para cada $t \in [0, 1]$, por lo que se cumple la condición suficiente, y $x_1^*(t)$ es mínimo global del problema en x_1.

Por tanto, la solución óptima del problema original es:

$$x_1^*(t) = \frac{2e}{e^2 - 1}(e^t - e^{-t}), \text{ para } 0 \leq t \leq 1,$$
$$x_2^*(t) = \frac{2e}{e^2 - 1}(e^t - e^{-t}) - t, \text{ para } 0 \leq t \leq 1.$$

■

El **método de multiplicadores de Lagrange** es habitual y muy utilizado en programación matemática, por lo que no se presentan las demostraciones. Se presenta el método, adaptado al problema de cálculo de variaciones que nos ocupa, con los resultados, y se aplica a un ejemplo. El lector interesado en las demostraciones puede consultar los libros de Hadley and Kemp (1971) y de Elsgoltz (1977).

Para el problema general, con restricciones punto, formulado (3.8), se define la función de Lagrange asociada siguiente:

$$L(x, \dot{x}, \lambda, \dot{\lambda}, t) = F(x, \dot{x}, t) + \sum_{k=1}^{m} \lambda_k(t) g^k(x, t),$$

en donde:

$$x = (x_1, \ldots, x_n) \,;\, \dot{x} = (\dot{x}_1, \ldots, \dot{x}_n) \,;\, \lambda = (\lambda_1, \ldots, \lambda_m) \,;\, \dot{\lambda} = (\dot{\lambda}_1, \ldots, \dot{\lambda}_m).$$

Para la función L se tienen que cumplir las ecuaciones de Euler que son:

$$L_{x_i} - \frac{d}{dt} L_{\dot{x}_i} = 0, \text{ para } i = 1, \ldots, n,$$
$$L_{\lambda_k} - \frac{d}{dt} L_{\dot{\lambda}_k} = 0, \text{ para } k = 1, \ldots, m,$$

que, efectuando operaciones, se pueden expresar de la siguiente forma:

$$F_{x_i} + \sum_{k=1}^{m} \lambda_k g_{x_i}^k - \frac{d}{dt} F_{\dot{x}_i} = 0, \text{ para } i = 1, \ldots, n,$$
$$g^k(x, t) = 0, \text{ para } k = 1, \ldots, m.$$

La condición de Legendre, necesaria para máximo local, es que la matriz $L_{\dot{x}\dot{x}}$, particularizada en la solución obtenida, sea definida negativa o semidefinida negativa para cada $t \in [t_0, t_1]$. Además, en este caso,

$$L_{\dot{x}\dot{x}} = F_{\dot{x}\dot{x}}.$$

Como siempre, la condición necesaria de mínimo local será que dicha matriz sea definida positiva o semidefinida positiva, para cada $t \in [t_0, t_1]$.

La condición suficiente de máximo global es que la función $L(x, \dot{x}, \lambda^*, \dot{\lambda}^*, t)$, en donde λ^* es el vector de multiplicadores obtenido al aplicar las condiciones necesarias de optimalidad, sea función cóncava (convexa, para mínimo) en $(x, \dot{x})$ sobre un conjunto abierto, convexo, de puntos (x, t) verificando que $g^k(x, t) = 0$, para $k = 1, \ldots, m$.

Ejemplo 3.7 Calcular la mínima distancia entre los puntos $A(1,-1,0)$ y $B(2,1,-1)$ en la superficie $15t-7x+y-22=0$. (Indicación: la distancia entre dos puntos $A(t_0,x_0,y_0)$ y $B(t_1,x_1,y_1)$ en la superficie $\varphi(t,x,y)=0$ se determina por la fórmula:

$$l=\int_{t_0}^{t_1}\sqrt{1+\dot{x}^2+\dot{y}^2}dt,$$

en donde $x=x(t)$, $y=y(t)$).

SOLUCIÓN. El problema es:

$$\begin{aligned}\min_{x,y}&\int_{t_0}^{t_1}\sqrt{1+\dot{x}^2+\dot{y}^2}dt,\\ \text{sujeto a}:\ &15t-7x+y-22=0,\\ \text{con}:\ &x(1)=-1,\ y(1)=0,\ x(2)=1,\ y(2)=-1.\end{aligned}$$

Se define la función:

$$L(x,y,\dot{x},\dot{y},\lambda,\dot{\lambda},t)=\sqrt{1+\dot{x}^2+\dot{y}^2}+\lambda(t)(15t-7x+y-22).$$

Calculemos las ecuaciones de Euler:

- Para la función x:
  teniendo en cuenta que:

  $$L_x=-7\lambda\ ;\ L_{\dot{x}}=\frac{\dot{x}}{\sqrt{1+\dot{x}^2+\dot{y}^2}},$$

  queda:

  $$-7\lambda-\frac{d}{dt}\left(\frac{\dot{x}}{\sqrt{1+\dot{x}^2+\dot{y}^2}}\right)=0.$$

- Para la función y:
  teniendo en cuenta que:

  $$L_y=\lambda\ ;\ L_{\dot{y}}=\frac{\dot{y}}{\sqrt{1+\dot{x}^2+\dot{y}^2}},$$

  se obtiene:

  $$\lambda-\frac{d}{dt}\left(\frac{\dot{y}}{\sqrt{1+\dot{x}^2+\dot{y}^2}}\right)=0.$$

Operando en el sistema formado por las dos ecuaciones de Euler se llega a que:

$$\frac{d}{dt}\left(\frac{\dot{x}+7\dot{y}}{\sqrt{1+\dot{x}^2+\dot{y}^2}}\right)=0\Longrightarrow\frac{\dot{x}+7\dot{y}}{\sqrt{1+\dot{x}^2+\dot{y}^2}}=A. \tag{3.9}$$

De la restricción, se obtiene que:

$$y=22-15t+7x\Longrightarrow\dot{y}=7\dot{x}-15.$$

Sustituyendo en (3.9) queda:

$$\frac{50\dot{x}-105}{\sqrt{50\dot{x}^2-210\dot{x}+226}}=A.$$

Elevando ambos miembros al cuadrado, y efectuando operaciones se llega a que:

$$B\dot{x}^2 + C\dot{x} + D = 0,$$

para ciertos valores de las constantes B, C y D, tratándose de una ecuación de segundo grado en $\dot{x}$, por lo que resulta:

$$\dot{x}(t) = C_1 \Longrightarrow x(t) = C_1 t + C_2.$$

Imponiendo las condiciones inicial y final, se llega a :

$$\begin{aligned} -1 &= x(1) = C_1 + C_2, \\ 1 &= x(2) = 2C_1 + C_2, \end{aligned}$$

resultando que

$$C_1 = 2, C_2 = -3,$$

por lo que se obtiene finalmente que:

$$\begin{aligned} x^*(t) &= 2t - 3, \text{ para } 1 \le t \le 2, \\ y^*(t) &= 1 - t, \text{ para } 1 \le t \le 2, \\ \lambda^*(t) &= 0, \text{ para } 1 \le t \le 2, \\ l^* &= \int_1^2 \sqrt{1 + \dot{x}^*(t)^2 + \dot{y}^*(t)^2 dt} = \sqrt{6}. \end{aligned}$$

Comprobemos que se cumple la condición de Legendre para mínimo.

Se tiene que:

$$\begin{aligned} F_{\dot{x}\dot{x}} &= \frac{1 + \dot{y}^2}{(1 + \dot{x}^2 + \dot{y}^2)^{\frac{3}{2}}} \Longrightarrow F^*_{\dot{x}\dot{x}} = \frac{2}{6\sqrt{6}}, \\ F_{\dot{x}\dot{y}} = F_{\dot{y}\dot{x}} &= \frac{-\dot{x}\dot{y}}{(1 + \dot{x}^2 + \dot{y}^2)^{\frac{3}{2}}} \Longrightarrow F^*_{\dot{x}\dot{y}} = F^*_{\dot{y}\dot{x}} = \frac{2}{6\sqrt{6}}, \\ F_{\dot{y}\dot{y}} &= \frac{1 + \dot{x}^2}{(1 + \dot{x}^2 + \dot{y}^2)^{\frac{3}{2}}} \Longrightarrow F^*_{\dot{y}\dot{y}} = \frac{5}{6\sqrt{6}}. \end{aligned}$$

La matriz:

$$\begin{pmatrix} F^*_{\dot{x}\dot{x}} & F^*_{\dot{x}\dot{y}} \\ F^*_{\dot{y}\dot{x}} & F^*_{\dot{y}\dot{y}} \end{pmatrix} = \begin{pmatrix} \frac{2}{6\sqrt{6}} & \frac{2}{6\sqrt{6}} \\ \frac{2}{6\sqrt{6}} & \frac{5}{6\sqrt{6}} \end{pmatrix}$$

es definida positiva , como se comprueba fácilmente utilizando el criterio de los menores principales, por lo que se cumple la condición de Legendre para mínimo.

Veamos que se cumple la condición suficiente de mínimo global.

Sustituyendo el valor obtenido para $\lambda^*(t)$ en la función L se tiene, en este caso, que:

$$L(x, y, \dot{x}, \dot{y}, \lambda^*, \dot{\lambda}^*, t) = \sqrt{1 + \dot{x}^2 + \dot{y}^2} = F(x, y, \dot{x}, \dot{y}, t).$$

La matriz de derivadas segundas de F con respecto a las variables $(x, y, \dot{x}, \dot{y})$ es:

$$\begin{pmatrix} 0 & 0 & 0 & 0 \\ 0 & 0 & 0 & 0 \\ 0 & 0 & \frac{1+\dot{y}^2}{(1+\dot{x}^2+\dot{y}^2)^{\frac{3}{2}}} & \frac{-\dot{x}\dot{y}}{(1+\dot{x}^2+\dot{y}^2)^{\frac{3}{2}}} \\ 0 & 0 & \frac{-\dot{x}\dot{y}}{(1+\dot{x}^2+\dot{y}^2)^{\frac{3}{2}}} & \frac{1+\dot{x}^2}{(1+\dot{x}^2+\dot{y}^2)^{\frac{3}{2}}} \end{pmatrix},$$

que es semidefinida positiva, (lo cual se comprueba fácilmente viendo cómo la submatriz de elementos no nulos es definida positiva, aplicando el criterio de los menores principales), para todo (x, t), y, por tanto ocurre en particular en todo conjunto abierto y convexo que contiene a los pares (x, t) que cumplen la restricción del problema original.

■

3.3.2 Problemas con resticciones ecuaciones diferenciales

Estos problemas se diferencian de los anteriores únicamente en que las restricciones dependen también de las derivadas de las n funciones x_i, siendo por tanto de la forma:

$$g^k(x_1, \ldots, x_n, \dot{x}_1, \ldots, \dot{x}_n, t) = 0, \text{ para } k = 1, \ldots, m.$$

El problema a estudiar es el siguiente:

$$\begin{aligned} \max_{(x_1,\ldots,x_n)\in\Omega} \quad J(x_1, \ldots, x_n) = & \int_{t_0}^{t_1} F(x_1, \ldots, x_n, \dot{x}_1, \ldots, \dot{x}_n, t)dt, \\ \text{sujeto a } : \; & g^1(x_1, \ldots, x_n, \dot{x}_1, \ldots, \dot{x}_n, t) = 0, \\ & \ldots\ldots\ldots\ldots\ldots\ldots\ldots\ldots \\ & g^m(x_1, \ldots, x_n, \dot{x}_1, \ldots, \dot{x}_n, t) = 0, \\ \text{con } : \; & x_i(t_0) = x_i^0, x_i(t_1) = x_i^1, \text{ para } i = 1, \ldots, n. \end{aligned} \tag{3.10}$$

Se supone que las funciones g^k , para $k = 1, \ldots, m$ son de clase $C^{(2)}$, verificando que $m < n$, y que:

$$\text{Rango}(J_{\dot{x}}g) = m,$$

en donde $J_{\dot{x}}g$ es la parte de la matriz Jacobiana del sistema de restricciones que contiene las derivadas parciales de las funciones g^k con respecto a las variables $\dot{x}_1, \ldots, \dot{x}_n$. Es decir:

$$J_{\dot{x}}g = \begin{pmatrix} g^1_{\dot{x}_1} & \ldots & g^1_{\dot{x}_n} \\ \ldots & \ldots & \ldots \\ g^m_{\dot{x}_1} & \ldots & g^m_{\dot{x}_n} \end{pmatrix}.$$

Este problema se puede resolver, como en el caso anterior, por sustitución o por el método de multiplicadores de Lagrange.

Veamos el método de Lagrange, adaptado a este caso.

Definimos la función L para el problema dado:

$$L(x, \dot{x}, \lambda, \dot{\lambda}, t) = F(x, \dot{x}, t) + \sum_{k=1}^{m} \lambda_k(t) g^k(x, \dot{x}, t).$$

Para la función L se tienen que cumplir las ecuaciones de Euler que son:

$$L_{x_i} - \frac{d}{dt} L_{\dot{x}_i} = 0, \text{ para } i = 1, \ldots, n.$$
$$L_{\lambda_k} - \frac{d}{dt} L_{\dot{\lambda}_k} = 0, \text{ para } k = 1, \ldots, m,$$

que, efectuando operaciones, se pueden expresar de la siguiente forma:

$$F_{x_i} + \sum_{k=1}^{m} \lambda_k g_{x_i}^k - \frac{d}{dt} F_{\dot{x}_i} - \sum_{k=1}^{m} \lambda_k \frac{d}{dt} g_{\dot{x}_i}^k - \sum_{k=1}^{m} \dot{\lambda}_k g_{\dot{x}_i}^k = 0, \text{ para } i = 1, \ldots, n.$$
$$g^k(x, \dot{x}, t) = 0, \text{ para } k = 1, \ldots, m.$$

La condición de Legendre, necesaria para máximo local, es que la matriz $L_{\dot{x}\dot{x}}$, particularizada en la solución obtenida, sea definida negativa o semidefinida negativa para cada $t \in [t_0, t_1]$.

Como siempre, la condición necesaria de mínimo local será que dicha matriz sea definida positiva o semidefinida positiva, para cada $t \in [t_0, t_1]$.

La condición suficiente de máximo global es que la función $L(x, \dot{x}, \lambda^*, \dot{\lambda}^*, t)$, en donde λ^* es el vector de multiplicadores obtenido al aplicar las condiciones necesarias de optimalidad, sea función cóncava (convexa, para mínimo) en $(x, \dot{x})$ sobre un conjunto abierto, convexo, de puntos $(x, \dot{x}, t)$ verificando que $g^k(x, \dot{x}, t) = 0$,para $k = 1, \ldots, m$.

Ejemplo 3.8 Resolver el siguiente problema:

$$\begin{aligned} \min_{x_1, x_2} J &= \int_0^1 (\dot{x}_1 + \dot{x}_2^2 + 3x_1 + 4x_2) dt, \\ \text{sujeto a } &: \dot{x}_1 - 3x_2 - x_1 = 0, \\ \text{con } &: x_1(0) = 1, x_2(0) = 0, \\ & \quad x_1(1) = 2, x_2(1) = 2. \end{aligned}$$

SOLUCIÓN. Definimos la función lagrangiana para este problema:

$$L(x_1, x_2, \dot{x}_1, \dot{x}_2, \lambda, \dot{\lambda}, t) = \dot{x}_1 + \dot{x}_2^2 + 3x_1 + 4x_2 + \lambda(\dot{x}_1 - 3x_2 - x_1).$$

Las ecuaciones de Euler son:

- Para la función x_1:

$$L_{x_1} - \frac{d}{dt} L_{\dot{x}_1} = 0.$$

Dado que:

$$L_{x_1} = 3 - \lambda; \quad L_{\dot{x}_1} = 1 + \lambda,$$

se obtiene:

$$3 - \lambda - \frac{d\lambda}{dt} = 0.$$

Resolvamos la ecuación:

$$\begin{aligned} \frac{d\lambda}{\lambda - 3} &= -dt, \\ Ln(\lambda - 3) &= -t + \ln C, \\ \lambda^*(t) &= 3 + Ce^{-t}, \text{ para } 0 \leq t \leq 1. \end{aligned} \tag{3.11}$$

- Para la función x_2:

$$L_{x_2} - \frac{d}{dt} L_{\dot{x}_2} = 0.$$

Dado que:

$$L_{x_2} = 4 - 3\lambda \quad ; \quad L_{\dot{x}_2} = 2\dot{x}_2,$$

se obtiene:

$$4 - 3\lambda - 2\ddot{x}_2 = 0.$$

Utilizando (3.11), queda:

$$\begin{aligned} \ddot{x}_2 &= -\frac{5}{2} - \frac{3C}{2} e^{-t}, \\ \dot{x}_2 &= -\frac{5}{2} t + \frac{3C}{2} e^{-t} + A, \\ x_2(t) &= -\frac{5}{4} t^2 - \frac{3C}{2} e^{-t} + At + B. \end{aligned}$$

Inponiendo las condiciones inicial y final a $x_2(t)$ se tiene:

$$\begin{aligned} 0 = x_2(0) &= -\frac{3C}{2} + B, \\ 2 = x_2(1) &= -\frac{5}{4} - \frac{3C}{2} e^{-1} + A + B. \end{aligned}$$

Efectuando operaciones:

$$x_2^*(t) = -\frac{5}{4} t^2 - Be^{-t} + (\frac{13}{4} + \frac{1-e}{e} B)t + B, \text{ para } 0 \le t \le 1.$$

De la restricción del problema se tiene que:

$$\dot{x}_1 - x_1 = 3x_2.$$

Sustituyendo x_2 por el valor obtenido se tiene que:

$$\dot{x}_1 - x_1 = 3\left(-\frac{5}{4} t^2 - Be^{-t} + (\frac{13}{4} + \frac{1-e}{e} B)t + B\right).$$

Se trata de una ecuación diferencial de primer orden, lineal, con coeficientes constantes, no homogénea. La solución general de dicha ecuación es:

$$x_1(t) = Ke^t + Mt^2 + Nt + P + Qe^{-t},$$

obteniéndose que:

$$M = \frac{15}{4}, N = -\frac{9}{4} - \frac{3-3e}{e} B, P = -\frac{9}{4} - \frac{3}{e} B, Q = \frac{3B}{2}.$$

Por tanto:

$$x_1^*(t) = Ke^t + \frac{15}{4} t^2 + \left(-\frac{9}{4} - \frac{3-3e}{e} B\right) t + \left(-\frac{9}{4} - \frac{3}{e} B\right) + \frac{3B}{2} e^{-t}.$$

Imponiendo las condiciones inicial $[x_1(0) = 1]$ y final $[x_1(1) = 2]$ se obtiene que:

$$B = \frac{11e - 13e^2}{24e - 6e^2 - 18}, \quad K = \frac{13}{4} + \frac{(6-3e)(11-13e)}{48e - 12e^2 - 36}.$$

Condición de Legendre:

$$L_{\dot{x}\dot{x}} = \begin{pmatrix} L_{\dot{x}_1\dot{x}_1} & L_{\dot{x}_1\dot{x}_2} \\ L_{\dot{x}_2\dot{x}_1} & L_{\dot{x}_2\dot{x}_2} \end{pmatrix} = \begin{pmatrix} 0 & 0 \\ 0 & 2 \end{pmatrix}$$

es semidefinida positiva , para cada $t \in [0, 1]$, por lo que se cumple la condición de Legendre para mínimo.

Condición suficiente:

$$L(x_1, x_2, \dot{x}_1, \dot{x}_2, \lambda^*, \dot{\lambda}^*, t) = \dot{x}_1 + \dot{x}_2^2 + 3x_1 + 4x_2 + (3 + Ce^{-t})(\dot{x}_1 - 3x_2 - x_1).$$

Esta función es convexa en $(x_1, x_2, \dot{x}_1, \dot{x}_2)$, para cada $t \in [0, 1]$, y por tanto lo es sobre cualquier conjunto abierto, convexo, de puntos $(x, \dot{x}, t)$ verificando que $\dot{x}_1 - 3x_2 - x_1 = 0$. Por tanto, se cumple la condición suficiente.

■

3.3.3 Problemas con restricciones isoperimétricas

En matemáticas, un problema isoperimétrico consiste en la determinación de una figura geométrica de superficie máxima, con perímetro dado.

Los problemas de cálculo de variaciones con restricciones isoperimétricas tienen la siguiente forma:

$$\begin{aligned} \max_{(x_1,\dots,x_n)\in\Omega} \; J(x_1,\dots,x_n) &= \int_{t_0}^{t_1} F(x_1,\dots,x_n,\dot{x}_1,\dots,\dot{x}_n,t)dt, \\ \text{sujeto a} : &\int_{t_0}^{t_1} G^1(x_1,\dots,x_n,\dot{x}_1,\dots,\dot{x}_n,t)dt = S^1, \\ &\cdots\cdots\cdots\cdots\cdots\cdots \\ &\int_{t_0}^{t_1} G^m(x_1,\dots,x_n,\dot{x}_1,\dots,\dot{x}_n,t)dt = S^m, \\ \text{con} : \; & x_i(t_0) = x_i^0, x_i(t_1) = x_i^1, \text{ para } i = 1,\dots,n \end{aligned} \tag{3.12}$$

en donde $S^1,\dots, S^m$ son números reales dados.

Se supone que las funciones G^k, para $k = 1,\dots,m$ son de clase $C^{(2)}$, verificando que $m < n$, y que:

$$Rango(J_{x,\dot{x}}G) = m,$$

donde $J_{x,\dot{x}}G$ es la parte de la matriz Jacobiana del sistema de restricciones que contiene las derivadas parciales de las funciones G^k con respecto a las variables $x_1,\dots,x_n,\dot{x}_1,\dots,\dot{x}_n$. Es decir:

$$J_{x,\dot{x}}G = \begin{pmatrix} G^1_{x_1} & \dots & G^1_{x_n} & G^1_{\dot{x}_1} & \dots & G^1_{\dot{x}_n} \\ \dots & \dots & \dots & \dots & \dots & \dots \\ G^m_{x_1} & \dots & G^m_{x_n} & G^m_{\dot{x}_1} & \dots & G^m_{\dot{x}_n} \end{pmatrix}.$$

Veamos cómo el problema se puede transformar en otro problema de las características de los estudiados en los apartados a) o b) de esta sección.

Definimos las siguientes funciones auxiliares:

$$y_k(t) = \int_{t_0}^{t} G^k(x_1, \dots, x_n, \dot{x}_1, \dots, \dot{x}_n, \tau)d\tau, \text{ para } t_0 \le t \le t_1,$$

para las que se verifica:

$$y_k(t_0) = 0,\ y_k(t_1) = S^k, \text{ para } k = 1, \dots, m.$$

Además, aplicando una propiedad básica sobre la derivada de la función integral de una función continua, se tiene que:

$$\dot{y}_k(t) = G^k(x_1, \dots, x_n, \dot{x}_1, \dots, \dot{x}_n, t), \text{ para } k = 1, \dots, m.$$

Es posible, por tanto, prescindir de las integrales en las restricciones, si se introducen las funciones y_k, para $k = 1, \dots, m$, y el problema inicial se puede expresar como:

$$\begin{aligned}
&\max_{x_i, y_k} J(x_1, \dots, x_n) = \int_{t_0}^{t_1} F(x_1, \dots, x_n, \dot{x}_1, \dots, \dot{x}_n, t)dt,\\
\text{sujeto a : } &G^1(x_1, \dots, x_n, \dot{x}_1, \dots, \dot{x}_n, t) - \dot{y}_1 = 0,\\
&\dots\dots\dots\dots\dots\dots\dots\dots\\
&G^m(x_1, \dots, x_n, \dot{x}_1, \dots, \dot{x}_n, t) - \dot{y}_m = 0,\\
\text{con } &x_i(t_0) = x_i^0,\ x_i(t_1) = x_i^1, \text{ para } i = 1, \dots, n.\\
&y_k(t_0) = 0,\ y_k(t_1) = S^k, \text{ para } k = 1, \dots, m,
\end{aligned}$$

transformando así el problema inicial en uno del tipo b), es decir, de restricciones ecuacionales diferenciales. Para resolverlo, se introduce la función lagrangiana:

$$L(x, \dot{x}, y, \dot{y}, \lambda, \dot{\lambda}, t) = F(x, \dot{x}, t) + \sum_{k=1}^{m} \lambda_k(t) \left(G^k(x, \dot{x}, t) - \dot{y}_k \right),$$

en donde:

$$y = (y_1, \dots, y_m) \in \mathbb{R}^m;\ \dot{y} = (\dot{y}_1, \dots, \dot{y}_m) \in \mathbb{R}^m.$$

Las ecuaciones de Euler, son:

- Para cada x_i, $i = 1, \dots, n$:

$$F_{x_i} + \sum_{k=1}^{m} \lambda_k G^k_{x_i} - \frac{d}{dt} F_{\dot{x}_i} - \sum_{k=1}^{m} \frac{d}{dt} \left(\lambda_k G^k_{\dot{x}_i} \right) = 0.$$

  Estas ecuaciones son las mismas que se obtendrían si se prescindiera de las variables y, $\dot{y}$ en la función lagrangiana definida previamente.

- Para cada y_k se tiene:

$$\frac{d}{dt}\lambda_k(t) = 0 \Longrightarrow \lambda_k(t) = \lambda_k \text{ (constante)}.$$

  Por tanto, estas ecuaciones de Euler lo que indican es que λ_k es constante, para cada k.

- Para cada λ_k:

$$G^k(x,\dot{x},t)-\dot{y}_k=0, \text{ con } y_k(t_0)=0,\ y_k(t_1)=S^k, \text{ para } k=1,\ldots,m,$$

lo cual es equivalente a que se cumplan las restricciones:

$$\int_{t_0}^{t_1} G^k(x_1,\ldots,x_n,\dot{x}_1,\ldots,\dot{x}_n,t)dt = S^k, \text{ para } k=1,\ldots,m.$$

A la vista de los desarrollos anteriores, el problema inicial, se resuelve de la siguiente forma: se comienza definiendo la función :

$$l(x,\dot{x},\lambda,\dot{\lambda},t)=F(x,\dot{x},t)+\sum_{k=1}^{m}\lambda_k G^k(x,\dot{x},t),$$

en donde λ_k es constante, para cada $k\in\{1,\ldots,m\}$.

Para dicha función l, se tienen que cumplir las ecuaciones de Euler, para cada x_i,

$$l_{x_i}-\frac{d}{dt}l_{\dot{x}_i}=0,\ i=1,\ldots,n.$$

Además, se tienen que cumplir las restricciones:

$$\int_{t_0}^{t_1} G^k(x_1,\ldots,x_n,\dot{x}_1,\ldots,\dot{x}_n,t)dt = S^k, \text{ para } k=1,\ldots,m,$$

así como las condiciones iniciales y finales:

$$x_i(t_0)=x_i^0,\ x_i(t_1)=x_i^1, \text{ para } i=1,\ldots,n.$$

La condición de Legendre, necesaria para máximo local, es que la matriz $l_{\dot{x}\dot{x}}$, particularizada en la solución obtenida, sea definida negativa o semidefinida negativa para cada $t\in[t_0,t_1]$. Del mismo modo, la condición necesaria de mínimo local será que dicha matriz sea definida positiva o semidefinida positiva, para cada $t\in[t_0,t_1]$.

La condición suficiente de máximo global es que la función $l(x,\dot{x},\lambda^*,\dot{\lambda}^*,t)$, en donde λ^* es el vector de multiplicadores obtenido al aplicar las condiciones necesarias de optimalidad, sea función cóncava (convexa, para mínimo) en $(x,\dot{x})$, para cada $t\in[t_0,t_1]$.

Ejemplo 3.9 Resolver el siguiente problema:

$$\begin{aligned} \min & \int_0^1 \dot{x}^2 dt,\\ \text{sujeto a}: & \int_0^1 x^2 dt = 2,\\ \text{con}: & \ x(0)=0,\ x(1)=0. \end{aligned}$$

SOLUCIÓN. Definimos la función:

$$l(x,\dot{x},\lambda,\dot{\lambda},t)=\dot{x}^2+\lambda x^2,$$

siendo λ constante. La ecuación de Euler es:

$$l_x - \frac{d}{dt} l_{\dot{x}} = 0 \Longleftrightarrow 2\lambda x - 2\ddot{x} = 0 \Longleftrightarrow \ddot{x} - \lambda x = 0.$$

Se trata de una ecuación diferencial de segundo orden, lineal, con coeficientes constantes, homogénea, cuya ecuación característica es:

$$\mu^2 - \lambda = 0 \Longrightarrow \mu = \pm\sqrt{\lambda}.$$

Analizaremos por separado lo que sucede cuando $\lambda \geq 0$ y cuando $\lambda < 0$.

a) Supongamos que $\lambda \geq 0$. En tal caso es:

$$x(t) = Ae^{\sqrt{\lambda}t} + Be^{-\sqrt{\lambda}t}.$$

Imponiendo las condiciones inicial y final, queda:

$$\begin{aligned} 0 &= x(0) = A + B, \\ 0 &= x(1) = Ae^{\sqrt{\lambda}} + Be^{-\sqrt{\lambda}}, \end{aligned}$$

de donde se obtiene que:

$$0 = A(e^{\sqrt{\lambda}} - \frac{1}{e^{\sqrt{\lambda}}}) \Longrightarrow 0 = A(e^{2\sqrt{\lambda}} - 1),$$

por lo que se verifica que $A = 0$, o bien

$$e^{2\sqrt{\lambda}} - 1 = 0 \Longrightarrow \lambda = 0.$$

Si $A = 0$, entonces es $x(t) = 0$ para todo t, con lo cual es imposible que se verifique que:

$$\int_0^1 x^2 dt = 2.$$

Si $\lambda = 0$, entonces también es $x(t) = 0$ para cada t, lo cual es imposible, como acabamos de comprobar.

b) Supongamos que es $\lambda < 0$. En tal caso es:

$$x(t) = A \operatorname{sen} \sqrt{-\lambda}t + B \cos \sqrt{-\lambda}t.$$

Imponiendo las condiciones inicial y final, y la restricción queda:

$$\begin{aligned} 0 &= x(0) = B \\ 0 &= x(1) = A \operatorname{sen} \sqrt{-\lambda} \\ 2 &= \int_0^1 x^2 dt = \int_0^1 A^2 \operatorname{sen}^2 \sqrt{-\lambda}t \, dt = A^2 \int_0^1 \frac{1 - \cos 2\sqrt{-\lambda}t}{2} dt = \\ &= \frac{A^2}{2} \left[1 - \frac{1}{2\sqrt{-\lambda}} \operatorname{sen} 2\sqrt{-\lambda} \right], \end{aligned}$$

de donde se obtiene que:

$$A = \pm 2$$
$$\sqrt{-\lambda} = k\pi, \text{ para } k \in \mathbb{Z},$$

por lo que:

$$x(t) = \pm 2 \operatorname{sen}(k\pi t), \text{ siendo } k \in \mathbb{Z}, \text{ para } 0 \leq t \leq 1.$$

Se cumple la condición de Legendre para mínimo, ya que:

$$l_{\dot{x}\dot{x}} = 2 > 0.$$

No se cumple la condición suficiente, ya que $\lambda^* < 0$, y por tanto:

$$l(x, \dot{x}, \lambda^*, \dot{\lambda}^*, t) = \dot{x}^2 + \lambda^* x^2,$$

no es convexa en $(x, \dot{x})$.

■

Ejemplo 3.10 Resolver el siguiente problema:

$$\min_{x_1, x_2} J(x_1, x_2) = \int_0^1 \left(\dot{x}_1^2 + \dot{x}_2^2 - 4t\dot{x}_2 - 4x_2\right) dt,$$
$$\text{sujeto a}: \int_0^1 \left(\dot{x}_1^2 - 4t\dot{x}_1 - \dot{x}_2^2\right) dt = 3,$$
$$\text{con}: x_1(0) = x_2(0) = 0,$$
$$x_1(1) = 0, \; x_2(1) = 1.$$

SOLUCIÓN. Definimos la función:

$$l(x_1, x_2, \dot{x}_1, \dot{x}_2, \lambda, \dot{\lambda}, t) = \dot{x}_1^2 + \dot{x}_2^2 - 4t\dot{x}_2 - 4x_2 + \lambda\left(\dot{x}_1^2 - 4t\dot{x}_1 - \dot{x}_2^2\right),$$

siendo λ constante.

Aplicamos las ecuaciones de Euler, con respecto a x_1 y a x_2, a partir de la función l.

- Para x_1:

$$l_{x_1} - \frac{d}{dt} l_{\dot{x}_1} = 0.$$

Efectuando operaciones, queda:

$$\ddot{x}_1 = \frac{2\lambda}{\lambda + 1}.$$

Integrando miembro a miembro se obtiene:

$$\dot{x}_1 = \frac{2\lambda}{\lambda + 1} t + A,$$
$$x_1(t) = \frac{\lambda}{\lambda + 1} t^2 + At + B.$$

- Para x_2:

$$l_{x_2} - \frac{d}{dt} l_{\dot{x}_2} = 0.$$

Efectuando operaciones, queda:

$$\ddot{x}_2 = 0,$$

de donde:

$$\dot{x}_2 = C,$$

y, por tanto:

$$x_2(t) = Ct + D.$$

Imponiendo las condiciones iniciales y finales, se obtiene:

$$\begin{aligned} 0 &= x_1(0) = B, \\ 0 &= x_2(0) = D, \\ 0 &= x_1(1) = \frac{\lambda}{\lambda + 1} + A, \\ 1 &= x_2(1) = C. \end{aligned}$$

Así pues:

$$\begin{aligned} x_1^*(t) &= \frac{\lambda}{\lambda + 1}\left(t^2 - t\right), \\ x_2^*(t) &= t. \end{aligned}$$

Imponemos ahora la restricción isoperimétrica, para las funciones obtenidas:

$$3 = \int_0^1 \left\{ \left[\frac{\lambda}{\lambda + 1}(2t - 1) \right]^2 - 4t \left[\frac{\lambda}{\lambda + 1}(2t - 1) \right] - 1 \right\} dt.$$

Efectuando operaciones, queda:

$$3 = \frac{-8\lambda^2 - 16\lambda - 6}{6(\lambda + 1)^2} \Longrightarrow \lambda = \frac{-13 \pm \sqrt{13}}{13}.$$

Vamos a analizar cada una de las dos posibilidades para λ.

- Si es:

$$\lambda^* = \frac{-13 + \sqrt{13}}{13},$$

entonces, se obtiene:

$$\begin{aligned} x_1^*(t) &= (1 - \sqrt{13})(t^2 - t), \\ x_2^*(t) &= t. \end{aligned}$$

Veamos si esta solución que verifica las condiciones necesarias de primer orden, cumple la condición de Legendre:

$$l_{\dot{x}\dot{x}}^* = \begin{pmatrix} l_{\dot{x}_1\dot{x}_1}^* & l_{\dot{x}_1\dot{x}_2}^* \\ l_{\dot{x}_2\dot{x}_1}^* & l_{\dot{x}_2\dot{x}_2}^* \end{pmatrix} = \begin{pmatrix} \frac{2\sqrt{13}}{13} & 0 \\ 0 & \frac{52 - 2\sqrt{13}}{13} \end{pmatrix},$$

Como la matriz es definida positiva, se cumple la condición de Legendre para mínimo. También se cumple la condición suficiente, ya que, para

$$l(x_1, x_2, \dot{x}_1, \dot{x}_2, \lambda^*, \dot{\lambda}^*, t) = \dot{x}_1^2 + \dot{x}_2^2 - 4t\dot{x}_2 - 4x_2 + \frac{-13+\sqrt{13}}{13}\left(\dot{x}_1^2 - 4t\dot{x}_1 - \dot{x}_2^2\right),$$

queda:

$$H_{x,\dot{x}}l = \begin{pmatrix} 0 & 0 & 0 & 0 \\ 0 & 0 & 0 & 0 \\ 0 & 0 & \frac{2\sqrt{13}}{13} & 0 \\ 0 & 0 & 0 & \frac{52-2\sqrt{13}}{13} \end{pmatrix},$$

que es semidefinida positiva para cada $t \in [0, 1]$. Por tanto, la solución obtenida es mínimo global.

- Veamos qué ocurre para

$$\lambda^{**} = \frac{-13-\sqrt{13}}{13}.$$

En ese caso se llega a:

$$x_1^{**}(t) = (1+\sqrt{13})(t^2 - t),$$
$$x_2^{**}(t) = t.$$

Veamos si esta solución que verifica las condiciones necesarias de primer orden, cumple la condición de Legendre:

$$l_{\dot{x}\dot{x}}^{**} = \begin{pmatrix} l_{\dot{x}_1\dot{x}_1}^{**} & l_{\dot{x}_1\dot{x}_2}^{**} \\ l_{\dot{x}_2\dot{x}_1}^{**} & l_{\dot{x}_2\dot{x}_2}^{**} \end{pmatrix} = \begin{pmatrix} -\frac{2\sqrt{13}}{13} & 0 \\ 0 & \frac{52+2\sqrt{13}}{13} \end{pmatrix},$$

Como la matriz es indefinida, no se cumple la condición de Legendre para mínimo ni para máximo.
Por tanto el único mínimo global se alcanza en:

$$x_1^*(t) = (1-\sqrt{13})(t^2 - t), \text{ para } 0 \leq t \leq 1.$$
$$x_2^*(t) = t, \text{ para } 0 \leq t \leq 1,$$

con:

$$\lambda^* = \frac{-13+\sqrt{13}}{13}.$$

■

3.4 FUNCIONALES QUE DEPENDEN DE DERIVADAS DE ORDEN MAYOR QUE 1

El problema a estudiar en este apartado es el siguiente:

$$\max_x J = \int_{t_0}^{t_1} F(x, \dot{x}, \ddot{x}, \ldots, x^{(n)}, t)dt,$$
$$\text{con}: x(t_0) = x_0^0, \dot{x}(t_0) = x_0^1, \ldots, x^{(n-1)}(t_0) = x_0^{n-1},$$
$$x(t_1) = x_1^0, \dot{x}(t_1) = x_1^1, \ldots, x^{(n-1)}(t_1) = x_1^{n-1},$$

en donde, en este caso, $x(t) \in \mathbb{R}$, para cada t.

Este problema, mediante cambios de variable muy simples, que veremos a continuación, se reduce a un problema con restricciones ecuaciones diferenciales (tipo b) de los estudiados en el apartado anterior.

Vamos a desarrollar con todo detalle el caso más simple, en el que la derivada de mayor orden es 2. En tal caso, el problema es:

$$\begin{aligned} \max_{x} \ J &= \int_{t_0}^{t_1} F(x, \dot{x}, \ddot{x}, t)dt, \\ \text{con } : \ & x(t_0) = x_0^0, \dot{x}(t_0) = x_0^1, \\ & x(t_1) = x_1^0, \dot{x}(t_1) = x_1^1 \ . \end{aligned}$$

Se definen las funciones:

$$\begin{aligned} x_1 &= x, \\ x_2 &= \dot{x}, \end{aligned}$$

por lo que se verifica que:

$$\dot{x}_1 = x_2,$$

y, por tanto, el problema se puede expresar como:

$$\begin{aligned} \max_{x_1, x_2} \ J &= \int_{t_0}^{t_1} F(x_1, x_2, \dot{x}_2, t)dt, \\ \text{sujeto a } : \ & \dot{x}_1 - x_2 = 0, \\ \text{con } : \ & x_1(t_0) = x_0^0, x_2(t_0) = x_0^1, \\ & x_1(t_1) = x_1^0, x_2(t_1) = x_1^1 \ . \end{aligned}$$

Este es un problema con una restricción ecuación diferencial, como los estudiados en la sección anterior. Para resolverlo, se define la función lagrangiana:

$$L(x_1, x_2, \dot{x}_1, \dot{x}_2, \lambda, \dot{\lambda}, t) = F(x_1, x_2, \dot{x}_2, t) + \lambda(t)(\dot{x}_1 - x_2) \,.$$

Las ecuaciones de Euler son:

- Para x_1:

  $$L_{x_1} - \frac{d}{dt} L_{\dot{x}_1} = 0,$$

  que, en este caso, es:

  $$F_{x_1} - \frac{d}{dt}\lambda(t) = 0,$$

  es decir:

  $$\lambda'(t) = F_{x_1}. \tag{3.13}$$

- Para x_2:

  $$L_{x_2} - \frac{d}{dt} L_{\dot{x}_2} = 0,$$

  que, en este caso queda como:

  $$F_{x_2} - \lambda - \frac{d}{dt} F_{\dot{x}_2} = 0,$$

con lo que:

$$\lambda(t) = F_{x_2} - \frac{d}{dt}F_{\dot{x}_2}.$$

Derivando miembro a miembro, se obtiene:

$$\lambda'(t) = \frac{d}{dt}F_{x_2} - \frac{d^2}{dt^2}F_{\dot{x}_2}. \qquad (3.14)$$

De (3.13) y (3.14) se obtiene que:

$$F_{x_1} = \frac{d}{dt}F_{x_2} - \frac{d^2}{dt^2}F_{\dot{x}_2}. \qquad (3.15)$$

- La restricción ecuación diferencial es:

$$\dot{x}_1 = x_2.$$

Teniendo en cuenta las definiciones de x_1 y de x_2, la ecuación (3.15) se puede expresar como:

$$F_x - \frac{d}{dt}F_{\dot{x}} + \frac{d^2}{dt^2}F_{\ddot{x}} = 0,$$

que se conoce como ecuación de Euler-Poisson (para el caso $n = 2$).

Estudiemos cómo queda la condición de Legendre:

$$L_{\dot{x}\dot{x}} = \begin{pmatrix} L_{\dot{x}_1\dot{x}_1} & L_{\dot{x}_1\dot{x}_2} \\ L_{\dot{x}_2\dot{x}_1} & L_{\dot{x}_2\dot{x}_2} \end{pmatrix} = \begin{pmatrix} 0 & 0 \\ 0 & F_{\dot{x}_2\dot{x}_2} \end{pmatrix} = \begin{pmatrix} 0 & 0 \\ 0 & F_{\ddot{x}\ddot{x}} \end{pmatrix},$$

por lo que dicha condición para máximo es:

$$F_{\ddot{x}\ddot{x}} \leq 0.$$

La condición de Legendre para mínimo es:

$$F_{\ddot{x}\ddot{x}} \geq 0.$$

La condición suficiente es que

$$L(x_1, x_2, \dot{x}_1, \dot{x}_2, \lambda^*, \dot{\lambda}^*, t) = F(x_1, x_2, \dot{x}_2, t) + \lambda^*(t)\,(\dot{x}_1 - x_2)$$

(siendo $\lambda^*(t)$ el valor obtenido al aplicar las condiciones necesarias de optimalidad), sea función cóncava (convexa para mínimo), en $(x, \dot{x})$, en un conjunto abierto, convexo que contenga al conjunto de puntos que cumplen la restricción.

En general, para cualquier valor de n, se definen las funciones:

$$x_1 = x, x_2 = \dot{x}, x_3 = \ddot{x}, \ldots, x_n = x^{(n-1)},$$

Se verifica que:

$$\begin{aligned} \dot{x}_1 &= x_2, \\ \dot{x}_2 &= x_3, \\ &\ldots\ldots \\ \dot{x}_{n-1} &= x_n, \end{aligned}$$

por lo que el problema se puede formular como:

$$\begin{aligned}
\max_{x}\ J &= \int_{t_0}^{t_1} F(x_1, x_2, \ldots, x_n, \dot{x}_n, t)dt,\\
\text{sujeto a } &: \dot{x}_1 - x_2 = 0,\\
&\quad \dot{x}_2 - x_3 = 0,\\
&\quad \ldots\ldots\ldots\ldots\ldots\ldots\ldots\ldots\ldots\ldots\ldots\ldots\ldots\\
&\quad \dot{x}_{n-1} - x_n = 0,\\
\text{con } &: x_1(t_0) = x_0^0, x_2(t_0) = x_0^1, \ldots, x_n(t_0) = x_0^{n-1},\\
&\quad x_1(t_1) = x_1^0, x_2(t_1) = x_1^1, \ldots, x_n(t_1) = x_1^{n-1}.
\end{aligned}$$

Este problema tiene restricciones ecuaciones diferenciales, como los estudiados en la sección anterior.

Ejemplo 3.11 Encontrar la curva que une los puntos (0,0) y (1,0) para los cuales la integral:

$$\int_0^1 \left(\frac{d^2x}{dt^2}\right)^2 dt,$$

alcanza el valor mínimo, sabiendo que:

$$\frac{dx}{dt}(0) = a, \frac{dx}{dt}(1) = b.$$

SOLUCIÓN. Definimos las funciones:

$$\begin{aligned}
x_1(t) &= x(t),\\
x_2(t) &= \dot{x}(t).
\end{aligned}$$

Se verifica que:

$$\dot{x}_1 = x_2.$$

El problema se puede expresar como:

$$\begin{aligned}
\min\ J(x_1, x_2) &= \int_0^1 \dot{x}_2^2 dt,\\
\text{sujeto a } &: \dot{x}_1 - x_2 = 0,\\
\text{con } &: x_1(0) = 0, x_2(0) = a,\\
&\quad x_1(1) = 0, x_2(1) = b.
\end{aligned}$$

Definimos el lagrangiano:

$$L(x_1, x_2, \dot{x}_1, \dot{x}_2, \lambda, \dot{\lambda}, t) = \dot{x}_2^2 + \lambda(t)(\dot{x}_1 - x_2).$$

Las ecuaciones de Euler son:

- Para x_1:

$$L_{x_1} - \frac{d}{dt}L_{\dot{x}_1} = 0,$$

es decir:

$$\frac{d}{dt}\lambda(t) = 0 \Longrightarrow \lambda(t) = A.$$

- Para x_2:

$$L_{x_2} - \frac{d}{dt}L_{\dot{x}_2} = 0,$$

que queda como:

$$\begin{aligned} -\lambda - 2\ddot{x}_2 = 0 \Longrightarrow \ddot{x}_2 &= -\frac{A}{2}. \\ \dot{x}_2 &= -\frac{A}{2}t + B, \\ x_2(t) &= -\frac{A}{4}t^2 + Bt + C. \end{aligned}$$

- Al añadir la restricción queda:

$$\dot{x}_1 = x_2,$$

por lo que:

$$x_1(t) = -\frac{A}{12}t^3 + \frac{B}{2}t^2 + Ct + D.$$

Imponiendo las condiciones iniciales y finales, se tiene:

$$\begin{aligned} 0 &= x_1(0) = D, \\ a &= x_2(0) = C, \\ 0 &= x_1(1) = -\frac{A}{12} + \frac{B}{2} + a, \\ b &= x_2(1) = -\frac{A}{4} + B + a, \end{aligned}$$

de donde:

$$A = -12a - 12b,\ B = -4a - 2b,\ C = a\ ;\ D = 0.$$

Por tanto:

$$\begin{aligned} x(t) = x_1(t) &= (a+b)t^3 - (b+2a)t^2 + at, \\ \dot{x}(t) = x_2(t) &= (3a+3b)t^2 - (2b+4a)t + a. \end{aligned}$$

Condición de Legendre:

$$L_{\dot{x}\dot{x}} = \begin{pmatrix} 0 & 0 \\ 0 & 2 \end{pmatrix}.$$

Como la matriz es semidefinida positiva, se cumple la condición de mínimo.

Condición suficiente:

$$L(x_1, x_2, \dot{x}_1, \dot{x}_2, \lambda^*, \dot{\lambda}^*, t) = \dot{x}_2^2 + (-12a - 12b)(\dot{x}_1 - x_2).$$

La parte de matriz Hessiana de la función, que contiene las derivadas con respecto a x y $\dot{x}$ es:

$$\begin{pmatrix} 0 & 0 & 0 & 0 \\ 0 & 0 & 0 & 0 \\ 0 & 0 & 0 & 0 \\ 0 & 0 & 0 & 2 \end{pmatrix},$$

que es semidefinida positiva, por lo que la función es convexa en $(x, \dot{x})$, para cada $t \in [0, 1]$, y se cumple la condición suficiente de mínimo.

■

3.5 EJERCICIOS PROPUESTOS

Ejercicio 3.1 Resolver los siguientes problemas de cálculo de variaciones:

a)

$$\min_x J(x) = \int_0^4 \left(\dot{x}^2 + 2tx\dot{x}\right) dt + 2x(4),$$
$$\text{con} : x(0) = 2.$$

b)

$$\max_x J(x) = \int_1^3 \left(x + t\dot{x} - \dot{x}^2\right) dt + a\,[x(3)]^2,$$
$$\text{con} : x(1) = 1,$$

en los casos: (i) $a = 0$, con $x(3) \geq 2$, (ii) $a = -1$, con $x(4)$ libre.

Ejercicio 3.2 Se considera el problema:

$$\max_x J(x) = \int_{t_0}^{t_1} F(x, \dot{x}, t)dt + S[x(t_1)],$$
$$\text{con:}\ x(t_0) = x_0.$$

Deducir la condición de transversalidad en cada uno de los siguientes casos:

(i) La condición final es:

$$x(t_1) \geq x_1.$$

(ii) No hay condición final, pero t_1 es libre, incógnita a determinar.

Ejercicio 3.3 En cada uno de los siguientes casos, calcular los extremales, y estudiar las condiciones de Legendre y suficiente:

a)

$$J\,[x_1(t), x_2(t)] = \int_1^2 \left(\dot{x}_1^2 + x_2^2 + \dot{x}_2^2\right) dt,$$
$$\text{con} : x_1(1) = 1, x_2(1) = 0,$$
$$x_1(2) = 2, x_2(2) = 1.$$

b)

$$J[x_1(t), x_2(t)] = \int_{-1}^{1} \left(2x_1x_2 + \dot{x}_1^2 + \frac{1}{3}\dot{x}_2^3\right) dt,$$
$$\text{con} : x_1(-1) = 2, x_2(-1) = -1,$$
$$x_1(2) \text{ y } x_2(2) : libres.$$

c)

$$J[x_1(t), x_2(t)] = \int_{0}^{\frac{\pi}{2}} \left(2x_1x_2 - 2x_1^2 - \dot{x}_1^2 - \dot{x}_2^2\right) dt,$$
$$\text{con: } x_1(0) = 0, x_2(0) = 0,$$
$$x_1(\frac{\pi}{2}) = 1, x_2(\frac{\pi}{2}) : libre.$$

Ejercicio 3.4 Se considera el problema:

$$\min_{x_1, x_2} J = \frac{1}{\sqrt{2g}} \int_0^{\alpha} \frac{\sqrt{1 + \dot{x}_1\dot{x}_2}}{\sqrt{t}} dt,$$
$$\text{sujeto a} : x_1 - x_2 - 1 = 0,$$
$$\text{con} : x_1(0) = 0, x_1(\alpha) = \beta,$$

en donde g es la constante de gravitación universal, α y β son constantes.

Resolver el problema :

(i) Por el método de sustitución.

(ii) Por el método de Lagrange.

Ejercicio 3.5 Calcular la mínima distancia entre los puntos $A(4, 3, 0)$ y $B(2, 3, +\sqrt{12})$ en la esfera $t^2 + x^2 + y^2 = 25$. (Indicación: la distancia entre dos puntos $A(t_0, x_0, y_0)$ y $B(t_1, x_1, y_1)$ en la superficie $\varphi(t, x, y) = 0$ se determina por la fórmula:

$$l = \int_{t_0}^{t_1} \sqrt{1 + \dot{x}^2 + \dot{y}^2} dt,$$

en donde $x = x(t)$, $y = y(t)$).

Ejercicio 3.6 Resolver el siguiente problema:

$$\min_x J = \int_0^T e^{-rt} x dt,$$
$$\text{sujeto a} : \int_0^T \sqrt{x} dt = A.$$

Hacerlo: 1) Utilizando un multiplicador. 2) Eliminando la restricción isoperimétrica. Indicación: definir

$$y(t) = \int_0^t x^{\frac{1}{2}}(s) ds.$$

Ejercicio 3.7 Resolver los siguientes problemas isoperimétricos:

a)

$$\begin{aligned} \min_{x} J &= \int_0^4 \sqrt{1+\dot{x}^2}dt, \\ \text{sujeto a } &: \int_0^4 x dt = 15, \\ \text{con } &: x(0)=0, x(4)=0. \end{aligned}$$

b)

$$\begin{aligned} \min_{x_1,x_2} J &= \int_0^1 \left(\dot{x}_1^2 + \dot{x}_2^2 - 4t\dot{x}_2 - 4x_2\right) dt, \\ \text{sujeto a } &: \int_0^1 \left(\dot{x}_1^2 - t\dot{x}_1 - \dot{x}_2^2\right) dt = 5, \\ \text{con } &: x_1(0)=0, x_2(0)=0, \\ & x_1(1)=1, x_2(1)=1. \end{aligned}$$

Ejercicio 3.8 La determinación del eje de una viga cilíndrica, homogénea, elástica, deformada, con extremos fijos, se reduce al problema variacional siguiente:

$$\begin{aligned} opt\ J[x(t)] &= \int_{-l}^{+l} \left(\frac{1}{2}\mu\frac{d^2x}{dt^2} + \rho x\right) dt, \\ \text{con } &: x(-l)=0, x(-l)=0, x(l)=0, x'(l)=0. \end{aligned}$$

siendo μ y ρ constantes. Resolver el problema.

Ejercicio 3.9 Resolver los siguientes problemas:

a)

$$\begin{aligned} \min_{x} J &= \int_0^{\frac{\pi}{2}} \left(\ddot{x}^2 + x^2 + t^2\right) dt, \\ \text{con } &: x(0)=1, x'(0)=0, \\ & x\left(\frac{\pi}{2}\right)=0, x'\left(\frac{\pi}{2}\right)=-1. \end{aligned}$$

b)

$$\begin{aligned} opt_x\ J &= \int_{-1}^{0} \left[240x - \left(\frac{d^3x}{dt^3}\right)^2\right] dt, \\ \text{con } &: x(-1)=1, x'(-1)=-4.5, x''(-1)=16, \\ & x(0)=0, x'(0)=0, x''(0)=0. \end{aligned}$$

Ejercicio 3.10 Se considera el problema:

$$\max_{x} J = \int_{t_0}^{t_1} F(x, \dot{x}, \ddot{x}, x^{(3)}, t)dt,$$

$$\text{con} : x(t_0) = x_0^0, \dot{x}(t_0) = x_0^1, \ddot{x}(t_0) = x_0^2,$$

$$x(t_1) = x_1^0, \dot{x}(t_1) = x_1^1, \ddot{x}(t_1) = x_1^2.$$

Demostrar que la solución óptima es necesario que cumpla la condición de Euler-Poisson, que, en este caso , es:

$$F_x - \frac{d}{dt}F_{\dot{x}} + \frac{d^2}{dt^2}F_{\ddot{x}} - \frac{d^3}{dt^3}F_{x^{(3)}} = 0.$$

Parte III

Control óptimo en tiempo continuo

CAPÍTULO 4

El principio del máximo

En este capítulo se presenta el problema básico de control óptimo en tiempo continuo, y el resultado fundamental para obtener la solución óptima del problema: el principio del máximo de Pontryagin, que fue publicado, en ruso, en 1958 (la versión en inglés es de 1962).

Tras algunas consideraciones y ejemplos sobre la formulación del problema a estudiar en este capítulo, el resultado fundamental se presenta en la Sección 4. Como las condiciones que constituyen el principio del máximo tienen cierta dificultad a la hora de resolver problemas concretos, al tratarse de un sistema de ecuaciones diferenciales con condición inicial, más un sistema de ecuaciones diferenciales con condición final, más un problema de optimización estática en cada instante, en la Sección 5 se presentan varios ejemplos, con el propósito de que el lector se vaya familiarizando con la aplicación práctica del principio del máximo de Pontryagin.

En la Sección 6 se demuestra el resultado fundamental, para una formulación particular, utilizando métodos de cálculo de variaciones. En la Sección 7 se presenta una interpretación económica del principio del máximo. La Sección 8 contiene las condiciones suficientes de Mangasarian y las de Arrow. El capítulo termina con un conjunto de ejercicios propuestos.

4.1 PLANTEAMIENTO DEL PROBLEMA DE CONTROL ÓPTIMO EN TIEMPO CONTINUO

Se considera un sistema dinámico, formulado en tiempo continuo, en un horizonte temporal dado $[t_0, t_1]$, cuya situación inicial viene dada por el vector n-dimensional x_0, y que evoluciona en el tiempo. Dicha evolución depende del valor que se de a ciertas variables, llamadas variables de control, que permiten influir en el sistema. Sea $u(t)$ el vector m-dimensional de variables de control en el instante t. Representamos por $x(t)$, para cada $t \in [t_0, t_1]$, el vector n-dimensional llamado vector de variables de estado, que nos indica la situación del sistema en el instante t.

Se llama ecuación de estado al siguiente sistema de ecuaciones diferenciales, que describe el comportamiento que estamos considerando:

$$\dot{x}(t) = f(x(t), u(t), t), \text{ para } t \in [t_0, t_1], \text{ con } x(t_0) = x_0,$$

en donde: el vector de variables de estado en el instante t, $x(t) = (x_1(t), \ldots, x_n(t))'$ pertenece a $\mathbb{R}^n$, el vector de variables de control en el instante t, $u(t) = (u_1(t), \ldots, u_m(t))'$ pertenece a $\mathbb{R}^m$, f es una función cuyo dominio está contenido en $\mathbb{R}^n \times \mathbb{R}^m \times \mathbb{R}$, que toma valores en $\mathbb{R}^n$ y que posee derivadas parciales primeras continuas. Es decir

$$\begin{array}{rcl} f : D \subset \mathbb{R}^n \times \mathbb{R}^m \times \mathbb{R} & \longrightarrow & \mathbb{R}^n \\ (x, \quad u, \quad t) & \longrightarrow & \begin{pmatrix} f_1(x, u, t) \\ \cdots \\ f_n(x, u, t) \end{pmatrix}, \end{array}$$

y

$$\frac{\partial f_k}{\partial x_i}, \frac{\partial f_k}{\partial u_j}, \frac{\partial f_k}{\partial t}$$

existen y son continuas para todo $i, k = 1, \ldots, n$; $j = 1, \ldots, m$.

Teniendo en cuenta que anteriormente se ha utilizado notación vectorial, y utilizando los componentes de los vectores, la ecuación de estado también se puede expresar como:

$$\dot{x}_i(t) = f_i(x_1(t), \ldots, x_n(t), u_1(t), \ldots, u_m(t), t), i = 1, \ldots, n, \text{ para } t \in [t_0, t_1],$$
$$\text{con } x_1(t_0) = x_{10}, \ x_2(t_0) = x_{20}, \ldots, x_n(t_0) = x_{n0}.$$

Cuando no de lugar a confusión suprimiremos la notación (t). Así $x(t)$ se escribirá simplemente como x, $u(t)$ como u.

Restricciones

Por ahora no se consideran restricciones en las variables de estado.

Definimos un control admisible, como aquella trayectoria de control $u(t)$, $t \in [t_0, t_1]$, que es continua a trozos (lo que quiere decir que es continua en todos los puntos, excepto, quizá, en un número finito de ellos) y que, además, cumple la condición de que $u(t) \in \Omega(t) \subset \mathbb{R}^m$, para cada $t \in [t_0, t_1]$. El conjunto $\Omega(t)$ representa restricciones físicas al valor de las variables de control en el tiempo t.

Se supone que el vector de variables de estado $x(t)$ es una función de t, continua en $[t_0, t_1]$, y con derivada continua a trozos, verificando que

$$\dot{x}(t) = f(x(t), u(t), t),$$

en todos los puntos de continuidad de u.

El funcional objetivo

El funcional objetivo da una medida cuantitativa del comportamiento del sistema en el tiempo.

Se consideran funcionales del tipo:

$$J = \int_{t_0}^{t_1} F[x(t), u(t), t]\, dt + S[x(t_1)],$$

en donde:

$$\begin{array}{rcc} F : D' \subset \mathbb{R}^n \times \mathbb{R}^m \times \mathbb{R} & \longrightarrow & \mathbb{R}^n \\ (x, \quad u, \quad t) & \longrightarrow & F(x, u, t), \end{array} \qquad \begin{array}{rcc} S : D'' \subset \mathbb{R}^n & \longrightarrow & \mathbb{R} \\ x & \longrightarrow & S(x). \end{array}$$

Se supone que F y S poseen derivadas parciales primeras continuas.

El primer sumando del funcional J es una integral que depende de los valores que van tomando $x(t)$ y $u(t)$ a lo largo del horizonte temporal y, por tanto, valora el comportamiento del sistema a través del tiempo. El segundo sumando $S[x(t_1)]$ valora el estado en que queda el sistema al final del intervalo de tiempo que constituye el horizonte temporal del problema.

Control óptimo

Un control óptimo es definido como un control admisible que maximiza el funcional objetivo.

Por tanto, el problema que nos ocupa es el siguiente:

Dado un sistema dinámico con condición inicial x_0, y que evoluciona en el tiempo de acuerdo con la ecuación de estado $\dot{x} = f(x, u, t)$, se trata de encontrar el vector de control que sea admisible y haga que el funcional objetivo alcance el valor máximo. Expresado en términos matemáticos se tratará de:

$$\begin{aligned} \max_{u(t)} \ J &= \int_{t_0}^{t_1} F(x, u, t)dt + S[x(t_1)], \\ \text{sujeto a } &: \dot{x} = f(x, u, t), \\ \text{con } &: x(t_0) = x_0, \\ & \quad u(t) \in \Omega(t), \end{aligned}$$

en donde se ha utilizado notación vectorial.

También se puede expresar el problema anterior de la siguiente forma:

$$\begin{aligned} \max_{u_1(t),\ldots,u_m(t)} \quad J &= \int_{t_0}^{t_1} F(x_1(t), \ldots, x_n(t), u_1(t), \ldots, u_m(t), t)dt + S[x_1(t_1), \ldots, x_n(t_1)], \\ \text{sujeto a } &: \dot{x}_1(t) = f_1(x_1(t), \ldots, x_n(t), u_1(t), \ldots, u_m(t), t), \\ & \quad \dot{x}_2(t) = f_2(x_1(t), \ldots, x_n(t), u_1(t), \ldots, u_m(t), t), \\ & \quad \cdots\cdots\cdots\cdots\cdots\cdots\cdots\cdots\cdots\cdots \\ & \quad \dot{x}_n(t) = f_n(x_1(t), \ldots, x_n(t), u_1(t), \ldots, u_m(t), t), \\ \text{con } &: x_1(t_0) = x_{10}, \ x_2(t_0) = x_{20}, \ldots, \ x_n(t_0) = x_{n0}, \\ & \quad (u_1(t), \ldots, u_m(t))' \in \Omega(t). \end{aligned}$$

El control $u^*(t) = \left(u_1^*(t), \ldots, u_m^*(t)\right)'$ que resuelve el problema se llama control óptimo y el vector $x^*(t) = \left(x_1^*(t), \ldots, x_n^*(t)\right)'$, determinado por la ecuación de estado a partir de $u^*(t)$, se llama trayectoria de estado óptima o camino óptimo.

A continuación se presentan algunos ejemplos de formulación de problemas de control óptimo en tiempo continuo.

Ejemplo 4.1 Un bien producido a una tasa $x(t)$ puede ser reinvertido para extender la capacidad productiva o vendido. La capacidad productiva crece a la tasa de reinversión. ¿Qué fracción $u(t)$ del output en el instante t debería ser reinvertido para maximizar las ventas totales sobre el período prefijado $[0, T]$? La capacidad inicial es c.

SOLUCIÓN. Planteamiento del problema: $\forall t \in [0, T]$, $x(t)$ es la tasa de producción instantánea. Es decir,

$$x(t) = \frac{dP(t)}{dt} \Longrightarrow dP(t) = x(t)dt.$$

La producción total en $[0, T]$ será, por tanto:

$$P = \int_0^T x(t)dt.$$

Por otra parte, se sabe que la tasa de producción es igual a la tasa de ventas más la tasa de reinversión. En términos matemáticos lo expresamos de la siguiente forma:

$$x(t) = v(t) + r(t).$$

Teniendo en cuenta que se reinvierte una fracción $u(t)$ del output en el instante t, queda:

$$x(t) = v(t) + u(t)x(t),$$

luego

$$v(t) = x(t) - u(t)x(t).$$

Las ventas totales en $[0, T]$ serán:

$$V = \int_0^T v(t)dt = \int_0^T [x(t) - u(t)x(t)]\, dt.$$

Se dice en el enunciado que la capacidad productiva crece a la tasa de reinversión, luego:

$$\dot{x}(t) = u(t)x(t).$$

Por tanto el problema es:

Calcular $u(t)$, para el cual se alcance el:

$$\begin{aligned} \max \int_0^T & [x(t) - u(t)x(t)]\, dt, \\ & \textit{sujeto a}: \dot{x}(t) = u(t)x(t), \\ & \textit{con}: x(0) = c, \\ & 0 \leq u(t) \leq 1, \end{aligned}$$

en donde $u(t)$ es la variable de control y $x(t)$ es la variable de estado.

■

Ejemplo 4.2 (Modelo neoclásico de crecimiento económico) Se considera una economía muy simplificada, en la cual la tasa de output en el tiempo t, $Y(t)$ se supone que depende de las tasas de capital $K(t)$ y de trabajo $L(t)$ en el tiempo t. Sea por tanto en cada instante:

$$Y = F(K, L),$$

en donde F es una función de producción homogénea de grado uno.

Sean y el output por trabajador y k el capital por trabajador. Se verifica que:

$$y = \frac{Y}{L} = \frac{F(K, L)}{L} = F(\frac{K}{L}, 1) = f(k),$$

en donde se ha tenido en cuenta que F es homogénea de grado uno.

La forma típica de la función f será la siguiente:

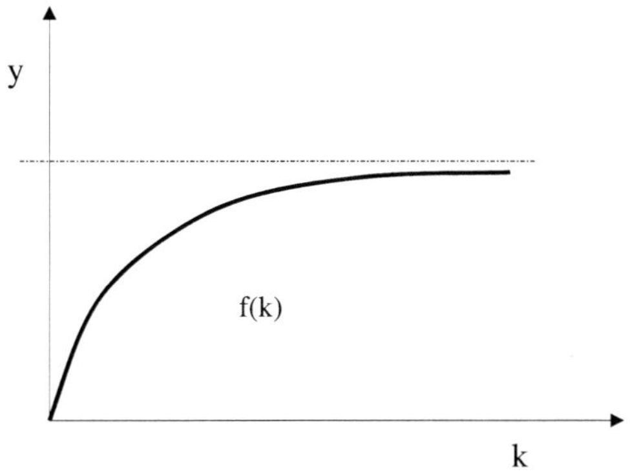

Figura 4.1 Función de producción per cápita

con $f'(k) > 0$ y $f''(k) < 0$.

Sean $C(t)$, $I(t)$ las tasas respectivas de consumo e inversión en t. Sea

$$Y(t) = C(t) + I(t).$$

La inversión se utiliza en incrementar el stock de capital o en reemplazar la maquinaria. Llamando μ a la tasa de depreciación se tiene que:

$$I = \frac{dK}{dt} + \mu K.$$

Sea

$$c = \frac{C}{L},$$

la tasa de consumo por trabajador.

Se verifica que:

$$y = f(k) = c + \frac{1}{L}\frac{dK}{dt} + \mu k.$$

Utilizando que:

$$\frac{d}{dt}\left(\frac{K}{L}\right) = \frac{L\frac{dK}{dt} - K\frac{dL}{dt}}{L^2} = \frac{1}{L}\frac{dK}{dt} - \frac{1}{L}\frac{dL}{dt}k,$$

se obtiene:

$$f(k) = c + \frac{dk}{dt} + \frac{\dot{L}}{L}k + \mu k.$$

Suponiendo que el trabajo crece de manera exponencial:

$$L = L_0 e^{\lambda t},$$

su derivada con respecto al tiempo es

$$\dot{L} = \lambda L,$$

de donde,

$$\frac{\dot{L}}{L} = \lambda.$$

Queda:

$$\frac{dk}{dt} = f(k) - (\lambda + \mu)k - c.$$

Se supone que se conoce $k(0) = k_0$.

Tenemos, por tanto, un sistema dinámico con condición inicial dada y que evoluciona en el tiempo de acuerdo con una ecuación diferencial conocida. Para completar el problema de control óptimo necesitamos un funcional objetivo, que se introduce a continuación.

Introduzcamos una función de utilidad $U = U(c)$, que es una medida del valor atribuído al consumo (por trabajador). Esta función U se supone que verifica las condiciones siguientes:

1. $U'(c) > 0$ (a mayor consumo por trabajador, mayor utilidad).
2. $U''(c) < 0$ (cuanto más se consume, menor incremento de utilidad proporciona un incremento dado en el consumo).
3. $\lim_{c\to 0} U'(c) = \infty$ (si no se consume nada, la utilidad que proporciona una cantidad infinitamente pequeña de consumo es infinita).
4. $\lim_{c\to\infty} U'(c) = 0$ (si se consume una cantidad infinitamente grande, un incremento en el consumo no aumenta la utilidad).

Sea δ la tasa de descuento, que da una medida de la preferencia de un consumo anterior frente a un consumo posterior. Así, si $\delta = 0$, un consumo c en el presente se valora igual que un consumo c dentro de t unidades de tiempo. Para un $\delta > 0$ cualquiera, un consumo c en el presente se valora igual que un consumo $e^{\delta t}c$ dentro de t unidades de tiempo. Por tanto, a mayor δ se exige mayor cantidad de consumo futuro a cambio de consumo presente.

Fijado el horizonte temporal $[0, T]$, el funcional objetivo será

$$W = \int_0^T e^{-\delta t} U(c)dt,$$

que representa la utilidad descontada acumulada en el intervalo $[0, T]$.

El problema, por tanto, es:

$$\begin{aligned} \max_{c(t)\geq 0} \; W &= \int_0^T e^{-\delta t} U(c)dt, \\ \text{sujeto a} : \; \dot{k}(t) &= f(k) - (\lambda + \mu)k - c(t), \\ \text{con} : \; k(0) &= k_0, \end{aligned}$$

en donde $c(t)$ es la variable de control y $k(t)$ es la variable de estado.

■

Ejemplo 4.3 (Un modelo económico con dos sectores) Se considera una economía que se compone de dos sectores, el sector número 1 produce bienes de inversión, mientras que el sector número 2 produce bienes de consumo. Sea $x_i(t)$ la producción en el sector número i, por unidad de tiempo, para $i = 1, 2$; sea $u(t)$ la proporción de inversión asignada al sector número 1. Se supone que el incremento en producción por unidad de tiempo en cada sector es proporcional a la inversión asignada al sector (sea $a > 0$, la constante de proporcionalidad, análoga en ambos sectores). Se trata de maximizar el consumo total en un período dado de planificación $[0, T]$, conociendo los valores de $x_1(0) = x_1^0, x_2(0) = x_2^0$.

SOLUCIÓN. Planteamiento del problema:

$$\begin{aligned} \max_{u(t)} \; C &= \int_0^T x_2(t)dt, \\ \text{sujeto a} \; : \; \dot{x}_1(t) &= au(t)x_1(t), \\ \dot{x}_2(t) &= a[1 - u(t)]x_1(t), \\ \text{con} \; : \; x_1(0) &= x_1^0, \; x_2(0) = x_2^0, \\ 0 &\leq u(t) \leq 1, \end{aligned}$$

donde $u(t)$ es la variable de control, $x_1(t)$ y $x_2(t)$ son las variables de estado.

■

4.2 DIFERENTES FORMAS QUE PUEDE TENER EL FUNCIONAL OBJETIVO

Anteriormente hemos definido el problema de control óptimo en tiempo continuo de la siguiente forma:

$$\begin{aligned} \max_{u(t)} \; J &= \int_{t_0}^{t_1} F(x, u, t)dt + S[x(t_1)], \\ \text{sujeto a} \; : \; \dot{x} &= f(x, u, t), \\ \text{con} \; : \; x(t_0) &= x_0, \\ u(t) &\in \Omega(t). \end{aligned}$$

Un funcional del tipo considerado en el planteamiento anterior se dice que está en la forma de **Bolza**.

Si el funcional es del tipo

$$J = S\left[x(t_1)\right],$$

es decir, si $F = 0$, se dice que está en la forma de **Mayer**.

Si

$$J = \int_{t_0}^{t_1} F(x, u, t)dt,$$

es decir, si $S = 0$, se dice que está en le forma de **Lagrange**.

En la siguiente proposición se demuestra que un problema de control óptimo con funcional objetivo en cualquiera de las tres formas definidas, es equivalente a otro problema con un funcional objetivo expresado en cualquiera de las otras formas.

Proposición 4.1 *Se considera: a) El problema de control óptimo, con funcional objetivo en la forma de Bolza. b) El problema de control óptimo, pero con funcional objetivo en la forma de Lagrange. c) El problema de control óptimo, pero con funcional objetivo en la forma de Mayer. Entonces, los tres problemas son equivalentes, en el sentido de que cualquiera de ellos puede ser formulado en cada una de las otras formas.*

DEMOSTRACIÓN. Lagrange $\Longrightarrow$ Mayer (o sea, b $\Longrightarrow$ c).

Consideremos el problema de control óptimo, con funcional objetivo tipo Lagrange:

$$\begin{aligned} \max_{u(t)} \ J &= \int_{t_0}^{t_1} F(x,u,t)dt, \\ \text{sujeto a} \ : \ \dot{x} &= f(x,u,t), \\ \text{con} \ : \ x(t_0) &= x_0, \\ u(t) &\in \Omega(t). \end{aligned}$$

Veamos que se puede expresar en la forma de Mayer.

Se introduce una nueva variable de estado $x_{n+1}(t)$ y se considera:

$$\begin{aligned} \dot{x}(t) &= f(x,u,t), \ \text{con } x(t_0) = x_0, \\ \dot{x}_{n+1}(t) &= F(x,u,t), \ \text{con } x_{n+1}(t_0) = 0. \end{aligned}$$

El objetivo es:

$$\max_{u(t)\in\Omega(t)} \ J = \int_{t_0}^{t_1} \dot{x}_{n+1}(t)dt = \left[x_{n+1}(t)\right]_{t_0}^{t_1} = x_{n+1}(t_1),$$

que es un problema en forma c).

Bolza $\Longrightarrow$ Mayer (o sea, a $\Longrightarrow$ c).

Partimos ahora del problema a):

$$\begin{aligned} \max_{u(t)} \ J &= \int_{t_0}^{t_1} F(x,u,t)dt + S[x(t_1)], \\ \text{sujeto a} \ : \ \dot{x} &= f(x,u,t), \\ \text{con} \ : \ x(t_0) &= x_0, \\ u(t) &\in \Omega(t). \end{aligned}$$

Haciendo exactamente lo mismo que en el caso anterior, se llega a que el problema dado se puede expresar como:

$$\begin{aligned} &\max_{u(t)\in\Omega(t)} \ x_{n+1}(t_1) + S[x(t_1)], \\ \text{sujeto a} : \ &\dot{x}(t) = f(x,u,t), \\ &\dot{x}_{n+1}(t) = F(x,u,t), \\ \text{con} : \ &x(t_0) = x_0, \\ &x_{n+1}(t_0) = 0, \end{aligned}$$

que es un problema en forma c).

Bolza $\Longrightarrow$ Lagrange (o sea, a $\Longrightarrow$ b).

Se parte de nuevo del problema:

$$\begin{aligned} \max_{u(t)} \ J &= \int_{t_0}^{t_1} F(x,u,t)dt + S[x(t_1)], \\ \text{sujeto a} \ : \ \dot{x} &= f(x,u,t), \\ \text{con} \ : \ x(t_0) &= x_0, \\ u(t) &\in \Omega(t). \end{aligned}$$

Se verifica:

$$S[x(t_1)] - S[x(t_0)] = \int_{t_0}^{t_1} \frac{d}{dt} S[x(t)]dt = \int_{t_0}^{t_1} \nabla S(x)\dot{x}(t)dt.$$

Para cada función admisible $x(t)$ en el problema que nos ocupa, es:

$$S[x(t_0)] = S[x_0].$$

Por tanto, $u^*(t)$ es solución óptima del problema considerado si y sólo si $u^*(t)$ es solución óptima del siguiente problema:

$$\begin{aligned} \max_{u(t)} \ J &= \int_{t_0}^{t_1} [F(x,u,t) + \nabla S(x) f(x,u,t)]dt, \\ \text{sujeto a} &: \ \dot{x}(t) = f(x,u,t), \\ \text{con} &: \ x(t_0) = x_0, \\ & \quad u(t) \in \Omega(t), \end{aligned}$$

que está en forma b).

Mayer $\Longrightarrow$ Lagrange (o sea c $\Longrightarrow$ b).

Es idéntico al caso anterior, pero como ahora $F = 0$, queda:

$$\begin{aligned} \max_{u(t)} \ J &= \int_{t_0}^{t_1} \nabla S(x) f(x,u,t)dt, \\ \text{sujeto a} &: \ \dot{x}(t) = f(x,u,t), \\ \text{con} &: \ x(t_0) = x_0, \\ & \quad u(t) \in \Omega(t). \end{aligned}$$

Lagrange $\Longrightarrow$ Bolza (o sea, b $\Longrightarrow$ a).

El problema b) con objetivo en forma de Lagrange, ya está en realidad con objetivo en la forma de Bolza, pero siendo $S = 0$.

Mayer $\Longrightarrow$ Bolza (o sea c $\Longrightarrow$ a).

El problema c) con objetivo en forma de Mayer, ya está en realidad con objetivo en la forma de Bolza, con F=0.

■

Ejemplo 4.4 Dado el siguiente problema de control óptimo con funcional objetivo en la forma de Lagrange, encontrar una formulación equivalente, con funcional objetivo en la forma de Mayer.

$$\begin{aligned} \max_{u} \ J &= \int_0^5 \left(3x - 2u - \frac{1}{2}u^2\right) dt, \\ \text{sujeto a} &: \ \dot{x} = x + u, \\ \text{con} &: \ x(0) = 4. \end{aligned}$$

SOLUCIÓN. Utilizando los pasos seguidos en la demostración de la proposición anterior, se introduce una nueva variable de estado y, de tal forma que

$$\dot{y} = 3x - 2u - \frac{1}{2}u^2, \text{ con } y(0) = 0,$$

con lo que el funcional objetivo se puede escribir:

$$J = \int_0^5 \dot{y} dt = y(t)]_0^5 = y(5) - y(0) = y(5),$$

por lo que el problema dado es equivalente a:

$$\begin{aligned} \max_u \ & J = y(5), \\ \text{sujeto a}: \ & \dot{x} = x + u, \\ & \dot{y} = 3x - 2u - \frac{1}{2}u^2, \\ \text{con}: \ & x(0) = 4, \\ & y(0) = 0. \end{aligned}$$

■

Ejemplo 4.5 Dado el siguiente problema de control óptimo, con funcional objetivo en forma de Bolza, encontrar una formulación equivalente con funcional objetivo en forma de Lagrange.

$$\begin{aligned} \min_u \ & J = \int_0^2 u^2 dt + 4x^2(2), \\ \text{sujeto a}: \ & \dot{x} = 2x + 3u, \\ \text{con}: \ & x(0) = 5, \\ & 0 \leq u \leq 1. \end{aligned}$$

SOLUCIÓN. Tal como se expresa en la demostración de la Proposición 4.1 al estudiar la transformación Bolza $\Longrightarrow$ Lagrange, se verifica que

$$4x^2(2) - 4x^2(0) = \int_0^2 8x\dot{x}dt.$$

Teniendo en cuenta la ecuación de estado y la condición inicial, queda:

$$4x^2(2) = 100 + \int_0^2 8x(2x + 3u)dt,$$

por lo que el problema dado es equivalente a:

$$\begin{aligned} \min_u \ & \int_0^2 (16x^2 + u^2 + 24xu)dt, \\ & \text{sujeto a}: \dot{x} = 2x + 3u, \\ & \text{con}: x(0) = 5, \\ & 0 \leq u \leq 1. \end{aligned}$$

■

4.3 EL PRINCIPIO DEL MÁXIMO DE PONTRYAGIN

El principio del máximo da condiciones necesarias que debe cumplir el control óptimo del problema que estamos considerando.

Se trata, por tanto, de resolver el problema:

$$\begin{aligned}\max_{u} \ J &= \int_{t_0}^{t_1} F(x,u,t)dt + S[x(t_1)],\\ \text{sujeto a } &: \dot{x} = f(x,u,t),\\ \text{con } &: x(t_0) = x_0,\\ & u \in \Omega,\end{aligned}$$

en donde hemos utilizado notación vectorial, siendo $x \in \mathbb{R}^n$, $u \in \mathbb{R}^m$. Utilizando notación escalar, podemos expresar el problema anterior de la siguiente forma:

$$\begin{aligned}\max_{u_1,\ldots,u_m} \ J &= \int_{t_0}^{t_1} F(x_1,\ldots,x_n,u_1,\ldots,u_m,t)dt + S[x_1(t_1),\ldots,x_n(t_1)],\\ \text{sujeto a } &: \dot{x}_i = f_i(x_1,\ldots,x_n,u_1,\ldots,u_m,t), \text{ para } i = 1,\ldots,n,\\ \text{con } &: x_1(t_0) = x_{10},\ldots, \ x_n(t_0) = x_{n0},\\ \text{y también } &: (u_1,\ldots,u_m)' \in \Omega.\end{aligned}$$

Se define el Hamiltoniano asociado al problema anterior, de la siguiente forma:

$$H(x,u,\lambda,t) = F(x,u,t) + \sum_{i=1}^{n} \lambda_i f_i(x,u,t) = F(x,u,t) + \lambda f(x,u,t),$$

en donde para cada $t \in [t_0, t_1]$, $\lambda(t) = (\lambda_1(t), \lambda_2(t), \ldots, \lambda_n(t))$ es un vector fila n-dimensional que se llama vector de variables adjuntas o variables de coestado. Por tanto, el Hamiltoniano tiene un dominio contenido en $\mathbb{R}^n \times \mathbb{R}^m \times \mathbb{R}^n \times \mathbb{R}$, y toma valores en $\mathbb{R}$.

El siguiente teorema constituye el resultado fundamental de este capítulo y establece condiciones necesarias de optimalidad para el problema que nos ocupa.

Teorema 4.1 (Principio del máximo de Pontryagin) *Sean: $u^*(t)$ la trayectoria óptima de control, continua a trozos, y $x^*(t)$ la trayectoria de estado óptima asociada, definidas en el intervalo $[t_0, t_1]$. Entonces existe una función vectorial $\lambda^*(t) = (\lambda_1^*(t), \ldots, \lambda_n^*(t))$ continua que posee derivadas primeras continuas a trozos, tal que para cada $t \in [t_0, t_1]$ verifica:*

1)

$$\dot{\lambda}_i^*(t) = -\frac{\partial H(x^*(t), u^*(t), \lambda^*(t), t)}{\partial x_i}, \ \textit{para cada } i = 1,\ldots,n,$$

en todos los puntos de continuidad de $u^*(t)$,

$$\textit{con}: \lambda_1^*(t_1) = \frac{\partial S[x^*(t_1)]}{\partial x_1}, \ldots, \lambda_n^*(t_1) = \frac{\partial S[x^*(t_1)]}{\partial x_n}.$$

2)

$$H[x^*(t), u^*(t), \lambda^*(t), t] \geq H[x^*(t), u(t), \lambda^*(t), t], \textit{para todo } u(t) \in \Omega(t).$$

3)

$$\dot{x}_i^*(t) = f_i(x^*(t), u^*(t), t), \textit{para cada } i = 1,\ldots,n,$$

en todos los puntos de continuidad de $u^*(t)$,

$$\textit{con}: x_1^*(t_0) = x_{10}, \ldots, \ x_n^*(t_0) = x_{n0}.$$

Observación 4.1 Si se trata de minimizar el funcional objetivo, el teorema es análogo, con la excepción de que cambia el sentido de la desigualdad de la última expresión.

La demostración rigurosa de este teorema supera el contenido de este libro. El lector interesado puede consultar, por ejemplo, los libros de Pontryagin (1962), o de Macki y Strauss (1982).

A continuación se presentan algunos ejemplos en los que se aplica el principio del máximo de Pontryagin. Posteriormente se dará una demostración del teorema, utilizando métodos variacionales, para una determinada formulación del problema, tal como se hace en algunos libros como Chiang (1992), Kamien y Schwartz (1991) o Bertsekas (1995).

4.3.1 Ejemplos de aplicación del principio del máximo

En cada uno de los ejemplos siguientes, se trata de calcular el valor de las variables de control, de estado y de coestado, para los que se verifica el principio del máximo, que como hemos visto, establece condiciones necesarias de optimalidad.

Ejemplo 4.6

$$\begin{aligned} \max\ J &= \int_0^1 (x+u)\,dt, \\ \text{sujeto a}\ :\ \dot{x} &= 1-u^2, \\ \text{con}\ :\ x(0) &= 1. \end{aligned}$$

SOLUCIÓN. El Hamiltoniano será en este caso:

$$H(x,u,\lambda,t) = x + u + \lambda(1-u^2).$$

Empezamos con la condición 1) del principio del máximo:

$$\dot{\lambda} = -\frac{\partial H}{\partial x},$$

$$\text{con}\ :\ \lambda(1)=0,\ \text{ya que}\ \frac{dS[x^*(1)]}{dx} = 0,\ \text{por ser}\ S[x(1)] = 0.$$

Derivando el Hamiltoniano con respecto a x, queda

$$\dot{\lambda} = -1,\ \text{con}\ \lambda(1) = 0,$$

que es una sencilla ecuación diferencial, con condición inicial dada. Resolviendo dicha ecuación diferencial queda:

$$\lambda(t) = -t + A,\ \text{con}\ \lambda(1) = 0 = -1 + A,$$

de donde $A = 1$, por lo que se obtiene que:

$$\lambda^*(t) = 1 - t,\ \text{para}\ t \in [0,1].$$

Seguimos con la condición 2) del principio del máximo:

Hay que calcular el

$$\max_u\ H(x^*, u, \lambda^*, t),$$

en donde u no está sujeto a restricciones, en este caso. Hay que resolver el siguiente problema de optimización:

$$\max_u \; H = x^* + u + \lambda^*(1 - u^2).$$

Sustituyendo λ^* por el valor obtenido por la condición 1, queda:

$$\max_u \; H = x^* + u + (1 - t)(1 - u^2).$$

Debe ser:

$$\frac{\partial H}{\partial u} = 0 = 1 - 2u(1 - t),$$

lo que implica que

$$u = \frac{1}{2(1 - t)}, \; \text{si } t \neq 1.$$

$$\frac{\partial^2 H}{\partial u^2} = 2t - 2 \leq 0, \; \text{para } t \in [0, 1],$$

luego corresponde a un máximo.

Por tanto:

$$u^*(t) = \frac{1}{2(1 - t)}, \; \text{para } t \in [0, 1).$$

Para calcular la trayectoria de estado óptima, resolvemos la ecuación de estado del enunciado, sustituyendo el control por el valor obtenido e imponiendo la condición inicial dada. Ello corresponde a la condición 3) del principio del máximo:

$$\dot{x}^* = 1 - u^{*2} = 1 - \frac{1}{4(1 - t)^2}, \; \text{con } x^*(0) = 1.$$

Resolvemos la ecuación diferencial y obtenemos:

$$x^*(t) = t - \int \frac{1}{4(1 - t)^2} dt = t - \frac{1}{4}(1 - t)^{-1} + B, \; \text{con } x^*(0) = 1.$$

Imponiendo la condición inicial dada se obtiene el valor que debe tomar B:

$$1 = x^*(0) = -\frac{1}{4} + B, \; \text{de donde } B = \frac{5}{4}.$$

Por tanto,

$$x^*(t) = t - \frac{1}{4(1 - t)} + \frac{5}{4}, \; \text{para } t \in [0, 1).$$

■

Ejemplo 4.7

$$\begin{aligned} \max \; J &= \int_1^5 \left(ux - u^2 - x^2 \right) dt, \\ \text{sujeto a} &: \dot{x} = x + u, \\ \text{con} &: x(1) = 2. \end{aligned}$$

SOLUCIÓN. El Hamiltoniano será:

$$H(x,u,\lambda,t) = ux - u^2 - x^2 + \lambda(x+u).$$

Aplicando el principio del máximo,
1)

$$\dot{\lambda} = -\frac{\partial H}{\partial x} = -u + 2x - \lambda,$$
$$\text{con} : \lambda(5) = \frac{dS[x^*(5)]}{dx} = 0, \text{ ya que } S[x(5)] = 0.$$

2) Hay que resolver:

$$\max_u H(x,u,\lambda,t) = ux - u^2 - x^2 + \lambda x + \lambda u.$$

Aplicamos las condiciones de optimalidad para este problema:

$$\frac{\partial H}{\partial u} = 0 = x - 2u + \lambda \Longrightarrow u = \frac{x+\lambda}{2}.$$
$$\frac{\partial^2 H}{\partial u^2} = -2 < 0,$$

que corresponde a un máximo.
3)

$$\dot{x} = x + u, \text{ con } x(1) = 2.$$

Sustituyendo el valor de u obtenido en 2, en las condiciones 1 y 3, queda que λ y x tienen que verificar:

$$\dot{\lambda} = -\frac{1}{2}x - \frac{1}{2}\lambda + 2x - \lambda, \text{ con } \lambda(5) = 0,$$
$$\dot{x} = x + \frac{1}{2}x + \frac{1}{2}\lambda, \text{ con } x(1) = 2.$$

Es decir:

$$\text{a)} \quad \dot{\lambda} = \frac{3}{2}x - \frac{3}{2}\lambda, \text{ con } \lambda(5) = 0.$$
$$\text{b)} \quad \dot{x} = \frac{3}{2}x + \frac{1}{2}\lambda, \text{ con } x(1) = 2.$$

Despejando λ en b), se obtiene:

$$\lambda = 2\dot{x} - 3x.$$

Derivando en los dos miembros con respecto a t, se obtiene:

$$\dot{\lambda} = 2\ddot{x} - 3\dot{x}.$$

Sustituyendo en a) queda:

$$2\ddot{x} - 3\dot{x} = \frac{3}{2}x - \frac{3}{2}(2\dot{x} - 3x) = \frac{3}{2}x - 3\dot{x} + \frac{9}{2}x,$$

de donde:

$$\ddot{x} - 3x = 0,$$

que es una ecuación diferencial lineal de segundo orden, homogénea, con coeficientes constantes. Aplicando el método de solución de dicha ecuación diferencial se obtiene:

$$x^*(t) = Ae^{\sqrt{3}t} + Be^{-\sqrt{3}t}.$$

Derivando los dos miembros con respecto a t, se tiene que:

$$\dot{x}^*(t) = A\sqrt{3}e^{\sqrt{3}t} - B\sqrt{3}e^{-\sqrt{3}t},$$

por lo que, sustituyendo en la expresión de λ, queda:

$$\begin{aligned}\lambda^*(t) &= 2A\sqrt{3}e^{\sqrt{3}t} - 2B\sqrt{3}e^{-\sqrt{3}t} - 3Ae^{\sqrt{3}t} - 3Be^{-\sqrt{3}t} = \\ &= \left(2\sqrt{3} - 3\right)Ae^{\sqrt{3}t} - \left(2\sqrt{3} + 3\right)Be^{-\sqrt{3}t}.\end{aligned}$$

Las constantes A y B se obtienen utilizando las condiciones:

$$x^*(1) = 2, \text{ y } \lambda^*(5) = 0.$$

El control óptimo es:

$$\begin{aligned}u^*(t) &= \frac{1}{2}\left[x^*(t) + \lambda^*(t)\right] = \\ &= \left(\sqrt{3} - 1\right)Ae^{\sqrt{3}t} - \left(\sqrt{3} + 1\right)Be^{-\sqrt{3}t}.\end{aligned}$$

■

Ejemplo 4.8

$$\begin{aligned}\min\ J &= \int_0^1 u^2(t)dt + x^2(1), \\ \text{sujeto a}: \ \dot{x} &= x + u, \\ \text{con}: \ x(0) &= 1.\end{aligned}$$

SOLUCIÓN. Definimos el Hamiltoniano asociado al problema:

$$H(x, u, \lambda, t) = u^2 + \lambda(x + u).$$

Apliquemos el principio del máximo:

1)

$$\begin{aligned}\dot{\lambda} &= -\frac{\partial H}{\partial x} = -\lambda, \\ \text{con } \lambda(1) &= 2x(1).\end{aligned}$$

La solución de la ecuación diferencial es

$$\dot{\lambda} + \lambda = 0, \text{ es } \lambda(t) = Ae^{-t}.$$

Se tiene, por tanto, que

$$\lambda^*(t) = Ae^{-t}, \text{ con } \lambda^*(1) = 2x^*(1).$$

2) Hay que calcular el

$$\min_u H(x, u, \lambda, t) = u^2 + \lambda x + \lambda u.$$

Para este problema, la condición de primer orden es:

$$\frac{\partial H}{\partial u} = 0 = 2u + \lambda,$$

de donde

$$u = -\frac{1}{2}\lambda.$$

Como

$$\frac{\partial^2 H}{\partial u^2} = 2 > 0,$$

se trata de un mínimo.

3)

$$\dot{x} = x + u,$$

pero como hemos obtenido que

$$u = -\frac{1}{2}\lambda,$$

queda que:

$$\dot{x} = x - \frac{\lambda}{2}, \text{ con } x(0) = 1.$$

Habíamos obtenido que

$$\lambda^*(t) = Ae^{-t}, \text{ con } \lambda^*(1) = 2x^*(1).$$

Por tanto:

$$\dot{x} = x - \frac{A}{2}e^{-t}, \text{ con } x(0) = 1.$$

Se trata de una ecuación diferencial lineal de primer orden, con coeficientes constantes, no homogénea. La solución general de la ecuación es:

$$x^*(t) = Be^t + \frac{1}{4}Ae^{-t}.$$

Imponemos la condición inicial:

$$1 = x^*(0) = B + \frac{1}{4}A,$$

por lo que

$$B = 1 - \frac{A}{4},$$

y

$$x^*(t) = \left(1 - \frac{A}{4}\right)e^t + \frac{A}{4}e^{-t}.$$

Para calcular A, utilizamos la condición

$$\lambda^*(1) = 2x^*(1).$$

Queda:

$$Ae^{-1} = 2\left(1 - \frac{A}{4}\right)e + 2\frac{A}{4}e^{-1},$$

de donde se obtiene:

$$A = \frac{4e^2}{1+e^2}.$$

Por tanto, queda finalmente que:

$$\lambda^*(t) = \frac{4e^2}{1+e^2}e^{-t}, \text{ para } t \in [0, 1],$$
$$x^*(t) = \frac{1}{1+e^2}e^{t} + \frac{e^2}{1+e^2}e^{-t}, \text{ para } t \in [0, 1],$$
$$u^*(t) = -\frac{2e^2}{1+e^2}e^{-t}, \text{ para } t \in [0, 1].$$

■

Ejemplo 4.9 Se trata de dibujar una curva $x(t)$, para $0 \leq t \leq T$, que comience en el punto (0,0), cuya pendiente en cada punto sea menor o igual que 1, y cuya altura en T sea lo mayor posible.

SOLUCIÓN. La respuesta al problema se obtiene de manera inmediata, con un razonamiento sencillo. Partiendo de (0,0), si la curva debe alcanzar la máxima altura posible en el extremo superior T del intervalo, deberá tener en cada punto la mayor pendiente permitida que es uno. Por lo que la curva que se pide será la recta que parte de (0,0) y tiene pendiente igual a 1. Es decir,

$$x^*(t) = t, \text{ para } 0 \leq t \leq T.$$

Vamos a obtener este resultado planteando y resolviendo el problema mediante el principio del máximo.

Sea la pendiente $u(t)$, en cada $t \in [0, T]$, la variable de control, y sea $x(t)$ la variable de estado. El problema, por tanto, es:

$$\begin{aligned}&\max\ x(T),\\&\text{sujeto a}: \dot{x}(t) = u(t),\\&\text{con}: x(0) = 0,\\&u(t) \leq 1.\end{aligned}$$

Para este problema, el Hamiltoniano es

$$H(x, u, \lambda, t) = \lambda u.$$

Aplicamos el principio del máximo.

1)

$$\dot{\lambda} = -\frac{\partial H}{\partial x} = 0, \text{ con } \lambda(T) = 1.$$

La solución de la ecuación diferencial es

$$\lambda(t) = A, \text{ con } 1 = \lambda(T) = A,$$

por lo que:

$$\lambda^*(t) = 1, \text{ para } 0 \leq t \leq T.$$

2)

$$\max_{u \leq 1} H(x^*, u, \lambda^*, t) = \lambda^* u = u,$$

cuya solución óptima es

$$u^*(t) = 1, \text{ para todo } t \in [0, T].$$

3)

$$\dot{x} = u, \text{ con } x(0) = 0.$$

Sustituyendo u por 1, queda

$$\dot{x}(t) = 1,$$

de donde

$$x(t) = t + B, \text{ con } x(0) = 0.$$

Imponiendo la condición inicial,

$$0 = x(0) = B.$$

Por tanto,

$$x^*(t) = t, \text{ para } 0 \leq t \leq T,$$

es la curva que se pide, que se representa en la Figura 4.2.

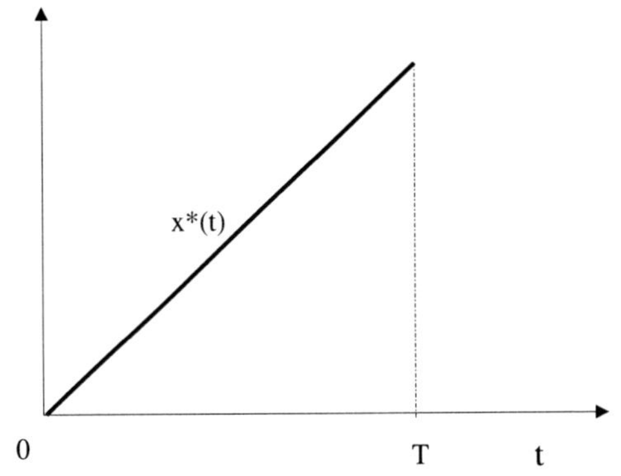

Figura 4.2 Solución óptima en el Ejemplo 4.9

■

Ejemplo 4.10

$$\max J = \int_0^1 (-x)\, dt,$$

$$\text{sujeto a : } \dot{x} = u,$$

$$\text{con : } x(0) = 1,$$

$$u(t) \in \Omega(t) = [-1, 1].$$

SOLUCIÓN. El Hamiltoniano es:

$$H(x, u, \lambda, t) = -x + \lambda u.$$

A continuación se aplica el principio del máximo:
1)

$$\dot{\lambda} = -\frac{\partial H}{\partial x} = 1, \text{ con } \lambda(1) = 0.$$

La solución general de la ecuación diferencial

$$\dot{\lambda} = 1, \text{ es } \lambda(t) = t + A.$$

Imponiendo la condición inicial se obtiene que $A = -1$, por lo que

$$\lambda^*(t) = t - 1, \text{ para } 0 \leq t \leq 1.$$

2) Hay que resolver el programa matemático

$$\max_{-1 \leq u \leq 1} -x^* + \lambda^* u = -x^* + \max_{-1 \leq u \leq 1} \lambda^* u.$$

Pero

$$\lambda^*(t) = t - 1 \leq 0, \text{ para cada } t \in [0, 1].$$

Es claro que el

$$\max \lambda^* u, \text{ para } -1 \leq u \leq 1, \text{ siendo } \lambda^* \leq 0,$$

se alcanza en

$$u^*(t) = -1, \forall t \in [0, 1].$$

3)

$$\dot{x}(t) = u(t) = -1, \text{con} x(0) = 1.$$

Resolviendo la ecuación diferencial se obtiene que

$$x^*(t) = -t + B.$$

Imponiendo la condición inicial se obtiene que $B = 1$, por lo que

$$x^*(t) = 1 - t, \text{ para } t \in [0, 1].$$

■

Ejemplo 4.11

$$\begin{aligned} \max J = & \int_0^2 (2x - 3u - u^2)dt, \\ \text{sujeto a }: & \ \dot{x} = x + u, \\ \text{con }: & \ x(0) = 5, \\ & \ u(t) \in \Omega(t) = [0, 2]. \end{aligned}$$

SOLUCIÓN. El Hamiltoniano asociado a este problema es:

$$H(x, u, \lambda, t) = 2x - 3u - u^2 + \lambda(x + u).$$

Aplicamos el principio del máximo.
1)

$$\dot{\lambda} = -\frac{\partial H}{\partial x} = -2 - \lambda, \text{ con } \lambda(2) = 0.$$

Resolviendo la ecuación diferencial e imponiendo la condición inicial se obtiene:

$$\lambda^*(t) = 2e^{2-t} - 2, \text{ para } 0 \leq t \leq 2.$$

2) Hay que resolver el siguiente programa matemático:

$$\max_{0 \leq u \leq 2} (2x^* - 3u - u^2 + \lambda^* x^* + \lambda^* u).$$

Al ser $2x^* + \lambda^* x^*$ constante, se trata de resolver el siguiente programa matemático, con restricciones de desigualdad:

$$\begin{aligned} \max \ F(u) = & \ -u^2 + (\lambda^* - 3)u, \\ \text{sujeto a} : & \ u - 2 \leq 0, \\ \text{y} : & \ -u \leq 0. \end{aligned}$$

Sean α_1 y α_2 los multiplicadores de Lagrange asociados respectivamente a las restricciones primera y segunda.

Utilizaremos las condiciones de Kuhn-Tucker para resolver este programa (véase Barbolla, Cerdá y Sanz (2000)).

K1)

$$-2u + (\lambda^* - 3) + \alpha_1 - \alpha_2 = 0.$$

K2)

$$\begin{aligned} \alpha_1 &\leq 0, \\ \alpha_2 &\leq 0. \end{aligned}$$

K3)

$$0 \leq u \leq 2.$$

K4)

$$\begin{aligned} \alpha_1 [u - 2] &= 0, \\ \alpha_2 (-u) &= 0. \end{aligned}$$

A partir de la condición K4) tenemos los siguientes casos:

a)

$$\alpha_1 = 0 \text{ y } \alpha_2 = 0.$$

En ese caso, K1) queda así:

$$-2u + \lambda^* - 3 = 0,$$

de donde se obtiene que

$$u = \frac{\lambda^* - 3}{2}.$$

La condición K3) se verifica si $0 \leq u \leq 2$, por lo que se cumple si y sólo si $3 \leq \lambda^* \leq 7$. Teniendo en cuenta el valor que se ha obtenido para λ^*, eso ocurre si y sólo si

$$\begin{aligned} 3 \leq 2e^{2-t} - 2 \leq 7 &\iff 2,5 \leq e^{2-t} \leq 4,5 \iff \ln(2,5) \leq 2 - t \leq \ln(4,5) \\ &\iff 2 - \ln(4,5) \leq t \leq 2 - \ln(2,5) \iff 0,496 \leq t \leq 1,084. \end{aligned}$$

b)

$$\alpha_1 = 0 \text{ y } u = 0.$$

En este caso K1) queda así:

$$\lambda^* - 3 - \alpha_2 = 0,$$

de donde

$$\alpha_2 = \lambda^* - 3.$$

K2) se cumple si y sólo si

$$\begin{aligned} \alpha_2 \leq 0 &\iff \lambda^* - 3 \leq 0 \iff 2e^{2-t} \leq 5 \\ &\iff 2 - t \leq \ln(2,5) \iff t \geq 2 - Ln(2,5) = 1,084. \end{aligned}$$

c)

$$\alpha_2 = 0 \text{ y } u = 2.$$

En este caso K1) será:

$$-4 + \lambda^* - 3 + \alpha_1 = 0,$$

de donde

$$\alpha_1 = 7 - \lambda^*.$$

K2) se cumple si y sólo si

$$\alpha_1 \leq 0 \iff 7 - \lambda^* \leq 0 \iff 9 - 2e^{2-t} \leq 0 \iff t \leq 2 - \ln(4,5) = 0,496.$$

d)

$$u = 0 \text{ y } u = 2,$$

lo cual es imposible que ocurra simultáneamente.

Con ello quedan analizadas las condiciones de Kuhn-Tucker.

Se observa que el conjunto $\{u : 0 \leq u \leq 2\}$ es convexo.

La función $F(u)$ es cóncava, pues

$$F''(u) = -2 < 0.$$

Por ello, los puntos que verifican las condiciones de Kuhn-Tucker constituyen un máximo global del Hamiltoniano.

Se ha obtenido que:

$$u^*(t) = \begin{cases} 2 & \text{, si } \quad 0 \leq t \leq 0,496, \\ e^{2-t} - 2,5 & \text{, si } \quad 0,496 \leq t \leq 1,084, \\ 0 & \text{, si } \quad 1,084 \leq t \leq 2. \end{cases}$$

A continuación se calcula la trayectoria de estado correspondiente:

3)

$$\dot{x}^* = x^* + u, \text{ con } x^*(0) = 5.$$

Para $0 \leq t \leq 0,496$, se ha obtenido que $u^* = 2$. Sustituyendo este valor en la ecuación de estado, queda:

$$\dot{x}^* - x^* = 2, \text{ con } x^*(0) = 5,$$

cuya solución es:

$$x^*(t) = 7e^t - 2.$$

Para $0,496 \leq t \leq 1,084$, se ha obtenido anteriormente que

$$u^*(t) = e^{2-t} - \frac{5}{2}.$$

Sustituyendo este valor en la ecuación de estado, queda:

$$\dot{x}^* - x^* = e^{2-t} - \frac{5}{2},$$

pero ahora la condición inicial será $x^*(0,496) = 7e^{0,496} - 2 = 9,5$ (que corresponde al valor final de x^* en el tramo calculado anteriormente). La solución a la ecuación diferencial con la condición inicial dada es:

$$x^*(t) = \frac{5}{2} - \frac{1}{2}e^{2-t} + 5,6e^t.$$

Para $1,084 \leq t \leq 2$, se ha obtenido anteriormente que $u(t) = 0$. Queda, por tanto;

$$\dot{x}^* - x^* = 0, \text{ con } x^*(1,084) = \frac{5}{2} - \frac{1}{2}e^{2-1,084} + 5,6e^{1,084} = 17{,}8,$$

cuya solución es:

$$x^*(t) = 6e^t$$

Por tanto:

$$x^*(t) = \begin{cases} 7e^t - 2 & \text{, si } \quad 0 \leq t \leq 0,496, \\ \frac{5}{2} - \frac{1}{2}e^{2-t} + 5,6e^t & \text{, si } \quad 0,496 \leq t \leq 1,084, \\ 6e^t & \text{, si } \quad 1,084 \leq t \leq 2. \end{cases}$$

El gráfico del control obtenido $u^*(t)$ es el siguiente:

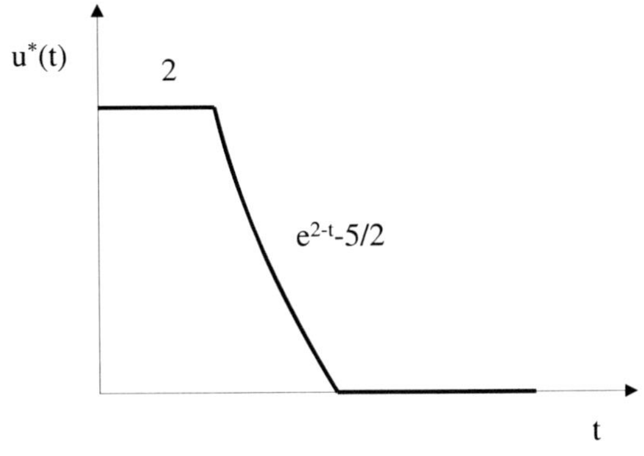

Figura 4.3 Control óptimo en el Ejemplo 4.11

■

Ejemplo 4.12

$$\begin{aligned} \min\ J &= \int_0^1 \frac{1}{2}u^2 dt + 3x_1(1) + x_2(1), \\ \text{sujeto a }: \dot{x}_1 &= u, \\ \dot{x}_2 &= x_1, \\ \text{con }: x_1(0) &= 1,\ x_2(0) = 0. \end{aligned}$$

SOLUCIÓN. Se tiene que

$$\begin{aligned} F(x_1, x_2, u, t) &= \frac{1}{2}u^2. \\ S[x_1, x_2] &= 3x_1 + x_2. \end{aligned}$$

En este caso hay dos variables de estado x_1 y x_2, y una variable de control u. La ecuación de estado, consta de un sistema de dos ecuaciones diferenciales, por lo que hay que introducir dos variables adjuntas, λ_1 y λ_2.

El Hamiltoniano será en este caso:

$$H(x_1, x_2, u, \lambda_1, \lambda_2, t) = \frac{1}{2}u^2 + \lambda_1 u + \lambda_2 x_1.$$

Empezamos, como siempre, con la condición 1) del principio del máximo, que en este caso será:

$$\begin{cases} \dot{\lambda}_1 = -\dfrac{\partial H}{\partial x_1}, & \text{con } \lambda_1(1) = \dfrac{\partial S}{\partial x_1} = 3, \\ \dot{\lambda}_2 = -\dfrac{\partial H}{\partial x_2}, & \text{con } \lambda_2(1) = \dfrac{\partial S}{\partial x_2} = 1. \end{cases}$$

Queda:

$$\begin{cases} \dot{\lambda}_1 = -\lambda_2, & \text{con } \lambda_1(1) = 3, \\ \dot{\lambda}_2 = -0, & \text{con } \lambda_2(1) = 1. \end{cases}$$

Resolviendo dicho sistema, se obtiene que:

$$\begin{aligned} \lambda_1^*(t) &= -t + 4, && \text{para } 0 \le t \le 1, \\ \lambda_2^*(t) &= 1, && \text{para } 0 \le t \le 1. \end{aligned}$$

Seguimos con la condición 2) del principio del máximo:

$$\min_u H(x_1^*, x_2^*, u, \lambda_1^*, \lambda_2^*, t)$$

$$\frac{\partial H}{\partial u} = 0 = u + \lambda_1^* \Longrightarrow u^*(t) = -\lambda_1^*(t) = t - 4, \text{ para } 0 \le t \le 1.$$

$$\frac{\partial^2 H}{\partial u^2} = 1 > 0,$$

luego se trata efectivamente de un mínimo.

Finalmente, calculamos las trayectorias de estado óptimas, con la condición 3) del principio del máximo, es decir, con la ecuación de estado.

$$\dot{x}_1^* = u^* = t - 4, \text{ con } x_1^*(0) = 1,$$

de donde se deduce que

$$x_1^*(t) = \frac{t^2}{2} - 4t + 1, \text{ para } 0 \leq t \leq 1.$$

$$\dot{x}_2^* = x_1^* = \frac{t^2}{2} - 4t + 1, \text{ con } x_2^*(0) = 0,$$

de donde se deduce que

$$x_2^*(t) = \frac{t^3}{6} - 2t^2 + t, \text{ para } 0 \leq t \leq 1.$$

■

4.4 DEMOSTRACIÓN DEL PRINCIPIO DEL MÁXIMO, UTILIZANDO MÉTODOS VARIACIONALES

Se considera el siguiente problema de control óptimo:

$$\begin{aligned} \max_{u(t)} J &= \int_{t_0}^{t_1} F\left[x(t), u(t), t\right] dt + S[x(t_1)], \\ \text{sujeto a } &: \dot{x}(t) = f[x(t), u(t), t], \\ \text{con } &: x(t_0) = x_0, \end{aligned}$$

en donde para hacer más simple la deducción que sigue se considera que la variable de control u no está sujeta a restricciones conjuntistas, por lo que u(t)$\in \Omega(t) = \mathbb{R}$, y tanto la variable de estado como la variable de control son escalares (es decir, unidimensionales). Para esta formulación del problema de control óptimo vamos a deducir a continuación las condiciones necesarias de optimalidad que nos proporciona el principio del máximo de Pontryagin, utilizando métodos del cálculo de variaciones.

El Hamiltoniano asociado al problema es:

$$H(x, u, \lambda, t) = F(x, u, t) + \lambda(t) f(x, u, t).$$

Por verificarse que

$$\dot{x} = f(x, u, t),$$

será

$$f(x, u, t) - \dot{x} = 0, \forall t \in [t_0, t_1],$$

de donde se deduce que:

$$\int_{t_0}^{t_1} \lambda(t) \left[f(x, u, t) - \dot{x} \right] dt = 0,$$

para cualquier función $\lambda(t)$ continua, con derivada continua a trozos.

Sumando el valor de esta integral al funcional objetivo, se obtiene que:

$$J = \int_{t_0}^{t_1} \{F(x,u,t) + \lambda(t)\,[f(x,u,t) - \dot{x}]\}\,dt + S[x(t_1)]$$
$$= \int_{t_0}^{t_1} H(x,u,\lambda,t)dt - \int_{t_o}^{t_1} \lambda(t)\dot{x}dt + S[x(t_1)].$$

Resolvemos por partes la integral

$$\int_{t_0}^{t_1} \lambda(t)\dot{x}(t)dt = \lambda(t)x(t)]_{t_0}^{t_1} - \int_{t_0}^{t_1} x\dot{\lambda}(t)dt = \lambda(t_1)x(t_1) - \lambda(t_0)x_0 - \int_{t_0}^{t_1} x\dot{\lambda}(t)dt.$$

Queda

$$J = \int_{t_0}^{t_1} \left[H(x,u,\lambda,t) + x\dot{\lambda}(t)\right]dt - \lambda(t_1)x(t_1) + \lambda(t_0)x_0 + S[x(t_1)],$$

para cualquier trayectoria de control $u(t)$, con trayectoria de estado asociada $x(t)$, verificando, por tanto, que $\dot{x} = f(x,u,t)$, con $x(t_0) = x_0$.

Sea $u^*(t)$ la trayectoria de control óptimo. Se perturba ahora dicha trayectoria con una función $\alpha(t)$ continua a trozos, arbitraria. Sea :

$$u_\varepsilon(t) = u^*(t) + \varepsilon\alpha(t), \text{ para cada } t \in [t_0, t_1]\,,$$

siendo $\alpha(t)$ fija y ε un parámetro. Es claro que $u_0(t) = u^*(t)$, para cada $t \in [t_0, t_1]$.

Sea $x^*(t)$ la trayectoria de estado óptima asociada al control $u^*(t)$. Sea x(t, ε) la trayectoria de estado asociada al control $u_\varepsilon(t)$. Se supone que $x(t,\varepsilon)$ es una función continua, con derivada parcial con respecto a ε continua. Es claro que $x(t,0) = x^*(t)$, para cada $t \in [t_0, t_1]$.

Si se toman como dados $u^*(t)$ y $\alpha(t)$, entonces el valor del funcional objetivo asociado a $u_\varepsilon(t)$ y $x(t,\varepsilon)$ depende exclusivamente de ε y su valor es:

$$J(\varepsilon) = \int_{t_0}^{t_1} \left[H(x(t,\varepsilon), u^*(t) + \varepsilon\alpha(t), \lambda(t), t) + x(t,\varepsilon)\dot{\lambda}(t)\right]dt$$
$$- \lambda(t_1)x(t_1,\varepsilon) + \lambda(t_0)x_0 + S[x(t_1,\varepsilon)].$$

Como $u^*(t)$ es el control óptimo y $x^*(t)$ es la trayectoria óptima de estado, $J(\varepsilon)$ alcanzará el máximo valor para $\varepsilon = 0$, por lo que se cumplirá la condición necesaria de optimalidad: $J'(0) = 0$.

Derivando $J(\varepsilon)$, con respecto a ε, se obtiene:

$$J'(\varepsilon) = \int_{t_0}^{t_1} \left[\frac{\partial H}{\partial x}\frac{\partial x}{\partial \varepsilon} + \frac{\partial H}{\partial u}\alpha(t) + \frac{\partial x}{\partial \varepsilon}\dot{\lambda}\right]dt$$
$$- \lambda(t_1)\frac{\partial x(t_1,\varepsilon)}{\partial \varepsilon} + \frac{\partial S[x(t_1,\varepsilon)}{\partial \varepsilon},$$

en donde $\frac{\partial H}{\partial x}$ y $\frac{\partial H}{\partial u}$ están definidos en $(x(t,\varepsilon), u^*(t) + \varepsilon\alpha(t), \lambda(t), t)$.

Particularizando en $\varepsilon = 0$, e igualando a cero, queda:

$$J'(0) = \int_{t_0}^{t_1} \left[\left(\frac{\partial H^*}{\partial x} + \dot{\lambda}\right)\frac{\partial x}{\partial \varepsilon} + \frac{\partial H^*}{\partial u}\alpha(t)\right]dt$$
$$- \lambda(t_1)\frac{\partial x(t_1,0)}{\partial \varepsilon} + S'[x(t_1)]\frac{\partial x(t_1,0)}{\partial \varepsilon} = 0,$$

en donde,

$$\frac{\partial H^*}{\partial x} = \frac{\partial H(x^*, u^*, \lambda, t)}{\partial x}, \quad \frac{\partial H^*}{\partial u} = \frac{\partial H(x^*, u^*, \lambda, t)}{\partial u}.$$

Como el impacto exacto que produce en la variable de estado una modificación de la variable de control, es decir $\frac{\partial x}{\partial \varepsilon}$, es difícil de determinar, se selecciona $\lambda(t)$ de manera que no haya necesidad de calcularlo, por lo que $\lambda^*(t)$ se toma de manera que verifique:

$$\dot{\lambda}^*(t) = -\frac{\partial H(x^*, u^*, \lambda^*, t)}{\partial x}, \text{ con } \lambda^*(t_1) = \frac{dS[x^*(t_1)]}{dx},$$

con lo que queda:

$$J'(0) = \int_{t_0}^{t_1} \frac{\partial H(x^*, u^*, \lambda^*, t)}{\partial u} \alpha(t) dt = 0,$$

que tiene que ser cierto para cualquier función $\alpha(t)$ continua a trozos. En particular, tomando:

$$\alpha(t) = \frac{\partial H(x^*, u^*, \lambda^*, t)}{\partial u},$$

tendrá que cumplirse que:

$$\int_{t_0}^{t_1} \left[\frac{\partial H(x^*, u^*, \lambda^*, t)}{\partial u} \right]^2 dt = 0,$$

de donde se deduce que:

$$\frac{\partial H(x^*, u^*, \lambda^*, t)}{\partial u} = 0, \ \forall t \in [t_0, t_1].$$

Por tanto: hemos deducido que existe una función $\lambda^*(t)$ continua con derivada continua a trozos, tal que para cada $t \in [t_0, t_1]$ se verifica que:

1)

$$\dot{\lambda}^*(t) = -\frac{\partial H(x^*(t), u^*(t), \lambda^*(t), t)}{\partial x},$$

en todos los puntos de continuidad de $u^*(t)$,

$$\text{con } \lambda^*(t_1) = \frac{dS[x^*(t_1)]}{dx}.$$

2)

$$\frac{\partial H(x^*(t), u^*(t), \lambda^*(t), t)}{\partial u} = 0,$$

que es una condición necesaria para que $H(x^*, u^*, \lambda^*, t) \geq H(x^*, u, \lambda^*, t), \forall u \in \mathbb{R}$.

3)

$$\dot{x}^*(t) = f(x^*(t), u^*(t), t),$$

en todos los puntos de continuidad de $u^*(t)$, con $x^*(t_0) = x_0$.

Por tanto, se han obtenido las condiciones que constituyen el principio del máximo de Pontryagin. ■

4.5 INTERPRETACIÓN ECONÓMICA DEL PRINCIPIO DEL MÁXIMO

La interpretación económica que se presenta en este apartado, se basa en un interesante artículo de Robert Dorfman (1969), que constituye una referencia habitual en los libros de control óptimo en economía. En primer lugar daremos algunas definiciones previas, para pasar a continuación a la interpretación económica.

Aspectos previos

Para el problema básico de control óptimo que se estudia en este capítulo:

$$\begin{aligned} \max_{u(t)} J &= \int_{t_0}^{t_1} F(x,u,t)dt + S\left[x(t_1)\right], \\ \text{sujeto a } &: \dot{x} = f(x,u,t), \\ \text{con } &: x(t_0) = x_0, \\ & u(t) \in \Omega(t), \end{aligned}$$

se define la función valor, de la siguiente forma:

$$\begin{aligned} V^* : \mathbb{R}^n \times [t_0, t_1] &\longrightarrow \mathbb{R} \\ (x, \quad t) &\longrightarrow V^*(x,t), \end{aligned}$$

siendo

$$\begin{aligned} V^*(x,t) &= \max_{u(\tau)} \int_{t}^{t_1} F(x,u,\tau)d\tau + S[x(t_1)], \\ \text{sujeto a } &: \dot{x} = f(x,u,\tau), \text{ para } t \le \tau \le t_1, \\ \text{con } &: x(t) = x, \\ & u(\tau) \in \Omega(\tau). \end{aligned}$$

Dados $x \in \mathbb{R}^n$, $t \in [t_0, t_1]$, por tanto, $V^*(x,t)$ proporciona el máximo valor del funcional objetivo del problema de control, que comienza en el tiempo t, con el estado x. En particular, $V^*(x_0, t_0)$ da el valor objetivo óptimo del problema original.

Para cada $i = 1, 2, \ldots, n$, sea:

$$\lambda_i(t) = \frac{\partial V^*(x,t)}{\partial x_i},$$

luego $\lambda_i(t)$ es el ritmo de variación de la función valor, frente a variaciones infinitesimales de la variable de estado x_i, en el instante t.

Interpretación económica

Se considera el problema de decisión de una empresa, cuyo objetivo es maximizar el flujo de beneficios obtenidos a lo largo de un horizonte temporal dado, que comienza en el tiempo t_0 y termina en t_1.

En cada instante t, tenemos que:

- $x(t)$ representa el stock de capital de la empresa. Se supone conocido el stock de capital inicial, $x(t_0) = x_0$;

- $u(t)$ representa las decisiones que toma la empresa, como pueden ser por ejemplo, la tasa de producción, precio del producto, diseño del producto, etc. Estas son las variables de control. Dichas decisiones estarán sujetas a ciertas restricciones $u(t) \in \Omega(t)$;
- $F(x(t), u(t), t)$, es la tasa de beneficio instantáneo, medida en pesetas por unidad de tiempo
- $S[x(t_1)]$, es el valor en pesetas de la empresa, en el tiempo final t_1, cuando el stock de capital final es $x(t_1)$.

Sea, además, para cada t, $\lambda(t)$, el cambio marginal en la función valor $V^*(x, t)$ frente a cambios infinitesimales en el stock de capital x. Es decir, es la variación marginal en los beneficios óptimos que se generan, desde t hasta el final, producidos por un cambio en el stock de capital en t. Por tanto, es el precio sombra de una unidad de capital.

La empresa puede elegir, dentro de los límites determinados por el conjunto de restricciones, la trayectoria que quiera para el vector de variables de control $u(t)$, pero no puede decidir independientemente, el stock de capital en cada instante. Se supone que el ritmo de variación del stock de capital en t depende del stock de capital en t, de las decisiones que se toman en t y del tiempo t. Expresado matemáticamente, se supone que:

$$\dot{x} = f(x, u, t).$$

El problema, por tanto, es:

$$\begin{aligned} \max_{u(t)} J &= \int_{t_0}^{t_1} F(x, u, t)dt + S[x(t_1)], \\ \text{sujeto a} &: \dot{x} = f(x, u, t), \\ \text{con} &: x(t_0) = x_0, \\ & \quad u(t) \in \Omega(t), \end{aligned}$$

en donde en este caso x es escalar y u es vectorial.

Para este problema, el Hamiltoniano es:

$$H(x, u, \lambda, t) = F(x, u, t) + \lambda f(x, u, t).$$

En forma resumida, sin especificar las variables dependientes, escribimos:

$$H = F + \lambda f.$$

A partir de un instante cualquiera $t \in [t_0, t_1]$, en el que el stock de capital es $x(t)$, y el vector de variables de control es $u(t)$, se considera un incremento de tiempo dt, suficientemente pequeño, de manera que la empresa no cambie $u(t)$ entre t y $t + dt$.

Multiplicando el Hamiltoniano por dt, queda:

$$Hdt = Fdt + \lambda f dt = Fdt + \lambda \dot{x} dt = \underbrace{Fdt}_{(1)} + \underbrace{\lambda dx}_{(2)},$$

en donde se ha utilizado que

$$\dot{x} = f(x, u, t),$$

y que

$$dx = \dot{x} dt,$$

y además,

(1) $F(x, u, t)dt$, es el beneficio obtenido entre los tiempos t y $t + dt$, si se parte del stock de capital x y se aplica el control u. Representa la contribución directa, en pesetas, al objetivo desde t a $t + dt$, si se está en el estado x, y se aplica el control u.

(2) $dx = f(x, u, t)dt$, es el cambio en el stock de capital desde t a $t + dt$, cuando se está en el estado x y se aplica el control u, por lo que: λdx, representa el valor en pesetas del incremento del stock de capital. Es decir, el cambio de stock de capital de x a $x + dx$, hace que haya un incremento en los beneficios generados hasta el final del horizonte temporal, utilizando las decisiones óptimas, de λdx pesetas. Por tanto, puede ser considerado como la contribución indirecta a J, en pesetas.

Por tanto, Hdt puede ser interpretado como la contribución total a J, desde t a $t + dt$, cuando $x(t) = x$ y $u(t) = u$.

Se ve claramente, a partir de la interpretación del Hamiltoniano, que lo que hay que maximizar en cada t, es el H y no la función F (condición 2, del principio del máximo). En efecto:

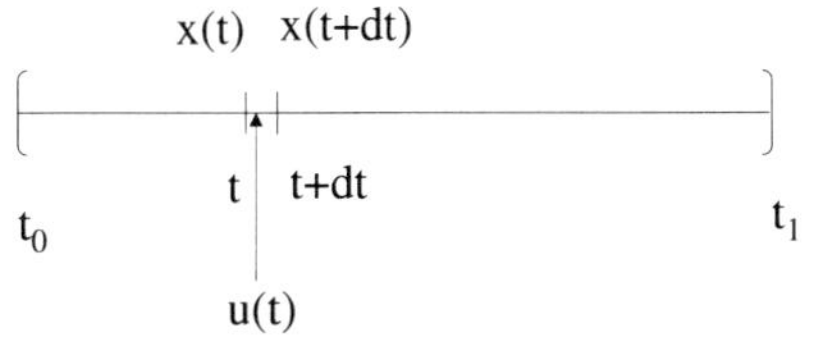

Figura 4.4 Decisiones que se toman en t

Las decisiones que se toman en t, representadas por $u(t)$, afectan al beneficio que se obtiene en $[t, t + dt]$ (contribución directa), pero también a $x(t + dt)$, y con ello al punto de partida de la empresa en $t + dt$, y por tanto a su capacidad de generar beneficios desde $t + dt$ hasta el final del horizonte temporal (contribución indirecta). Es claro que hay que elegir u de manera que se maximice el Hamiltoniano y, con ello, la suma de contribuciones directa e indirecta.

Veamos ahora la interpretación de la condición 1):

$$\dot{\lambda} = -\frac{\partial H}{\partial x} = -\frac{\partial F}{\partial x} - \lambda\frac{\partial f}{\partial x}, \qquad \text{con } \lambda(t_1) = \frac{dS\,[x(t_1)]}{dx}.$$

Se puede expresar:

$$-d\lambda = H_x dt = F_x dt + \lambda(f_x dt), \qquad \text{en donde } H_x = \frac{\partial H}{\partial x},\ F_x = \frac{\partial F}{\partial x} \text{ y } f_x = \frac{\partial f}{\partial x},$$

por lo que, a lo largo del camino óptimo, el decrecimiento en el precio sombra del capital desde t a $t + dt$, es decir la depreciación del precio sombra del capital desde t a $t + dt$, que puede ser considerado como el coste marginal de mantener dicho capital, se iguala al ingreso marginal de invertir dicho capital, que consiste en la suma de las contribuciones marginales directa e indirecta.

Por último, la condición final

$$\lambda(t_1) = \frac{dS[x(t_1)]}{dx},$$

resulta evidente a la vista de la interpretación dada a $\lambda(t)$, para cada $t \in [t_0, t_1]$. En efecto, en t_1, final del horizonte temporal, ya no hay que tomar ninguna decisión, el valor de la empresa es $S[x(t_1)]$ y, por tanto, el precio sombra de una unidad de capital es

$$\lambda(t_1) = \frac{dS[x(t_1)]}{dx}.$$

■

4.6 CONDICIONES SUFICIENTES

Como se ha indicado reiteradamente en las páginas anteriores, el principio del máximo de Pontryagin proporciona condiciones necesarias de optimalidad. En este apartado se estudian condiciones suficientes, cuyo cumplimiento garantiza que las condiciones necesarias que proporciona el principio del máximo son también suficientes de optimalidad global. Como es habitual en teoría de la optimización, estas condiciones suficientes requerirán algún tipo de concavidad de las funciones que definen el problema (para el caso de maximizar, convexidad si se trata de minimizar).

A continuación, como es habitual en teoría de control, vamos a estudiar dos tipos de condiciones suficientes: las de Mangasarian y las de Arrow. Las condiciones suficientes que se obtienen en el teorema de Arrow son más generales, aunque tienen el inconveniente de que es más difícil comprobar si se cumplen.

4.6.1 Condiciones suficientes de Mangasarian

Se considera el siguiente problema de control óptimo:

$$\begin{aligned} \max_{u(t)} J &= \int_{t_0}^{t_1} F(x,u,t)dt + S[x(t_1)], \\ \text{sujeto a} &: \dot{x} = f(x,u,t), \\ \text{con} &: x(t_0) = x_0, \end{aligned}$$

que corresponde al problema básico de control óptimo, con $\Omega(t) = \mathbb{R}^m$, $\forall t \in [t_0, t_1]$.

Supongamos que $x^*(t)$, $u^*(t)$, $\lambda^*(t)$ verifican las condiciones necesarias de optimalidad que proporciona el principio del máximo. Es decir, se verifica que:

1)
$$\dot{\lambda}^* = -\nabla_x F(x^*,u^*,t) - \lambda^* \nabla_x f(x^*,u^*,t), \text{ con } \lambda^*(t_1) = \nabla_x S[x^*(t_1)],$$

2)
$$\nabla_u F(x^*,u^*,t) + \lambda^* \nabla_u f(x^*,u^*,t) = 0,$$

3)
$$\dot{x}^* = f(x^*,u^*,t), \text{ con } x^*(t_0) = x_0,$$

en donde se ha utilizado la siguiente notación:

$$\nabla_x F = \left(\frac{\partial F}{\partial x_1}, \ldots, \frac{\partial F}{\partial x_n}\right); \nabla_x f = \left(\frac{\partial f}{\partial x_1}, \ldots, \frac{\partial f}{\partial x_n}\right); \nabla_u F = \left(\frac{\partial F}{\partial u_1}, \ldots, \frac{\partial F}{\partial u_m}\right)$$
$$\nabla_u f = \left(\frac{\partial f}{\partial u_1}, \ldots, \frac{\partial f}{\partial u_m}\right),$$

que en las condiciones 1) y 2) anteriores, están particularizadas en (x^*, u^*, t), y

$$\nabla_x S = \left(\frac{\partial S}{\partial x_1}, \ldots, \frac{\partial S}{\partial x_n}\right),$$

que en 1) está particularizada en $x^*(t_1)$.

A continuación se enuncia y demuestra el teorema que asegura que si se verifican ciertas condiciones adicionales, $u^*(t)$ es el control óptimo del problema.

Teorema 4.2 (Mangasarian) *Sean $u^*(t)$, $x^*(t)$, $\lambda^*(t)$ los resultados que se obtienen al aplicar el principio del máximo de Pontryagin, $\forall t \in [t_0, t_1]$, al problema de control óptimo.*

Si se verifica que: a) F y f son cóncavas en x, u, para cada $t \in [t_0, t_1]$, b) S es cóncava en x, c) $\lambda^*(t) \geq 0$, para cada $t \in [t_0, t_1]$, si $f(x, u, t)$ es no lineal en x, u, entonces u^* es el control óptimo del problema, con x^*trayectoria de estado óptima y λ^*, trayectoria óptima de las variables adjuntas.

DEMOSTRACIÓN. Al plantear el problema básico de control óptimo en tiempo continuo se ha partido de que las funciones F, f y S poseen derivadas parciales primeras continuas. Aplicando una importante caracterización de las funciones cóncavas diferenciables (véase Barbolla, Cerdá y Sanz (2000)), se verificará que, para cada $t \in [t_0, t_1]$:

$$F(x^*, u^*, t) - F(x, u, t) \geq \nabla_x F(x^*, u^*, t)(x^* - x) + \nabla_u F(x^*, u^*, t)(u^* - u),$$
$$f(x^*, u^*, t) - f(x, u, t) \geq \nabla_x f(x^*, u^*, t)(x^* - x) + \nabla_u f(x^*, u^*, t)(u^* - u).$$

Análogamente,

$$S[x^*(t_1)] - S[x(t_1)] \geq \nabla_x S[x^*(t_1)][x^*(t_1) - x(t_1)].$$

Sea $u(t)$ cualquier control admisible, es decir, cualquier función de $[t_0, t_1]$ en $\mathbb{R}^m$, que sea continua a trozos, y sea $x(t)$ la trayectoria de estado asociada, es decir, que verifica que

$$\dot{x}(t) = f(x, u, t), \qquad \text{con } x(t_0) = x_0.$$

Veamos que:

$$\int_{t_0}^{t_1} F(x^*, u^*, t)dt + S[x^*(t_1)] \geq \int_{t_0}^{t_1} F(x, u, t)dt + S[x(t_1)],$$

con lo que quedará demostrado el teorema.

Aplicando las caracterizaciones de funciones cóncavas diferenciables, e integrando, se obtiene que:

$$\begin{aligned} J^* - J &= \int_{t_0}^{t_1} \left[F(x^*, u^*, t) - F(x, u, t)\right] dt + S\left[x^*(t_1)\right] - S\left[x(t_1)\right] \\ &\geq \int_{t_0}^{t_1} \left[\nabla_x F(x^*, u^*, t)(x^* - x) + \nabla_u F(x^*, u^*, t)(u^* - u)\right] dt \\ &\quad + \nabla_x S\left[x^*(t_1)\right]\left[x^*(t_1) - x(t_1)\right]. \end{aligned}$$

Aplicando las condiciones 1) y 2) del principio del máximo, la expresión del lado derecho de la desigualdad anterior es igual a :

$$\begin{aligned} &\int_{t_0}^{t_1} \left\{\left[-\dot{\lambda}^* - \lambda^* \nabla_x f(x^*, u^*, t)\right](x^* - x) + \left[-\lambda^* \nabla_u f(x^*, u^*, t)\right](u^* - u)\right\} dt \\ &\quad + \lambda^*(t_1)\left[x^*(t_1) - x(t_1)\right]. \end{aligned}$$

Resolviendo, por partes, la integral siguiente:

$$\int_{t_0}^{t_1} \dot{\lambda}^*(x^* - x)dt = \lambda^*(t)\left[x^*(t) - x(t)\right]\Big]_{t_0}^{t_1} - \int_{t_0}^{t_1} \lambda^*(t)(\dot{x}^* - \dot{x})dt$$
$$= \lambda^*(t_1)\left[x^*(t_1) - x(t_1)\right] - \int_{t_0}^{t_1} \lambda^*(t)\left[f(x^*, u^*, t) - f(x, u, t)\right]dt,$$

y sustituyendo, queda finalmente que:

$$J^* - J \geq \int_{t_0}^{t_1} \lambda^*(t)[f(x^*, u^*, t) - f(x, u, t) - \nabla_x f(x^*, u^*, t)(x^* - x)$$
$$- \nabla_u f(x^*, u^*, t)(u^* - u)]dt.$$

Analicemos el integrando de esta expresión. Se pueden dar dos posibilidades:

a) Que f sea no lineal en x, u. En ese caso, por hipótesis es $\lambda^*(t) \geq 0$, y la expresión del integrando entre corchetes es también ≥ 0, por la propiedad de concavidad de f. Así que el integrando es mayor o igual que cero, para todo t, por lo que la integral es mayor o igual que cero. Por tanto, $J^* - J \geq 0$.

b) Que f sea lineal en x, u. Sean:

$$f(x, u, t) = ax + bu + g(t),$$
$$f(x^*, u^*, t) = ax^* + bu^* + g(t).$$

Entonces

$$\nabla_x f(x^*, u^*, t) = a, \text{ y } \nabla u f(x^*, u^*, t) = b,$$

por lo que:

$$f(x^*, u^*, t) - f(x, u, t) - \nabla_x f(x^*, u^*, t)(x^* - x) - \nabla_u f(x^*, u^*, t)(u^* - u) = 0.$$

En este caso $\lambda^*(t)$ puede tomar cualquier valor positivo, negativo o nulo, y la integral es cero. Por tanto, también en este caso, $J^* - J \geq 0$, y el teorema queda demostrado.

■

Observación 4.2 Si se trata de minimizar el funcional objetivo, el teorema es análogo, con la excepción de que las funciones F, f y S deben ser convexas en lugar de cóncavas.

A continuación vamos a estudiar las condiciones suficientes de Mangasarian, para cada uno de los ejemplos vistos como aplicación del principio del máximo en que la variable de control no está sujeta a restricciones.

Ejemplo 4.13

$$\max\ J = \int_0^1 (x + u)\,dt,$$
$$\text{sujeto a}: \dot{x} = 1 - u^2,$$
$$\text{con}: x(0) = 1.$$

(Se corresponde con el Ejemplo 4.6.)

SOLUCIÓN. En este caso,

$$F(x, u, t) = x + u,$$

que es una función lineal en x, u, por lo que es cóncava en x, u.

$$f(x, u, t) = 1 - u^2.$$

Su matriz hessiana con respecto a x, u es

$$\begin{pmatrix} 0 & 0 \\ 0 & -2 \end{pmatrix},$$

que es semidefinida negativa, por lo que se puede asegurar que f es cóncava en x, u.

Al ser $S \equiv 0$, se verifica que también S es cóncava en x. Por otra parte, se había obtenido previamente, en el Ejemplo 4.6, que

$$\lambda^*(t) = 1 - t, \text{ para } 0 \leq t \leq 1,$$

por lo que

$$\lambda^*(t) \geq 0, \forall t \in [0, 1].$$

Por tanto, se cumplen las hipótesis del teorema, es decir, se cumplen las condiciones suficientes, por lo que el control óptimo es la función

$$u^*(t) = \frac{1}{2(1-t)}, \text{ para } t \in [0, 1),$$

que obteníamos al aplicar el principio del máximo.

■

Ejemplo 4.14

$$\begin{aligned} \max\ J &= \int_1^5 \left(ux - u^2 - x^2\right) dt, \\ \text{sujeto a }&: \dot{x} = x + u, \\ \text{con }&: x(1) = 2. \end{aligned}$$

(Se corresponde con el Ejemplo 4.7.)

SOLUCIÓN. Veamos si se cumplen las hipótesis del Teorema 4.2:

$$F(x, u, t) = ux - u^2 - x^2.$$

Su matriz hessiana con respecto a x, u es la siguiente:

$$\begin{pmatrix} -2 & 1 \\ 1 & -2 \end{pmatrix}.$$

Aplicando el criterio de los menores principales, se obtiene que dicha matriz es definida negativa, por lo que se puede asegurar que F es cóncava en x, u.

$$f(x, u, t) = x + u,$$

es lineal en x, u, por lo que también es cóncava. Por otra parte, al ser f lineal en x, u, no hace falta exigir que λ^* sea mayor o igual que cero.

Por tanto, se cumple la condición suficiente, y los resultados obtenidos al aplicar el principio del máximo son los óptimos.

■

Ejemplo 4.15

$$\begin{aligned} \min\ J &= \int_0^1 u^2(t)dt + x^2(1), \\ \text{sujeto a}\ &:\ \dot{x} = x + u, \\ \text{con}\ &:\ x(0) = 1. \end{aligned}$$

(Se corresponde con el Ejemplo 4.8.)

SOLUCIÓN. Apliquemos, en este caso, las condiciones suficientes para el caso de minimizar.

$$F(x, u, t) = u^2.$$

Su matriz hessiana, con respecto a x, u es:

$$\begin{pmatrix} 0 & 0 \\ 0 & 2 \end{pmatrix},$$

que es semidefinida positiva, por lo que se puede asegurar que F es función convexa en x, u,

$$f(x, u, t) = x + u,$$

es lineal en x, u, luego es convexa en x, u. Además, ya no hay que exigir que $\lambda^*(t)$ sea mayor o igual que cero.

Por último,

$$S(x) = x^2,$$

es convexa, ya que

$$S''(x) = 2 > 0, \forall x.$$

Se cumplen las hipótesis del teorema y, por tanto, la condición suficiente.

■

Ejemplo 4.16

$$\begin{aligned} \min\ J &= \int_0^1 \frac{1}{2}u^2 dt + 3x_1(1) + x_2(1), \\ \text{sujeto a}\ &:\ \dot{x}_1 = u, \\ &\ \ \dot{x}_2 = x_1, \\ \text{con}\ &:\ x_1(0) = 1,\ x_2(0) = 0. \end{aligned}$$

(Se corresponde con el Ejemplo 4.12.)

SOLUCIÓN. En este caso:

$$F(x_1, x_2, u, t) = \frac{1}{2}u^2.$$

Su matriz hessiana, con respecto a x_1, x_2, u es:

$$\begin{pmatrix} 0 & 0 & 0 \\ 0 & 0 & 0 \\ 0 & 0 & 1 \end{pmatrix},$$

que es semidefinida positiva, por lo que se puede asegurar que F es función convexa en x_1, x_2, u.

$$f(x_1, x_2, u, t) = \begin{pmatrix} u \\ x_1 \end{pmatrix} = \begin{pmatrix} 0 & 0 \\ 1 & 0 \end{pmatrix}\begin{pmatrix} x_1 \\ x_2 \end{pmatrix} + \begin{pmatrix} 1 \\ 0 \end{pmatrix} u,$$

es lineal en x_1, x_2, u, luego es convexa en x_1, x_2, u. Además, no hay que exigir que $\lambda^*(t)$ sea mayor o igual que cero.

Por último:

$$S(x_1, x_2) = 3x_1 + x_2,$$

es lineal en x_1, x_2, luego es convexa.

Se cumplen las hipótesis del teorema y, por tanto, la condición suficiente.

■

4.6.2 Condiciones suficientes de Arrow

Se considera el problema básico de control óptimo:

$$\begin{aligned} \max_{u(t)} J &= \int_{t_0}^{t_1} F(x, u, t)dt + S[x(t_1)], \\ \text{sujeto a} &: \dot{x} = f(x, u, t), \\ \text{con} &: x(t_0) = x_0, \\ & \quad u(t) \in \Omega(t). \end{aligned}$$

El Hamiltoniano es:

$$H(x, u, \lambda, t) = F(x, u, t) + \lambda f(x, u, t).$$

Antes de enunciar el Teorema de Arrow, sobre condiciones suficientes de optimalidad para el problema de control, se necesita una definición y una proposición previas.

Se define una función, llamada Hamiltoniano derivado, de la siguiente forma:

$$\begin{aligned} H^0 : \quad \mathbb{R}^n \times \mathbb{R}^n \times [t_0, t_1] &\longrightarrow \mathbb{R} \\ (x, \lambda, t) &\longrightarrow H^0(x, \lambda, t) = \max_{u \in \Omega(t)} H(x, u, \lambda, t). \end{aligned}$$

Supongamos que al resolver el problema:

$$\max_{u \in \Omega(t)} H(x, u, \lambda, t),$$

se obtiene una función:

$$u = u^0(x, \lambda, t).$$

Entonces, será:

$$H^0(x, \lambda, t) = H(x, u^0, \lambda, t).$$

La siguiente proposición se utilizará posteriormente en la demostración del teorema.

Proposición 4.2 *Si u^0 es diferenciable, se verifica que:*

$$\nabla_x H^0(x, \lambda, t) = \nabla_x H(x, u^0, \lambda, t), \quad \textit{para todo } u \in \Omega(t).$$

DEMOSTRACIÓN. Como se ha visto anteriormente,

$$H^0(x, \lambda, t) = H(x, u^0, \lambda, t),$$

pero u^0 es una función que depende de (x, λ, t).

Se verificará que, para cada $i = 1, 2, \ldots, n$,

$$\frac{\partial H^0(x, \lambda, t)}{\partial x_i} = \frac{\partial H(x, u^0, \lambda, t)}{\partial x_i} + \sum_{j=1}^{m} \frac{\partial H(x, u^0, \lambda, t)}{\partial u_j} \frac{\partial u_j^o}{\partial x_i},$$

que en notación vectorial queda:

$$\nabla_x H^0(x, \lambda, t) = \nabla_x H(x, u^0, \lambda, t) + \nabla_u H(x, u^0, \lambda, t) J_x u^0,$$

en donde ∇_x representa gradiente, con respecto a las variables x, ∇u, gradiente con respecto a u y J_x, matriz jacobiana con respecto a x.

Veamos que se verifica que:

$$\nabla_u H(x, u^0, \lambda, t) J_x u^0 = 0, \forall x.$$

En efecto, distinguimos dos casos:

i) El programa:

$$\max_u H(x, u, \lambda, t), \qquad u \text{ no está sujeto a restricciones}$$

alcanza el óptimo en el conjunto $\Omega(t)$. En tal caso, se cumple que:

$$\nabla_u H(x, u^0, \lambda, t) = 0,$$

por tanto,

$$\nabla_u H(x, u^0, \lambda, t) J_x u^0 = 0, \forall x.$$

ii) El programa

$$\max_u H(x, u, \lambda, t),$$

alcanza el óptimo en un punto que no pertenece al conjunto $\Omega(t)$. En ese caso, $J_x u^0 = 0$, ya que cambiando x no se modifica el valor óptimo de u.

Por tanto, la proposición queda demostrada.

■

Observación 4.3 La proposición anterior se ha enunciado y demostrado, suponiendo que u^0 es diferenciable. Imponiendo ciertas condiciones al conjunto $\Omega(t)$, el resultado se sigue verificando para funciones no diferenciables. Véanse Lee Markus (1968) y Sethi (1974).

A continuación se enuncia y demuestra el teorema que asegura que, si se verifican ciertas condiciones adicionales, $u^*(t)$ es el control óptimo del problema.

Teorema 4.3 (Arrow) *Sean $u^*(t), x^*(t), \lambda^*(t)$ los resultados que se obtienen al aplicar el principio del máximo de Pontryagin, $\forall t \in [t_0, t_1]$.*

Si la función $H^0(x, \lambda^*, t)$ es cóncava en x, para cada $t \in [t_0, t_1]$ y $S(x)$es cóncava en x, entonces u^* es el control óptimo del problema, con x^* trayectoria de estado óptima y λ^* trayectoria óptima de las variables adjuntas.

DEMOSTRACIÓN. Sea $u(t)$ cualquier control admisible, y sea $x(t)$ la trayectoria de estado asociada, es decir, verificando que

$$\dot{x}(t) = f(x, u, t), \text{ con } x(t_0) = x_0.$$

Veamos que:

$$\int_{t_0}^{t_1} F(x^*, u^*, t)dt + S\left[x^*(t_1)\right] \geq \int_{t_0}^{t_1} F(x, u, t)dt + S\left[x(t_1)\right],$$

con lo que quedará demostrado el teorema.

Por definición del Hamiltoniano derivado, se tiene que para cada $t \in [t_0, t_1]$:

$$H(x, u, \lambda^*, t) \leq H^0(x, \lambda^*, t).$$

Por ser H^0 cóncava en x, se verifica que:

$$H^0(x, \lambda^*, t) \leq H^0(x^*, \lambda^*, t) + \nabla_x H^0(x^*, \lambda^*, t)(x - x^*).$$

Pero se tiene que:

$$H^0(x^*, \lambda^*, t) = H(x^*, u^*, \lambda^*, t),$$

y también por la Proposición 4.2:

$$\nabla_x H^0(x^*, \lambda^*, t) = \nabla_x H(x^*, u^*, \lambda^*, t).$$

Queda que:

$$H(x, u, \lambda^*, t) \leq H(x^*, u^*, \lambda^*, t) + \nabla_x H(x^*, u^*, \lambda^*, t)(x - x^*).$$

Por definición de H y utilizando la condición 1) del principio del máximo, la desigualdad anterior se puede expresar como:

$$F(x, u, t) + \lambda^* f(x, u, t) \leq F(x^*, u^*, t) + \lambda^* f(x^*, u^*, t) + [-\dot{\lambda}^*](x - x^*),$$

de donde se deduce que:

$$F(x^*, u^*, t) - F(x, u, t) \geq \dot{\lambda}^*(x - x^*) + \lambda^*(\dot{x} - \dot{x}^*), \text{ para todo } t \in [t_0, t_1].$$

Integrando ambos miembros de la desigualdad, desde t_0 a t_1, se obtiene:

$$\int_{t_0}^{t_1} F(x^*, u^*, t)dt - \int_{t_0}^{t_1} F(x, u, t)dt \geq \lambda^*(t)[(x(t) - x^*(t))]_{t=t_0}^{t=t_1}$$
$$= \lambda^*(t_1)\left[x(t_1) - x^*(t_1)\right] - \lambda^*(t_0)\left[x(t_0) - x^*(t_0)\right]$$
$$= \nabla_x S\left[x^*(t_1)\right]\left[x(t_1) - x^*(t_1)\right],$$

ya que $x(t_0) = x^*(t_0) = x_0$, y $\lambda^*(t_1) = \nabla_x S\left[x^*(t_1)\right]$. Por tanto, se tiene que:

(1) $$\int_{t_0}^{t_1} F(x^*, u^*, t)dt - \int_{t_0}^{t_1} F(x, u, t)dt - \nabla_x S\left[x^*(t_1)\right]\left[x(t_1) - x^*(t_1)\right] \geq 0$$

Por otra parte, por ser $S\left[x(t_1)\right]$ función cóncava, se tiene que:

(2) $$S\left[x^*(t_1)\right] - S\left[x(t_1)\right] + \nabla_x S\left[x^*(t_1)\right]\left[x(t_1) - x^*(t_1)\right] \geq 0.$$

Sumando las ecuaciones (1) y (2) se obtiene que:

$$\int_{t_0}^{t_1} F(x^*, u^*, t)dt + S[x^*(t_1)] \geq \int_{t_0}^{t_1} F(x, u, t)dt + S[x(t_1)],$$

con lo que $u^*(t)$ es el control óptimo, siendo $x^*(t)$ y $\lambda^*(t)$ los valores óptimos para las variables de estado y variables adjuntas, respectivamente, y el teorema queda demostrado.

■

Observación 4.4 Si se trata de minimizar el funcional objetivo, el teorema es análogo, con la excepción de que $H^0(x, \lambda^*, t)$ debe ser convexa en x, para cada $t \in [t_0, t_1]$, y $S(x)$ debe ser convexa en x. En ese caso,

$$H^0(x, \lambda^*, t) = \min_{u \in \Omega(t)} H(x, u, \lambda^*, t).$$

A continuación se ilustran las condiciones suficientes de Arrow con algunos de los ejemplos vistos en este capítulo, como aplicación del principio del máximo.

Ejemplo 4.17

$$\max\ J = \int_0^1 (x + u)\, dt,$$
$$\text{sujeto a}\ :\ \dot{x} = 1 - u^2,$$
$$\text{con}\ :\ x(0) = 1.$$

(Se corresponde con el Ejemplo 4.6.)

SOLUCIÓN. En este caso,

$$H(x, u, \lambda, t) = x + u + \lambda(1 - u^2).$$

$\max_u H(x, u, \lambda, t)$, da como resultado $u = \dfrac{1}{2\lambda}$.

Por tanto,

$$H^0(x, \lambda, t) = x + \frac{1}{2\lambda} + \lambda - \frac{\lambda}{4\lambda^2} = x + \lambda + \frac{1}{4\lambda},$$

que es una función cóncava en x, para cada λ y, por tanto, para λ^*.

Al ser $S \equiv 0$, se verifican las hipótesis del teorema, luego el control óptimo es:

$$u^*(t) = \frac{1}{2(1-t)}, \text{ para } t \in [0, 1),$$

que obteníamos al aplicar el principio del máximo en el Ejemplo 4.6.

■

Ejemplo 4.18

$$\begin{aligned} \max\ J &= \int_1^5 \left(ux - u^2 - x^2\right) dt, \\ \text{sujeto a} &: \dot{x} = x + u, \\ \text{con} &: x(1) = 2. \end{aligned}$$

(Se corresponde con el Ejemplo 4.7.)

SOLUCIÓN. En este caso, el Hamiltoniano es:

$$H(x, u, \lambda, t) = ux - u^2 - x^2 + \lambda(x + u).$$

Se resuelve el programa:

$$\max_u H(x, u, \lambda, t),$$

obteniendo que

$$u = \frac{x + \lambda}{2},$$

por lo que:

$$\begin{aligned} H^0(x, \lambda, t) &= \frac{1}{2}(x + \lambda)x - \frac{1}{4}(x + \lambda)^2 - x^2 + \lambda x + \frac{1}{2}\lambda(x + \lambda) \\ &= -\frac{3}{4}x^2 + \frac{3}{2}x\lambda + \frac{1}{4}\lambda^2. \\ H^0(x, \lambda^*, t) &= -\frac{3}{4}x^2 + \frac{3}{2}\lambda^* x + \frac{1}{4}\lambda^{*2} = \phi(x). \end{aligned}$$

Veamos que $\phi(x)$ es función cóncava, para ello calculemos su derivada segunda:

$$\begin{aligned} \phi'(x) &= -\frac{6}{4}x + \frac{3}{2}\lambda^*, \\ \phi''(x) &= -\frac{6}{4} < 0, \end{aligned}$$

luego es función cóncava.

Por tanto, se cumple la condición suficiente de Arrow.

■

Ejemplo 4.19

$$\begin{aligned} \max\ & x(T), \\ \text{sujeto a} : & \dot{x}(t) = u(t), \\ \text{con} : & x(0) = 0, \\ & u(t) \leq 1. \end{aligned}$$

(Se corresponde con el Ejemplo 4.9.)

SOLUCIÓN. En este caso,

$$H(x, u, \lambda, t) = \lambda u.$$

Habíamos obtenido que

$$\lambda^*(t) = 1, \forall t \in [0, T],$$

por lo que:

$$H(x, u, \lambda^*, t) = u.$$

Resolvemos el programa:

$$\max_{u \leq 1} H(x, u, \lambda^*, t),$$

obteniendo que $u = 1$.

Por tanto,

$$H^0(x, \lambda^*, t) = 1,$$

luego es función cóncava en x.

Por otra parte,

$$S(x) = x,$$

que es cóncava en x.

Por tanto, se cumple la condición suficiente de Arrow. ■

Ejemplo 4.20

$$\begin{aligned} \max\ J = & \int_0^1 (-x)\,dt, \\ \text{sujeto a} : & \dot{x} = u, \\ \text{con} : & x(0) = 1, \\ & u(t) \in \Omega(t) = [-1, 1]. \end{aligned}$$

(Se corresponde con el Ejemplo 4.10.)

SOLUCIÓN. El Hamiltoniano es igual a:

$$H(x, u, \lambda, t) = -x + \lambda u.$$

Habíamos obtenido previamente, en el Ejemplo 4.10, que

$$\lambda^*(t) = t - 1, \text{ para } 0 \leq t \leq 1.$$

Por tanto:

$$H(x,u,\lambda^*,t) = -x + (t-1)u.$$

Se resuelve el programa:

$$\max_{-1\leq u\leq 1} H(x,u,\lambda^*,t),$$

obteniéndose que $u = -1$.

Por tanto,

$$H^0(x,\lambda^*,t) = -x - \lambda^*,$$

que es una función cóncava en x, por lo que se cumple la condición suficiente de Arrow.

■

Ejemplo 4.21

$$\begin{aligned} \min\ J &= \int_0^1 \frac{1}{2}u^2 dt + 3x_1(1) + x_2(1),\\ \text{sujeto a}\ &:\ \dot{x}_1 = u,\\ &\quad\ \dot{x}_2 = x_1,\\ \text{con}\ &:\ x_1(0) = 1,\ x_2(0) = 0. \end{aligned}$$

(Se corresponde con el Ejemplo 4.12.)

SOLUCIÓN. El Hamiltoniano será en este caso

$$H(x_1,x_2,u,\lambda_1,\lambda_2,t) = \frac{1}{2}u^2 + \lambda_1 u + \lambda_2 x_1,$$

por lo que

$$H(x_1,x_2,u,\lambda_1^*,\lambda_2^*,t) = \frac{1}{2}u^2 + \lambda_1^* u + \lambda_2^* x_1.$$

Se resuelve el programa:

$$\min_u H(x_1,x_2,u,\lambda_1^*,\lambda_2^*,t),$$

obteniendo que:

$$u = -\lambda_1^*.$$

Por tanto:

$$H^0(x_1,x_2,\lambda_1^*,\lambda_2^*,t) = \frac{\lambda_1^{*2}}{2} - \lambda_1^{*2} + \lambda_2^* x_1 = -\frac{1}{2}\lambda_1^{*2} + \lambda_2^* x_1.$$

Pero, en el Ejemplo 4.12, al aplicar el principio del máximo se había obtenido que:

$$\lambda_1^*(t) = -t + 4,\ \text{y}\ \lambda_2^*(t) = 1,\ \text{para todo}\ t \in [0,1].$$

Por tanto,

$$H^0(x_1,x_2,\lambda_1^*,\lambda_2^*,t) = x_1 - \frac{1}{2}(4-t)^2,$$

que es una función convexa en x_1, x_2, para cada $t \in [0,1]$, por lo que se cumple la condición suficiente de Arrow.

■

4.7 EJERCICIOS PROPUESTOS

Ejercicio 4.1 Aplicar el principio del máximo a los siguientes problemas:

a) $\max J = \int_1^2 (x + tu - u^2)dt$, sujeto a: $\dot{x} = u$, con $x(1) = 3$.

b) $\max J = \int_0^1 (-x - \frac{1}{2}\alpha u^2)dt$, en donde $\alpha > 0$, sujeto a: $\dot{x} = u$, con $x(0) = x_0$.

c) $\max J = \int_0^1 (\alpha tu - \frac{u^2}{2})dt$, sujeto a: $\dot{x} = u - x$, con $x(0) = 5$.

d) $\max J = \int_0^1 (-2u^2t^2 + 4u + 3x)dt$, sujeto a: $\dot{x} = u$, con $x(0) = 1$, $-1 \le u \le 1$.

e) $\min J = \int_0^1 (1 + u^2)^{1/2}dt + \frac{1}{2}[x(1) - 1]^2$, sujeto a: $\dot{x} = u$, con $x(0) = 0$.

f) $\max J = \int_0^1 (x + u)dt$, sujeto a: $\dot{x} = -x + u + t$, con $x(0) = 2$, $0 \le u \le 3$.

g) $\min J = h[x(T)]$, sujeto a $\dot{x} = u$, con $x(0) = x_0$, $-1 \le u \le 1$, en donde h es una función estrictamente convexa, diferenciable, no negativa, con $h(0) = 0$.

h)

$$
\begin{aligned}
&\max 8x_1(18) + 4x_2(18), \\
&\qquad \text{sujeto a:} \quad \dot{x}_1 = x_1 + x_2 + u, \\
&\qquad\qquad\qquad\quad \dot{x}_2 = 2x_1 - u, \\
&\qquad\qquad \text{con:} \quad x_1(0) = 15, \\
&\qquad\qquad\qquad\quad x_2(0) = 20, \\
&\qquad\qquad\qquad\quad 0 \le u \le 1.
\end{aligned}
$$

Ejercicio 4.2 El problema:

$$
\left\{
\begin{array}{ll}
\max_u \int_{t_0}^{t_1} F(x, u)dt, & \\
\quad \text{sujeto a} & \dot{x} = f(x, u), \\
\quad \text{con} & x(t_0) = x_0,
\end{array}
\right.
$$

se llama autónomo porque no hay dependencia explícita de t, en las funciones que aparecen en el problema.

Demostrar que, en tal caso, el Hamiltoniano es una función constante del tiempo, a lo largo de la trayectoria óptima.

Ejercicio 4.3 Una persona dispone de una riqueza W_0 en un momento dado, y se decide a vivir de las rentas durante el resto de su vida. Calcula que le quedan T años de vida. Pone todo el dinero en un banco, que le va a pagar al tipo r (computado continuamente). Sea $W(t)$ la riqueza de que dispone en el instante t, y $C(t)$ su tasa de consumo. Sea $U(C)$ la utilidad de consumir la cantidad C, sea δ la tasa de descuento (que relaciona utilidad futura con utilidad presente) y sea $B(W)$ una función que mide la utilidad de dejar una riqueza W a sus herederos.

Formular el programa que de a la persona la tasa de consumo adecuada al resto de su vida, a fin de maximizar su utilidad.

Ejercicio 4.4 Estudiar si se cumplen las condiciones suficientes de Mangasarian en los problemas de los apartados a), b), c) y e) del Ejercicio 4.1 y las condiciones suficientes de Arrow en los problemas de los apartados d), f), g) y h) del Ejercicio 4.1.

Ejercicio 4.5 Se considera el problema siguiente:

$$\max J = \int_0^2 (2x - 3u - \alpha u^2)dt, \text{ sujeto a: } \begin{cases} \dot{x} = x + u, \\ x(0) = 5, \\ 0 \leq u \leq 2. \end{cases}$$

Aplicar el principio del máximo en los casos $\alpha = 0$ y $\alpha = 1$. Comprobar que se cumplen las condiciones suficientes.

Ejercicio 4.6 Resolver el siguiente problema:

$$\begin{aligned} \min J &= \frac{1}{2}\left[T x_2(T) - x_1(T)\right] + \frac{1}{2}\int_0^T u^2(t)dt, \\ \text{sujeto a} &: \dot{x}_1 = x_2, \\ &\quad \dot{x}_2 = -u, \\ \text{con} &: x_1(0) = 1, \ x_2(0) = 2. \end{aligned}$$

Ejercicio 4.7 Hallar la política publicitaria que maximiza las ventas durante un período de tiempo en que la tasa instantánea de variación de las ventas decrece a una tasa proporcional a las ventas, pero aumenta a una tasa proporcional a la tasa de publicidad, según se aplica a la parte del mercado que todavía no adquiere el producto. El problema es, por tanto:

$$\begin{aligned} &\max \int_{t_0}^{t_1} S(t)dt, \\ &\text{sujeto a} : \dot{S} = -aS + bA\left[1 - \frac{S}{M}\right], \\ &\text{con} : S(t_0) = S_0, \\ &\quad 0 \leq A(t) \leq \overline{A}, \end{aligned}$$

en donde S son las ventas, A la publicidad, M la amplitud de mercado, t_0, t_1, a, b, S_0 y $\overline{A}$ son parámetros positivos dados.

Ejercicio 4.8 Un bien producido a tasa $x(t)$ puede ser reinvertido, para expansionar la capacidad productiva, o vendido. La capacidad productiva crece a la tasa de reinversión. ¿Qué fracción $u(t)$ del output en el tiempo t debería ser reinvertido para maximizar las ventas totales sobre el período fijado $[0, T]$? La capacidad inicial es c.

Ejercicio 4.9 Un depósito de agua a utilizar para apagar fuegos tiene escapes. Sea $x(t)$ la altura del agua. Verifica que: $\dot{x} = -0.1x + u$, con $x(0) = 10$, en donde $u(t)$ es la afluencia de agua al depósito, en el tiempo t. Se verifica que $0 \leq u(t) \leq 3$. Se pide: calcular el control óptimo, y la correspondiente trayectoria óptima de altura del agua.

a) Si el objetivo es $\max 5x(100)$.
b) Si el objetivo es $\max \int_0^{100}(x - 5u)dt$.

Ejercicio 4.10 Un sistema sigue la ecuación:

$$\dot{x}(t) = u(t).$$

El proceso de interés empieza en el instante $t = 0$, y termina en $t = T$, con el funcional de coste:

$$\int_0^T [u(t)]^2 \, dt + [x(T)]^2 \, ,$$

en donde T es fijo. Se sabe que $x(0) = x_0$.

Calcular el control óptimo, la trayectoria óptima del estado y la trayectoria óptima de la variable de coestado. Comprobar condición suficiente.

CAPÍTULO 5

Extensiones

En el capítulo anterior se han estudiado condiciones necesarias y condiciones suficientes para el problema básico de control óptimo en tiempo continuo, suponiendo que el estado inicial y el horizonte temporal están dados y que el estado final es libre. La primera extensión que se presenta en este capítulo consiste en obtener las condiciones de optimalidad para diferentes tipos de condiciones finales, de manera análoga a como se hizo en cálculo de variaciones. Se demuestran los resultados fundamentales, utilizando métodos de cálculo de variaciones como en el capítulo anterior. Para que no se pierda continuidad en la lectura, las demostraciones, que son bastante largas, aparecen en el Apéndice, al final del capítulo. En la Sección 2 se relacionan los problemas de control óptimo y de cálculo de variaciones, así como sus condiciones de optimalidad. En las Secciones 3 y 4 se estudian dos familias importantes de problemas de control óptimo. En la Sección 5 se introduce el Hamiltoniano "valor presente", de gran utilidad en problemas en los que aparece el factor descuento en el funcional objetivo. La Sección 6 trata de problemas con horizonte temporal infinito, muy habituales en Economía. El Apéndice de este capítulo, conteniendo las demostraciones, y la sección con enunciados de ejercicios propuestos completan el capítulo.

5.1 DIFERENTES TIPOS DE CONDICIONES FINALES

En el capítulo anterior se ha estudiado el problema de control óptimo en tiempo continuo, considerando que los instantes inicial t_0, y final t_1, están fijados de antemano, que el estado del sistema en el instante inicial, está dado por $x(t_0) = x_0$ y que el estado del sistema en el instante final $x(t_1)$ es libre. Para el problema formulado, se han estudiado las condiciones necesarias de optimalidad que proporciona el principio del máximo de Pontryagin, así como diferentes condiciones suficientes. En esta sección, nos proponemos estudiar el mismo problema para diferentes condiciones finales que se pueden presentar, distintas a las consideradas en el capítulo anterior, tal como se hizo con cálculo de variaciones, en el Capítulo 2.

A continuación se deduce el principio del máximo de Pontryagin para diferentes problemas, correspondientes a diferentes condiciones finales. Los resultados que siguen se van a demostrar para una determinada formulación del problema, utilizando métodos de cálculo de variaciones, como se hizo en el capítulo anterior. Para ello, se considera que tanto la variable de estado como la variable de control son escalares, y que la variable de control u no está sujeta a restricciones conjuntistas, es decir, $u(t) \in \Omega(t) = \mathbb{R}$. Vamos a estudiar los siguientes casos:

a) Instante final y estado final dados.
b) Instante final dado y estado final acotado inferiormente.
c) Instante final y estado final libres.
d) Instante final libre y estado final dado.

Es claro que el hecho de que el problema de control difiera del problema básico estudiado en el Capítulo 4, en alguna de las condiciones que deben considerarse en el instante final, dará lugar a alguna modificación en el enunciado del principio del máximo, como a continuación veremos y analizaremos en cada uno de los casos.

5.1.1 El principio del máximo de Pontryagin modificado para distintas condiciones finales

En el Capítulo 4 se suponía que el instante final estaba dado, pero el estado final era libre. A continuación se enuncia el principio del máximo en algunos casos importantes en los que no se cumplen dichas suposiciones.

a) Caso de instante final y estado final dados (t_1 dado, $x(t_1) = x_1$)

En este caso, el problema es:

$$\begin{aligned} \max_u \; J &= \int_{t_0}^{t_1} F(x,u,t)dt + S[x(t_1),t_1], \\ \text{sujeto a} &: \dot{x} = f(x,u,t), \\ \text{con} &: x(t_0) = x_0, \; x(t_1) = x_1. \end{aligned} \tag{5.1}$$

El Hamiltoniano asociado al problema es:

$$H(x,u,\lambda,t) = F(x,u,t) + \lambda f(x,u,t).$$

En este problema, el estado del sistema en el instante final está dado, mientras que en el problema estudiado en el capítulo anterior, $x(t_1)$ era libre. Vamos a deducir a continuación las condiciones que constituyen el principio del máximo de Pontryagin para este caso. Se diferencian de las correspondientes al capítulo anterior en que la condición final para la variable de estado $x^*(t_1) = x_1$, sustituye a la condición final para la variable de coestado

$$\lambda^*(t_1) = \frac{\partial S[x^*(t_1),t_1]}{\partial x}$$

que se obtenía en el caso anterior.

Teorema 5.1 (Principio del máximo de Pontryagin, para el Problema 5.1) *Sean: $u^*(t)$, la trayectoria óptima de control, continua a trozos, y $x^*(t)$ la trayectoria de estado óptima asociada, definidas en el intervalo $[t_0, t_1]$. Entonces, existe una función $\lambda^*(t)$ continua, con derivada continua a trozos, tal que para cada $t \in [t_0, t_1]$ verifica:*

1)

$$\dot{\lambda}^*(t) = -\frac{\partial H(x^*(t), u^*(t), \lambda^*(t), t)}{\partial x},$$

en todos los puntos de continuidad de $u^*(t)$.

2)

$$\frac{\partial H(x^*(t), u^*(t), \lambda^*(t), t)}{\partial u} = 0.$$

3)

$$\dot{x}^*(t) = f(x^*(t), u^*(t), t),$$

en todos los puntos de continuidad de $u^*(t)$, con

$$x^*(t_0) = x_0, x^*(t_1) = x_1.$$

La demostración está en el Apéndice del capítulo.

Observación 5.1

1. A partir de la demostración del teorema anterior, se comprueba que será:

$$\lambda^*(t_1) = \gamma(t_1) + Km(t_1) = \frac{\partial S[x^*(t_1), t_1]}{\partial x} + K,$$

pero dicho valor se alcanza en el proceso de optimización, no es una condición que haya que imponer como en el caso en que $x(t_1)$ es libre.

2. El teorema es válido exactamente tal como está enunciado y demostrado si se quiere minimizar el objetivo (en lugar de maximizar).

Ejemplo 5.1 Aplicar el principio del máximo al siguiente problema:

$$\max_u J = -\int_0^1 u^2 dt, \text{ sujeto a } \dot{x} = x + u, \text{ con } x(0) = 1,\ x(1) = 0.$$

SOLUCIÓN. Comenzamos definiendo el Hamiltoniano:

$$H(x, u, \lambda, t) = -u^2 + \lambda(x + u).$$

Apliquemos el principio del máximo:

1)

$$\dot{\lambda} = -\frac{\partial H}{\partial x} = -\lambda \Longleftrightarrow \dot{\lambda} + \lambda = 0.$$

Se trata de una ecuación diferencial lineal de primer orden, cuya solución es:

$$\lambda(t) = Ae^{-t}.$$

2)

$$0 = \frac{\partial H}{\partial u} = -2u + \lambda,$$

de donde se deduce que

$$u(t) = \frac{1}{2}\lambda(t) = \frac{A}{2}e^{-t}.$$

$$\frac{\partial^2 H}{\partial u^2} = -2 < 0,$$

por lo que se trata, efectivamente, de un máximo.

3)

$$\dot{x} - x = u.$$

Sustituyendo u por el valor obtenido anteriormente, queda:

$$\dot{x} - x = \frac{A}{2}e^{-t},$$

cuya solución es:

$$x(t) = Be^t - \frac{A}{4}e^{-t}.$$

Imponiendo las condiciones inicial y final:

$$1 = x(0) = B - \frac{A}{4} \Longrightarrow B = 1 + \frac{A}{4}, \qquad 0 = x(1) = Be - \frac{A}{4}e^{-1},$$

se obtiene que

$$A = \frac{4e^2}{1-e^2}, \ B = \frac{1}{1-e^2}.$$

Por tanto, las siguientes funciones cumplen las condiciones del principio del máximo:

$$u^*(t) = \frac{2e^2}{1-e^2}e^{-t} \text{ (variable de control)},$$

$$x^*(t) = \frac{e^t}{1-e^2} - \frac{e^2}{1-e^2}e^{-t} \text{ (variable de estado)},$$

$$\lambda^*(t) = \frac{4e^2}{1-e^2}e^{-t} \text{ (variable de coestado)},$$

para cada $t \in [0, 1]$, $\lambda(t) = Ae^{-t}$.

■

b) Caso de instante final dado y estado final acotado inferiormente (t_1 dado, $x(t_1) \geq x_1$)

En este caso, el problema es:

$$\max_u \ J = \int_{t_0}^{t_1} F(x, u, t)dt + S[x(t_1), t_1],$$
$$\text{sujeto a} : \dot{x} = f(x, u, t),$$
$$\text{con} : x(t_0) = x_0, \ x(t_1) \geq x_1. \qquad (5.2)$$

El Hamiltoniano asociado al problema es:

$$H(x, u, \lambda, t) = F(x, u, t) + \lambda f(x, u, t).$$

A continuación se enuncia, sin demostración, el teorema que constituye el principio del máximo para el problema que estamos considerando. En este caso hay una condición final para la variable de estado:

$$x^*(t_1) \geq x_1,$$

y también una condición final para la variable adjunta, que es en este caso:

$$\lambda^*(t_1) \geq \frac{\partial S[x^*(t_1), t_1]}{\partial x} (=, \text{ si } x^*(t_1) > x_1).$$

Teorema 5.2 (Principio del máximo de Pontryagin para el Problema 5.2.) *Sean: $u^*(t)$, la trayectoria óptima de control, continua a trozos, y $x^*(t)$ la trayectoria de estado óptima asociada, definidas en el intervalo $[t_0, t_1]$. Entonces, existe una función $\lambda^*(t)$ continua, con derivada continua a trozos, tal que para cada $t \in [t_0, t_1]$, verifica:*

1)

$$\dot{\lambda}^*(t) = -\frac{\partial H(x^*(t), u^*(t), \lambda^*(t), t)}{\partial x},$$

en todos los puntos de continuidad de $u^*(t)$, con

$$\lambda^*(t_1) - \frac{\partial S\left[x^*(t_1), t_1\right]}{\partial x} \geq 0 \; (= 0, \; si\; x^*(t_1) > x_1).$$

2)

$$\frac{\partial H(x^*(t), u^*(t), \lambda^*(t), t)}{\partial u} = 0.$$

3)

$$\dot{x}^*(t) = f(x^*(t), u^*(t), t),$$

en todos los puntos de continuidad de $u^*(t)$, con

$$x^*(t_0) = x_0, \; x^*(t_1) \geq x_1.$$

No se incluye la demostración del Teorema 5.2, ya que consiste en modificar la demostración del Teorema 5.1 de manera análoga a la que pasó del Teorema 2.1 a la Proposición 2.2, en el Capítulo 2.

Observación 5.2 Si se tratara de minimizar el objetivo (en lugar de maximizar), la condición final de λ^* sería:

$$\lambda^*(t_1) = -\frac{\partial S[x^*(t_1), t_1]}{\partial x} \leq 0 \; (= 0, \text{ si } x^*(t_1) > x_1),$$

siendo lo demás análogo al caso de maximizar.

Ejemplo 5.2 Aplicar el principio del máximo al siguiente problema:

$$\min_u \; J = \int_0^1 u^2 dt, \text{ sujeto a } \dot{x} = x + u, \text{ con } x(0) = 1, \; x(1) \geq 3.$$

SOLUCIÓN. El Hamiltoniano es:

$$H(x,u,\lambda,t) = u^2 + \lambda(x+u).$$

Apliquemos las condiciones del principio del máximo.

1)
$$\dot{\lambda} = -\frac{\partial H}{\partial x} = -\lambda,$$

es decir,

$$\dot{\lambda} + \lambda = 0.$$

La solución de esta ecuación diferencial es:

$$\lambda(t) = Ae^{-t}.$$

La condición final para λ es en este caso:

$$\lambda(1) \leq 0 \; (= 0, \text{ si } x^*(1) > 3).$$

Como

$$\lambda(1) = \frac{A}{e} \leq 0,$$

tendrá que ser

$$A \leq 0, \text{ con } A = 0, \text{ si } x^*(1) > 3.$$

2)
$$0 = \frac{\partial H}{\partial u} = 2u + \lambda,$$

de donde se deduce que

$$u(t) = -\frac{1}{2}\lambda(t) = -\frac{A}{2}e^{-t}.$$

$$\frac{\partial^2 H}{\partial u^2} = 2 > 0,$$

por lo que se trata de un mínimo.

3)
$$\dot{x} - x = u.$$

Sustituyendo u por el valor obtenido anteriormente, queda:

$$\dot{x} - x = -\frac{A}{2}e^{-t},$$

cuya solución es:

$$x(t) = Be^t + \frac{A}{4}e^{-t}.$$

Imponemos ahora las condiciones inicial y final:

$$1 = x(0) = B + \frac{A}{4} \Longrightarrow B = 1 - \frac{A}{4},$$

$$3 \leq x(1) = Be + \frac{A}{4e} = (1 - \frac{A}{4})e + \frac{A}{4e},$$

de donde se deduce que

$$A\left(\frac{1}{4e}-\frac{e}{4}\right)\geq 3-e,$$

pero en la condición final para λ, se había obtenido que $A \leq 0$. Si fuera $A = 0$, quedaría $0 \geq 3 - e$, lo que no es cierto. Luego es $A < 0$, con lo que $\lambda(1) < 0$, por lo que es $x^*(1) = 3$.

Por tanto:

$$A\left(\frac{1-e^2}{4e}\right)=3-e,$$

de donde se deduce que

$$A=\frac{12e-4e^2}{1-e^2} \text{ y } B=\frac{1-3e}{1-e^2}.$$

Por tanto, las siguientes funciones cumplen las condiciones del principio del máximo:

$$\begin{aligned}
u^*(t) &= \frac{2e^2-6e}{1-e^2}e^{-t} \text{ (variable de control)},\\
x^*(t) &= \frac{1-3e}{1-e^2}e^{t}+\frac{3e-e^2}{1-e^2}e^{-t} \text{ (variable de estado)},\\
\lambda^*(t) &= \frac{12e-4e^2}{1-e^2}e^{-t} \text{ (variable de coestado)},
\end{aligned}$$

para cada $t \in [0, 1]$.

■

c) Caso de instante final y estado final libres (t_1 libre, $x(t_1)$ libre, siendo t_1 incógnita a determinar)

En este caso, el problema es:

$$\begin{aligned}
\max_{t_1,u} J &= \int_{t_0}^{t_1} F(x,u,t)dt + S[x(t_1),t_1],\\
\text{sujeto a } &: \dot{x} = f(x,u,t),\\
\text{con } &: x(t_0) = x_0,
\end{aligned} \tag{5.3}$$

siendo t_0, x_0 dados, t_1 libre, siendo uno de los valores a calcular ($t_1 > t_0$).

El Hamiltoniano asociado al problema es:

$$H(x,u,\lambda,t) = F(x,u,t) + \lambda f(x,u,t).$$

A continuación vamos a deducir las condiciones que constituyen el principio del máximo de Pontryagin para este caso. Serán las condiciones obtenidas en el capítulo anterior, más una condición de transversalidad adicional que aparece por el hecho de ser t_1 libre.

Teorema 5.3 (Principio del máximo de Pontryagin, para el Problema 5.3) *Sean: $u^*(t)$ la trayectoria óptima de control, continua a trozos, t_1^* el instante óptimo de finalización y $x^*(t)$, la trayectoria de estado óptima asociada, definidas en el intervalo $[t_0, t_1^*]$. Entonces, existe una función $\lambda^*(t)$ continua, con derivada continua a trozos, tal que para cada $t \in [t_0, t_1^*]$ verifica:*

1)

$$\dot{\lambda}^*(t) = -\frac{\partial H(x^*(t), u^*(t), \lambda^*(t), t)}{\partial x},$$

en todos los puntos de continuidad de $u^*(t)$, con

$$\lambda^*(t_1^*) = \frac{\partial S[x^*(t_1^*), t_1^*]}{\partial x}.$$

2)

$$\frac{\partial H(x^*(t), u^*(t), \lambda^*(t), t)}{\partial u} = 0.$$

3)

$$\dot{x}^*(t) = f(x^*(t), u^*(t), t),$$

en todos los puntos de continuidad de $u^*(t)$, con

$$x^*(t_0) = x_0.$$

Además se tiene que cumplir la siguiente condición de transversalidad en t_1^*:

$$H\left[x^*(t_1^*), u^*(t_1^*), \lambda^*(t_1^*), t_1^*\right] + \frac{\partial S\left[x^*(t_1^*), t_1^*\right]}{\partial t_1} = 0.$$

La demostración está en el Apéndice de este capítulo.

Observación 5.3 El teorema es válido exactamente tal como está enunciado y demostrado, si se quiere minimizar el objetivo, en lugar de maximizar.

Ejemplo 5.3 Aplicar el principio del máximo al siguiente problema:

$$\begin{aligned} \min_{t_1, u} J &= \int_0^{t_1} \left(u^2 + tx - u\right) dt, \\ \text{sujeto a } &: \dot{x} = 2u + 1, \\ \text{con } &: x(0) = 0, \end{aligned}$$

en donde $t_1 > 0$, es una incógnita a determinar.

SOLUCIÓN. El Hamiltoniano es:

$$H(x, u, \lambda, t) = u^2 + tx - u + \lambda(2u + 1).$$

Apliquemos el principio del máximo:

1)

$$\dot{\lambda} = -\frac{\partial H}{\partial x} = -t,$$

por lo que

$$\lambda^*(t) = -\frac{t^2}{2} + A,$$

pero $\lambda^*(t_1^*) = 0$, de donde se deduce que

$$A = \frac{t_1^{*2}}{2},$$

por lo que

$$\lambda^*(t) = \frac{t_1^{*2} - t^2}{2}, \text{ para } 0 \le t \le t_1^*.$$

2)

$$0 = \frac{\partial H}{\partial u} = 2u - 1 + 2\lambda,$$

de donde se deduce que:

$$u^*(t) = \frac{1 + t^2 - t_1^{*2}}{2}, \text{ para } 0 \le t \le t_1^*.$$

$$\frac{\partial^2 H}{\partial u^2} = 2 > 0,$$

por lo que se trata de un mínimo.

3)

$$\dot{x} = 2u + 1.$$

Sustituyendo u por el valor obtenido anteriormente, queda:

$$\dot{x} = t^2 + (2 - t_1^{*2}),$$

por lo que

$$x^*(t) = \frac{t^3}{3} + (2 - t_1^{*2})t + B.$$

Imponcmos la condición inicial:

$$0 = x^*(0) = B,$$

por lo que

$$x^*(t) = \frac{t^3}{3} + (2 - t_1^{*2})t, \text{ para } 0 \le t \le t_1^*.$$

Falta aplicar la siguiente condición de transversalidad en t_1^*:

$$H\left[x^*(t_1^*), u^*(t_1^*), \lambda^*(t_1^*), t_1^*\right] = 0, \text{ para } t_1^* > 0.$$

Queda:

$$\frac{1}{4} - \frac{2}{3}t_1^{*4} + 2t_1^{*2} - \frac{1}{2} = 0,$$

o lo que es lo mismo,

$$t_1^{*4} - 3t_1^{*2} + \frac{3}{8} = 0.$$

Los valores de $t_1^* > 0$ que satisfacen la ecuación son:

$$t_1^* = 1,69390 \text{ y también } t_1^* = 0,361515.$$

■

d) Caso de instante final libre y estado final dado (t_1 libre, $x(t_1) = x_1$)

En este caso el problema es:

$$\begin{aligned} \max_{t_1, u} J &= \int_{t_0}^{t_1} F(x, u, t)dt + S[x(t_1), t_1], \\ \text{sujeto a} &: \dot{x} = f(x, u, t), \\ \text{con} &: x(t_0) = x_0, \; x(t_1) = x_1, \end{aligned} \tag{5.4}$$

siendo en este caso t_1 uno de los valores a calcular (se supone que $t_1 > t_0$).

El Hamiltoniano es:

$$H(x, u, \lambda, t) = F(x, u, t) + \lambda f(x, u, t).$$

Combinando los resultados obtenidos en los casos a) y c) se obtienen las condiciones que constituyen el principio del máximo, para este caso.

Teorema 5.4 (Principio del máximo de Pontryagin para el Problema 5.4) *Sean: $u^*(t)$ la trayectoria óptima de control, continua a trozos, t_1^* el instante óptimo de finalización y $x^*(t)$ la trayectoria de estado óptima asociada, definidas en el intervalo $[t_0, t_1^*]$. Entonces, existe una función $\lambda^*(t)$ continua , con derivada continua a trozos, tal que para cada $t \in [t_0, t_1^*]$, verifica:*

1)

$$\dot{\lambda}^*(t) = -\frac{\partial H(x^*(t), u^*(t), \lambda^*(t), t)}{\partial x},$$

en todos los puntos de continuidad de $u^*(t)$.

2)

$$\frac{\partial H(x^*(t), u^*(t), \lambda^*(t), t)}{\partial u} = 0.$$

3)

$$\dot{x}^*(t) = f(x^*(t), u^*(t), t),$$

en todos los puntos de continuidad de $u^*(t)$, con

$$x^*(t_0) = x_0, \; x^*(t_1^*) = x_1.$$

Además, se tiene que cumplir la siguiente condición de transversalidad en t_1^*:

$$H\left[x^*(t_1^*), u^*(t_1^*), \lambda^*(t_1^*), t_1^*\right] + \frac{\partial S\left[x^*(t_1^*), t_1^*\right]}{\partial t_1} = 0.$$

Observación 5.4 El teorema es válido exactamente tal como está enunciado si se quiere minimizar el objetivo, en lugar de maximizar.

Ejemplo 5.4 Aplicar el principio del máximo al siguiente problema:

$$\min_{t_1,u} J = \int_0^{t_1} (t^2 + u^2)dt,$$
$$\text{sujeto a} \ : \ \dot{x} = u,$$
$$\text{con} \ : \ x(0) = 4, x(t_1) = 5,$$

en donde $t_1 > 0$, es una incógnita a determinar.

SOLUCIÓN. El Hamiltoniano es:

$$H(x, u, \lambda, t) = t^2 + u^2 + \lambda u.$$

Apliquemos las condiciones del principio del máximo:

1)

$$\dot{\lambda} = -\frac{\partial H}{\partial x} = 0,$$

por lo que

$$\lambda^*(t) = A, \qquad \text{para cada } t \in [0, t_1^*].$$

2)

$$0 = \frac{\partial H}{\partial u} = 2u + \lambda,$$

de donde se deduce que

$$u^*(t) = -\frac{\lambda^*(t)}{2} = \frac{-A}{2} \text{ para cada t} \in \left[0, t_1^*\right].$$

y

$$\frac{\partial^2 H}{\partial u^2} = 2 > 0,$$

por lo que corresponde a un mínimo.

3)

$$\dot{x} = u.$$

Sustituyendo u por el valor obtenido anteriormente, queda:

$$\dot{x} = -\frac{A}{2},$$

por lo que

$$x^*(t) = -\frac{A}{2}t + B, \text{ para } 0 \leq t \leq t_1^*.$$

Imponiendo las condiciones inicial y final, se obtiene que:

$$4 = x^*(0) = B,$$
$$5 = x^*(t_1^*) = -\frac{A}{2}t_1^* + 4,$$

por lo que:

$$x^*(t) = -\frac{A}{2}t + 4, \text{ para } 0 \leq t \leq t_1^*,$$

estando A y t_1^* relacionados por la expresión: $At_1^* = -2$.

La condición adicional de transversalidad en el valor óptimo de t_1 es, en este caso:

$$H\left[x^*(t_1^*), u^*(t_1^*), \lambda^*(t_1^*), t_1^*\right] = 0.$$

Sustituyendo, queda:

$$t_1^{*2} + \frac{A^2}{4} - \frac{A^2}{2} = 0 \Longrightarrow t_1^{*2} = \frac{A^2}{4}.$$

Además, como se ha visto anteriormente, debe ser $At_1^* = -2$.

La única solución real, con $t_1^* > 0$, es:

$$t_1^* = 1, \text{ con } A = -2.$$

Por tanto, se obtiene que:

$$u^*(t) = 1,$$
$$x^*(t) = t + 4,$$
$$\lambda^*(t) = -2,$$

para $0 \leq t \leq 1$, son las funciones que se obtienen al aplicar el principio del máximo.

■

5.1.2 El problema general, con varias variables y con diferentes condiciones finales

En el subapartado anterior, se han estudiado algunos problemas de control óptimo en tiempo continuo, con diferentes tipos de condiciones finales. Se han hecho demostraciones, utilizando métodos de cálculo de variaciones, por ser éstas más acordes con el nivel de este libro. Para ello, se ha considerado el caso particular de problemas sin restricciones en las variables de control, con una sola variable de estado y una variable de control. Los resultados obtenidos sirven también para el caso general: problemas con n variables de estado, m variables de control y restricciones en las variables de control.

A continuación, tras la formulación concreta del problema que nos ocupa, se enuncia, sin demostración, el principio del máximo de Pontryagin para el caso general, y posteriormente se ilustra con algunos ejemplos.

a) Caso en que el instante final (t_1) está dado

El problema es:

$$
\begin{aligned}
\max_{u_1,\ldots,u_m} J &= \int_{t_0}^{t_1} F(x_1,\ldots,x_n,u_1,\ldots,u_m,t)dt + S\left[x_1(t_1),\ldots x_n(t_1),t_1\right],\\
\text{sujeto a}: \ \dot{x}_i &= f_i(x_1,\ldots,x_n,u_1,\ldots,u_m,t), \text{ para } i = 1,2,\ldots,n,\\
\text{con}: \ x_i(t_0) &= x_{i0}, \text{ para } i = 1,2,\ldots,n,\\
x_i(t_1)\ &libre, \text{ para, } i = 1,2,\ldots,r \ (si\ r \neq 0),\\
x_i(t_1) &= x_{i1}, \text{ para } i = r+1,\ldots,s\\
x_i(t_1) &\geq x_{i1}, \text{ para } i = s+1,\ldots,n\\
\text{y también}: \ (u_1,u_2,\ldots,u_m)' &\in \Omega,
\end{aligned}
\tag{5.5}
$$

en donde $0 \leq r \leq s \leq n$.

El problema formulado tiene un horizonte temporal fijado $[t_0, t_1]$, condición inicial dada para cada una de las variables de estado, y diferentes condiciones finales posibles para las distintas variables de estado. A continuación se enuncia el principio del máximo, con las condiciones finales y de transversalidad para las respectivas variables de estado y de coestado, que se corresponden con los resultados obtenidos en el subapartado anterior.

Teorema 5.5 (Principio del máximo de Pontryagin para el Problema 5.5) *Sean: $u^*(t)$ la trayectoria óptima de control, continua a trozos, y $x^*(t)$ la trayectoria de estado óptima asociada, definidas en el intervalo $[t_0, t_1]$. Entonces, existe una función vectorial $\lambda^*(t) = (\lambda_1^*(t),\ldots,\lambda_n^*(t))$ continua, que posee derivadas primeras continuas a trozos, tal que para cada $t \in [t_0, t_1]$ verifica:*

1)

$$\dot{\lambda}_i^*(t) = -\frac{\partial H(x^*(t),u^*(t),\lambda^*(t),t)}{\partial x_i}, \quad para\ i = 1,2,\ldots,n,$$

en todos los puntos de continuidad de $u^*(t)$, con:

$$\lambda_i^*(t_1) = \frac{\partial S[x^*(t_1),t_1]}{\partial x_i}, \qquad para\ cada\ i = 1,2,\ldots,r,$$

$$\lambda_i^*(t_1) - \frac{\partial S[x^*(t_1),t_1]}{\partial x_i} \geq 0\ (=0,\ si\ x^*(t_1) > x_{i1}), \qquad para\ i = s+1,\ldots,n,$$

2)

$$H[x^*(t),u^*(t),\lambda^*(t),t] \geq H[x^*(t),u(t),\lambda^*(t),t], \ para\ todo\ u(t) \in \Omega(t).$$

3)

$$\dot{x}_i^*(t) = f_i(x^*(t),u^*(t),t), para\ cada\ i = 1,2,\ldots,n,$$

en todos los puntos de continuidad de $u^*(t)$, con:

$$
\begin{aligned}
x_i^*(t_0) &= x_{i0}, \ para\ i = 1,2,\ldots,n,\\
x_i^*(t_1) &= x_{i1}, \ para\ i = r+1,\ldots,s,\\
x_i^*(t_1) &\geq x_{i1}, \ para\ i = s+1,\ldots,n.
\end{aligned}
$$

Observación 5.5 Si se trata de minimizar el funcional objetivo, el teorema es análogo, con la única excepción de que cambia el sentido de la desigualdad en las dos últimas expresiones del teorema anterior.

En el capítulo anterior se han estudiado las condiciones suficientes de Mangasarian y de Arrow, para le problema de control óptimo, con estado inicial dado, y estado final libre. Es fácil comprobar, a partir de las demostraciones de los teoremas del capítulo anterior, que dichas condiciones siguen siendo válidas como condiciones suficientes para el problema de control (5.5), formulado en este subapartado.

b) Caso en que el instante final (t_1) es libre

El Problema 5.5 y el Teorema 5.5 corresponden a un horizonte temporal dado $[t_0, t_1]$. En el subapartado anterior se han estudiado problemas en los que t_1 es una incógnita a determinar, verificando que $t_1 > t_0$.

Consideremos ahora el Problema 5.5 formulado en este subapartado, pero siendo ahora t_1 libre, incógnita a determinar. Sea t_1^* el instante final óptimo que se obtiene. El Teorema 5.5 se adapta a esta nueva situación, sin más que:

a) Poner t_1^*, en lugar de t_1.

b) Añadir la siguiente condición de transversalidad en t_1^*:

$$H[x^*(t_1^*), u^*(t_1^*), \lambda^*(t_1^*), t_1^*] + \frac{\partial S[x^*(t_1^*), t_1^*]}{\partial t_1} = 0,$$

que se corresponde con los resultados obtenidos en el subapartado anterior.

Las condiciones suficientes para estos problemas son más complicadas (véase Seierstad y Sydsaeter (1987)).

Ejemplo 5.5

$$\begin{aligned} \min_u \ J &= \int_0^1 (x_1 + \frac{1}{2}u^2)dt, \\ \text{sujeto a}: \ \dot{x}_1 &= x_2, \\ \dot{x}_2 &= u, \\ \text{con}: \ x_1(0) &= x_2(0) = 0, \\ x_1(1) &= 1, \ x_2(1) \geq \frac{1}{2}. \end{aligned}$$

SOLUCIÓN. El Hamiltoniano es:

$$H(x_1, x_2, u, \lambda_1, \lambda_2, t) = x_1 + \frac{1}{2}u^2 + \lambda_1 x_2 + \lambda_2 u.$$

Apliquemos, en primer lugar, las condiciones del principio del máximo:

1)

$$\begin{cases} \dot{\lambda}_1 = -\dfrac{\partial H}{\partial x_1} = -1 \Longrightarrow \lambda_1(t) = -t + A, \\ \dot{\lambda}_2 = -\dfrac{\partial H}{\partial x_2} = -\lambda_1 \Longrightarrow \dot{\lambda}_2(t) = t - A \Longrightarrow \lambda_2(t) = \dfrac{t^2}{2} - At + B, \end{cases}$$

2)

$$0 = \frac{\partial H}{\partial u} = u + \lambda_2 \Longrightarrow u(t) = -\lambda_2(t) = -\frac{t^2}{2} + At - B.$$

$$\frac{\partial^2 H}{\partial u^2} = 1 > 0, \text{ que corresponde a un mínimo.}$$

3)

$$\dot{x}_2 = u = -\frac{t^2}{2} + At - B \Longrightarrow x_2(t) = -\frac{t^3}{6} + \frac{At^2}{2} - Bt + C,$$

$$\dot{x}_1 = x_2 = -\frac{t^3}{6} + \frac{At^2}{2} - Bt + C \Longrightarrow x_1(t) = -\frac{t^4}{24} + \frac{At^3}{6} - \frac{Bt^2}{2} + Ct + D.$$

Imponemos ahora las condiciones iniciales:

$$0 = x_1(0) = D,$$
$$0 = x_2(0) = C.$$

Conditiones finales:

$$1 = x_1(1) = -\frac{1}{24} + \frac{A}{6} - \frac{B}{2},$$

de donde se deduce que

$$B = \frac{A}{3} - \frac{25}{12}.$$

$$\frac{1}{2} \leq x_2(1) = -\frac{1}{6} + \frac{A}{2} + \frac{25}{12} - \frac{A}{3} \Longrightarrow A \geq \frac{-17}{2}.$$

Condición de transversalidad:

$$\lambda_2(1) \leq 0 \; (= 0, \text{ si } x_2(1) > \frac{1}{2}).$$

Si fuera

$$A = \frac{-17}{2},$$

entonces sería

$$x_2(1) = \frac{1}{2} \quad \text{y} \quad \lambda_2(1) = \frac{49}{12},$$

y no se cumple la condición de transversalidad.

Tiene que ser, por tanto,

$$\lambda_2(1) = 0 = \frac{1}{2} - A + \frac{A}{3} - \frac{25}{12} \Longrightarrow A = \frac{-19}{8},$$

que es mayor que $\frac{-17}{2}$, por lo que $x_2(1) > \frac{1}{2}$.

$$B = \frac{A}{3} - \frac{25}{12} = \frac{-69}{24}.$$

Por tanto:

$$\begin{aligned}
u^*(t) &= -\frac{t^2}{2} - \frac{19}{8}t + \frac{69}{24},\\
x_1^*(t) &= -\frac{t^4}{24} - \frac{19}{48}t^3 + \frac{69}{48}t^2,\\
x_2^*(t) &= -\frac{t^3}{6} - \frac{19}{16}t^2 + \frac{69}{24}t,\\
\lambda_1^*(t) &= -t - \frac{19}{8},\\
\lambda_2^*(t) &= \frac{t^2}{2} + \frac{19}{8}t - \frac{69}{24},
\end{aligned}$$

para $0 \leq t \leq 1$, cumplen las condiciones del principio del máximo.

Veamos que se cumplen las condiciones suficientes de Mangasarian. En efecto,

$$F(x_1, x_2, u, t) = x_1 + \frac{1}{2}u^2$$

es convexa en x_1, x_2, u, y

$$f(x_1, x_2, u, t) = \begin{pmatrix} x_2 \\ u \end{pmatrix}$$

es lineal en x_1, x_2, u, con lo cual se verifican las condiciones suficientes.

La matriz hessiana de F, con respecto a x_1, x_2, u es

$$\begin{pmatrix} 0 & 0 & 0 \\ 0 & 0 & 0 \\ 0 & 0 & 1 \end{pmatrix},$$

que es semidefinida positiva, con lo que se puede asegurar que F es convexa en x_1, x_2, u.

$f(x_1, x_2, u, t)$, es lineal en x_1, x_2, u, puesto que sus componentes son x_2, y u que, evidentemente, son funciones lineales.

Luego la solución que nos da el principio del máximo es el mínimo global del problema.

■

Ejemplo 5.6

$$\begin{aligned}
\min_{t_1, u} \ J &= \int_0^{t_1} dt = t_1,\\
\text{sujeto a } &: \dot{x} = x + u,\\
\text{con } &: x(0) = 5,\\
& \quad x(t_1) = 11,\\
& \quad u(t) \in [-1, 1].
\end{aligned}$$

SOLUCIÓN. En este caso,

$$\begin{aligned}
F(x, u, t) &= 0,\\
S[x(t_1)] &= t_1,\\
f(x, u, t) &= x + u.
\end{aligned}$$

(Obsérvese que también se podría considerar $F(x, u, t) = 1$, $S[x(t_1)] = 0$.)

El Hamiltoniano en este caso, es igual a:

$$H(x, u, \lambda, t) = \lambda(x + u).$$

Apliquemos el principio del máximo:

1)
$$\dot{\lambda} = -\frac{\partial H}{\partial x} = -\lambda,$$

por lo que:
$$\frac{d\lambda}{dt} = -\lambda \iff \frac{d\lambda}{\lambda} = -dt \iff \int \frac{d\lambda}{\lambda} = -\int dt,$$

de donde se obtiene que
$$\ln \lambda = -t + \ln A,$$

es decir,
$$\lambda(t) = Ae^{-t}, \text{ para } 0 \leq t \leq t_1^*.$$

2) Hay que resolver, para cada $t \in [0, t_1^*]$, el siguiente problema de optimización:

$$\min_{-1 \leq u \leq 1} \lambda^* x^* + \lambda^* u,$$

o, lo que es lo mismo, el problema:

$$\min_{-1 \leq u \leq 1} \lambda^* u,$$

cuya solución es:

$$u(t) = \begin{cases} -1, & \text{si } \lambda^*(t) > 0, \\ \text{cualquier valor en } [-1, 1], & \text{si } \lambda^*(t) = 0, \\ 1, & \text{si } \lambda^*(t) < 0. \end{cases}$$

Por tanto, el control será, -1, ó $+1$, dependiendo de que $A > 0$, o de que $A < 0$.

3)
$$\dot{x} - x = u, \qquad \text{con } x(0) = 5, \ x(t_1^*) = 11.$$

Si $u = -1$, se obtiene que:
$$x(t) = Be^t + 1. \tag{5.6}$$

Si $u = +1$, se obtiene que:
$$x(t) = Ce^t - 1. \tag{5.7}$$

Añadiendo las condiciones inicial, final y de transversalidad al caso en que fuera

$$u^*(t) = -1, \qquad \text{para cada } t \in [0, t_1^*],$$

en cuyo caso el estado del sistema viene dado por la expresión (5.6), se obtiene:
Condición inicial:
$$5 = x(0) = B + 1 \Longrightarrow B = 4.$$

Condición final:

$$11 = x(t_1^*) = 4e^{t_1^*} + 1 \Longrightarrow e^{t_1^*} = 2,5 \Longrightarrow t_1^* = \ln(2,5).$$

Condición de transversalidad:

$$H[x(t_1^*), u(t_1^*), \lambda(t_1^*), t_1^*] + \frac{\partial S[x(t_1^*), t_1^*]}{\partial t_1} = 0,$$

es decir,

$$Ae^{-t_1^*}[(4e^{t_1^*} + 1) - 1] + 1 = 0,$$

de donde se obtiene que $A = -0{,}25$. Pero si A es negativo, entonces $\lambda^*(t) < 0$, en cuyo caso $u^*(t) = +1$, y se llega a una contradicción ya que estamos suponiendo que $u^*(t) = -1$. Por tanto, no puede ser que $u^*(t) = -1$, para cada $t \in [0, t_1^*]$.

Consideremos a continuación el caso en que $u^*(t) = 1$, para cada $t \in [0, t_1^*]$, en cuyo caso la variable de estado sigue la expresión (5.7).

Condición inicial:

$$5 = x(0) = C - 1 \Longrightarrow C = 6.$$

Condición final:

$$11 = x(t_1^*) = 6e^{t_1^*} - 1 \Longrightarrow e^{t_1^*} = 2 \Longrightarrow t_1^* = \ln 2 = 0,6931.$$

Condición de transversalidad:

$$Ae^{-t_1^*}[(6e^{t_1^*} - 1) + 1] + 1 = 0,$$

de donde se obtiene que

$$A = -\frac{1}{6}.$$

Por tanto,

$$\begin{aligned} u^*(t) &= 1, \\ x^*(t) &= 6e^t - 1, \\ \lambda^*(t) &= -\frac{1}{6}e^{-t}, \end{aligned}$$

para $0 \leq t \leq 0,6931$.

En este caso, al ser t_1 libre, no son válidos el Teorema de Mangasarian ni el Teorema de Arrow como condición suficiente. De todas formas, en este caso se puede asegurar que el control obtenido es mínimo global, ya que a la vista de la ecuación de estado, resulta evidente que partiendo del estado inicial $x(0) = 5$, la forma más rápida de llevar el sistema al estado final $x(t_1^*) = 11$, se consigue dando a u el máximo valor admisible que hace que el ritmo de variación del estado sea lo mayor posible.

■

Ejemplo 5.7 (Problema de Zermelo) Un bote se mueve con velocidad constante V, en una corriente que se mueve a velocidad constante s. El problema consiste en hallar el ángulo de rumbo óptimo que minimiza el tiempo necesario para pasar de una orilla a otra. Si x_1 y x_2 son las posiciones del bote paralela y perpendicularmente a la corriente, respectivamente, y θ es el ángulo de rumbo, las ecuaciones de movimiento son:

$$\dot{x}_1 = s + V\cos\theta,$$
$$\dot{x}_2 = V\,\mathrm{sen}\,\theta.$$

Plantear las ecuaciones que permiten encontrar el rumbo óptimo.

SOLUCIÓN. Se considera un sistema de coordenadas, con origen en la posición inicial, tal como se representa en la Figura 5.1.

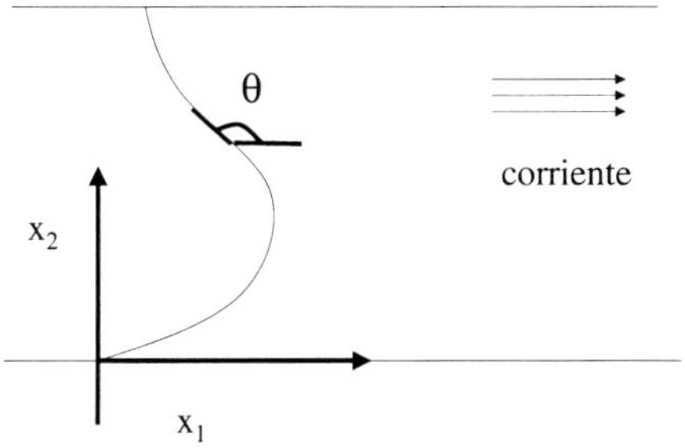

Figura 5.1 Problema de Zermelo

El problema es:

$$\begin{aligned}
\min_{t_1,\theta}\ t_1 &= \int_0^{t_1} dt,\\
\text{sujeto a}:\ \dot{x}_1 &= s + V\cos\theta,\\
\dot{x}_2 &= V\,\mathrm{sen}\,\theta,\\
\text{con}:\ x_1(0) = 0,\ & x_2(0) = 0 \text{ (posición inicial)},\\
x_1(t_1) = a,\ & x_2(t_1) = b \text{ (posición final)}.
\end{aligned}$$

La variable de control es θ, siendo x_1, x_2 las variables de estado. El problema tiene el instante de finalización t_1 libre.

El Hamiltoniano es:

$$H(x_1, x_2, \theta, \lambda_1, \lambda_2, t) = 1 + \lambda_1[s + V\cos\theta] + \lambda_2 V\,\mathrm{sen}\,\theta.$$

Aplicando el principio del máximo se obtiene:

1)

$$\dot{\lambda}_1 = -\frac{\partial H}{\partial x_1} = 0 \Longrightarrow \lambda_1^*(t) = A,\ \text{ para cada } t \in [0, t_1^*],$$
$$\dot{\lambda}_2 = -\frac{\partial H}{\partial x_2} = 0 \Longrightarrow \lambda_2^*(t) = B,\ \text{ para cada } t \in [0, t_1^*].$$

En este caso, no hay que imponer condiciones finales para las variables de coestado, ya que las variables de estado sí están sujetas a condiciones finales.

2) Para cada $t \in [0, t_1^*]$, hay que resolver el siguiente problema de optimización:

$$\min_{\theta} H(x_1^*, x_2^*, \theta, \lambda_1^*, \lambda_2^*, t), \tag{5.8}$$

por lo que se tiene que verificar:

$$0 = \frac{\partial H(x_1^*, x_2^*, \theta, \lambda_1^*, \lambda_2^*, t)}{\partial \theta} = -\lambda_1^* V \operatorname{sen}\theta + \lambda_2^* V \cos\theta,$$

es decir:

$$AV \operatorname{sen}\theta = BV \cos\theta \Longrightarrow \frac{\operatorname{sen}\theta}{\cos\theta} = \frac{B}{A},$$

por lo que

$$\theta^* = arc\, tg\left(\frac{B}{A}\right).$$

Veamos si esta solución obtenida cumple la condición suficiente de mínimo, para el Problema (5.8).

$$\frac{\partial^2 H}{\partial \theta^2} = -AV\cos\theta - BV\operatorname{sen}\theta = -V(A\cos\theta + B\operatorname{sen}\theta).$$

Habíamos obtenido que

$$tg(\theta^*) = \frac{B}{A}.$$

Como

$$1 + tg^2\theta^* = \sec^2\theta^*,$$

resulta que

$$\sec^2\theta^* = \frac{A^2 + B^2}{A^2},$$

por lo que

$$\sec\theta^* = \pm\frac{\sqrt{A^2 + B^2}}{A},$$

y, por tanto,

$$\cos(\theta^*) = \frac{1}{\sec\theta^*} = \pm\frac{A}{\sqrt{A^2 + B^2}},$$

$$\operatorname{sen}\theta^* = \sqrt{1 - \cos^2\theta^*} = \pm\frac{B}{\sqrt{A^2 + B^2}}.$$

Si

$$\cos\theta^* = \frac{-A}{\sqrt{A^2 + B^2}} \text{ y } \operatorname{sen}\theta^* = \frac{-B}{\sqrt{A^2 + B^2}},$$

entonces,

$$\frac{\partial^2 H}{\partial \theta^2} = V\sqrt{A^2 + B^2} > 0,$$

por lo que corresponde a un mínimo.

3)

$$\dot{x}_1 = s - \frac{VA}{\sqrt{A^2+B^2}} \Longrightarrow x_1^*(t) = \left(s - \frac{VA}{\sqrt{A^2+B^2}}\right)t + K_1,$$
$$\dot{x}_2 = -\frac{VB}{\sqrt{A^2+B^2}} \Longrightarrow x_2^*(t) = \frac{-VB}{\sqrt{A^2+B^2}}t + K_2.$$

Ahora hay que añadir las condiciones iniciales, finales y de transversalidad por ser t_1 libre:

Condiciones iniciales:

$$x_1^*(0) = 0 = K_1, \; x_2^*(0) = 0 = K_2.$$

Condiciones finales:

$$x_1^*(t_1^*) = a = \left(s - \frac{VA}{\sqrt{A^2+B^2}}\right)t_1^*,$$
$$x_2^*(t_1^*) = b = \frac{-VB}{\sqrt{A^2+B^2}}t_1^*.$$

La condición de transversalidad, por ser t_1 libre es:

$$H\left[x_1^*(t_1^*), x_2^*(t_1^*), \theta^*, \lambda_1^*(t_1^*), \lambda_2^*(t_1^*), t_1^*\right] = 0,$$

es decir:

$$1 + A\left[s + V\frac{-A}{\sqrt{A^2+B^2}}\right] + BV\frac{-B}{\sqrt{A^2+B^2}} = 0 \iff 1 + As - V\sqrt{A^2+B^2} = 0.$$

Con esta ecuación y las dos ecuaciones correspondientes a las condiciones finales, se obtienen A, B y t_1^*.

■

5.2 RELACIÓN ENTRE CÁLCULO DE VARIACIONES Y CONTROL ÓPTIMO

A continuación comprobaremos que todo problema de cálculo de variaciones se puede formular como un problema de control óptimo. Veremos también cómo, aplicando las condiciones del principio del máximo al problema de control, se obtienen la ecuación de Euler y la condición de Legendre, del cálculo de variaciones. Se relacionarán también las condiciones de transversalidad y las condiciones suficientes, en la forma que se obtienen en ambas formulaciones.

Consideremos el problema básico de cálculo de variaciones, es decir:

$$\max J(x) = \int_{t_0}^{t_1} F(x, \dot{x}, t)dt,$$
$$\text{con} : \; x(t_0) = x_0, \; x(t_1) = x_1, \tag{5.9}$$

en donde se supone que

$$x \in \Omega = \{x : [t_0, t_1] \to \mathbb{R} \mid x \text{ posee derivadas primera y segunda continuas en } [t_0, t_1]\}.$$

El análisis que sigue para x función real, es inmediatamente generalizable al caso en el que x es una función vectorial.

Definimos:

$$u(t) = \dot{x}(t),$$

por lo que el Problema (5.9) se puede expresar como:

$$\begin{aligned} \max_u J &= \int_{t_0}^{t_1} F(x, u, t)dt, \\ \text{sujeto a} &: \dot{x} = u, \\ \text{con} &: x(t_0) = x_0, \; x(t_1) = x_1. \end{aligned} \tag{5.10}$$

El Hamiltoniano, asociado al Problema (5.10) es:

$$H(x, u, \lambda, t) = F(x, u, t) + \lambda u.$$

A continuación se aplica el principio del máximo de Pontryagin, y tras unas sencillas operaciones, se obtienen las condiciones necesarias de optimalidad del cálculo de variaciones.

Apliquemos las condiciones del principio del máximo:

1)

$$\dot{\lambda}^* = -\frac{\partial H}{\partial x} = -F_x^*. \tag{5.11}$$

2) Para cada $t \in [t_0, t_1]$, hay que resolver el siguiente problema de programación matemática:

$$\max_u H(x^*, u, \lambda^*, t),$$

por lo que debe ser:

$$\frac{\partial H(x^*, u, \lambda^*, t)}{\partial u} = 0 = F_u^* + \lambda^*. \tag{5.12}$$

Además:

$$\frac{\partial^2 H(x^*, u, \lambda^*, t)}{\partial u^2} = F_{uu}^* \leq 0, \tag{5.13}$$

que es la condición necesaria de segundo orden de máximo.

3) Ecuación de estado, junto con las condiciones inicial y final del estado:

$$\dot{x}^* = u^*, \text{con } x^*(t_0) = x_0, \; x^*(t_1) = x_1.$$

En (5.12) se obtiene que

$$\lambda^* = -F_u^* = -F_{\dot{x}}^*,$$

por lo que, derivando con respecto a t, queda:

$$\dot{\lambda}^* = -\frac{d}{dt} F_{\dot{x}}^*,$$

pero en (5.11) se tenía que

$$\dot{\lambda}^* = -F_x^*,$$

por lo que eliminando $\dot{\lambda}^*$, queda:

$$F_x^* - \frac{d}{dt} F_{\dot{x}}^* = 0,$$

que es la ecuación de Euler.

En (5.13) se tenía que verificar también que

$$F^*_{uu} \leq 0.$$

Como en este caso es $u = \dot{x}$, dicha condición se puede expresar:

$$F^*_{\dot{x}\dot{x}} \leq 0,$$

que es la condición de Legendre, para máximo.

Condiciones de transversalidad, para diferentes condiciones finales

Si en la formulación del Problema (5.9) (y por consiguiente en el (5.10)) no aparece la condición final $x(t_1) = x_1$, al aplicar la condición 1) del principio del máximo se obtiene la condición de transversalidad

$$\lambda^*(t_1) = 0,$$

pero al aplicar la condición 2), en (5.12), se tenía que

$$\lambda^* = -F^*_{\dot{x}},$$

por lo que

$$\lambda^*(t_1) = -[F^*_{\dot{x}}]_{t=t_1},$$

y así:

$$\lambda^*(t_1) = 0 \iff [F^*_{\dot{x}}]_{t=t_1} = 0.$$

Obtenemos así la equivalencia entre las condiciones de transversalidad del cálculo de variaciones y del principio del máximo, para este caso.

Supongamos ahora que en la formulación del Problema (5.9) (y por tanto, en el (5.10)), la condicion final es $x(t_1) \geq x_1$. La condición de transversalidad que se obtiene al aplicar la condición 1) del principio del máximo, es:

$$\lambda^*(t_1) \geq 0 (= 0, \text{ si } x^*(t_1) > x_1).$$

Como, por (5.12) (al aplicar la condición 2) del principio del máximo), es

$$\lambda^*(t_1) = -[F^*_{\dot{x}}]_{t=t_1},$$

queda:

$$[F^*_{\dot{x}}]_{t=t_1} \leq 0 (= 0, \text{ si } x^*(t_1) > x_1),$$

que es la condición de transversalidad que se aplica en el cálculo de variaciones, para esta condición final.

Si en la formulación del Problema (5.9) (y, por tanto (5.10)), t_1 es una incógnita a determinar, la condición de transversalidad que se utiliza al aplicar el principio del máximo es:

$$[H^*]_{t=t_1^*} = 0.$$

Pero

$$H^* = F^* + \lambda^* u^*,$$

$$\text{con}: \lambda^*(t_1^*) = -[F^*_{\dot{x}}]_{t=t_1^*},\ u^* = \dot{x}^*,$$

por lo que:

$$[H^*]_{t=t_1^*} = 0 \iff [F^* - \dot{x}^* F^*_{\dot{x}}]_{t=t_1^*} = 0,$$

obteniéndose de esta forma la equivalencia entre las condiciones de transversalidad del cálculo de variaciones y del principio del máximo, para este caso.

Condiciones suficientes

Para el problema del cálculo de variaciones, con estado inicial dado

$$x(t_0) = x_0,$$

y alguna de las siguientes condiciones finales:

$$x(t_1) = x_1, x(t_1) \geq x_1, o, x(t_1) \text{ libre},$$

la condición suficiente que asegura la optimalidad global de la solución obtenida al aplicar la ecuación de Euler, junto con las condiciones inicial y final o de transversalidad que correspondan, es que F sea cóncava en $x, \dot{x}$ para cada $t \in [t_0, t_1]$. Dicha condición suficiente se corresponde exactamente con la que viene dada por el Teorema de Mangasarian, para el problema de control óptimo correspondiente, que se ha definido. En efecto: las condiciones suficientes de Mangasarian serían, en este caso:

F tiene que ser cóncava en x, u, para cada $t \in [t_0, t_1]$.

$f(x, u, t) = u$, es lineal en x, u, luego es cóncava en x, u, para cada $t \in [t_0, t_1]$.

$S(x) = 0$, luego es cóncava en x.

Como $f(x, u, t)$ es lineal en x, u, no hay que imponer ninguna condición al signo de $\lambda^*(t)$.

Por tanto, las condiciones suficientes de Mangasarian, se reducen a que $F(x, u, t)$ sea cóncava en x, u, para cada $t \in [t_0, t_1]$. Como $u = \dot{x}$, ello es equivalente a que F sea cóncava en $x, \dot{x}$ para cada $t \in [t_0, t_1]$, que es la condición suficiente del cálculo de variaciones.

5.3 CONTROL BANG-BANG

Se dice que un control óptimo es bang-bang, si cada una de las variables de control sólo toma valores en los puntos extremos de un intervalo. Este tipo de control óptimo aparece en muchas aplicaciones y constituye una sección obligada en cualquier libro de teoría de control óptimo, razón por la cual se estudia en este apartado.

Veamos una familia de problemas de control en la que el control óptimo es bang-bang.

Consideremos el siguiente problema de control:

$$\begin{aligned} \max_u J &= \int_{t_0}^{t_1} [F(x, t) + G(x, t)u]dt, \\ \text{sujeto a} &: \dot{x} = f(x, t) + g(x, t)u, \\ \text{con} &: x(t_0) = x_0, \\ & \quad a \leq u \leq b. \end{aligned}$$

La función integrando del funcional objetivo, así como la función que define la ecuación de estado, son lineales en u.

El Hamiltoniano es:

$$H(x, u, \lambda, t) = F(x, t) + G(x, t)u + \lambda[f(x, t) + g(x, t)u].$$

La condición 2) del principio del máximo es:

$$\max_{a \leq u \leq b} H(x^*, u, \lambda^*, t).$$

Teniendo en cuenta la expresión de H, dicho programa es equivalente a:

$$\max_{a \leq u \leq b} [G(x^*, t) + \lambda^* g(x^*, t)]u,$$

cuya solución óptima es:

$$u^*(t) = \begin{cases} b & , \text{si } G(x^*, t) + \lambda^* g(x^*, t) > 0, \\ \text{cualquier valor en } [a, b] & , \text{si } G(x^*, t) + \lambda^* g(x^*, t) = 0, \\ a & , \text{si } G(x^*, t) + \lambda^* g(x^*, t) < 0. \end{cases}$$

Si $G(x^*, t) + \lambda^* g(x, t) \neq 0$, salvo quizá para instantes de tiempo aislados, el control óptimo del problema, suponiendo que existe, toma, o bien el mayor de los valores posibles, o bien el menor de los valores posibles (pudiendo tomar cualquier valor en $[a, b]$ en los posibles instantes aislados).

Por tanto, el control óptimo es bang-bang.

Si el problema fuera de minimización, el control óptimo, en caso de existir, también sería bang-bang.

A continuación vamos a ilustrar con un ejemplo, una clase de problemas de control bang-bang, llamados de tiempo mínimo, utilizando un análisis gráfico, característico en este tipo de problemas.

Ejemplo 5.8 Hay que conducir un vehículo desde una posición de reposo inicial, a otra posición de reposo final, recorriendo una distancia a, en línea recta. Los controles disponibles para el conductor son el acelerador y el freno. La ecuación de movimiento del vehículo es:

$$\frac{d^2x}{dt^2} = u,$$

en donde $u = u(t)$ representa la aceleración o desaceleración (frenado), y $x = x(t)$, la distancia recorrida en el instante t. El control u puede tomar cualquier valor comprendido entre $-\alpha$ (frenado máximo) y β(aceleración máxima), siendo $\alpha, \beta > 0$.

Se trata de trasladar el vehículo en el mínimo tiempo posible.

■

SOLUCIÓN. Con objeto de transformar la ecuación de movimiento, que es una ecuación diferencial de segundo orden, en un sistema de ecuaciones diferenciales de primer orden, se definen las variables:

$$x_1 = x, \ x_2 = \dot{x}.$$

El problema a resolver es:

$$\begin{array}{ll}
\min\limits_{t_1, u} t_1 = \displaystyle\int_0^{t_1} dt & \text{(minimizar el tiempo utilizado),} \\
\text{sujeto a : } \begin{cases} \dot{x}_1 = x_2 \\ \dot{x}_2 = u \end{cases} & \begin{array}{l} \text{(relación entre } x_1 \text{ y } x_2\text{),} \\ \text{(ecuación de movimiento del vehículo),} \end{array} \\
\text{con : } x_1(0) = 0 & \text{(la distancia recorrida al principio, es cero),} \\
\qquad x_2(0) = 0 & \text{(la velocidad inicial es cero),} \\
\qquad x_1(t_1) = a & \text{(la distancia total recorrida, debe ser } a\text{),} \\
\qquad x_2(t_1) = 0 & \text{(en el instante final, la velocidad es cero),} \\
\qquad -\alpha \leq u \leq \beta & \text{(valores que puede tomar el control).}
\end{array}$$

El Hamiltoniano asociado al problema es:

$$H(x_1, x_2, u, \lambda_1, \lambda_2, t) = 1 + \lambda_1 x_2 + \lambda_2 u.$$

Vamos a resolver el problema utilizando simultaneamente el principio del máximo y un método gráfico en el plano de fases.

Por el principio del máximo:

1)

$$\begin{cases} \dot{\lambda}_1 = -\frac{\partial H}{\partial x_1} = 0 & \text{, por lo que } \lambda_1^*(t) = A, \\ \dot{\lambda}_2 = -\frac{\partial H}{\partial x_2} = -\lambda_1 & \text{, por lo que } \lambda_2^*(t) = -At + B. \end{cases}$$

2)

$$\min_{-\alpha \le u \le \beta} H(x_1^*, x_2^*, u, \lambda_1^*, \lambda_2^*, t) = 1 + \lambda_1^* x_2^* + \lambda_2^* u,$$

cuya solución óptima es:

$$u^*(t) = \begin{cases} -\alpha & \text{, si } \lambda_2^* > 0, \\ \text{cualquier valor en } [-\alpha, \beta] & \text{, si } \lambda_2^* = 0, \\ \beta & \text{, si } \lambda_2^* < 0. \end{cases}$$

3) Si $u^*(t) = \beta$, las ecuaciones de estado serán:

$$\begin{cases} \dot{x}_1 = x_2, \\ \dot{x}_2 = \beta. \end{cases}$$

La solución de dicho sistema es:

$$x_2(t) = \beta t + C,$$
$$x_1(t) = \frac{\beta}{2} t^2 + Ct + D.$$

Se puede expresar:

$$x_1(t) = \frac{1}{2\beta}[x_2(t)]^2 + \left(D - \frac{C^2}{2\beta}\right),$$

es decir:

$$x_1 = \frac{1}{2\beta} x_2^2 + K_1,$$

siendo K_1 una constante que depende de las condiciones iniciales.

Representemos, en este caso, las posibles trayectorias de x_1 y x_2, en el plano de fases en la Figura 5.2.

Cada parábola corresponde a un valor de K_1. Las flechas indican el sentido de la evolución a través del tiempo, que se obtiene teniendo en cuenta lo siguiente:

- Como $\dot{x}_2 = \beta > 0$, x_2 es creciente en el tiempo.
- Como $\dot{x}_1 = x_2$, $\begin{cases} \text{será } \dot{x}_1 > 0\text{, y por tanto, } x_1 \text{ creciente en el tiempo, si } x_2 > 0, \\ \text{será } \dot{x}_1 < 0\text{, y por tanto, } x_1 \text{ decreciente en eltiempo, si } x_2 < 0. \end{cases}$
- Si $u^*(t) = -\alpha$, las ecuaciones de estado serán:

$$\begin{cases} \dot{x}_1 = x_2, \\ \dot{x}_2 = -\alpha. \end{cases}$$

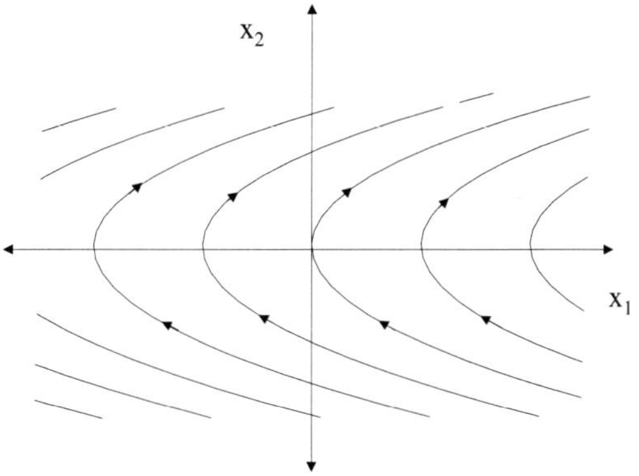

Figura 5.2 Posibles trayectorias de x_1 **y** x_2**, si** $u^*(t) = \beta$

La solución del sistema es:

$$x_2(t) = -\alpha t + E,$$
$$x_1(t) = -\frac{\alpha}{2}t^2 + Et + F.$$

Se puede expresar:

$$x_1(t) = \frac{-1}{2\alpha}[x_2(t)]^2 + \left(F + \frac{E^2}{2\alpha}\right),$$

es decir:

$$x_1 = \frac{-1}{2\alpha}x_2^2 + K_2,$$

siendo K_2 una constante que depende de las condiciones iniciales.

Representemos, en este caso, las posibles trayectorias de x_1 y x_2, en el plano de fases, en la Figura 5.3.

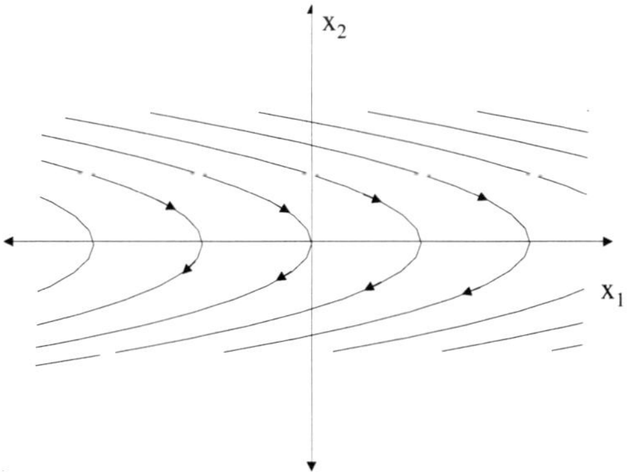

Figura 5.3 Posibles trayectorias de x_1 **y** x_2**, si** $u^*(t) = -\alpha$

Cada parábola corresponde a un valor de K_2. Las flechas indican el sentido de la evolución a través del tiempo, que se obtiene teniendo en cuenta que:

- Como $\dot{x}_2 = -\alpha < 0$, resulta que x_2 es decreciente en el tiempo.
- Como $\dot{x}_1 = x_2$, $\begin{cases} \text{será } \dot{x}_1 > 0, \text{ y por tanto, } x_1 \text{ creciente en el tiempo,si } x_2 > 0, \\ \text{será } \dot{x}_1 < 0, \text{ y por tanto, } x_1 \text{ decreciente en el tiempo,si } x_2 < 0. \end{cases}$

Aunque, hasta ahora, hemos analizado por separado dos posibles valores para la variable de control, puede ocurrir que dicha variable tome un valor para ciertos valores de t, y el otro valor para los restantes valores de t, por lo que ahora procede considerar simultáneamente los dos tipos de trayectorias, es decir, procede utilizar conjuntamente los dos gráficos anteriores para definir un único gráfico, que aparece en la Figura 5.4.

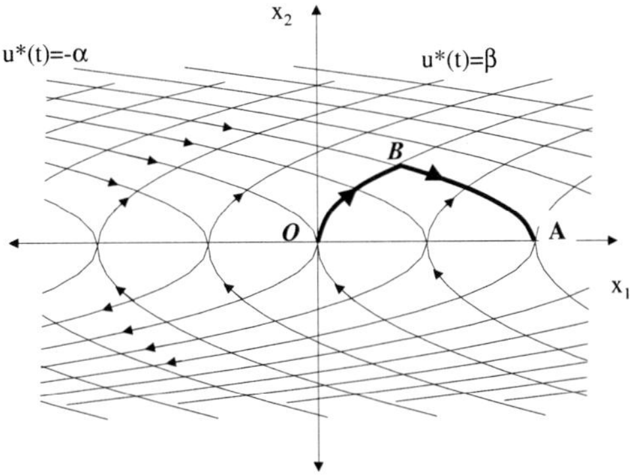

Figura 5.4 Solución óptima en el plano de fases

Teniendo en cuenta las condiciones iniciales y finales del problema, la trayectoria óptima será OBA, por lo que habrá que aplicar el control $u^*(t) = \beta$ (máxima aceleración) al principio, hasta cierto instante t_c en el que se cambiará a $u^*(t) = -\alpha$ (máximo frenado), que ya se mantiene hasta el instante final.

A continuación, se calcula analíticamente el instante t_c en el que cambia el control, y el instante final t_1^*.

La ecuación de la parábola que contiene al tramo OB se calcula teniendo en cuenta que corresponde al control $u^*(t) = \beta$, y que pasa por el punto $(0, 0)$, por lo que se verifica:

$$0 = \frac{1}{2\beta}0^2 + K_1 \Longrightarrow K_1 = 0.$$

Por tanto, su ecuación es:

$$x_1 = \frac{1}{2\beta}x_2^2.$$

La ecuación de la parábola que contiene al tramo BA se calcula teniendo en cuenta que pasa por el punto $(a, 0)$, y que corresponde al control $u^*(t) = -\alpha$. Se obtiene:

$$x_1 = \frac{-1}{2\alpha}x_2^2 + a.$$

Las coordenadas del punto B se obtienen resolviendo el sistema:

$$\begin{cases} x_1 = \dfrac{1}{2\beta}x_2^2, \\ x_1 = \dfrac{-1}{2\alpha}x_2^2 + a, \end{cases}$$

de donde:

$$x_2 = +\sqrt{\frac{2a\alpha\beta}{\alpha+\beta}}\ , x_1 = \frac{\alpha a}{\alpha+\beta}.$$

Como para $u^*(t) = \beta$ se había obtenido que:

$$x_2(t) = \beta t + C,$$

y es $x_2(0) = 0$, resulta que:

$$x_2^*(t) = \beta t,\ \text{para } 0 \le t \le t_c.$$

Particularizando en t_c:

$$x_2^*(t_c) = \beta t_c = \sqrt{\frac{2a\alpha\beta}{\alpha+\beta}} \Longrightarrow t_c = \frac{1}{\beta}\sqrt{\frac{2a\alpha\beta}{\alpha+\beta}} = \sqrt{\frac{2a\alpha}{\beta(\alpha+\beta)}}.$$

Calculemos ahora el instante final, es decir, el instante t_1^* en el que se alcanza el punto $A = (a, 0)$. En el tramo final se aplica el control $u^*(t) = -\alpha$. Ya conocemos que, en tal caso, es:

$$x_2(t) = -\alpha t + E.$$

Como

$$x_2(t_1^*) = 0,$$

será

$$-\alpha t_1^* + E = 0,$$

por lo que

$$E = \alpha t_1^*,$$

y

$$x_2^*(t) = \alpha(t_1^* - t),\ \text{para } t_c \le t \le t_1^*.$$

Ya que x_2^* tiene que ser una función continua, será,

$$x_2^*(t_c) = \alpha(t_1^* - t_c) = \beta t_c,$$

por lo que:

$$t_1^* = \frac{\alpha+\beta}{\alpha} t_c = \frac{\alpha+\beta}{\alpha}\sqrt{\frac{2a\alpha}{\beta(\alpha+\beta)}} = \sqrt{\frac{2a(\alpha+\beta)}{\alpha\beta}}.$$

Por tanto:

$$u^*(t) = \begin{cases} \beta, & \text{si } 0 \le t \le \sqrt{\frac{2a\alpha}{\beta(\alpha+\beta)}}, \\ -\alpha, & \text{si } \sqrt{\frac{2a\alpha}{\beta(\alpha+\beta)}} < t \le \sqrt{\frac{2a(\alpha+\beta)}{\alpha\beta}}, \end{cases}$$

con:

$$x^*(t) = x_1^*(t) = \begin{cases} \frac{\beta}{2}t^2, & \text{si } 0 \le t \le \sqrt{\frac{2a\alpha}{\beta(\alpha+\beta)}}, \\ -\frac{\alpha}{2}t^2 + \alpha\sqrt{\frac{2a(\alpha+\beta)}{\alpha\beta}}\,t - \frac{a\alpha}{\beta}, & \text{si } \sqrt{\frac{2a\alpha}{\beta(\alpha+\beta)}} < t \le \sqrt{\frac{2a(\alpha+\beta)}{\alpha\beta}}. \end{cases}$$

$$\text{y}\ \ \dot{x}(t) = x_2^*(t) = \begin{cases} \beta t, & \text{si } 0 \le t \le \sqrt{\frac{2a\alpha}{\beta(\alpha+\beta)}}, \\ -\alpha t + \alpha\sqrt{\frac{2a(\alpha+\beta)}{\alpha\beta}}, & \text{si } \sqrt{\frac{2a\alpha}{\beta(\alpha+\beta)}} < t \le \sqrt{\frac{2a(\alpha+\beta)}{\alpha\beta}}. \end{cases}$$

Calculemos los valores que toman $\lambda_1^*(t)$ y $\lambda_2^*(t)$. Al aplicar la condición 1) del principio del máximo se había obtenido:

$$\lambda_1^*(t) = A,$$
$$\lambda_2^*(t) = -At + B.$$

De acuerdo con la solución óptima calculada al aplicar la condición 2), y con deducciones posteriores, deberá ser:

$$\lambda_2^*(t_c) = 0,$$

es decir:

$$0 = -A\sqrt{\frac{2a\alpha}{\beta(\alpha+\beta)}} + B,$$

por lo que:

$$\lambda_2^*(t) = A\left(\sqrt{\frac{2a\alpha}{\beta(\alpha+\beta)}} - t\right).$$

Por otra parte, por ser t_1 libre, se tendrá que cumplir la condición de transversalidad:

$$[H]_{t=t_1^*} = 0,$$

que en este caso queda como:

$$1 + \lambda_2^*(t_1^*)u^*(t_1^*) = 0,$$

es decir:

$$1 + A\left(\sqrt{\frac{2a\alpha}{\beta(\alpha+\beta)}} - \sqrt{\frac{2a(\alpha+\beta)}{\alpha\beta}}\right)(-\alpha) = 0,$$

por lo que:

$$A = \frac{1}{\alpha}\left(\sqrt{\frac{2a\alpha}{\beta(\alpha+\beta)}} - \sqrt{\frac{2a(\alpha+\beta)}{\alpha\beta}}\right)^{-1}$$

y, por tanto, A es negativo.

Por tanto, para

$$0 \leq t \leq \sqrt{\frac{2a(\alpha+\beta)}{\alpha\beta}},$$

se tiene que,

$$\lambda_1^*(t) = \frac{1}{\alpha}\left(\sqrt{\frac{2a\alpha}{\beta(\alpha+\beta)}} - \sqrt{\frac{2a(\alpha+\beta)}{\alpha\beta}}\right)^{-1},$$
$$\lambda_2^*(t) = \frac{1}{\alpha}\left(\sqrt{\frac{2a\alpha}{\beta(\alpha+\beta)}} - \sqrt{\frac{2a(\alpha+\beta)}{\alpha\beta}}\right)^{-1}\left(\sqrt{\frac{2a\alpha}{\beta(\alpha+\beta)}} - t\right).$$

Vemos que, efectivamente, para

$$0 < t < \sqrt{\frac{2a\alpha}{\beta(\alpha+\beta)}}, \text{ es } \lambda_2^*(t) < 0,$$

por lo que hay que aplicar $u^*(t) = \beta$, mientras que para

$$\sqrt{\frac{2a\alpha}{\beta(\alpha+\beta)}} < t \leq \sqrt{\frac{2a(\alpha+\beta)}{\alpha\beta}}, \text{ es } \lambda_2^*(t) > 0,$$

por lo que hay que aplicar $u^*(t) = -\alpha$. El control óptimo es de tipo bang-bang.

Se ha encontrado un control admisible que lleva el sistema desde el estado inicial al estado final en un tiempo finito. Ello quiere decir que existe solución al problema formulado. Por otra parte, la solución óptima, que sabemos existe, debe cumplir las condiciones del principio del máximo. Así pues, al aplicar las condiciones del principio del máximo, hemos obtenido que hay un único conjunto de funciones para los que se cumple, por lo que se puede asegurar que constituyen la solución óptima del problema, sin que haya que estudiar condiciones suficientes.

■

5.4 PROBLEMA DE CONTROL ÓPTIMO DE UN SISTEMA LINEAL CON FUNCIONAL OBJETIVO CUADRÁTICO

La familia de problemas de control óptimo de un sistema lineal con objetivo cuadrático tiene mucho interés, porque se utiliza mucho en la práctica. Ello es debido a que se obtiene una solución analítica manejable para muchas variables de estado y de control y, además, a que el sistema controlado que se obtiene es lineal.

Consideremos el siguiente problema:

$$\begin{aligned}
\max_u J &= \frac{1}{2}\int_{t_0}^{t_1}\Big[x(t)^T W(t)x(t) + u(t)^T \Lambda(t)u(t)\Big]dt + \frac{1}{2}x(t_1)^T W(t_1)x(t_1), \\
\text{sujeto a } &: \dot{x}(t) = A(t)x(t) + B(t)u(t), \\
\text{con } &: x(t_0) = x_0,
\end{aligned}$$

en donde, para cada t:

$x(t)$, es el vector de estado (n-dimensional),

$u(t)$, es el vector de control (m-dimensional),

$A(t)$, $B(t)$, $W(t)$, $\Lambda(t)$ son matrices dadas, siendo $A(t)$ de dimensiones $n \times n$, $B(t) : n \times m$, $W(t) : n \times n$, siendo simétrica y semidefinida negativa, $\Lambda(t) : m \times m$ y definida negativa.

v^T es el vector traspuesto de v.

A continuación vamos a resolver el problema.

Se define el Hamiltoniano:

$$H(x, u, \lambda, t) = \frac{1}{2}x^T Wx + \frac{1}{2}u^T \Lambda u + \lambda(Ax + Bu),$$

en donde, para cada t, $\lambda(t)$ es el vector fila n-dimensional, de variables de coestado.

Apliquemos las condiciones del principio del máximo de Pontryagin:

1)

$$\dot{\lambda}^T = -\frac{\partial H}{\partial x} = -Wx - A^T\lambda^T, \text{ con } \lambda^T(t_1) = -W(t_1)x(t_1),$$

ya que en este caso es

$$S(x(t_1)) = \frac{1}{2} x(t_1^T) W(t_1) x(t_1),$$

por lo que

$$\lambda^T(t_1) = (\nabla_x S\,[x(t_1)])^T = -W(t_1)x(t_1).$$

2) Hay que resolver el siguiente programa matemático:

$$\max_u H,$$

por lo que se tiene que verificar:

$$0 = \frac{\partial H}{\partial u} = \Lambda u + B^T \lambda^T \Longrightarrow u^* = -\Lambda^{-1} B^T \lambda^T.$$

Además,

$$\frac{\partial^2 H}{\partial u^2} = \nabla,$$

que es definida negativa, por hipótesis, por lo que se trata de un máximo.

3)

$$\dot{x} = Ax + Bu, \text{ con } x(t_0) = x_0.$$

Sustituyendo el valor obtenido en 2) para u^* se obtiene:

$$\dot{x} = Ax + B(-\Lambda^{-1} B^T \lambda^T).$$

Tenemos, por tanto:

$$\dot{x} = Ax - B\Lambda^{-1} B^T \lambda^T, \text{ con } x(t_0) = x_0, \tag{5.14}$$
$$\dot{\lambda}^T = -Wx - A^T \lambda^T, \text{ con } \lambda^T(t_1) = -W(t_1)x(t_1). \tag{5.15}$$

Es un sistema de $2n$ ecuaciones diferenciales, con n condiciones iniciales (para x) y n condiciones finales (para λ^T).

Se ensaya la siguiente solución para el sistema:

$$\lambda^T(t) = P(t)x(t),$$

en donde, para cada t, $P(t)$ es una matriz $n \times n$, que está por determinar. Sustituyendo en el sistema, se obtiene:

$$\dot{x} = Ax - B\Lambda^{-1} B^T P x = (A - B\Lambda^{-1} B^T P)x, \tag{5.16}$$
$$\dot{\lambda}^T = -Wx - A^T \lambda^T = -(W + A^T P)x. \tag{5.17}$$

Sustituyendo en (5.17) el valor de $\dot{\lambda}^T$, se obtiene:

$$\dot{P}x + P\dot{x} = -Wx - A^T P x. \tag{5.18}$$

Premultiplicando (5.16) por P:

$$P\dot{x} = PAx - PB\Lambda^{-1} B^T P x. \tag{5.19}$$

Restando (5.19) a (5.18), se llega a:

$$\dot{P}x = -Wx - A^T Px - PAx + PB\Lambda^{-1}B^T Px,$$

que se puede expresar como:

$$-\dot{P}x = (W + A^T P + PA - PB\Lambda^{-1}B^T P)x.$$

Esta ecuación se satisface para cada $x(t)$, si $P(t)$ se elige de modo que cumpla:

$$-\dot{P} = W + A^T P + PA - PB\Lambda^{-1}B^T P.$$

Además, tiene que ser

$$\lambda^T(t_1) = -W(t_1)x(t_1),$$

pero, por otra parte,

$$\lambda^T(t_1) = P(t_1)x(t_1),$$

por lo que debe ser

$$P(t_1) = -W(t_1).$$

Por tanto:

$$\begin{aligned} &-\dot{P} = W + A^T P + PA - PB\Lambda^{-1}B^T P, \\ &\text{con} : \; P(t_1) = -W(t_1). \end{aligned} \tag{5.20}$$

A (5.20) se le llama ecuación de Riccati, en la incógnita $P(t)$. Se resuelve hacia atrás en el tiempo, con la condición $P(t_1) = -W(t_1)$. Se comprueba que la solución $P(t)$ es simétrica y semidefinida negativa.

El control óptimo es:

$$u^*(t) = -\Lambda(t)^{-1}B(t)^T\lambda(t)^T = -\Lambda(t)^{-1}B(t)^T P(t)x(t),$$

donde $P(t)$ se encuentra resolviendo la ecuación de Ricatti. Se puede expresar:

$$u^*(t) = K(t)x(t), \text{ en donde } K(t) = -\Lambda(t)^{-1}B(t)^T P(t).$$

El sistema controlado será:

$$x^*(t) = (A(t) - B(t)\Lambda(t)^{-1}B(t)^T P(t))x(t), \text{ con } x(0) = x_0.$$

Es inmediato comprobar que se cumplen las condiciones suficientes de Mangasarian, por lo que se puede asegurar que el control obtenido es el óptimo del problema.

5.5 HAMILTONIANO “VALOR PRESENTE”

En muchos problemas de control óptimo que se estudian en economía, aparece en el objetivo un factor de descuento $e^{-\delta t}$, que a veces complica las operaciones encaminadas a la obtención de la solución óptima. Para facilitar el estudio de estos problemas, se utiliza en ocasiones otro Hamiltoniano, llamado Hamiltoniano “valor presente”, que se introduce en esta sección.

Consideremos el siguiente problema:

$$\max_u J = \int_0^T G(x,u,t)e^{-\delta t}dt,$$
$$\text{sujeto a}\ :\ \dot{x} = f(x,u,t),$$
$$\text{con}\ :\ x(0) = x_0,$$
$$u(t) \in \Omega(t).$$

Apliquemos el principio del máximo, como lo hemos hecho hasta ahora. El Hamiltoniano será:

$$H(x,u,\lambda,t) = G(x,u,t)e^{-\delta t} + \lambda f(x,u,t).$$

Las condiciones del principio del máximo son:

1)

$$\dot{\lambda} = -\frac{\partial H}{\partial x} = -\frac{\partial G}{\partial x}e^{-\delta t} - \lambda\frac{\partial f}{\partial x}, \text{ con } \lambda(T) = 0,$$

2)

$$\max_{u\in\Omega} H$$

3)

$$\dot{x} = f(x,u,t), \text{ con } x(0) = x_0.$$

Además, si fuera T libre, habría que añadir $(H)_{t=T} = 0$.

Se define el Hamiltoniano "valor presente", representado por $\mathcal{H}$, de la siguiente forma:

$$\mathcal{H} = He^{\delta t} = G(x,u,t) + \lambda e^{\delta t} f(x,u,t).$$

Sea

$$m(t) = \lambda(t)e^{\delta t}.$$

Será

$$\lambda(t) = e^{-\delta t}m(t),$$

y por tanto,

$$\dot{\lambda}(t) = -\delta e^{-\delta t}m(t) + e^{-\delta t}\dot{m}(t).$$

Sea:

$$\mathcal{H}(x,u,m,t) = G(x,u,t) + m(t)f(x,u,t).$$

Vamos a reformular el principio del máximo, utilizando el Hamiltoniano "valor presente" $\mathcal{H}$ y la variable asociada m.

En la condición 1), expresada anteriormente, se sustituyen λ y $\dot{\lambda}$ en términos de $m, \dot{m}$, obteniéndose que:

$$\dot{\lambda} = -\frac{\partial G}{\partial x}e^{-\delta t} - \lambda\frac{\partial f}{\partial x},$$

es equivalente a:

$$-\delta e^{-\delta t}m + e^{-\delta t}\dot{m} = -\frac{\partial G}{\partial x}e^{-\delta t} - e^{-\delta t}m\frac{\partial f}{\partial x},$$

que se puede expresar como:

$$\dot{m} = -\frac{\partial \mathcal{H}}{\partial x} + \delta m.$$

La condición de transversalidad $\lambda(T) = 0$ es equivalente a

$$e^{-\delta T} m(T) = 0$$

y como

$$e^{-\delta T} \neq 0,$$

se puede expresar como:

$$m(T) = 0.$$

La condición 2):

$$\max_{u \in \Omega} H,$$

se puede expresar como

$$\max_{u \in \Omega} e^{-\delta t} \mathcal{H}.$$

Como $e^{-\delta t} > 0$, la solución óptima de ese problema, es la misma que la de

$$\max_{u \in \Omega} \mathcal{H}.$$

Por último, la condición

$$(H)_{t=T} = 0,$$

se puede expresar como:

$$e^{-\delta T} (\mathcal{H})_{t=T} = 0,$$

pero como $e^{-\delta T} \neq 0$, resulta que es equivalente a

$$(\mathcal{H})_{t=T} = 0.$$

Por tanto, se ha obtenido una formulación alternativa del principio del máximo, para el problema considerado en este apartado.

Se parte del Hamiltoniano "valor presente", que se define como:

$$\mathcal{H}(x, u, m, t) = G(x, u, t) + m f(x, u, t).$$

Las condiciones del principio del máximo son:

1)

$$\dot{m} = -\frac{\partial \mathcal{H}}{\partial x} + \delta m, \text{ con } m(T) = 0.$$

2)

$$\max_{u \in \Omega} \mathcal{H}$$

3)

$$\dot{x} = f(x, u, t), \text{ con } x(0) = x_0.$$

Además, si T fuera libre, habría que añadir $(\mathcal{H})_{t=T} = 0$.

Ejemplo 5.9 Resolver el siguiente problema, utilizando el Hamiltoniano "valor presente":

$$\begin{aligned} \min_{u} \ J &= \int_0^2 e^{-0,05t} \left[(x-1)^2 + u^2 \right] dt, \\ \text{sujeto a} \ &: \ \dot{x} = 2x - 3u, \\ \text{con} \ &: \ x(0) = 5. \end{aligned}$$

SOLUCIÓN. El Hamiltoniano "valor presente" es:

$$\mathcal{H}(x, u, m, t) = (x-1)^2 + u^2 + m(2x - 3u).$$

Aplicamos las condiciones del principio del máximo para el Hamiltoniano "valor presente":

1)
$$\dot{m} = -\frac{\partial \mathcal{H}}{\partial x} + \delta m = -2(x-1) - 2m + 0,05m, \tag{5.21}$$

con $m(2) = 0$.

2) Hay que resolver el siguiente programa matemático:

$$\min_{u} \ \mathcal{H},$$

por lo que se tiene que verificar:

$$0 = \frac{\partial \mathcal{H}}{\partial u} = 2u - 3m \Longrightarrow u = \frac{3m}{2}.$$

Además, como

$$\frac{\partial^2 \mathcal{H}}{\partial u^2} = 2 > 0,$$

se cumple la condición suficiente de mínimo para el programa matemático a resolver.

3)
$$\dot{x} - 2x = -3u, \ \text{con} \ x(0) = 5.$$

Sustituyendo u por el valor obtenido al aplicar la condición 2), queda:

$$\dot{x} - 2x = -\frac{9}{2}m,$$

o lo que es lo mismo:

$$m = -\frac{2}{9}\dot{x} + \frac{4}{9}x, \tag{5.22}$$

de donde:

$$\dot{m} = -\frac{2}{9}\ddot{x} + \frac{4}{9}\dot{x}.$$

Sustituyendo estas expresiones para m y $\dot{m}$ en (5.21), queda:

$$-\frac{2}{9}\ddot{x} + \frac{4}{9}\dot{x} = -2x + 2 - 1.95(-\frac{2}{9}\dot{x} + \frac{4}{9}x),$$

es decir:

$$\ddot{x} - 0,05\dot{x} - 12,90x = -9,$$

cuya solución es:

$$x(t) = Ae^{3,61t} + Be^{-3,56t} + 0,70.$$

Imponiendo la condición inicial, se obtiene:

$$5 = x(0) = A + B + 0,70 \Longrightarrow B = 4,30 - A,$$

por lo que:

$$x(t) = Ae^{3,61t} + (4,30 - A)e^{-3,56t} + 0,70.$$

Sustituyendo en (5.22), se llega a que:

$$m(t) = 0,36Ae^{3,61t} + (5,13 - 1,24A)e^{-3,56t} + 0,31.$$

Imponiendo la condición final para $m(t)$, queda:

$$0 = m(2) = 0,36Ae^{7,22} + (5,13 - 1,24A)e^{-7,12} + 0,31,$$

de donde se deduce que:

$$A = -0,06.$$

Por tanto:

$$\begin{aligned} m^*(t) &= 0,02e^{3,61t} + 5,20e^{-3,56t} + 0,31, \\ x^*(t) &= -0,06e^{3,61t} + 4,36e^{-3,56t} + 0,70, \\ u^*(t) &= 0,03e^{3,61t} + 7,80e^{-3,56t} + 0,47, \text{ para } 0 \le t \le 2. \end{aligned}$$

Se comprueba, de manera sencilla, que se verifican las condiciones suficientes de Mangasarian, por lo que la solución obtenida al aplicar el principio del máximo es mínimo global.

■

5.6 HORIZONTE TEMPORAL INFINITO

En esta sección se estudian problemas en los que el instante final t_1 no es finito. Consideremos, por tanto, el siguiente problema :

$$\begin{aligned} \max_u J &= \int_0^\infty F(x,u,t)dt, \\ \text{sujeto a } &: \dot{x} = f(x,u,t), \\ \text{con } &: x(0) = x_0, \\ & u(t) \in \Omega(t). \end{aligned}$$

En economía se presentan gran cantidad de problemas con horizonte temporal infinito. Así, en teoría del crecimiento económico es habitual considerar esta formulación. Ello es debido a que, en caso de suponer horizonte finito, habría que imponer una condición final para el stock de capital, y ésta en general no se conoce. Además, el proceso de acumulación de capital sigue de manera natural en el tiempo, y no existe un instante en el que termine. El estudio de problemas con horizonte temporal infinito, permite la utilización de ciertos instrumentos matemáticos que no son válidos para el caso finito.

Al abordar estos problemas, se pueden presentar dos tipos de dificultades:

a) Convergencia de la integral que constituye el objetivo.

Si para cada control admisible, se verifica que

$$J = \int_0^{\infty} F(x, u, t)dt,$$

es un número real, se puede seguir utilizando la misma definición de óptimo que se considera para horizonte finito, y no aparece ninguna dificultad adicional desde el punto de vista del funcional objetivo. Un caso interesante, que se presenta a menudo en economía, es aquel en el que la función integrando es de la forma:

$$F(x, u, t) = e^{-\delta t} G(x, u, t),$$

siendo $\delta \geq 0$, la tasa de descuento y $G(x, u, t)$ una función acotada, es decir, existe $K \in \mathbb{R}$, tal que

$$|G(x, u, t)| \leq K, \forall u \in \Omega, \ x \text{ factible}, \ t \in [0, \infty).$$

En estas condiciones, dado que:

$$J = \int_0^{\infty} e^{-\delta t} G(x, u, t)dt \leq K \int_0^{\infty} e^{-\delta t} dt = \frac{K}{\delta},$$

la integral es convergente para cada control admisible.

Si no se verifica que para cada control admisible la integral del objetivo es convergente, el problema no tiene solución, con el criterio de optimalidad antes definido. Existen otros criterios de optimalidad más generales para estudiar estos problemas, que no vamos a considerar en este libro. Los lectores interesados pueden consultar los libros de Carlson, Haurie y Leizarowitz (1991), y de Seierstad y Sydsaeter (1987).

b) Condiciones de transversalidad.

Un resultado que no vamos a demostrar en este libro es que para el problema con horizonte infinito formulado, es aplicable el principio del máximo de Pontryagin, con condiciones finales o de transversalidad adecuadas, que iremos comentando. La dificultad aparece dado que no siempre es adecuada la generalización a instante final infinito (paso al límite), de la condición de transversalidad correspondiente al caso finito.

5.6.1 Diferentes tipos de condiciones finales

Vamos a estudiar diferentes tipos de condiciones finales.

(i) El estado del sistema debe tender a un estado estacionario dado x_s

En este caso se aplica el principio del máximo, imponiendo como condición final:

$$\lim_{t \to \infty} x(t) = x_s.$$

Como ilustración estudiemos el siguiente problema:

$$\begin{aligned} \max_u J &= \int_0^{\infty} e^{-\delta t} G(x, u)dt, \\ \text{sujeto a} &: \dot{x} = f(x, u), \\ \text{con} &: x(0) = x_0, \\ & \lim_{t \to \infty} x(t) = x_s, \end{aligned}$$

siendo x_s un estado estacionario.

Se supone que f y G poseen derivadas parciales primeras y segundas continuas, y que G está acotada.

Para resolver el problema, se define el Hamiltoniano valor presente:

$$\mathcal{H}(x, u, m) = G(x, u) + mf(x, u).$$

A continuación se aplica el principio del máximo,en la formulación del Hamiltoniano valor presente:

1)
$$\dot{m} = \delta m - \frac{\partial \mathcal{H}}{\partial u} = \delta m - G_x - mf_x.$$

2) Hay que resolver:
$$\max_u \mathcal{H}.$$

Como u no está sujeto a restricciones, será:
$$0 = \frac{\partial \mathcal{H}}{\partial u} = G_u + mf_u.$$

Suponemos que se cumple la condición suficiente de máximo para el problema a resolver en la condición 2),
$$\frac{\partial^2 \mathcal{H}}{\partial u^2} < 0.$$

3)
$$\dot{x} = f(x, u), \text{ con } x(0) = x_0, \quad \lim_{t \to \infty} x(t) = x_s.$$

Por ser x_s estado estacionario (punto de equilibrio), existirán m_s, u_s, tales que cumplirán junto con x_s la condición necesaria de optimalidad en 2):

$$G_u(x_s, u_s) + m_s f_u(x_s, u_s) = 0.$$

La ecuación:
$$G_u(x, u) + mf_u(x, u) = 0$$

define a u como función implícita diferenciable de (x, m), alrededor del punto (x_s, m_s). Sea $u = U(x, m)$, verificándose que $u_s = U(x_s, m_s)$. Obtengamos los valores de

$$\frac{\partial U}{\partial x} \text{ y } \frac{\partial U}{\partial m};$$

se verificará que:
$$G_u(x, U(x, m)) + mf_u(x, U(x, m)) = 0.$$

Derivando miembro a miembro, con respecto a x:

$$G_{ux} + G_{uu}\frac{\partial U}{\partial x} + m\left[f_{ux} + f_{uu}\frac{\partial U}{\partial x}\right] = 0,$$

de donde, despejando la derivada parcial de U con respecto a x, se obtiene que:

$$\frac{\partial U}{\partial x} = -\frac{G_{ux} + mf_{ux}}{G_{uu} + mf_{uu}} = -\frac{\mathcal{H}_{ux}}{\mathcal{H}_{uu}}.$$

Análogamente, derivando miembro a miembro, con respecto a m:

$$G_{uu}\frac{\partial U}{\partial m} + f_u(x, U(x, m)) + mf_{uu}\frac{\partial U}{\partial m} = 0,$$

de donde se obtiene que:

$$\frac{\partial U}{\partial m} = -\frac{f_u}{\mathcal{H}_{uu}}.$$

Llevando el resultado obtenido en 2 a las condiciones 2) y 3) del principio del máximo se obtiene el siguiente sistema de ecuaciones diferenciales:

$$\begin{cases} \dot{x} = f(x, U(x, m)), \\ \dot{m} = \delta m - \mathcal{H}_x(x, U(x, m), m). \end{cases}$$

Cada una de las funciones del segundo miembro se aproximan a continuación por un polinomio de grado uno, utilizando el teorema de Taylor, en el punto de equilibrio (x_s, m_s).

Teniendo en cuenta que en el punto de equilibrio (x_s, m_s) las derivadas de x y de m serán cero, se verificará que:

$$f(x_s, U(x_s, m_s)) = 0,$$
$$\delta m_s - \mathcal{H}_x(x_s, U(x_s, m_s), m_s) = 0,$$

por lo que el sistema dado, se puede aproximar por:

$$\begin{cases} \dot{x} = (f_x + f_u U_x)(x - x_s) + f_u U_m(m - m_s), \\ \dot{m} = -(\mathcal{H}_{xx} + \mathcal{H}_{xu} U_x)(x - x_s) + (\delta - \mathcal{H}_{xu} U_m - f_x)(m - m_s). \end{cases}$$

Pero por ser

$$U_x = -\frac{\mathcal{H}_{ux}}{\mathcal{H}_{uu}},\ U_m = -\frac{f_u}{\mathcal{H}_{uu}},$$

queda:

$$\begin{cases} \dot{x} = (f_x - f_u\dfrac{\mathcal{H}_{ux}}{\mathcal{H}_{uu}})(x - x_s) - \dfrac{f_u^2}{\mathcal{H}_{uu}}(m - m_s), \\ \dot{m} = -(\mathcal{H}_{xx} - \dfrac{\mathcal{H}_{xu}^2}{\mathcal{H}_{uu}})(x - x_s) + (\delta + \mathcal{H}_{xu}\dfrac{f_u}{\mathcal{H}_{uu}} - f_x)(m - m_s). \end{cases}$$

Podemos poner:

$$\begin{cases} \dot{x} = a(x - x_s) + b(m - m_s), \\ \dot{m} = c(x - x_s) + (\delta - a)(m - m_s), \end{cases}$$

en donde

$$a = f_x - f_u\frac{\mathcal{H}_{ux}}{\mathcal{H}_{uu}},\ b = \frac{-f_u^2}{\mathcal{H}_{uu}},\ c = \frac{\mathcal{H}_{xu}^2 - \mathcal{H}_{xx}\mathcal{H}_{uu}}{\mathcal{H}_{uu}},$$

que están particularizados en $x_s, m_s, u_s = U(x_s, m_s)$.

Hemos aproximado el sistema de ecuaciones diferenciales que siguen las trayectorias óptimas, por un sistema lineal que se comporta como el sistema original, alrededor del estado estacionario. Utilizando notación matricial queda:

$$\begin{pmatrix} (x - x_s)' \\ (m - m_s)' \end{pmatrix} = \begin{pmatrix} a & b \\ c & \delta - a \end{pmatrix} \begin{pmatrix} x - x_s \\ m - m_s \end{pmatrix}.$$

Para estudiar la estabilidad de este sistema, hay que calcular los autovalores de la matriz de coeficientes:

$$\begin{vmatrix} a-\lambda & b \\ c & \delta-a-\lambda \end{vmatrix} = 0 \iff \lambda^2 - \delta x + a(\delta - a) - bc = 0,$$

por lo que:

$$\lambda = \frac{\delta}{2} \pm \frac{1}{2}\sqrt{4bc + (\delta - 2a)^2}.$$

Distinguimos tres casos:

1) $4bc + (\delta - 2a)^2 > 0$. Hay dos autovalores reales distintos λ_1, λ_2, obteniéndose que:

$$x(t) - x_s = Ae^{\lambda_1 t} + Be^{\lambda_2 t}.$$

2) $4bc + (\delta - 2a)^2 = 0$. Hay un autovalor real repetido: $\lambda = \frac{\delta}{2}$, obteniéndose que:

$$x(t) - x_s = Ae^{\lambda t} + Bte^{\lambda t}.$$

3) $4bc + (\delta - 2a)^2 < 0$. Hay dos autovalores complejos conjugados: $\lambda = \frac{\delta}{2} \pm \frac{1}{2}\sqrt{p}i$, en donde $p = -4bc - (\delta - 2a)^2$, obteniéndose que:

$$x(t) - x_s = e^{\frac{\delta}{2}t}(A \cos \frac{1}{2}\sqrt{p}t + B \operatorname{sen} \frac{1}{2}\sqrt{p}t).$$

En cada uno de los casos, A y B son constantes, cuyo valor se obtendrá al imponer las condiciones iniciales: $x(0) = x_0$, y final, $\lim_{t\to\infty} x(t) = x_s$. Analicemos cada uno de los tres casos:

En el caso 1, los dos autovalores reales son:

$$\lambda_1 = \frac{\delta}{2} + \frac{1}{2}\sqrt{4bc + (\delta - 2a)^2}; \qquad \lambda_2 = \frac{\delta}{2} - \frac{1}{2}\sqrt{4bc + (\delta - 2a)^2}.$$

Se tiene que $\lambda_1 > 0$, y que λ_2 puede ser positivo, negativo o nulo. Se comprueba fácilmente que: $\lambda_1 > 0, \lambda_2 < 0 \iff bc > a(\delta - a)$. En este caso hay estabilidad punto de silla. Existe una única trayectoria que verifica que $x(0) = x_0$ y $\lim_{t\to\infty} x(t) = x_s$. En efecto: para que $\lim_{t\to\infty} x(t) = x_s$, o lo que es lo mismo, $\lim_{t\to\infty}[x(t) - x_s] = 0$, tendrá que ser $A = 0$, ya que $\lim_{t\to\infty} e^{\lambda_1 t} = \infty$, mientras que $\lim_{t\to\infty} e^{\lambda_2 t} = 0$, por ser $\lambda_2 < 0 < \lambda_1$. Por otra parte:

$$x_0 - x_s = B,$$

por lo que:

$$x^*(t) = x_s + (x_0 - x_s)e^{\lambda_2 t}.$$

Por otra parte, se verifica que:

$$\lambda_1 > 0; \lambda_2 \geq 0 \iff bc \leq a(\delta - a).$$

En este caso hay inestabilidad. No existe ninguna trayectoria que verifique que $x(0) = x_0$, y $\lim_{t\to\infty} x(t) = x_s$, siempre que $x_0 \neq x_s$.

En los casos 2 y 3 tambien se obtiene inestabilidad.

Por tanto, las condiciones para obtener estabilidad punto de silla son:

$$4bc + (\delta - 2a)^2 > 0 \text{ y } bc > a(\delta - a).$$

Si no se cumplen estas condiciones, el problema dado no tiene solución.

El estudio que hemos realizado en el ejercicio anterior se basaba en una aproximación a un sistema de ecuaciones diferenciales por un sistema lineal, alrededor del punto de equilibrio. Se trata, por tanto, de un estudio local, por lo que se supone que x_0 está "cerca" del punto estacionario x_s.

A continuación se estudia el problema de horizonte temporal infinito para otros tipos de condiciones finales:

(ii) No se da ninguna condición final para el estado del sistema

Si el problema estuviera definido para $t \in [0, T]$, en lugar de estarlo para $t \in [0, \infty)$, al no haber ninguna condición final para $x(T)$, en su lugar, sabemos que se tendría la condición de transversalidad $\lambda(T) = 0$, por lo que parece lógico esperar que, en el caso que nos ocupa, se tenga que verificar la siguiente condición de transversalidad:

$$\lim_{t\to\infty} \lambda(t) = 0.$$

Pues bien, dicha condición no siempre es necesaria para problemas con horizonte temporal infinito, como se comprueba en algunos contraejemplos conocidos: Shell (1969), Halkin (1974), Pitchford(1977). En todos estos contraejemplos no aparece la exponencial correspondiente a descuento temporal en la integral del objetivo. Benveniste y Sheinkman (1982), demuestran que la condición: $\lim_{t\to\infty} \lambda(t) = 0$ es necesaria para problemas con descuento temporal.

Por tanto: si el problema tiene descuento temporal en el objetivo, se aplica el principio del máximo, utilizando la condición de transversalidad:

$$\lim_{t\to\infty} \lambda(t) = 0.$$

Si el problema no tiene descuento temporal en el objetivo, la anterior condición de transversalidad no se puede utilizar como condición necesaria. En ese caso hay que aplicar el principio del máximo, utilizando otra condición, como se explica a continuación:

Si el problema estuviera definido para $t \in [0, T]$, siendo T libre, en lugar de estarlo para $t \in [0, \infty)$, sabemos que habría que imponer la siguiente condición de transversalidad adicional:

$$[H]_{t=T} = 0.$$

Como en el caso de horizonte temporal infinito no está dado el instante final, cabe pensar que se tendrá que verificar la siguiente condición de transversalidad:

$$\lim_{t\to\infty} [H]_t = 0.$$

En Michel (1982) se demuestra que dicha condición es necesaria.

En general, se recomienda aplicar el principio del máximo, con la condición de transversalidad $\lim_{t\to\infty} \lambda(t) = 0$, que es más cómoda de manejar, cuando el problema tiene descuento temporal, y con la condición $\lim_{t\to\infty} [H]_t = 0$, cuando el problema no tiene descuento temporal.

(iii) Se da la condición final $\lim_{t\to\infty} x(t) \geq x_1$

Si el problema estuviera definido para $t \in [0, T]$, en lugar de estarlo para $t \in [0, \infty)$, sabemos que habría que añadir la siguiente condición de transversalidad:

$$\lambda(T) \geq 0\ (= 0, \text{ si } x(T) > x_1),$$

que se puede expresar como: $\lambda(T)[x(T) - x_1] = 0$. Para $T \to \infty$, se tendrá que:

$$\lim_{t\to\infty} \lambda(t)[x(t) - x_1] = 0.$$

Al igual que ocurría en el caso (ii), esta condición es necesaria para problemas con descuento temporal, pero no lo es para otros problemas.

Teniendo en cuenta la justificación dada en el caso (ii), podemos decir que se puede aplicar el principio del máximo, con la condición de transversalidad:

$$\lim_{t\to\infty} \lambda(t)[x(t) - x_1] = 0,$$

cuando el problema tiene descuento temporal, y con la condición:

$$\lim_{t\to\infty} [H]_t = 0,$$

cuando el problema no tiene descuento temporal.

5.6.2 Diagrama de fases

Con cierta frecuencia, al estudiar problemas económicos dinámicos, al aplicar el principio del máximo aparecen ecuaciones diferenciales que no se pueden resolver analíticamente. En tal caso, a veces es posible realizar un estudio cualitativo de la solución óptima. El análisis por diagrama de fases es un método geométrico habitualmente utilizado, para sistemas dinámicos autónomos de dimensión dos. Nos vamos a limitar a ilustrar el método, aplicandolo a un problema de control óptimo. El lector interesado puede consultar Shone (1997), y Seierstad, Sydsaeter (1987).

Vamos a concluir este apartado estudiando el modelo neoclásico de crecimiento económico, de gran interés en economía. Aprovechamos este ejemplo para ilustrar la utilización del diagrama de fases en modelos de optimización dinámica, con horizonte temporal infinito.

Modelo neoclásico de crecimiento económico

En el capítulo anterior se introdujo una versión del modelo suponiendo horizonte temporal finito.

Se considera el siguiente problema:

$$\begin{aligned} \max_{c} W &= \int_0^\infty e^{-\delta t} U(c) dt, \\ \text{sujeto a} &: \dot{k} = f(k) - (\lambda + \mu)k - c, \\ \text{con} &: k(0) = k_0, \\ & \quad 0 \le c \le f(k). \end{aligned}$$

Esta versión, Cass (1965), difiere de la presentada en el capítulo anterior en la que el horizonte temporal es infinito, y en la que el consumo por trabajador c, además de ser no negativo, no puede ser mayor que el output por trabajador $f(k)$.

El Hamiltoniano asociado al problema será:

$$H(k, c, \alpha, t) = e^{-\delta t} U(c) + \alpha[f(k) - (\lambda + \mu)k - c],$$

en donde, para cada t, $\alpha(t)$ es la variable de coestado (se ha cambiado la notación habitual de dicha variable porque, en este caso λ es una constante dada en el problema, que representa la variación relativa del factor trabajo:

$$L = L_0 e^{\lambda t},$$

por lo que

$$\lambda = \frac{\dot{L}}{L}).$$

Apliquemos el principio del máximo:

1)
$$\dot{\alpha} = -\frac{\partial H}{\partial k} = -\alpha[f'(k) - (\lambda + \mu)], \text{ con } \lim_{t\to\infty} \alpha(t) = 0.$$

2)
$$\max_{0 \leq c \leq f(k)} H = e^{-\delta t} U(c) + \alpha[f(k) - (\lambda + \mu)k - c].$$

Veamos que la solución óptima a este problema se alcanza en un punto interior del conjunto factible. En efecto, en la Figura 5.5 representamos los dos sumandos de H y la propia función H, en función de c, para α y k fijados. Suponemos que $\alpha > 0$, ya que el α óptimo representa el precio sombra de una unidad de capital.

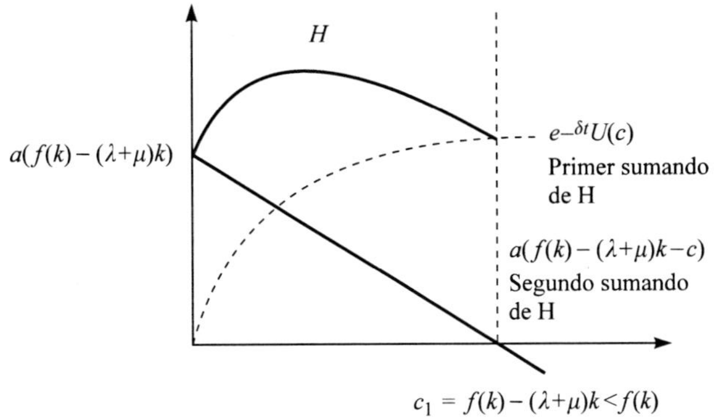

Figura 5.5 El Hamiltoniano

En el gráfico anterior se han representado los dos sumandos de H por separado y a continuación H, haciendo corresponder a cada valor de c la suma de las ordenadas correspondientes a los dos sumandos. La forma del Hamiltoniano garantiza que el problema a resolver en la condición 2) tiene solución interior, es decir, existe $c^* \in (0, f(k))$, que resuelve el problema. Por tanto, se verificará que:

$$\frac{\partial H}{\partial c} = 0 = e^{-\delta t} U'(c) - \alpha,$$

por lo que

$$\alpha = e^{-\delta t} U'(c) \iff U'(c) = e^{\delta t} \alpha.$$

Además:

$$\frac{\partial^2 H}{\partial c^2} = e^{-\delta t} U''(c) < 0,$$

por lo que se cumple la condición suficiente de máximo.

3)

$$\dot{k} = f(k) - (\lambda + \mu)k - c, \text{ con } k(0) = k_0.$$

En este modelo, en el que se utiliza una forma general para las funciones f y U no es posible obtener una expresión analítica para la solución. Con vistas a efectuar un análisis cualitativo, es conveniente utilizar el Hamiltoniano "valor presente":

$$\mathcal{H}(k, c, m, t) = U(c) + m[f(k) - (\lambda + \mu)k - c],$$

en donde

$$\mathcal{H} = e^{\delta t} H, \; m = e^{\delta t}\alpha.$$

Las condiciones del principio del máximo referidas a $\mathcal{H}$ son:

1)

$$\begin{aligned} \dot{m} &= -\frac{\partial \mathcal{H}}{\partial k} + \delta m = -m[f'(k) - (\lambda + \mu)] + \delta m \\ &= -m[f'(k) - (\lambda + \mu + \delta)], \\ \text{con}: &\lim_{t\to\infty} e^{-\delta t} m(t) = 0 \text{ (ya que } \alpha(t) = e^{-\delta t} m(t)). \end{aligned}$$

2)

$$\max_{0 \le c \le f(k)} \mathcal{H}.$$

Siguiendo el razonamiento hecho para H, aquí también se comprueba de manera análoga que existe $c^* \in (0, f(k))$, que resuelve el problema, por lo que se verificará que:

$$\frac{\partial \mathcal{H}}{\partial c} = 0 = U'(c) - m, \text{ por lo que } m = U'(c)$$

Además se cumple que

$$\frac{\partial^2 \mathcal{H}}{\partial c^2} = U''(c) < 0,$$

por lo que corresponde a un máximo.

3)

$$\dot{k} = f(k) - (\lambda + \mu)k - c, \text{ con } k(0) = k_0.$$

Se tienen, por tanto, dos ecuaciones diferenciales en 1) y 3), y una condición que se obtiene al maximizar $\mathcal{H}$ en 2):

$$m = U'(c).$$

Vamos a utilizar esta condición para eliminar la variable m.

Tenemos que

$$m(t) = U'(c(t)),$$

por lo que

$$\dot{m}(t) = U''(c(t))\dot{c}(t).$$

Sustituyendo en 1), queda:

$$U''(c)\dot{c} = -U'(c)[f'(k) - (\lambda + \mu + \delta)].$$

Se tiene, por tanto, el siguiente sistema autónomo de ecuaciones diferenciales:

$$\begin{cases} \dot{k} = f(k) - (\lambda + \mu)k - c, \\ \dot{c} = -\dfrac{U'(c)}{U''(c)}[f'(k) - (\lambda + \mu + \delta)], \end{cases}$$

para el que vamos a construir el diagrama de fases. Para ello comenzamos por representar en el plano las curvas $\dot{k} = 0$ y $\dot{c} = 0$.

Es claro que

$$\dot{k} = 0 \iff c = f(k) - (\lambda + \mu)k,$$
$$\dot{c} = 0 \iff f'(k) = \lambda + \mu + \delta.$$

Las curvas $\dot{k} = 0$ y $\dot{c} = 0$ están representadas en la parte inferior (B) de la Figura 5.6. Expliquemos cómo se han obtenido, utilizando el gráfico auxiliar superior (A).

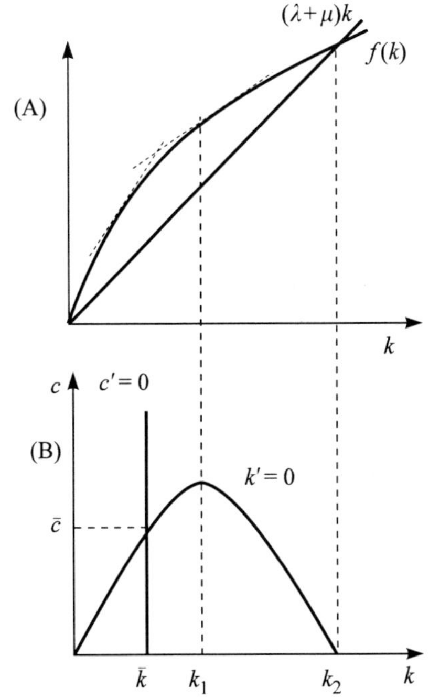

Figura 5.6 Obtención de las curvas $i = 0$ **y** $\dot{k} = 0$

Como se ha visto anteriormente, la curva $\dot{k} = 0$ viene determinada por la ecuación

$$c = f(k) - (\lambda + \mu)k.$$

En el gráfico (A) se representan las funciones $f(k)$ y $(\lambda + \mu)k$, por lo que, si a cada k, representado en abscisas, se le hace corresponder la diferencia entre $f(k)$ y $(\lambda + \mu)k$, se obtiene la curva $\dot{k} = 0$ en el gráfico (B). Es claro que en los puntos en que $f(k)$ y $(\lambda + \mu)k$ se cortan, c vale 0, y que en los puntos intermedios c toma valores positivos, creciendo desde 0 hasta alcanzar el máximo valor en k_1, que se obtiene para

$$f'(k) - (\lambda + \mu)k = 0,$$

es decir, en el punto en que la tangente a $f(k)$ es paralela a la recta $c = (\lambda + \mu)k$, y decreciendo hasta valer cero en k_2.

La curva $\dot{c} = 0$ es una recta paralela al eje de ordenadas. En efecto: $\dot{c} = 0$ viene determinada por la ecuación

$$f'(k) = \lambda + \mu + \delta.$$

Como $\delta > 0$, será

$$f'(k) = \lambda + \mu + \delta > \lambda + \mu.$$

Como se ve en el gráfico (A), y por ser la función f estrictamente convexa, la pendiente de la tangente a $f(k)$ es estrictamente decreciente, por lo que existe un único k, comprendido entre 0 y k_1, para el cual la pendiente de la tangente a $f(k)$ es igual a $\lambda + \mu + \delta$.

El punto de corte de las curvas $\dot{c} = 0$ y $\dot{k} = 0$, es $(\overline{k}, \overline{c})$ que es el punto de equilibrio del sistema.

A partir de la primera de las ecuaciones del sistema, se obtiene, derivando con respecto a c, que:

$$\frac{d\dot{k}}{dc} = -1 < 0,$$

lo cual quiere decir que al aumentar el valor de c disminuye el valor de $\dot{k}$ y al disminuir el valor de c aumenta el valor de $\dot{k}$. Ello implica que por encima de la curva $\dot{k} = 0$, será $\dot{k} < 0$ y por debajo de la curva $\dot{k} = 0$, será $\dot{k} > 0$.

Procediendo de manera análoga con la segunda ecuación diferencial, se obtiene que:

$$\frac{d\dot{c}}{dk} = -\frac{U'(c)}{U''(c)} f''(k) < 0,$$

lo cual implica que a la derecha de la curva $\dot{c} = 0$ será $\dot{c} < 0$, y a la izquierda de la curva $\dot{c} = 0$, será $\dot{c} > 0$.

Las dos curvas $\dot{c} = 0$ y $\dot{k} = 0$ dividen el primer cuadrante (que es el que interesa) en cuatro regiones, en cada una de las cuales representamos un par de flechas que indican el sentido de las trayectorias óptimas en el tiempo.

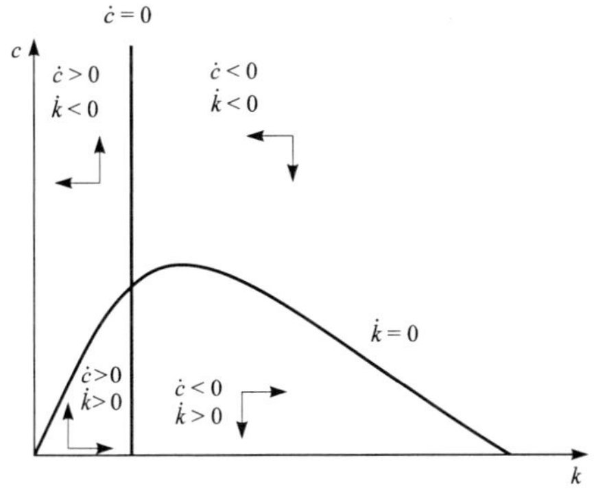

Figura 5.7 Diagrama de fases

Así, por encima de $\dot{k} > 0$ y a la derecha de $\dot{c} = 0$, es decir en la región noreste, al avanzar el tiempo disminuye c (por ser $\dot{c} < 0$), de ahí la flecha $\downarrow$ y al avanzar el tiempo disminuye k (por ser $\dot{k} < 0$), de ahí la flecha $\longleftarrow$. Siguiendo un razonamiento análogo para las demás regiones se obtienen los sentidos de las flechas que aparecen en la Figura 5.7.

A partir del gráfico anterior ya es muy fácil representar posibles trayectorias del sistema, como aparece en la Figura 5.8

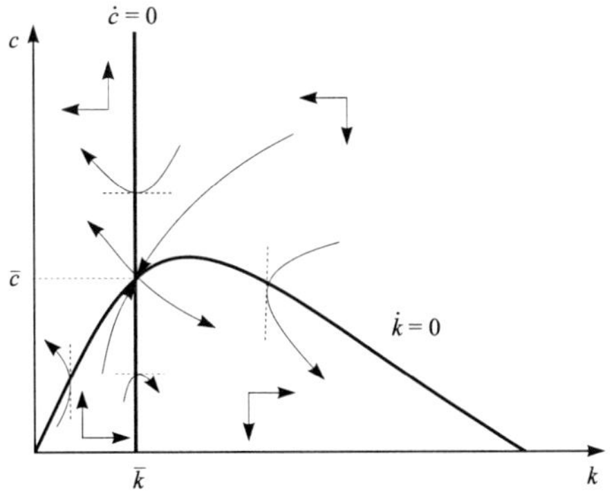

Figura 5.8 Posibles trayectorias

Como se aprecia en el gráfico, el sistema sólo tiene posibilidad de tender hacia el punto de equilibrio a través de una trayectoria a cada lado de $\overline{k}$. Hay estabilidad punto de silla. Si no tiende hacia el punto de equilibrio, la economía tenderá hacia una situación en la que el consumo es cada vez mayor, y el stock de capital es cada vez vez menor hasta que finalmente $k = 0$ (lo cual no tiene futuro) o bien hacia una situación en la que el stock de capital es cada vez mayor, y el consumo es cada vez menor, hasta que finalmente $c = 0$ (lo cual tampoco tiene futuro). Por tanto, dado k_0, hay que encontrar un c_0, único, de manera que (k_0, c_0) esté en la única trayectoria que conduce al equilibrio. Entonces, el sistema de ecuaciones diferenciales formulado, con la condición inicial (k_0, c_0) conducirá el sistema hacia el punto de equilibrio y su solución será la solución óptima del problema de control planteado.

La solución óptima obtenida verifica la condición de transversalidad:

$$\lim_{t\to\infty} e^{-\delta t} m^*(t) = 0,$$

ya que

$$m^*(t) = U'(c^*(t)) \text{ y } \lim_{t\to\infty} e^{-\delta t} U'(c^*(t)) = 0,$$

pues al no tender a cero $c^*(t)$, se cumple que

$$\lim_{t\to\infty} U'(c^*(t)) \text{ es finito y } \lim_{t\to\infty} e^{-\delta t} = 0,$$

por lo que se cumple la condición de transversalidad.

Se puede comprobar formalmente que el punto de equilibrio, $(\overline{k}, \overline{c})$ presenta estabilidad punto de silla. Para ello se aproximan las funciones que constituyen el segundo miembro del sistema de ecuaciones diferenciales, por un polinomio de grado uno, utilizando la fórmula de Taylor, alrededor del punto $(\overline{k}, \overline{c})$, por lo que el sistema se aproxima por un sistema lineal. Entonces se comprueba que la matriz de coeficientes obtenida tiene un autovalor positivo y otro negativo.

5.7 EJERCICIOS PROPUESTOS

Ejercicio 5.1 Resolver el siguiente problema de control óptimo en tiempo continuo, aplicando las condiciones necesarias y suficientes de optimalidad:

$$\begin{aligned} \min_{u} \ J &= \int_0^2 \left[(x-2)^2 + u^2\right] dt, \\ \text{sujeto a} \ : \ \dot{x} &= x + 3u, \\ \text{con} \ : \ x(0) &= 1 \ ; x(2) \geq 3. \end{aligned}$$

Ejercicio 5.2 Un sistema sujeto a control sigue la siguiente ecuación diferencial:

$$\dot{x} + ax = u, \ (\text{siendo } a \text{ constante}),$$

en donde $x = x(t)$ es la variable de estado, $u = u(t)$ es la variable de control. Si $x = 0$, en $t = 0$, y $x = Q$ en $t = T$, determinar el control óptimo u que minimiza:

$$J = \int_0^T \left[(Q-x)^2 + u^2\right] dt.$$

$$J = \int_0^T \left[(Q-x)^2 + u^2\right] dt.$$

Ejercicio 5.3 Se considera el siguiente problema de control óptimo:

$$\begin{aligned} \min_{u_1, u_2} \ J &= \frac{1}{2} \int_0^4 \left(u_1^2 + u_2^2\right) dt, \\ \text{sujeto a} \ : \ \dot{x}_1 &= x_2 + u_1, \\ \dot{x}_2 &= u_2, \\ \text{con} \ : \ x_1(0) &= x_2(0) = 1, \\ x_1(4) &= 0, \end{aligned}$$

en donde x_1 y x_2 son las variables de estado, u_1 y u_2 son las variables de control. Resolver, aplicando el principio del máximo y comprobar la condición suficiente.

Ejercicio 5.4 Una economía se enfrenta al problema de decidir sobre la utilización de un combustible escaso. Denotamos por $S(t)$ al stock de combustible y por $E(t)$ la tasa de extracción, de forma que:

$$\frac{dS}{dt} = -E(t).$$

El uso del combustible proporciona a los ciudadanos una utilidad directa por su consumo:

$$C(E) = Ln(E),$$

pero a la vez origina un nivel de contaminación:

$$P(E) = E^2.$$

A partir de estos datos, se construye una función de utilidad global que depende del consumo y la contaminación, de la forma:

$$U(C, P) = C - P.$$

Sabiendo que el stock actual es $S(0) = 100$, calcular la política de extracción en el período $[0, 4]$, de forma que se agote el stock y se maximice la utilidad global. Obtener los valores óptimos de las variables de control, estado y coestado. Comprobar condición suficiente.

Ejercicio 5.5 Encontrar la tasa de producción $P(t)$ que cambiará el nivel de inventario $I(t)$, desde $I(0) = 2$, a $I(1) = 1$, y la tasa de ventas $S(t)$, desde $S(0) = 0$, hasta $S(1) = 1$, de manera que el coste

$$C = \int_0^1 P^2(t)dt,$$

sea mínimo.

Se supone que

$$\frac{dI}{dt} = P(t) - S(t),$$
$$\frac{dS}{dt} = -P(t).$$

P no está restringido.

Comprobar también condición suficiente.

Ejercicio 5.6 Se consideran los siguientes problemas:

$$\min \int_1^5 (t\dot{x})^2\, dt, \text{ con: } x(1) = 2\,;\, x(5) = 6. \qquad (1)$$

$$\max \int_0^1 (u + x + ux)\, dt + 3x(1), \text{ sujeto a: } \dot{x} = -x + 2u\,;\, \text{con } x(0) = 2. \qquad (2)$$

Se pide:

1. Formular y resolver el problema (1) como un problema de control óptimo.
2. Formular y resolver el problema (2) como un problema de cálculo de variaciones.

Ejercicio 5.7 Se consideran los siguientes problemas de control óptimo en tiempo continuo:

$$\max_{u,T} J = \int_0^T e^{-rt} F(x, u, t)dt + e^{-rT} S\left[x(T), T\right],$$
$$\text{sujeto a } : \frac{dx}{dt} = f(x, u, t),$$
$$u \in \Omega,$$
$$\text{con } : x(0) = x_0,$$

donde T es una incógnita a determinar; y

$$\max_{u} J = \int_{t_0}^{t_1} e^{-r(t-t_0)} F(x, u)dt,$$
$$\text{sujeto a } : \dot{x} = f(x, u),$$
$$\text{con } : x(t_0) = x_0\,;\, x(t_1) \geq x_1.$$

Para cada uno de los problemas dados, se pide: partiendo del Hamiltoniano asociado al problema y de las condiciones del principio del máximo, deducir las condiciones correspondientes utilizando el Hamiltoniano valor presente, convenientemente definido.

Ejercicio 5.8 El siguiente problema de control óptimo corresponde a un planificador central que quiere determinar el ritmo de extracción de un recurso natural no renovable:

$$\max_{q} \int_0^T e^{-rt} u(q) dt,$$
$$\text{sujeto a : } \frac{dx}{dt} = -q,$$
$$\text{con : } x(0) = x_0,$$

en donde $q(t)$ es la tasa de extracción en t, $x(t)$ es el stock de recurso en t, T está dado, $u(q)$ es el excedente del consumidor, y por tanto viene dado por:

$$u(q) = \int_0^q f(w) dw,$$

siendo $p = f(q)$ la inversa de la función de demanda del recurso.

Utilizando el principio del máximo, con el Hamiltoniano "valor presente", demostrar que para la trayectoria óptima se verifica la regla de Hotelling, que es:

$$r = \frac{1}{p}\frac{dp}{dt}.$$

Ejercicio 5.9 Se considera el problema:

$$\max_{u} J = \int_0^{\infty} e^{-rt} \left(-\frac{u^2}{2} + xu - \frac{x^2}{2} \right) dt,$$
$$\text{sujeto a : } \dot{x} = u,$$
$$\text{con : } x(0) = x_0 > 0,$$

en donde $r > 1$.

Demostrar que:

1. Las funciones óptimas $x(t)$ y $m(t)$ verifican:

$$\dot{x} = x + m,$$
$$\dot{m} = (r - 1)m,$$

   en donde $m(t)$ es la variable de coestado, cuando se utiliza el Hamiltoniano "valor presente".
2. La única solución de equilibrio para el sistema del apartado a) es el $(0, 0)$, y es totalmente inestable.
3. La solución óptima es:

$$x(t) = x_0 e^t \ ; u(t) = x_0 e^t \ ; m(t) = 0 \ ; J = 0.$$

Ejercicio 5.10 En un modelo económico de gestión de recursos naturales, aparece el siguiente problema de control óptimo:

$$\begin{aligned} &\max_{X_1, X_2} \int_0^{\infty} e^{-rt} U\left[f(X_1, X_2)\right] dt, \\ \text{sujeto a : } &\dot{S}_1 = -X_1 + R_1(X_1), \\ &\dot{S}_2 = -X_2 + R_2(X_2), \\ \text{con : } &S_1(0) = S_1^0 \ ; \ S_2(0) = S_2^0, \\ &\lim_{t \longrightarrow \infty} S_1(t) = S_1^1 \ ; \ \lim_{t \longrightarrow \infty} S_2(t) = S_2^1, \end{aligned}$$

en donde S_1 y S_2 son las variables de estado y X_1 y X_2 son las variables de control. Las funciones U, f, R_1 y R_2 son de clase $C^{(2)}$.

Se pide: escribir las condiciones del principio del máximo para este problema, utilizando el Hamiltoniano valor presente.

5.8 APÉNDICE. DEMOSTRACIONES

En este Apéndice se incluyen las demostraciones de los Teoremas 5.1 y 5.3. Se ha decidido sacar estas demostraciones de la Sección 5.1 para que haya mayor continuidad en la lectura.

Demostración del Teorema 5.1

Si $x(t), u(t)$ cumplen que

$$\dot{x} = f(x, u, t),$$

se verificará que

$$\gamma(t)[f(x, u, t) - \dot{x}] = 0,$$

para cualquier función $\gamma(t)$ continua, con derivada continua a trozos.

Se verificará que:

$$\begin{aligned} J &= \int_{t_0}^{t_1} F(x, u, t) dt + S[x(t_1), t_1] \\ &= \int_{t_0}^{t_1} \{F(x, u, t), + \gamma(t)\left[f(x, u, t) - \dot{x}\right]\} dt + S\left[x(t_1), t_1\right]. \end{aligned}$$

Resolviendo por partes la integral:

$$\begin{aligned} \int_{t_0}^{t_1} \gamma(t)\dot{x}(t) dt &= \gamma(t)x(t)]_{t_0}^{t_1} - \int_{t_0'}^{t_1} x\dot{\gamma}(t) dt \\ &= \gamma(t_1)x(t_1) - \gamma(t_0)x(t_0) - \int_{t_0}^{t_1} x\dot{\gamma}(t) dt, \end{aligned}$$

queda:

$$J = \int_{t_0}^{t_1} [F(x, u, t) + \gamma f(x, u, t) + x\dot{\gamma}] dt - \gamma(t_1)x(t_1) + \gamma(t_0)x(t_0) + S[x(t_1), t_1],$$

para cualquier trayectoria de control $u(t)$, continua a trozos, con trayectoria de estado asociada $x(t)$, verificando, por tanto, que

$$\dot{x} = f(x, u, t),$$

en los puntos de continuidad de u.

Sea $u^*(t)$ la trayectoria de control óptimo. Se perturba ahora dicha trayectoria con una función arbitraria $\alpha(t)$, continua a trozos. Sea:

$$u_\varepsilon(t) = u^*(t) + \varepsilon\alpha(t), \text{ para cada } t \in [t_0, t_1],$$

siendo ε un parámetro, y la función $\alpha(t)$ fija.

Queda claro que para $\varepsilon = 0$, obtenemos $u_0(t) = u^*(t)$, para cada $t \in [t_0, t_1]$.

Sea $x^*(t)$ la trayectoria de estado óptima, obtenida a partir de $u^*(t)$. Verifica, por tanto, que $x^*(t_0) = x_0$ y $x^*(t_1) = x_1$.

Sea $x(t, \varepsilon)$ la trayectoria de estado asociada al control $u_\varepsilon(t)$. Se supone que $x(t, \varepsilon)$ es una función continua, con derivada parcial continua con respecto a ε, verificando que $x(t_0, \varepsilon) = x_0$. Queda claro que $x(t, 0) = x^*(t)$, para cada $t \in [t_0, t_1]$ y $x(t_1, 0) = x^*(t_1) = x_1$.

Cualquier modificación de u^* no necesariamente da lugar a un $x(t, \varepsilon)$ factible (que verifique la condición final).

Consideremos el control $u_\varepsilon(t)$ y el estado asociado $x(t, \varepsilon)$ (no necesariamente factible).

Sea:

$$\begin{aligned} J(\varepsilon) = \int_{t_0}^{t_1} & \left[F(x(t, \varepsilon), u^* + \varepsilon\alpha, t) + \gamma f(x(t, \varepsilon), u^* + \varepsilon\alpha, t) + x(t, \varepsilon)\dot{\gamma}\right] dt \\ & - \gamma(t_1)x(t_1, \varepsilon) + \gamma(t_0)x_0 + S[x(t_1, \varepsilon), t_1]. \end{aligned}$$

Derivando con respecto a ε, y particularizando en $\varepsilon = 0$, queda:

$$\begin{aligned} J'(0) &= \int_{t_0}^{t_1} \left\{\left[F_x^* \frac{\partial x(t, 0)}{\partial \varepsilon} + F_u^*\alpha\right] + \gamma\left[f_x^* \frac{\partial x(t, 0)}{\partial \varepsilon} + f_u^*\alpha\right] + \frac{\partial x(t, 0)}{\partial \varepsilon}\dot{\gamma}\right\} dt \\ & \quad - \gamma(t_1)\frac{\partial x(t_1, 0)}{\partial \varepsilon} + \frac{\partial S[x(t_1, 0), t_1]}{\partial x}\frac{\partial x(t_1, 0)}{\partial \varepsilon} \\ &= \int_{t_0}^{t_1} \left\{\left[F_x^* + \gamma f_x^* + \dot{\gamma}\right] \frac{\partial x(t, 0)}{\partial \varepsilon} + \left[F_u^* + \gamma f_u^*\right]\alpha\right\} dt \\ & \quad + \left[\frac{\partial S\left[x^*(t_1), t_1\right]}{\partial x} - \gamma(t_1)\right]\frac{\partial x(t_1, 0)}{\partial \varepsilon}, \end{aligned}$$

en donde F_x^*, F_u^*, f_x^* y f_u^* están definidas en (x^*, u^*, t).

Si se toma γ, de manera que verifique que:

$$\dot{\gamma} = -\left[F_x^* + \gamma f_x^*\right], \text{ con } \gamma(t_1) = \frac{\partial S[x^*(t_1), t_1]}{\partial x},$$

entonces queda:

$$J'(0) = \int_{t_0}^{t_1} (F_u^* + \gamma f_u^*)\alpha dt \tag{5.23}$$

Por otra parte, para cualquier otra función $m(t)$ continua, con derivada continua a trozos, también se verifica que:

$$m(t)\,[f(x,u,t)-\dot{x}]=0,$$

por lo que:

$$\int_{t_0}^{t_1} m(t)\,[f(x,u,t)-\dot{x}]\,dt=0.$$

Efectuando operaciones, se llega a que:

$$0=\int_{t_0}^{t_1}[mf(x,u,t)+x\dot{m}]\,dt-m(t_1)x(t_1)+m(t_0)x_0.$$

Particularizando en $u=u_\varepsilon(t)$, $x=x(t,\varepsilon)$, la anterior expresión queda:

$$0=\int_{t_0}^{t_1}\left[m(t)f(x(t,\varepsilon),u^*+\varepsilon\alpha,t)+x(t,\varepsilon)\dot{m}\right]dt-m(t_1)x(t_1,\varepsilon)+m(t_0)x_0.$$

Derivando miembro a miembro con respecto a ε, y particularizando en $\varepsilon=0$, queda:

$$\begin{aligned}0&=\int_{t_0}^{t_1}\left\{m\left[f_x^*\frac{\partial x(t,0)}{\partial\varepsilon}+f_u^*\alpha\right]+\frac{\partial x(t,0)}{\partial\varepsilon}\dot{m}\right\}dt-m(t_1)\frac{\partial x(t_1,0)}{\partial\varepsilon}\\&=\int_{t_0}^{t_1}\left\{\left[mf_x^*+\dot{m}\right]\frac{\partial x(t,0)}{\partial\varepsilon}+mf_u^*\alpha\right\}dt-m(t_1)\frac{\partial x(t_1,0)}{\partial\varepsilon}.\end{aligned}$$

Si se toma m, de manera que verifique que:

$$\dot{m}=-mf_x^*,\ \text{con}\ x(t_1)=1,$$

queda que:

$$\frac{\partial x(t_1,0)}{\partial\varepsilon}=\int_{t_0}^{t_1}mf_u^*\alpha dt,\tag{5.24}$$

en donde f_x^* y f_u^* están particularizadas en (x^*,u^*,t).

A partir de (5.23) y (5.24) se obtiene que para cualquier constante K se verifica que:

$$J'(0)+K\frac{\partial x(t_1,0)}{\partial\varepsilon}=\int_{t_0}^{t_1}(F_u^*+\gamma f_u^*+Kmf_u^*)\alpha dt.$$

Tomando en particular,

$$\alpha=F_u^*+\gamma f_u^*+Kmf_u^*,$$

y eligiendo K de manera que sea

$$\frac{\partial x(t_1,0)}{\partial\varepsilon}=0,$$

con lo que se asegura que la variable de estado verifica la condición final, la expresión anterior queda:

$$J'(0)=\int_{t_0}^{t_1}\left[F_u^*+(\gamma+Km)f_u^*\right]^2dt,$$

pero esta integral es estrictamente mayor que cero, a menos que sea

$$F_u^* + (\gamma + Km) f_u^* = 0,$$

en cuyo caso es igual a cero.

Por tanto,

$$J'(0) = 0 \iff F_u^* + (\gamma + Km) f_u^* = 0.$$

Veamos cómo hay que elegir K para que

$$\frac{\partial x(t_1, 0)}{\partial \varepsilon} = 0.$$

Se tiene que

$$\begin{aligned} \frac{\partial x(t_1, 0)}{\partial \varepsilon} &= \int_{t_0}^{t_1} m f_u^* \left[F_u^* + (\gamma + Km) f_u^* \right] dt \\ &= \int_{t_0}^{t_1} \left[m f_u^* (F_u^* + \gamma f_u^*) \right] dt + K \int_{t_0}^{t_1} m^2 f_u^{*2} dt. \end{aligned}$$

Por tanto, suponiendo que

$$\int_{t_0}^{t_1} m^2 f_u^{*2} dt \neq 0,$$

hay que tomar:

$$K = -\frac{\int_{t_0}^{t_1} \left[m f_u^* (F_u^* + \gamma f_u^*) \right] dt}{\int_{t_0}^{t_1} m^2 f_u^{*2} dt}.$$

Por consiguiente, definiendo

$$\lambda^*(t) = \gamma(t) + K m(t),$$

será

$$\dot{\lambda}^*(t) = -(F_x^* + \gamma f_x^*) - K m f_x^* = -(F_x^* + \lambda^* f_x^*).$$

Resulta que: existe una función $\lambda^*(t)$ continua, con derivada continua a trozos, tal que para cada $t \in [t_0, t_1]$, se verifica que:

1)

$$\dot{\lambda}^*(t) = -\frac{\partial H(x^*(t), u^*(t), \lambda^*(t), t)}{\partial u},$$

en todos los puntos de continuidad de $u^*(t)$.

2)

$$F_u^* + \lambda^* f_u = 0.$$

3)

$$\dot{x}^*(t) = f(x^*(t), u^*(t), t),$$

en todos los puntos de continuidad de $u^*(t)$,

$$\text{con } x^*(t_0) = x_0, \ x^*(t_1) = x_1.$$

Es decir:

$$\frac{\partial H(x^*(t), u^*(t), \lambda^*(t), t)}{\partial u} = 0,$$

con lo que el teorema queda demostrado.

■

Demostración del Teorema 5.3

Si $x(t)$, $u(t)$ cumplen que

$$\dot{x} = f(x, u, t),$$

se verificará que

$$\lambda(t)\,[f(x, u, t) - \dot{x}] = 0,$$

para cualquier función $\lambda(t)$ continua, con derivada continua a trozos, de donde se deduce que:

$$\int_{t_0}^{t_1} \lambda(t)\,[f(x, u, t) - \dot{x}]\,dt = 0.$$

Sumando el valor de esta integral al funcional objetivo, se obtiene que:

$$\begin{aligned} J &= \int_{t_0}^{t_1} \{F(x, u, t) + \lambda(t)\,[f(x, u, t) - \dot{x}]\}\,dt + S\,[x(t_1), t_1] \\ &= \int_{t_0}^{t_1} H(x, u, \lambda, t)dt - \int_{t_0}^{t_1} \lambda(t)\dot{x}dt + S\,[x(t_1), t_1]\,. \end{aligned}$$

Resolviendo por partes la segunda integral y efectuando operaciones, queda:

$$J = \int_{t_0}^{t_1} \left[H(x, u, \lambda, t) + x\dot{\lambda}(t)\right] dt - \lambda(t_1)x(t_1) + \lambda(t_0)x_0 + S\,[x(t_1), t_1]\,,$$

para cualquier trayectoria de control $u(t)$, continua a trozos, con trayectoria de estado asociada $x(t)$, verificando, por tanto, que

$$\dot{x} = f(x, u, t),$$

en los puntos de continuidad de u, con $x(t_0) = x_0$, en el horizonte temporal $[t_0, t_1]$.

Sean t_1^* el instante final óptimo, $u^*(t)$ el control óptimo y $x^*(t)$ la trayectoria óptima de estado.

Se va a comparar $u^*(t)$, definida en $[t_0, t_1^*]$, con otra función $u(t)$, continua a trozos, definida en el intervalo $[t_0, t_1^* + \delta t_1]$. Los dominios de definición de ambas funciones pueden ser diferentes, ya que δt_1 puede ser positivo, negativo o nulo. Para que ambas funciones tengan el mismo dominio, se extiende la de menor dominio. Así, si $\delta t_1 > 0$, se extiende u^* de la siguienet forma:

$$u^*(t) = u^*(t_1^*), \text{ para } t_1^* \leq t \leq t_1^* + \delta t_1.$$

Si fuera $\delta t_1 < 0$ se extendería u por una extrapolación análoga.

Se define la función

$$\alpha(t) = u(t) - u^*(t), \text{ para } t_0 \leq t \leq \max(t_1^*, t_1^* + \delta t_1),$$

que será continua a trozos.

Sean δt_1 y $\alpha(t)$ fijos. Para cada $\varepsilon \in \mathbb{R}$, se define:

$$\begin{aligned} t_1^\varepsilon &= t_1^* + \varepsilon \delta t_1, \\ u_\varepsilon(t) &= u^*(t) + \varepsilon \alpha(t), \text{ para } t_0 \leq t \leq t_1^\varepsilon. \end{aligned}$$

Sea $x(t, \varepsilon)$ la trayectoria de estado asociada al control $u_\varepsilon(t)$. Se supone que $x(t, \varepsilon)$ es una función continua, con derivada parcial continua con respecto a ε. Es claro que

$$x(t, 0) = x^*(t), \text{ para cada } t \in [t_0, t_1^*].$$

Fijados δt_1, $\alpha(t)$, t_1^*, $u^*(t)$ y $x^*(t)$, el valor del funcional objetivo asociado a $u_\varepsilon(t)$ y $x(t,\varepsilon)$, en el horizonte temporal $[t_0, t_1^\varepsilon]$, dependerá de ε exclusivamente y valdrá:

$$\begin{aligned} J(\varepsilon) = & \int_{t_0}^{t_1^*+\varepsilon\delta t_1} \left[H\left(x(t,\varepsilon), u^*(t)+\varepsilon\alpha(t), \lambda(t), t\right) + x(t,\varepsilon)\dot{\lambda}(t)\right] dt \\ & - \lambda(t_1^*+\varepsilon\delta t_1)x(t_1^*+\varepsilon\delta t_1,\varepsilon) + \lambda(t_0)x_0 + S\left[x(t_1^*+\varepsilon\delta t_1,\varepsilon), t_1^*+\varepsilon\delta t_1\right]. \end{aligned}$$

Como t_1^* es el instante final óptimo, $u^*(t)$ el control óptimo y $x^*(t)$ la trayectoria óptima de estado, $J(\varepsilon)$ alcanzará el máximo valor para $\varepsilon = 0$, por lo que se cumplirá la condición necesaria de optimalidad $J'(0) = 0$.

Derivando $J(\varepsilon)$ con respecto a ε, utilizando la fórmula de Leibniz, se obtiene:

$$\begin{aligned} J'(\varepsilon) = & H\left(x(t_1^*+\varepsilon\delta t_1,\varepsilon), u^*(t_1^*+\varepsilon\delta t_1)+\varepsilon\alpha(t_1^*+\varepsilon\delta t_1), \lambda(t_1^*+\varepsilon\delta t_1), t_1^*+\varepsilon\delta t_1\right)\delta t_1 \\ & + x(t_1^*+\varepsilon\delta t_1,\varepsilon)\dot{\lambda}(t_1^*+\varepsilon\delta t_1)\delta t_1 \\ & + \int_{t_0}^{t_1^*+\varepsilon\delta t_1} \left[\frac{\partial H}{\partial x}\frac{\partial x(t,\varepsilon)}{\partial \varepsilon} + \frac{\partial H}{\partial u}\alpha(t) + \frac{\partial x(t,\varepsilon)}{\partial \varepsilon}\dot{\lambda}(t)\right] dt \\ & - \dot{\lambda}(t_1^*+\varepsilon\delta t_1)x(t_1^*+\varepsilon\delta t_1,\varepsilon)\delta t_1 \\ & - \lambda(t_1^*+\varepsilon\delta t_1)\left[\frac{\partial x(t_1^*+\varepsilon\delta t_1,\varepsilon)}{\partial t}\delta t_1 + \frac{\partial x(t_1^*+\varepsilon\delta t_1,\varepsilon)}{\partial \varepsilon}\right] \\ & + \frac{\partial S\left[x(t_1^*+\varepsilon\delta t_1,\varepsilon), t_1^*+\varepsilon\delta t_1\right]}{\partial x}\left[\frac{\partial x(t_1^*+\varepsilon\delta t_1,\varepsilon)}{\partial t}\delta t_1 + \frac{\partial x(t_1^*+\varepsilon\delta t_1,\varepsilon)}{\partial \varepsilon}\right] \\ & + \frac{\partial S\left[x(t_1^*+\varepsilon\delta t_1,\varepsilon), t_1^*+\varepsilon\delta t_1\right]}{\partial t_1}\delta t_1, \end{aligned}$$

en donde

$$\frac{\partial H}{\partial x} \text{ y } \frac{\partial H}{\partial u}$$

están definidos en $(x(t,\varepsilon), u^*(t)+\varepsilon\alpha(t), \lambda(t), t)$.

Particularizando en $\varepsilon = 0$, e igualando a cero queda:

$$\begin{aligned} 0 = & \left[H\left(x^*(t_1^*), u^*(t_1^*), \lambda(t_1^*), t_1^*\right)\right]\delta t_1 + x^*(t_1^*)\dot{\lambda}(t_1^*)\delta t_1 \\ & + \int_{t_0}^{t_1^*} \left\{\left(\frac{\partial H^*}{\partial x} + \dot{\lambda}\right)\frac{\partial x(t,0)}{\partial \varepsilon} + \frac{\partial H^*}{\partial u}\alpha(t)\right\} dt - \dot{\lambda}(t_1^*)x^*(t_1^*)\delta t_1 \\ & + \left[\frac{\partial S\left[x^*(t_1^*), t_1^*\right]}{\partial x} - \lambda(t_1^*)\right]\left(\frac{\partial x(t_1^*,0)}{\partial t}\delta t_1 + \frac{\partial x(t_1^*,0)}{\partial \varepsilon}\right) \\ & + \frac{\partial S\left[x^*(t_1^*), t_1^*\right]}{\partial t_1}\delta t_1, \end{aligned}$$

en donde

$$\frac{\partial H^*}{\partial x} = \frac{\partial H(x^*, u^*, \lambda, t)}{\partial x}, \quad \frac{\partial H^*}{\partial u} = \frac{\partial H(x^*, u^*, \lambda, t)}{\partial u}.$$

Como el impacto preciso que produce en la variable de estado una modificación de la variable de control, es decir,

$$\frac{\partial x(t,0)}{\partial \varepsilon},$$

es difícil de determinar, se selecciona $\lambda(t)$, de manera que no haya necesidad de calcularlo, por lo que $\lambda^*(t)$ se toma de manera que verifique:

$$\dot{\lambda}^*(t) = -\frac{\partial H(x^*, u^*, \lambda^*, t)}{\partial x}, \text{ con } \lambda^*(t_1^*) = \frac{\partial S[x^*(t_1^*), t_1^*]}{\partial x},$$

con lo que queda:

$$0 = \left[H\left(x^*(t_1^*)\right., u^*(t_1^*), \lambda^*(t_1^*), t_1^*) + \frac{\partial S[x^*(t_1^*), t_1^*]}{\partial t_1} \right] \delta t_1$$
$$+ \int_{t_0}^{t_1^*} \frac{\partial H(x^*, u^*, \lambda^*, t)}{\partial u} \alpha(t) dt,$$

que tiene que ser cierto para cualquier δt_1 y cualquier función $\alpha(t)$ continua a trozos. En particular tiene que ser cierto para $\delta t_1 = 0$, por lo que tiene que cumplirse que:

$$\int_{t_0}^{t_1^*} \frac{\partial H(x^*, u^*, \lambda^*, t)}{\partial u} \alpha(t) dt = 0,$$

para cualquier función $\alpha(t)$ continua a trozos. En particular, tomando:

$$\alpha(t) = \frac{\partial H(x^*, u^*, \lambda^*, t)}{\partial u},$$

tendrá que cumplirse que:

$$\int_{t_0}^{t_1^*} \left[\frac{\partial H(x^*, u^*, \lambda^*, t)}{\partial u} \right]^2 dt = 0,$$

de donde se deduce que:

$$\frac{\partial H(x^*, u^*, \lambda^*, t)}{\partial u} = 0, \quad \text{para todo } t \in [t_0, t_1^*].$$

Por tanto, se tiene que:

$$\left[H(x^*(t_1^*), u^*(t_1^*), \lambda^*(t_1^*), t_1^*) + \frac{\partial S[x^*(t_1^*), t_1^*]}{\partial t_1} \right] \delta t_1 = 0,$$

para cualquier δt_1, por lo que será:

$$H(x^*(t_1^*), u^*(t_1^*), \lambda^*(t_1^*), t_1^*) + \frac{\partial S[x^*(t_1^*), t_1^*]}{\partial t_1} = 0.$$

Por tanto, hemos deducido que existe una función $\lambda^*(t)$ continua, con derivada continua a trozos, tal que para cada $t \in [t_0, t_1^*]$, se verifica que:

1)

$$\dot{\lambda}^*(t) = -\frac{\partial H(x^*(t), u^*(t), \lambda^*(t), t)}{\partial x},$$

en todos los puntos de continuidad de $u^*(t)$,

$$\text{con} : \lambda^*(t_1^*) = \frac{\partial S[x^*(t_1^*), t_1^*]}{\partial x},$$

2)

$$\frac{\partial H(x^*(t), u^*(t), \lambda^*, t)}{\partial u} = 0.$$

3)

$$\dot{x}^*(t) = f(x^*(t), u^*(t), t),$$

en todos los puntos de continuidad de $u^*(t)$,

$$\text{con} : x^*(0) = x_0.$$

Además se tiene que cumplir:

$$H(x^*(t_1^*), u^*(t_1^*), \lambda^*(t_1^*), t_1^*) + \frac{\partial S[x^*(t_1^*), t_1^*]}{\partial t_1} = 0,$$

con lo que el teorema queda demostrado.

■

Parte IV

Control óptimo en tiempo discreto

CAPÍTULO 6

Programación dinámica

En este capítulo se presenta el problema básico de control óptimo en tiempo discreto, y un método importante que permite obtener su solución óptima: la programación dinámica de Bellman, método que fue publicado en 1957.

En la Sección 1 del capítulo se formula el problema básico de control óptimo en tiempo continuo. En la Sección 2 se presenta la programación dinámica, como método que permite resolver el problema planteado. La programación dinámica se ilustra con bastantes ejemplos en las Secciones 3 y 4. En la Sección 5 se presenta la programación dinámica como método para resolver problemas de control óptimo en tiempo continuo. El capítulo termina con los ejercicios propuestos.

6.1 PLANTEAMIENTO DEL PROBLEMA DE CONTROL ÓPTIMO EN TIEMPO DISCRETO

Se considera un sistema dinámico, formulado en tiempo discreto, para un número dado N de etapas o períodos, cuya situación inicial viene dada por el vector n-dimensional x_0, y que evoluciona en el tiempo. Al igual que en el caso de tiempo continuo, estudiado en los Capítulos 4 y 5, dicha evolución depende del valor que se de a ciertas variables, llamadas variables de control, que permiten influir en el sistema. Sea $u(k)$ el vector m-dimensional de variables de control en la etapa o período k, para $k \in \{0, 1, \ldots, N-1\}$. Representamos por $x(k)$, para cada $k \in \{0, 1, \ldots, N-1\}$, el vector n-dimensional llamado vector de variables de estado, que nos indica la situación del sistema en la etapa o período k.

La evolución del sistema en el tiempo viene descrita por un sistema de ecuaciones en diferencias finitas, conocido como ecuación de estado:

$$\begin{aligned} x(k+1) &= f\left(x(k), u(k), k\right), \text{ para } k = 0, 1, \ldots, N-1, \\ \text{con } &: x(0) = x_0, \end{aligned}$$

siendo f es una función:

$$\begin{array}{lllllll} f & : D_1 (\subset \mathbb{R}^n) & \times D_2 (\subset \mathbb{R}^m) & \times \{0, \ldots, N-1\} & \longrightarrow & \mathbb{R}^n \\ & (x, & u, & k) & \longrightarrow & f(x, u, k). \end{array}$$

Se supone que

$$u(k) \in \Omega(k) \subset \mathbb{R}^m, \text{ para } k = 0, 1, \ldots, N-1,$$

en donde para cada k, $\Omega(k)$ es el conjunto de controles admisibles.

El funcional objetivo es del tipo:

$$J = \sum_{k=0}^{N-1} F\left[x(k), u(k), k\right] + S\left[x(N)\right],$$

siendo F y S funciones definidas como:

$$\begin{array}{llllll} F : D_1 (\subset \mathbb{R}^n) \times & D_2 (\subset \mathbb{R}^m) \times & \{0, \ldots, N-1\} & \longrightarrow & \mathbb{R} \\ (x, & u, & k) & \longrightarrow & F(x, u, k), \end{array}$$

y

$$\begin{array}{lll} S : D_1 \subset \mathbb{R}^n & \longrightarrow & \mathbb{R} \\ x & \longrightarrow & S(x), \end{array}$$

respectivamente.

Es decir, el sistema dinámico parte del estado inicial x_0. En el período o etapa 1 (correspondiente a $k = 0$), hay que elegir un control $u(0) \in \Omega(0)$, en dicho período o etapa se realiza una aportación al funcional objetivo dada por $F\left[x(0), u(0), 0\right]$ y se inicia el período o etapa 2 (correspondiente a $k = 1$) con el siguiente valor del vector de estado:

$$x(1) = f\left(x(0), u(0), 0\right).$$

En dicho período o etapa 2 (correspondiente a $k = 1$), hay que elegir un control $u(1) \in \Omega(1)$, se realiza una aportación al funcional objetivo dada por $F\left[x(1), u(1), 1\right]$ y se inicia el período o etapa 3 (correspondiente a $k = 2$) con el siguiente valor del vector de estado:

$$x(2) = f\left(x(1), u(1), 1\right).$$

Se sigue de esta manera hasta que por último comienza el período o etapa N (correspondiente a $k = N-1$) con estado inicial $x(N-1)$, y hay que elegir un control $u(N-1) \in \Omega(N-1)$, se realiza una aportación al funcional objetivo dada por $F\left[x(N-1), u(N-1), N-1\right]$, alcanzando el sistema un estado final

$$x(N) = f\left(x(N-1), u(N-1), N-1\right),$$

y, por el hecho de terminar en dicho estado, se realiza una aportación al funcional objetivo dada por $S[x(N)]$. Véase la Figura 6.1.

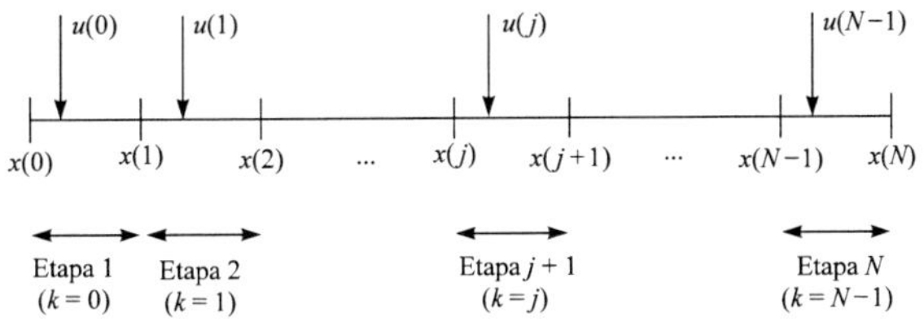

Figura 6.1 Control óptimo en tiempo discreto

Un control óptimo se define como un control

$$u(k) \in \Omega(k) \subset \mathbb{R}^m, \text{ para } k = 0, 1, \ldots, N-1,$$

(por tanto admisible), que maximiza el funcional objetivo.

Por tanto, el problema que nos ocupa es el siguiente:

Dado un sistema dinámico con condición inicial x_0, y que evoluciona en el tiempo de acuerdo con la ecuación de estado $x(k+1) = f(x(k), u(k), k)$, se trata de encontrar para cada k un vector de control que sea admisible y haga que el funcional objetivo alcance el valor máximo. Expresado en términos matemáticos se tratará de:

$$\begin{aligned} \max_{\{u(k)\}_{k=o}^{N-1}} \quad & J = \sum_{k=0}^{N-1} F[x(k), u(k), k] + S[x(N)], \\ \textit{sujeto a} : \ & x(k+1) = f(x(k), u(k), k), \ \textit{para}\ k = 0, 1, \ldots, N-1, \\ \textit{con} : \ & x(0) = x_0, \\ & u(k) \in \Omega(k). \end{aligned} \tag{6.1}$$

La secuencia de controles $u^* = (u^*(0), u^*(1), \ldots, u^*(N-1))'$ que resuelve el problema se llama control óptimo y $x^* = (x^*(0), x^*(1), \ldots, x^*(N-1), x^*(N))'$, determinado por la ecuación de estado a partir de u^* y de $x(0)$, se llama trayectoria de estado óptima o camino óptimo.

Obsérvese que no se ha exigido ninguna condición de diferenciabilidad a ninguna de las funciones que aparecen en el planteamiento del problema.

A continuación se estudia la programación dinámica, como método de solución del problema formulado.

6.2 LA PROGRAMACIÓN DINÁMICA

La programación dinámica, introducida por Bellman (1957), fue creada inicialmente para resolver problemas formulados en tiempo discreto, aunque posteriormente sería adaptada para la resolución de problemas en tiempo continuo. La programación dinámica lo que hace es resolver un problema de N etapas o períodos, mediante la resolución de N problemas de una etapa o período.

A continuación se introduce la programación dinámica a través de un ejemplo, para pasar posteriormente a presentar el método de una manera general.

6.2.1 Un problema de rutas

En la Figura 6.2 se presenta un esquema de las carreteras que unen ocho ciudades. Cada ciudad se denomina con una letra entre la A y la H, y se representa mediante un círculo o nodo. Cada flecha o arco representa una carretera entre dos ciudades, y el número asociado a cada arco mide la distancia entre la ciudad de origen y la de destino. El problema consiste en encontrar el camino de mínima distancia para ir de la ciudad A a la H, circulando por las carreteras en el sentido que indican las flechas.

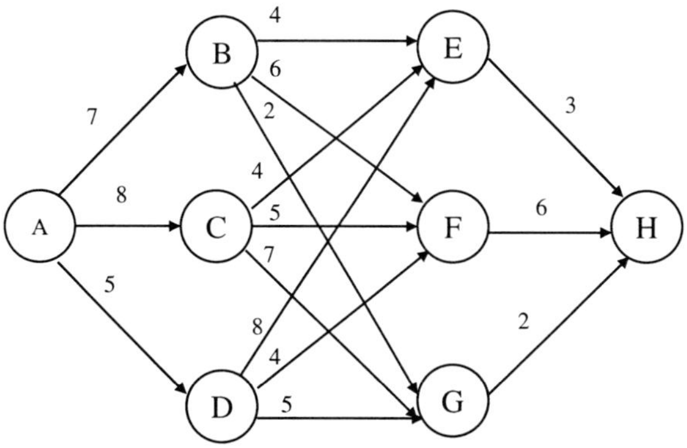

Figura 6.2 Un problema de rutas

Vamos a resolver el problema utilizando dos procedimientos distintos:

(i) Enumeración de todos los posibles recorridos entre A y H , indicando la distancia total a recorrer en cada caso y viendo para cuál de ellos se alcanza la distancia mínima. Es una manera directa de afrontar el problema, que en este caso es posible por ser pequeño el conjunto de posibilidades.

(ii) Mediante otro procedimiento, que no es directo como el anterior, que resulta convincente cuando se utiliza en este caso y que tiene muchas ventajas con respecto al anterior cuando aumenta la dimensión del problema. De hecho, se trata de la programación dinámica.

Solución del problema de rutas por el procedimiento (i)

En la Tabla 6.1 se expresan todas las posibilidades de ir desde la ciudad A hasta la ciudad H, utilizando las diferentes carreteras accesibles, con indicación de la distancia total a recorrer en cada caso:

Opciones	Distancia de A a H
$A-B-E-H$	14
$A-B-F-H$	19
$A-B-G-H$	11
$A-C-E-H$	15
$A-C-F-H$	19
$A-C-G-H$	17
$A-D-E-H$	16
$A-D-F-H$	15
$A-D-G-H$	12

Tabla 6.1 Opciones y distancia de A a H para cada opción

En la tabla anterior se observa que la distancia mínima, que es 11, se alcanza siguiendo la trayectoria $A - B - G - H$.

Solución del problema de rutas por el procedimiento (ii)

El problema de rutas que nos ocupa se puede dividir en tres etapas:

- La etapa 1, en la que hay que ir desde A hasta B, C o D.
- La etapa 2, en la que hay que ir desde B, C o D hasta E, F o G.
- La etapa 3, en la que hay que ir desde E, F o G hasta H.

Vamos a resolver el problema etapa a etapa, pero empezando por la etapa final.

Etapa en la que hay que ir desde E,F o G hasta H

Una persona que tenga que ir desde A hasta H a través de la red de carreteras especificada en la Figura 6.2, cuando vaya a comenzar su última etapa se encontrará en la ciudad E, en la F o en la G. Supongamos que se encuentra en E, en cuyo caso para ir a H sólo tiene una posibilidad que consiste en seguir la única carretera que une E con H, con una distancia de 3; por tanto para ir desde E hasta H, no hay más que una alternativa y realmente no hay nada que decidir. Análogamente, si al comenzar la tercera etapa se encuentra en F debe tomar la única carretera que une F con H, con una distancia de 6. Si parte de G tomará la única carretera desde G hasta H, con una distancia de 2. La Tabla 6.2 recoge la información relevante de la tercera etapa.

Ciudad de partida	Acción: Ir a...	Distancia a H
E	H	3
F	H	6
G	H	2

Tabla 6.2 Información relevante de la tercera etapa

Etapa en la que hay que ir desde B, C o D hasta E, F o G

Al comienzo de la Etapa 2 la ciudad de partida será B, C o D.

Una persona que se encuentre en B y quiera ir a H tiene que decidir si va por E, por F o por G. Si decide ir por E tiene que recorrer una distancia de 4 para llegar a E más una distancia de 3 para ir desde E hasta H. Es decir, ir desde B hasta H, pasando por E, supone recorrer una distancia de 7. Si decide ir por F tiene que recorrer una distancia de 6 para llegar a F más una distancia de 6 para ir desde F hasta H. Por tanto, ir desde B hasta H, pasando por F, supone recorrer una distancia de 12. Si decide ir por G tiene que recorrer una distancia de 2 para llegar a G más una distancia de 2 para ir desde G hasta H. Por tanto, ir desde B hasta H, pasando por G, supone recorrer una distancia de 4. De las tres posibilidades que hay para ir desde B hasta H, seleccionamos la ruta que pasa por G, con una distancia de 4, que es la mínima.

Si el punto de partida es C o D, realizamos un razonamiento similar.

La Tabla 6.3 recoge la información relevante de la etapa 2.

Tras el razonamiento anterior queda claro que cualquiera que tenga que ir desde B hasta H, y elija la ruta de mínima distancia, irá por G y recorrerá una distancia de 4. Para ir desde C hasta H por la ruta de mínima distancia, irá por E, siendo la distancia de 7. Para ir desde D hasta H, irá por G, siendo 7 la distancia mínima. En la etapa se ha creado, por tanto, una función que hace corresponder a cada posible ciudad inicial la distancia mínima a recorrer a partir de ella. Esta función (que se llama función valor), junto con la correspondiente acción a tomar, contiene toda la información que se necesita sobre esta etapa.

Ciudad de partida	Acción: Ir a...	Distancia a H
B	E	$4+3=7$
	F	$6+6=12$
	G	$2+2=4$ mínima
C	E	$4+3=7$ mínima
	F	$5+6=11$
	G	$7+2=9$
D	E	$8+3=11$
	F	$4+6=10$
	G	$5+2=7$ mínima

Tabla 6.3 Información relevante de la segunda etapa

Etapa en la que hay ir desde A hasta B, C o D.

La ciudad de partida en la etapa 1 es la A. En dicha etapa hay que decidir si se va a B, a C o a D, como paso intermedio para llegar a H.

Supongamos que la decisión es ir a B, entonces habría que recorrer una distancia de 7 para ir desde A hasta B. Como de B a H ya se ha visto en el análisis realizado en la etapa 2 que la trayectoria óptima pasa por G y supone una distancia de 4 entre B y H, resulta que si en la etapa 1, la decisión es ir a B, habrá que recorrer una distancia de $7+4=11$, para ir desde A hasta H.

Si la decisión en la etapa 1 es ir a C, habrá que recorrer una distancia de 8 para ir desde A hasta C. Completando este camino con la trayectoria óptima, ya calculada en la etapa 2 de C a H, resulta que desde A hasta H, pasando por C, la distancia a recorrer es de $8+7=15$.

Si en la etapa 1 se decide ir a D, habrá que recorrer una distancia de 5 entre A y D, más una distancia de 7 entre D y H (como hemos obtenido en el análisis de la etapa 2). Por tanto, la distancia a recorrer desde A hasta H, vía D, es de 12.

De las tres posibilidades la de menor distancia pasa por B, con un valor de 11. La distancia óptima a recorrer desde A es 11 (la función valor aplicada a A es igual a 11).

La Tabla 6.4 recoge la información relevante de la etapa 1:

Ciudad de partida	Acción: Ir a...	Distancia a H
A	B	$7+4=11$ mínima
	C	$8+7=15$
	D	$5+7=12$

Tabla 6.4 Información relevante de la primera etapa

Una vez hecho el estudio empezando por la etapa final y terminando por la etapa inicial, se hace un recorrido del principio al final, encontrando la solución óptima al problema planteado.

El punto de partida es A y como se ha obtenido en la Tabla 6.4, la decisión óptima pasa por B. Partiendo de la ciudad B, en la Tabla 6.3, se ha obtenido que hay que ir a G, y desde G hay que tomar la única ruta que conduce a H, como se recoge en la Tabla 6.2. Por tanto, la trayectoria óptima es $A-B-G-H$, con una distancia de 11, tal como se recoge en la Tabla 6.4.

Obsérvese que si se va optimizando etapa a etapa empezando por la primera se tomaría la ruta hacia D (la más cercana a A) que no forma parte de la trayectoria óptima (de A a H) obtenida. Por tanto, en los problemas de varias etapas no hay que perder la visión de conjunto, tal como hace el método utilizado, que es la programación dinámica.

6.2.2 Causalidad

El problema de control óptimo en tiempo discreto planteado en la Sección 1 de este capítulo, es decir el Problema 6.1, verifica una propiedad importante, llamada de causalidad que se expresa en los siguientes términos:

> **(Propiedad de causalidad)** *Para cualesquiera* $j, r \in \{0, 1, \dots, N-1\}$*, con* $j < r$*, se verifica que* $x(r)$ *depende únicamente de* $x(j)$ *y de los controles* $\{u(j), u(j+1), \dots, u(r-1)\}$.

Es decir, dado el estado $x(j)$ en el que se encuentra el sistema dinámico al comienzo de la etapa (o período) $j+1$, para cualquier etapa posterior r se verifica que el estado que se alcanzará al finalizar dicha etapa, $x(r)$ depende exclusivamente del estado $x(j)$ y de los controles que se apliquen entre las etapas $j+1$ y r, tal como se aprecia en la Figura 6.3.

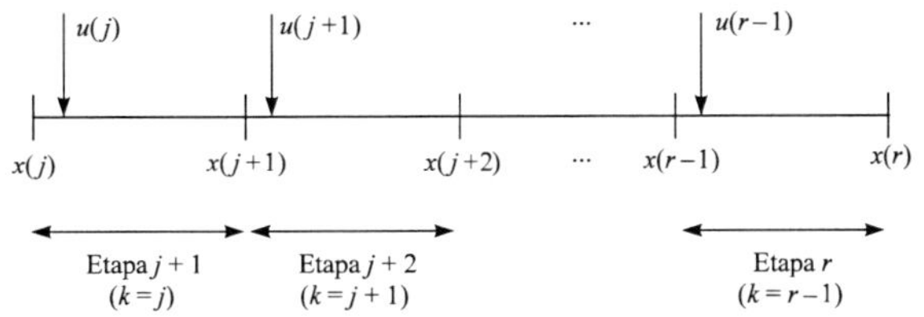

Figura 6.3 Propiedad de causalidad

En otras palabras, dados dos estados cualesquiera del sistema, uno anterior y otro posterior, el valor que tome el estado posterior depende únicamente del valor del estado anterior y de los valores de los controles intermedios entre ambos estados.

Esta propiedad se verifica como consecuencia directa de la estructura del problema. En efecto, teniendo en cuenta la ecuación de estado se tiene que:

$$x(j+1) = f\left(x(j), u(j), j\right),$$

y que

$$x(j+2) = f\left(x(j+1), u(j+1), j+1\right) = f(f\left(x(j), u(j), j\right), u(j+1), j+1),$$

y así sucesivamente, hasta obtener:

$$\begin{aligned} x(r) &= f(x(r-1), u(r-1), r-1) = f(f(x(r-2), u(r-2), r-2), u(r-1), r-1) \\ &= \cdots = \Psi\left[x(j), u(j), u(j+1), \dots, u(r-1)\right], \end{aligned}$$

en donde esta última función Ψ se obtiene al ir sustituyendo de manera recurrente el vector de variables de estado por el valor que resulta al aplicar la ecuación de estado.

Como consecuencia de esta propiedad, el estado inicial $x(0)$ y el conjunto de controles

$$\{u(0), u(1), \dots, u(N-1)\}$$

determinan la trayectoria del vector de estado $\{x(0), x(1), x(2), \dots, x(N)\}$.

Utilizando la notación:

$$u\,[0, N-1] = \{u(0), u(1), \ldots, u(N-1)\},$$

y, en general:

$$u\,[j, N-1] = \{u(j), u(j+1), \ldots, u(N-1)\},$$

el funcional objetivo del Problema 6.1 se puede escribir como

$$J = J_0\,\{x(0), u\,[0, N-1]\},$$

por lo que, si $x(0)$ está dado, para maximizar J sólo hay que determinar los controles $u\,[0, N-1]$.

La propiedad de causalidad no siempre se cumple en modelos económicos dinámicos. Por ejemplo, una decisión a tomar en cierto momento futuro por una autoridad económica, puede estar afectando al estado presente de dicha economía, por medio de las expectativas de los agentes. En tales casos la formulación del modelo de optimización dinámica no se corresponde con el Problema (6.1), en el que, como se ha comprobado, se cumple el supuesto de causalidad.

6.2.3 Solución al problema de control óptimo, mediante programación dinámica

En la Proposición 6.1, tras el lema previo, se presenta el método de programación dinámica, que permite obtener la solución óptima del Problema 6.1.

Lema 6.1 *Sean D, D' dos conjuntos cualesquiera. Sean g y h funciones reales, cuyos dominios son D y $D \times D'$, respectivamente. Entonces, se verifica que:*

$$\max_{y\in D, z\in D'} \{g(y) + h(y,z)\} = \max_{y\in D} \left\{ g(y) + \max_{z\in D'} \{h(y,z)\} \right\},$$

suponiendo la existencia de solución óptima para estos problemas.

DEMOSTRACIÓN. a) Veamos que la expresión situada a la izquierda de la igualdad es mayor o igual que la situada a la derecha.

Queda claro que

$$\max_{y\in D, z\in D'} \{g(y) + h(y,z)\} \geq g(y) + h(y,z), \ \forall y \in D, z \in D'.$$

En particular,

$$\max_{y\in D, z\in D'} \{g(y) + h(y,z)\} \geq g(y) + \max_{z\in D'} \{h(y,z)\}, \ \forall y \in D,$$

por lo que

$$\max_{y\in D, z\in D'} \{g(y) + h(y,z)\} \geq \max_{y\in D} \left\{ g(y) + \max_{z\in D'} \{h(y,z)\} \right\}.$$

b) Veamos ahora que la expresión situada a la izquierda de la igualdad es menor o igual que la expresión situada a la derecha.

Queda claro que

$$h(y,z) \leq \max_{z \in D'} \{h(y,z)\}, \quad \forall y \in D, z \in D',$$

por lo que para todo $y \in D$, $z \in D'$, se verifica que

$$g(y) + h(y,z) \leq g(y) + \max_{z \in D'} \{h(y,z)\} \leq \max_{y \in D} \left\{ g(y) + \max_{z \in D'} \{h(y,z)\} \right\},$$

de donde se obtiene que

$$\max_{y \in D, z \in D'} \{g(y) + h(y,z)\} \leq \max_{y \in D} \left\{ g(y) + \max_{z \in D'} \{h(y,z)\} \right\},$$

y el lema queda demostrado.

■

Proposición 6.1 *Sea $J^*(x_0)$ el valor óptimo del funcional objetivo del Problema (6.1). Entonces,*

$$J^*(x_0) = J_0^* \{x_0\},$$

en donde la función J_0^* viene dada por el último paso del siguiente algoritmo, que comienza al final del horizonte temporal y va hasta el principio del horizonte temporal, y por tanto, hacia atrás en el tiempo.

$$J_N^* \{x(N)\} = S[x(N)],$$

y para cada $k \in \{N-1, N-2, \ldots, 1, 0\}$

$$J_k^* \{x(k)\} = \max_{u(k) \in \Omega(k)} \left\{ F[x(k), u(k), k] + J_{k+1}^* \{f[x(k), u(k), k]\} \right\},$$

que son las ecuaciones de Bellman para el problema que nos ocupa.

Además, si $u^*(k)$ maximiza la expresión situada a la derecha de la ecuación de Bellman, en función de $x(k)$, para cada $k \in \{0, 1, \ldots, N-1\}$, entonces

$$u^* = (u^*(0), u^*(1), \ldots, u^*(N-1))'$$

es el control óptimo del problema dado.

DEMOSTRACIÓN. A partir del enunciado del Problema 6.1, es claro que:

$$J^*(x_0) = \max_{u(0) \in \Omega(0), \ldots, u(N-1) \in \Omega(N-1)} \left\{ \sum_{k=0}^{N-1} F[x(k), u(k), k] + S[x(N)] \right\}.$$

Por la propiedad de causalidad y el Lema 6.1, la anterior expresión es equivalente a:

$$\max_{u(0) \in \Omega(0)} \Big\{ F[x(0), u(0), 0] + \max_{u(1) \in \Omega(1)} \Big\{ F[x(1), u(1), 1] + \max_{u(2) \in \Omega(2)} \{ F[x(2), u(2), 2]$$
$$+ \cdots + \max_{u(N-1) \in \Omega(N-1)} \{ F[x(N-1), u(N-1), N-1] + S[x(N)] \} \ldots \} \Big\} \Big\}.$$

Además la maximización está sujeta a la restricción de la ecuación de estado del sistema:

$$x(k+1) = f\left(x(k), u(k), k\right), \text{ para } k = 0, 1, \ldots, N-1,$$
$$\text{con : } x(0) = x_0.$$

Se define:

$$J_N^*\left\{x(N)\right\} = S\left[x(N)\right],$$
$$J_{N-1}^*\left\{x(N-1)\right\} = \max_{u(N-1)\in\Omega(N-1)} \left\{F\left[x(N-1), u(N-1), N-1\right] + J_N^*\left\{x(N)\right\}\right\},$$

siendo

$$x(N) = f\left(x(N-1), u(N-1), N-1\right),$$

y así sucesivamente, hasta:

$$J_1^*\left\{x(1)\right\} = \max_{u(1)\in\Omega(1)} \left\{F\left[x(1), u(1), 1\right] + J_2^*\left\{x(2)\right\}\right\},$$

en donde

$$x(2) = f\left(x(1), u(1), 1\right),$$

y, por último,

$$J_0^*\left\{x(0)\right\} = \max_{u(0)\in\Omega(0)} \left\{F\left[x(0), u(0), 0\right] + J_1^*\left\{x(1)\right\}\right\},$$

siendo

$$x(1) = f\left(x(0), u(0), 0\right), \text{ con } x(0) = x_0,$$

y de acuerdo con la cadena de igualdades que teníamos, la proposición queda demostrada, siendo el control óptimo $u^* = (u^*(0), u^*(1), \ldots, u^*(N-1))'$, si $u^*(k)$ maximiza la expresión situada a la derecha de la ecuación de Bellman, en función de $x(k)$, para cada $k = 0, 1, \ldots, N-1$.

■

Como es lógico, si el problema fuera de minimización, habría que minimizar el lado derecho de la ecuación de Bellman.

Como ya se ha indicado anteriormente, la programación dinámica consiste en resolver un problema de N etapas o períodos, a través de la resolución de N problemas de una etapa o período. Cada uno de los N problemas se resolverá por el método que se considere oportuno en cada caso. No se ha supuesto diferenciabilidad de las funciones, pudiendo ser discretos o continuos los conjuntos de controles admisibles.

La programación dinámica se apoya en el **principio de optimalidad de Bellman** que dice lo siguiente:

(Principio de optimalidad de Bellman) *Supongamos que*

$$u^* = (u^*(0), u^*(1), \ldots, u^*(N-1))'$$

es el control óptimo del Problema (6.1), y $x^* = (x^*(0), x^*(1), \ldots, x^*(N-1), x^*(N))'$ *es la correspondiente trayectoria de estado óptima. Se considera el subproblema que consiste en*

$$\max_{\{u(k)\}_{k=j}^{N-1}} \sum_{k=j}^{N-1} F\left[x(k), u(k), k\right] + S\left[x(N)\right],$$

$$\textit{sujeto a}: x(k+1) = f(x(k), u(k), k), \ \textit{para}\ k = j, j+1, \ldots, N-1,$$

$$\textit{con}: x(j) = x^*(j),$$

$$u(k) \in \Omega(k), \ \textit{para}\ k = j, j+1, \ldots, N-1,$$

es decir, el subproblema que debe encontrar los controles óptimos en las etapas $j+1$ *a* $N-1$, *partiendo de la condición inicial* $x^*(j)$, *en la etapa* $j+1$. *Entonces el control óptimo del subproblema formulado es* $(u^*(j), u^*(j+1), \ldots, u^*(N-1))'$ *(vector truncado del* u^**).*

La función $J_j^*\{x(j)\}$ que proporciona el valor óptimo del funcional objetivo del problema truncado, en función del estado inicial $x(j)$, se llama función valor.

La aplicación del principio de optimalidad de Bellman al problema de las rutas, estudiado en la Sección 2, quiere decir que, como la trayectoria óptima para ir desde A hasta H viene dada por $A-B-G-H$, entonces si una persona se plantea el problema de ir desde B hasta H, con el mismo criterio de distancia mínima, su trayectoria óptima será $B-G-H$, es decir las decisiones a tomar desde B serán las mismas tanto en el caso en que parte de A como en el caso en que parte de B.

6.3 EJEMPLOS DE APLICACIÓN DE LA PROGRAMACIÓN DINÁMICA

En cada uno de los siguientes ejemplos se trata de resolver el problema de control óptimo en tiempo discreto, calculando el control óptimo y el correspondiente valor del estado controlado, utilizando el método de programación dinámica.

Ejemplo 6.1

$$\min_{u(0),u(1)} J = [u(0)-2]^2 + [u(1)-4]^2 + x(2),$$

$$\text{sujeto a}: x(0) = 1,$$

$$x(1) = 3x(0) + u(0),$$

$$x(2) = x(1) + 2u(1),$$

en donde u es la variable de control y x es la variable de estado.

SOLUCIÓN. Comencemos haciendo un esquema sobre el horizonte temporal del problema, en la Figura 6.4, indicando los períodos, y los momentos en que se concretan los valores de las distintas variables.

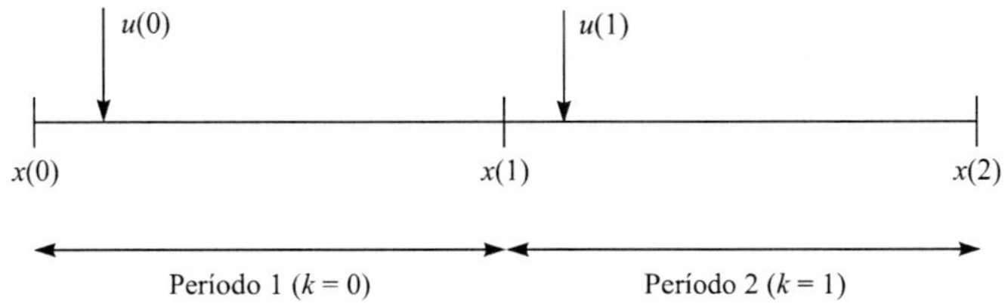

Figura 6.4 Ejemplo con dos períodos

Para resolver el problema por programación dinámica, comenzamos situándonos en el instante final, analizando a continuación cada uno de los períodos de final a principio del horizonte temporal.

- Final: sea $x(2)$ dado.
  Al final del período 2 se llegará con el sistema en el estado dado por $x(2)$ que en ese momento será conocido. Llegar al final en el estado $x(2)$ supone una aportación al funcional objetivo de $x(2)$ (en este caso es $S[x(2)] = x(2)$).
  De acuerdo con la Proposición 6.1, se define,

$$J_2^* \{x(2)\} = S[x(2)] = x(2). \tag{6.2}$$

- Período 2: sea $x(1)$ dado.
  Siguiendo el resultado obtenido en la Proposición 6.1, la ecuación de Bellman para el período 2 es:

$$J_1^* \{x(1)\} = \min_{u(1)} \left\{ [u(1) - 4]^2 + J_2^* \{x(1) + 2u(1)\} \right\},$$

  que, teniendo en cuenta (6.2), se puede expresar como:

$$J_1^* \{x(1)\} = \min_{u(1)} \left\{ [u(1) - 4]^2 + x(1) + 2u(1) \right\}. \tag{6.3}$$

  Hay que resolver, por tanto el siguiente problema de programación matemática:

$$\min_u \varphi(u) = (u - 4)^2 + x + 2u.$$

  Imponiendo las condiciones de optimalidad, se tiene:

$$\varphi'(u) = 0 = 2(u - 4) + 2 \Longrightarrow u = 3.$$
$$\varphi''(u) = 2 > 0, \text{ (condición de mínimo).}$$

  Por tanto, se ha obtenido que:

$$u^*(1) = 3,$$

  por lo que, sustituyendo en (6.3) se obtiene:

$$J_1^* \{x(1)\} = x(1) + 7. \tag{6.4}$$

- Período 1: sea $x(0) = 1$, dado.
  La ecuación de Bellman para el período 1 es:

$$J_0^* \{x(0)\} = \min_{u(0)} \left\{ [u(0) - 2]^2 + J_1^* \{3 + u(0)\} \right\},$$

que teniendo en cuenta (6.4) se puede expresar como:

$$J_0^* \{x(0)\} = \min_{u(0)} \left\{ [u(0) - 2]^2 + 3 + u(0) + 7 \right\}. \tag{6.5}$$

Hay que resolver, por tanto, el siguiente problema de programación matemática:

$$\min_u \alpha(u) = (u - 2)^2 + u + 10.$$

Apliquemos las condiciones de optimalidad para este problema:

$$\alpha'(u) = 0 = 2\,(u - 2) + 1 \Longrightarrow u = 1,5,$$
$$\alpha''(u) = 2 > 0, \qquad \text{(condición de mínimo)}.$$

Por tanto, se ha obtenido que:

$$u^*(0) = 1,5,$$

y sustituyendo en (6.5):

$$J_0^* \{x(0)\} = \frac{47}{4}.$$

Haciendo ahora un recorrido de principio a final, se obtiene definitivamente que:

$$x^*(0) = 1,\; u^*(0) = 1,5,\; x^*(1) = 4,5,\; u^*(1) = 3,\; x^*(2) = 10,5,$$

con el valor objetivo óptimo.

■

Ejemplo 6.2

$$\min_{u(0),u(1)} \quad J = x(0)u(0) + x(1)u(1) + x(2)^2,$$
$$\text{sujeto a}: \; x(k+1) = x(k)u(k) + u(k)^2, \text{ para } k = 0, 1,$$
$$\text{con}: \; x(0) = 2,$$
$$u(k) \in \{-1, 0, 1\}, \text{ para } k = 0, 1.$$

SOLUCIÓN. El esquema con el horizonte temporal del problema es idéntico al ejemplo anterior, por lo que la Figura 6.4 es adecuada también para este caso.

En un problema como el que nos ocupa, en el que el conjunto de controles admisibles es discreto, conviene calcular el conjunto de valores que pueden tomar las variables de estado en cada período, antes de realizar el estudio de cada período y aplicar las ecuaciones de Bellman.Teniendo en cuenta la condición inicial para $x(0)$, el conjunto de controles admisibles y las ecuaciones de estado, resulta que los valores que puede tomar la variable de estado en cada período son los siguientes:

	Valores que puede tomar
$x(0)$	2
$x(1)$	$-1, 0, 3$
$x(2)$	$-2, 0, 1, 2, 4$

Tabla 6.5 Valores posibles de la variable de estado

- Final: sea $x(2)$ dado.
  Al final del período 2 se llegará con el sistema en el estado dado por $x(2)$, que en ese momento será conocido. Llegar al final en el estado $x(2)$ supone una aportación al funcional objetivo de $x(2)^2$.
  De acuerdo con la Proposición 6.1, se define,

$$J_2^* \{x(2)\} = x(2)^2. \tag{6.6}$$

  Por tanto, la función $J_2^* \{x(2)\}$ está definida de la siguiente forma:

$x(2)$	$J_2^* \{x(2)\}$
-2	4
0	0
1	1
2	4
4	16

Tabla 6.6 Función valor al final

- Período 2: sea $x(1)$ dado.
  Siguiendo el resultado obtenido en la Proposición 6.1, la ecuación de Bellman para el período 2 es:

$$J_1^* \{x(1)\} = \min_{u(1)\in\{-1,0,1\}} \left\{ x(1)u(1) + J_2^* \left\{ x(1)u(1) + u(1)^2 \right\} \right\}. \tag{6.7}$$

  Tal como aparece en la Tabla 6.5, $x(1)$ puede tomar los valores $-1, 0$ o 3. Los controles admisibles para $u(1)$ son -1, 0, 1. Por otra parte, los valores de J_2^* en función del valor que tome $x(2)$ se recogen en la Tabla 6.6. Ordenando todos estos elementos, la siguiente tabla recoge toda la información relevante para este período:

$x(1)$	$u(1)$	$x(1)u(1) + J_2^* \left\{x(1)u(1) + u(1)^2\right\}$
-1	-1	$1+4=5$
	0	$0+0=0$
	1	$-1+0=-1$ *mínimo*
0	-1	$0+1=1$
	0	$0+0=0$ *mínimo*
	1	$0+1=1$
3	-1	$-3+4=1$
	0	$0+0=0$ *mínimo*
	1	$3+16=19$

Tabla 6.7 Información relevante para el período 2

  Por tanto, partiendo de la Ecuación (6.7) y de la Tabla 6.7 se obtiene que las funciones $u^*(1)$ y J_1^* valen, en función de $x(1)$,

$x(1)$	$u^*(1)$	$J_1^* \{x(1)\}$
-1	1	-1
0	0	0
3	0	0

Tabla 6.8 Funciones $u^*(1)$ y $J_1^*\{x(1)\}$

- Período 1: sea $x(0) = 2$, dado.
La ecuación de Bellman para el período 1 es:

$$J_0^*\{2\} = \min_{u(0)\in\{-1,0,1\}} \left\{2u(0) + J_1^*\left\{2u(0) + u(0)^2\right\}\right\}.$$

La Tabla 6.9 recoge toda la información relevante para este período:

$x(0)$	$u(0)$	$2u(0) + J_1^*\left\{2u(0) + u(0)^2\right\}$
2	-1	$-2 + (-1) = -3$ *mínimo*
	0	$0 + 0 = 0$
	1	$2 + 0 = 2$

Tabla 6.9 Información relevante para el período 1

Por tanto, se ha obtenido que:

$$u^*(0) = -1 \text{ y } J_0^*\{2\} = -3.$$

Haciendo ahora un recorrido de principio a final, se obtiene que:

$$x^*(0) = 2,\ u^*(0) = -1,\ x^*(1) = -1,\ u^*(1) = 1,\ x^*(2) = 0,$$

con el valor objetivo óptimo

$$J^* = -3.$$

■

Ejemplo 6.3 Una mina contiene 80 unidades de mineral. La autoridad responsable de la gestión de la mina debe decidir la cantidad de mineral a extraer en cada uno de los cuatro períodos de que dispone para su explotación, transcurridos los cuales el valor del mineral que queda en la mina es cero. La cantidad de mineral a extraer en cada uno de los períodos puede ser 0, 10 o 20 unidades, debiendo ser obviamente menor o igual que la cantidad de mineral que quede en la mina en el momento de la extracción. El beneficio que se obtiene en un período depende del stock de mineral (x) que hay en la mina y de la cantidad que se extraiga en dicho período (u), según se recoge en la Tabla 6.10:

	x	0	10	20	30	40	50	60	70	80
	0	-5	-5	-5	-5	-10	-10	-10	-15	-15
u	10	–	-35	-25	-20	0	5	15	20	25
	20	–	–	-35	-25	-15	-10	10	30	40

Tabla 6.10 Beneficio en función del stock de mineral y de la cantidad que se extrae

Calcular la cantidad de mineral a extraer en cada uno de los cuatro períodos y el correspondiente stock de mineral que va quedando en la mina en cada período.

SOLUCIÓN. Como es habitual, comencemos haciendo un esquema sobre el horizonte temporal del problema, en la Figura 6.5, indicando los períodos, y los momentos en que se concretan los valores de las distintas variables.

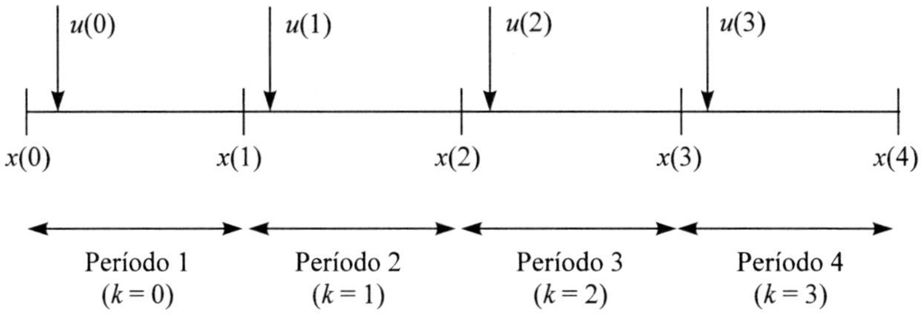

Figura 6.5 Ejemplo con cuatro períodos

La variable de estado es el stock de mineral, en la mina. La variable de control es la cantidad de mineral a extraer. En concreto, para cada $k = 0, 1, 2, 3$,

> $x(k)$ es el stock de mineral que hay en la mina, al comienzo del período $k + 1$; $u(k)$ es la cantidad de mineral a extraer durante el período $k + 1$.

Sea $\pi\,[x(k), u(k)]$ el beneficio que se obtiene en un período en el que el stock inicial es $x(k)$ y la cantidad de mineral que se extrae es $u(k)$, cuyo valor se recoge en la Tabla 6.10.

El problema a resolver es el siguiente:

$$\begin{aligned}
\max_{\{u(k)\}_{k=0}^{3}} \ J &= \sum_{k=0}^{3} \pi\,[x(k), u(k)]\,, \\
\text{sujeto a}: \ & x(k+1) = x(k) - u(k), \\
\text{con}: \ & x(0) = 80, \\
& u(k) \in \{0, 10, 20\}\,, \ \text{para } k = 0, 1, 2, 3, \\
& u(k) \leq x(k), \text{ para } k = 0, 1, 2, 3.
\end{aligned}$$

Resolvemos el problema por programación dinámica.

Es conveniente empezar calculando los valores que puede tomar la variable de estado en cada uno de los períodos. Teniendo en cuenta la condición inicial, los controles admisibles y las ecuaciones de estado, se obtienen inmediatamente los valores posibles de la variable de estado en cada período:

	Valores que puede tomar
$x(0)$	80
$x(1)$	80, 70, 60
$x(2)$	80, 70, 60, 50, 40
$x(3)$	80, 70, 60, 50, 40, 30, 20
$x(4)$	80, 70, 60, 50, 40, 30, 20, 10, 0

Tabla 6.11 Valores posibles de la variable de estado

- Final: sea $x(4)$ dado.

  Al final del período 4 habrá $x(4)$ unidades de mineral en la mina, cantidad que no aporta nada al funcional objetivo, por lo que:

$$J_4^*\,\{x(4)\} = 0. \tag{6.8}$$

- Período 4: sea $x(3)$ dado. Tal como aparece en la Tabla 6.11, será

$$x(3) \in \{20, 30, 40, 50, 60, 70, 80\}.$$

La ecuación de Bellman correspondiente a este período será:

$$J_3^* \{x(3)\} = \max_{u(3)\in\{0,10,20\}} \left\{\pi \left[x(3), u(3)\right] + J_4^* \{x(3) - u(3)\}\right\},$$

que, teniendo en cuenta la expresión (6.8) es:

$$J_3^* \{x(3)\} = \max_{u(3)\in\{0,10,20\}} \{\pi \left[x(3), u(3)\right]\}.$$

En la Tabla (6.12) se resuelve dicha ecuación para cada posible valor de $x(3)$.

$x(3)$	$u(3)$	$\pi\,[x(3), u(3)]$
80	0	−15
	10	25
	20	40 *máximo*
70	0	−15
	10	20
	20	30 *máximo*
60	0	−10
	10	15 *máximo*
	20	10
50	0	−10
	10	5 *máximo*
	20	−10
40	0	−10
	10	0 *máximo*
	20	−15
30	0	−5 *máximo*
	10	−20
	20	−25
20	0	−5 *máximo*
	10	−25
	20	−35

Tabla 6.12 Información relevante para el período 4

Por tanto, las funciones $u^*(3)$ y J_3^*, están definida en la Tabla 6.13, en función de $x(3)$:

$x(3)$	$u^*(3)$	$J_3^* \{x(3)\}$
80	20	40
70	20	30
60	10	15
50	10	5
40	10	0
30	0	−5
20	0	−5

Tabla 6.13 Funciones $u^*(3)$ y $J_3^*\{x(3)\}$

- Período 3: sea $x(2)$ dado.
  Tal como aparece en la Tabla 6.11, será

$$x(2) \in \{40, 50, 60, 70, 80\}.$$

La ecuación de Bellman correspondiente a este período será:

$$J_2^* \{x(2)\} = \max_{u(2) \in \{0,10,20\}} \left\{ \pi [x(2), u(2)] + J_3^* \{x(2) - u(2)\} \right\}.$$

En la Tabla (6.14) se resuelve dicha ecuación para cada posible valor de $x(2)$.

$x(2)$	$u(2)$	$\pi [x(2), u(2)] + J_3^* \{x(2) - u(2)\}$
80	0	$-15 + 40 = 25$
	10	$25 + 30 = 55$ *máximo*
	20	$40 + 15 = 55$ *máximo*
70	0	$-15 + 30 = 15$
	10	$20 + 15 = 35$ *máximo*
	20	$30 + 5 = 35$ *máximo*
60	0	$-10 + 15 = 5$
	10	$15 + 5 = 20$ *máximo*
	20	$10 + 0 = 10$
50	0	$-10 + 5 = -5$
	10	$5 + 0 = 5$ *máximo*
	20	$-10 + (-5) = -15$
40	0	$-10 + 0 = -10$
	10	$0 + (-5) = -5$ *máximo*
	20	$-15 + (-5) = -20$

Tabla 6.14 Información relevante para el período 3

Por tanto, la funciones $u^*(2)$ y J_2^* están definidas en la Tabla 6.15, en función de $x(2)$:

$x(2)$	$u^*(2)$	$J_2^* \{x(2)\}$
80	10 o 20	55
70	10 o 20	35
60	10	20
50	10	5
40	10	-5

Tabla 6.15 Funciones $u^*(2)$ y $J_2^*\{x(2)\}$

- Período 2: sea $x(1)$ dado.
  Tal como aparece en la Tabla 6.11, será

$$x(1) \in \{60, 70, 80\}.$$

La ecuación de Bellman correspondiente a este período será:

$$J_1^* \{x(1)\} = \max_{u(1) \in \{0,10,20\}} \left\{ \pi [x(1), u(1)] + J_2^* \{x(1) - u(1)\} \right\}.$$

En la Tabla (6.16) se resuelve dicha ecuación para cada posible valor de $x(1)$.

$x(1)$	$u(1)$	$\pi[x(1),u(1)] + J_2^*\{x(1)-u(1)\}$
80	0	$-15+55=40$
	10	$25+35=60$ *máximo*
	20	$40+20=60$ *máximo*
70	0	$-15+35=20$
	10	$20+20=40$ *máximo*
	20	$30+5=35$
60	0	$-10+20=10$
	10	$15+5=20$ *máximo*
	20	$10+(-5)=5$

Tabla 6.16 Información relevante para el período 2

Las funciones $u^*(1)$ y J_1^* están definidas en la Tabla 6.17, en función de $x(1)$:

$x(1)$	$u^*(1)$	$J_1^*\{x(1)\}$
80	10 o 20	60
70	10	40
60	10	20

Tabla 6.17 Funciones $u^*(1)$ y $J_1^*\{x(1)\}$

- Período 1: sea $x(0)=80$ dado.
  La ecuación de Bellman para el período 1 es:

$$J_0^*\{80\} = \max_{u(0)\in\{0,10,20\}} \left\{\pi[80,u(0)] + J_1^*\{80-u(0)\}\right\}.$$

En la Tabla 6.18 se resuelve la ecuación:

$x(0)$	$u(0)$	$\pi[80,u(0)] + J_1^*\{80-u(0)\}$
80	0	$-15+60=45$
	10	$25+40=65$ *máximo*
	20	$40+20=60$

Tabla 6.18 Información relevante para el período 1

Por tanto, se ha obtenido que:

$$u^*(0)=10 \text{ y } J_0^*\{80\}=65.$$

Haciendo ahora un recorrido de principio a final, se obtiene finalmente que:

$$x^*(0)=80,\ u^*(0)=10, \text{ por lo que } x^*(1)=70.$$

En la Tabla 6.17 se obtiene entonces que

$$u^*(1)=10, \text{ y por consiguiente, } x^*(2)=60.$$

En la Tabla 6.15 se observa que

$$u^*(2)=10, \text{ y por tanto, } x^*(3)=50.$$

A partir de la Tabla 6.13 se llega a:

$$u^*(3) = 10, \text{ por lo que } x^*(4) = 40.$$

El valor objetivo óptimo del problema es

$$J^* = J_0^* \{80\} = 65.$$

Por tanto, la decisión óptima es extraer 10 unidades de mineral en cada uno de los cuatro períodos, quedando al final del horizonte temporal, 40 unidades de mineral en la mina, y obteniéndose por todo ello un beneficio total de 65.

■

Ejemplo 6.4 Supongamos que se tiene una cantidad C de un recurso que se debe repartir en su totalidad entre N actividades. Si a la actividad k se le asigna una cantidad u, se obtiene un beneficio $b_k(u)$. Se pide :

a) Plantear el problema como un problema de control óptimo en tiempo discreto;

b) Resolverlo, utilizando la programación dinámica, cuando $b_k(u) = \sqrt{u}$.

SOLUCIÓN. a) Se consideran las actividades y asignaciones siguientes:

Actividades	0	1	2	...	k	...	$N-1$
Asignaciones	$u(0)$	$u(1)$	$u(2)$	...	$u(k)$	...	$u(N-1)$

Para cada $k = 0, 1, \ldots, N-1$, $u(k)$ es la variable de control.

Se define la variable de estado $x(k)$ como la cantidad de recurso a repartir entre las actividades $k, k+1, \ldots, N-1$, cuando ya se ha realizado la asignación a las actividades $0, 1, \ldots, k-1$.

A partir del enunciado del ejercicio se tiene que $x(0) = C$ y $x(N) = 0$.

El problema es

$$\begin{aligned} &\max_{\{u(k)\}_{k=0}^{N-1}} \sum_{k=0}^{N-1} b_k\left(u(k)\right), \\ \text{sujeto a : } & x(k+1) = x(k) - u(k), \text{ para } k = 0, 1, \ldots, N-1, \\ \text{con : } & x(0) = C, \\ & x(N) = 0, \\ & 0 \leq u(k) \leq x(k), \text{ para } k = 0, 1, \ldots, N-1. \end{aligned}$$

b) El problema es ahora

$$\begin{aligned} &\max_{\{u(k)\}_{k=0}^{N-1}} J = \sum_{k=0}^{N-1} \sqrt{u(k)}, \\ \text{sujeto a : } & x(k+1) = x(k) - u(k), \text{ para } k = 0, 1, \ldots, N-1, \\ \text{con : } & x(0) = C, \\ & x(N) = 0, \\ & 0 \leq u(k) \leq x(k), \text{ para } k = 0, 1, \ldots, N-1. \end{aligned} \tag{6.9}$$

El Problema (6.9) puede ser considerado como un problema de N etapas. La Figura 6.1 representa las etapas así como la sucesión de estados y controles en el tiempo. En este caso el problema tiene condiciones inicial y final para la variable de estado.

Para resolver el problema por programación dinámica, empezamos por el final y seguimos analizando sucesivamente las N etapas, empezando por la última y continuando hacia atrás, hasta llegar a la primera.

- Final: sea $x(N)$ dado. Tendrá que ser $x(N) = 0$. De todas formas, como la aportación a la función objetivo de $x(N)$ es cero, ya que no aparece en el funcional objetivo del problema, será:

$$J_N^* \{x(N)\} = 0. \tag{6.10}$$

- Período N: sea $x(N-1)$ dado.
La ecuación de Bellman correspondiente al período N es:

$$J_{N-1}^* \{x(N-1)\} = \max_{u(N-1)} \left\{ \sqrt{u(N-1)} + J_N^* \{x(N-1) - u(N-1)\} \right\},$$

$$\text{pero siendo } x(N) = 0 = x(N-1) - u(N-1),$$

$$\text{con}\ :\ 0 \leq u(N-1) \leq x(N-1). \tag{6.11}$$

Como $x(N)$ tiene que ser cero, resulta que

$$u^*(N-1) = x(N-1), \tag{6.12}$$

ya que es la única solución factible del problema a resolver en la ecuación de Bellman. Sustituyendo (6.10) y (6.12) en (6.11) se obtiene que

$$J_{N-1}^* \{x(N-1)\} = \sqrt{x(N-1)}. \tag{6.13}$$

- Período $N-1$: sea $x(N-2)$ dado.
La ecuación de Bellman correspondiente al período $N-1$ es:

$$J_{N-2}^* \{x(N-2)\} = \max_{u(N-2)} \left\{ \sqrt{u(N-2)} + J_{N-1}^* \{x(N-2) - u(N-2)\} \right\},$$

$$\text{con}\ :\ 0 \leq u(N-2) \leq x(N-2).$$

Teniendo en cuenta (6.13), la ecuación de Bellman se puede expresar como:

$$J_{N-2}^* \{x(N-2)\} = \max_{u(N-2)} \left\{ \sqrt{u(N-2)} + \sqrt{x(N-2) - u(N-2)} \right\},$$

$$\text{con}\ :\ 0 \leq u(N-2) \leq x(N-2). \tag{6.14}$$

Para obtener la solución óptima del problema de optimización a resolver en este período, ignoramos por el momento las restricciones de desigualdad a que está sometida la variable de decisión, considerando el siguiente problema:

$$\max_u F(u) = \sqrt{u} + \sqrt{x-u}. \tag{6.15}$$

Imponiendo las condiciones necesarias y suficientes de optimalidad a (6.15) se tiene que:

$$F'(u) = 0 = \frac{1}{2}u^{-\frac{1}{2}} + \frac{1}{2}(x-u)^{-\frac{1}{2}}(-1) \Longrightarrow u^* = \frac{1}{2}x.$$

$F''(u) < 0$, que corresponde a un máximo.

Si $x \geq 0$, entonces $u^* \in [0, x]$.
Como $x(N-2)$ tiene que ser no negativo, resulta que

$$u^*(N-2) = \frac{1}{2}x(N-2).$$

Además,

$$J^*_{N-2}\{x(N-2)\} = \sqrt{2x(N-2)}. \tag{6.16}$$

- Período $N-2$: sea $x(N-3)$ dado.
  La ecuación de Bellman correspondiente al período $N-2$ es:

$$J^*_{N-3}\{x(N-3)\} = \max_{u(N-3)} \left\{ \sqrt{u(N-3)} + J^*_{N-2}\{x(N-3) - u(N-3)\} \right\},$$
$$\text{con} : \ 0 \leq u(N-3) \leq x(N-3).$$

Teniendo en cuenta (6.16), la ecuación de Bellman se puede expresar como:

$$J^*_{N-3}\{x(N-3)\} = \max_{u(N-3)} \left\{ \sqrt{u(N-3)} + \sqrt{2}\sqrt{x(N-3) - u(N-3)} \right\},$$
$$\text{con} : \ 0 \leq u(N-3) \leq x(N-3).$$

Para obtener la solución óptima del problema de optimización a resolver en este período, ignoramos por el momento las restricciones de desigualdad a que está sometida la variable de decisión, considerando el siguiente problema:

$$\max_u G(u) = \sqrt{u} + \sqrt{2}\sqrt{x-u}. \tag{6.17}$$

Imponiendo las condiciones necesarias y suficientes de optimalidad a (6.17) se tiene que:

$$G'(u) = 0 = \frac{1}{2}u^{-\frac{1}{2}} + \frac{\sqrt{2}}{2}(x-u)^{-\frac{1}{2}}(-1) \Longrightarrow u^* = \frac{1}{3}x$$
$$G''(u) < 0, \ \text{que corresponde a un máximo.}$$

Si $x \geq 0$, entonces $u^* \in [0, x]$.
Como $x(N-3)$ tiene que ser no negativo, resulta que

$$u^*(N-3) = \frac{1}{3}x(N-3).$$

Además,

$$J^*_{N-3}\{x(N-3)\} = \sqrt{3x(N-3)}.$$

- En general, procediendo de esta manera se obtiene que:

$$u^*(N-m) = \frac{1}{m}x(N-m),$$
$$J^*_{N-m}\{x(N-m)\} = \sqrt{mx(N-m)}, \ \text{para } m = 1, 2, \ldots, N.$$

Como

$$x(0) = C \text{ y } u^*(0) = \frac{C}{N} \text{ se tiene que } x^*(1) = C - \frac{C}{N} = \frac{N-1}{N}C,$$
$$x^*(1) = \frac{N-1}{N}C \text{ y } u^*(1) = \frac{x^*(1)}{N-1} = \frac{C}{N}, \text{ entonces } x^*(2) = \frac{N-2}{N}C.$$

En general, se obtiene que:

$$u^*(k) = \frac{C}{N}, \text{ para } k = 0, 1, \ldots, N-1$$
$$x^*(k) = \frac{N-k}{N}C, \text{ para } k = 0, 1, \ldots, N-1, N,$$
$$\text{con : } J^* = \sqrt{NC}.$$

Como todas las actividades generan la misma función de beneficios, es lógico que la asignación óptima sea repartir la cantidad total a partes iguales entre las actividades.

■

Ejemplo 6.5 Un fabricante puede producir cuatro productos: queso, mantequilla, requesón y yogur, a partir de leche. El beneficio que puede obtener utilizando 1, 2, 3, 4 o 5 unidades de leche se presenta en la tabla siguiente:

Unidades de leche	1	2	3	4	5
Queso	9	17	23	29	32
Mantequilla	5	11	15	18	21
Requesón	8	13	15	16	17
Yogur	7	14	20	23	25

Obtener, utilizando programación dinámica, las cantidades de los cuatro productos que debe fabricar, utilizando un total de 5 unidades de leche, para maximizar el beneficio.

SOLUCIÓN. El problema se puede abordar separándolo en cuatro etapas, de la siguiente forma:

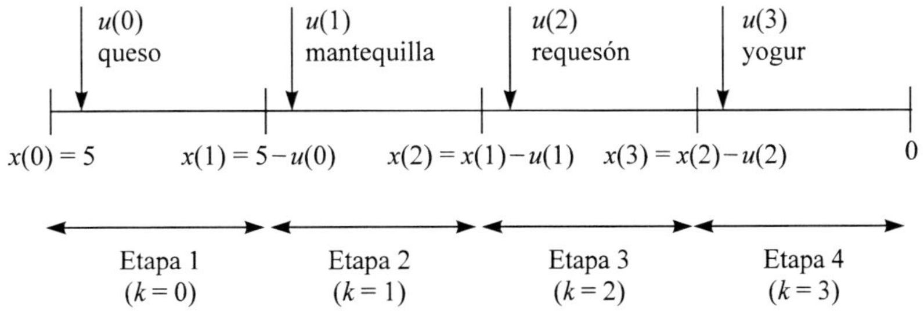

Figura 6.6 Ejemplo con cuatro etapas

El problema es:

$$\max_{\{u(k)\}_{k=0}^{3}} \quad J = \sum_{k=0}^{3} b_k\,[u(k)]\,,$$
$$\text{sujeto a}: \; x(k+1) = x(k) - u(k),$$
$$\text{con}: \; x(0) = 5,$$
$$x(4) = 0,$$
$$u(k) \leq x(k),$$
$$u(k) \in \{0, 1, 2, 3, 4, 5\}\,, \text{ para } k = 0, 1, 2, 3,$$

en donde, como se observa en la Figura 6.6, $k = 0, 1, 2, 3$ corresponde respectivamente a queso, mantequilla, requesón y yogur, $b_k\,[u(k)]$ representa el beneficio que se puede obtener, tal como aparece en la tabla del enunciado, $x(k)$, variable de estado, es la cantidad de leche a asignar desde la etapa $k+1$ en adelante, $u(k)$, variable de control, es la cantidad de leche a asignar a la fabricación del producto que corresponde al valor de k.

El orden en que se realiza la asignación es irrelevante. Se podría haber considerado cualquier otro orden (por ejemplo, $k = 0$ para el requesón, $k = 1$ para el queso, $k = 2$ para el yogur y $k = 3$ para la mantequilla), obteniéndose el mismo resultado final.

Resolvemos por programación dinámica.

Veamos los valores que puede tomar la variable de estado en cada etapa:

	Valores que puede tomar
$x(0)$	5
$x(1)$	5, 4, 3, 2, 1, 0
$x(2)$	5, 4, 3, 2, 1, 0
$x(3)$	5, 4, 3, 2, 1, 0
$x(4)$	0

Tabla 6.19 Valores posibles para la variable de estado

- Final: sea $x(4)$ dado.
  Tal como aparece en la Tabla 6.19, tendrá que ser $x(4) = 0$.
  En cualquier caso, como $x(4)$ no aparece en el funcional objetivo del problema, será:
  $$J_4^*\,\{x(4)\} = 0.$$
- Etapa 4: sea $x(3)$ dado.
  Como se puede ver en la Tabla 6.19, será $x(3) \in \{5, 4, 3, 2, 1, 0\}$.
  La ecuación de Bellman correspondiente a esta etapa es:
  $$J_3^*\,\{x(3)\} = \max_{u(3)} \left\{b_3\,[u(3)] + J_4^*\,\{x(3) - u(3)\}\right\},$$
  $$\text{siendo}: \; x(4) = 0 = x(3) - u(3), \;\; u(3) \leq x(3), \;\; u(3) \in \{0, 1, \ldots, 5\}\,.$$
  Será:
  $$u^*(3) = x(3),$$
  por ser $x(3) - u(3) = 0$.

Entonces, al ser $J_4^* \{x(4)\} = 0$, y teniendo en cuenta los beneficios que se pueden obtener con el yogur, la función $J_3^* \{x(3)\}$, así como $u^*(3)$ están definidos de la siguiente forma,

$x(3)$	$u^*(3)$	$J_3^* \{x(3)\}$
5	5	25
4	4	23
3	3	20
2	2	14
1	1	7
0	0	0

Tabla 6.20 Funciones $u^*(3)$ y $J_3^* \{x(3)\}$

- Etapa 3: sea $x(2)$ dado.
  Será $x(2) \in \{5, 4, 3, 2, 1, 0\}$.
  La ecuación de Bellman correspondiente a esta etapa es:

$$J_2^* \{x(2)\} = \max_{u(2)} \left\{b_2 [u(2)] + J_3^* \{x(2) - u(2)\}\right\},$$
$$\text{siendo} : u(3) \leq x(3),\ u(3) \in \{0, 1, \ldots, 5\}.$$

En la Tabla 6.21 se resuelve dicha ecuación, para cada valor posible de $x(2)$.

$x(2)$	$u(2)$	$b_2 [u(2)] + J_3^* \{x(2) - u(2)\}$
5	5	$17 + 0 = 17$
	4	$16 + 7 = 23$
	3	$15 + 14 = 29$
	2	$13 + 20 = 33$ *máximo*
	1	$8 + 23 = 31$
	0	$0 + 25 = 25$
4	4	$16 + 0 = 16$
	3	$15 + 7 = 22$
	2	$13 + 14 = 27$
	1	$8 + 20 = 28$ *máximo*
	0	$0 + 23 = 23$
3	3	$15 + 0 = 15$
	2	$13 + 7 = 20$
	1	$8 + 14 = 22$ *máximo*
	0	$0 + 20 = 20$
2	2	$13 + 0 = 13$
	1	$8 + 7 = 15$ *máximo*
	0	$0 + 14 = 14$
1	1	$8 + 0 = 8$ *máximo*
	0	$0 + 7 = 7$
0	0	$0 + 0 = 0$ *máximo*

Tabla 6.21 Información relevante para la etapa 3

Por tanto, las funciomes $u^*(2)$ y J_2^* están definidas de la siguiente forma, en función de $x(2)$:

$x(2)$	$u^*(2)$	$J_2^*\{x(2)\}$
5	2	33
4	1	28
3	1	22
2	1	15
1	1	8
0	0	0

Tabla 6.22 Funciones $u^*(2)$ y $J_2^*\{x(2)\}$

- Etapa 2: sea $x(1)$ dado.

  Tal como aparece en la Tabla 6.19, será $x(1) \in \{5, 4, 3, 2, 1, 0\}$.

  La ecuación de Bellman correspondiente a esta etapa es:

$$J_1^*\{x(1)\} = \max_{u(1)} \left\{b_1[u(1)] + J_2^*\{x(1) - u(1)\}\right\},$$
$$\text{siendo : } u(1) \leq x(1),\ u(1) \in \{0, 1, \ldots, 5\}.$$

  En la Tabla 6.23 se resuelve la ecuación de Bellman para esta etapa, para cada valor posible de $x(1)$.

$x(1)$	$u(1)$	$b_1[u(1)] + J_2^*\{x(1) - u(1)\}$
5	5	$21 + 0 = 21$
	4	$18 + 8 = 26$
	3	$15 + 15 = 30$
	2	$11 + 22 = 33$ *máximo*
	1	$5 + 28 = 33$ *máximo*
	0	$0 + 33$ *máximo*
4	4	$18 + 0 = 18$
	3	$15 + 8 = 23$
	2	$11 + 15 = 26$
	1	$5 + 22 = 27$
	0	$0 + 28 = 28$ *máximo*
3	3	$15 + 0 = 15$
	2	$11 + 8 = 19$
	1	$5 + 15 = 20$
	0	$0 + 22 = 22$ *máximo*
2	2	$11 + 0 = 11$
	1	$5 + 8 = 13$
	0	$0 + 15 = 15$ *máximo*
1	1	$5 + 0 = 5$
	0	$0 + 8 = 8$ *máximo*
0	0	$0 + 0 = 0$ *máximo*

Tabla 6.23 Información relevante para la etapa 2

  Por tanto, las funciomes $u^*(1)$ y J_1^* están definidas en la Tabla 6.24, en función de $x(1)$:

$x(1)$	$u^*(1)$	$J_1^*\{x(1)\}$
5	2, 1 o 0	33
4	0	28
3	0	22
2	0	15
1	0	8
0	0	0

Tabla 6.24 Funciones $u^*(1)$ y $J_2^*\{x(1)\}$

- Etapa 1: sea $x(0)$ dado.
  Tal como aparece en la Tabla 6.19 y en la formulación del problema, será $x(0) = 5$.
  La ecuación de Bellman correspondiente a esta etapa es:

$$J_1^*\{5\} = \max_{u(0)} \left\{ b_0[u(0)] + J_1^*\{5 - u(0)\} \right\},$$
$$\text{siendo : } u(0) \leq 5,\ u(0) \in \{0, 1, \ldots, 5\}.$$

  En la Tabla 6.25 se resuelve la ecuación de Bellman para esta etapa.

$x(0)$	$u(0)$	$b_0[u(0)] + J_1^*\{5 - u(0)\}$
5	5	$32 + 0 = 32$
	4	$29 + 8 = 37$
	3	$23 + 15 = 38$
	2	$17 + 22 = 39$ *máximo*
	1	$9 + 28 = 37$
	0	$0 + 33 = 33$

Tabla 6.25 Información relevante para la etapa 1

Por tanto, se ha obtenido que:

$$u^*(0) = 2 \text{ y } J_0^*\{5\} = 39.$$

Haciendo ahora un recorrido de principio a final, se obtiene finalmente que:

$$x^*(0) = 5,\ u^*(0) = 2, \text{ por lo que } x^*(1) = 3.$$

En la Tabla 6.24 se obtiene entonces que

$$u^*(1) = 0, \text{ y por tanto } x^*(2) = 3.$$

En la Tabla 6.22 se observa que

$$u^*(2) = 1, \text{ y entonces, } x^*(3) = 2.$$

A partir de la Tabla 6.20 se llega a que:

$$u^*(3) = 2, \text{ por lo que } x^*(4) = 0.$$

El valor objetivo óptimo del problema es

$$J^* = J_0^*\{5\} = 39.$$

Por tanto, la decisión óptima es utilizar 2 unidades de leche para producir queso, 1 para producir requesón y 2 para producir yogur. No debe producir mantequilla. Procediendo de esta forma obtendrá el máximo beneficio, que será de 39 unidades monetarias.

■

Ejemplo 6.6 (Un problema de acumulación óptima) Se dispone de una cantidad x_0 de un bien. En cada uno de los N próximos períodos se puede añadir la cantidad que se desee del bien, que se va acumulando. Tras los N períodos se venderá la cantidad total del bien a un precio unitario de p. Si en un período k se añade la cantidad $u(k)$ se incurre en un coste de $c\,[u(k)]^2$. Suponiendo que hay descuento temporal, el problema es:

$$\begin{aligned} \max_{\{u(k)\}_{k=0}^{N-1}} \; & J = \rho^N p x(N) - \sum_{k=0}^{N-1} \rho^k c\,[u(k)]^2 , \\ \text{sujeto a}\ : \; & x(k+1) = x(k) + u(k), \\ \text{con}\ : \; & x(0) = x_0. \\ & u(k) \geq 0, \ \text{para}\ k = 0, 1, \ldots, N-1. \end{aligned}$$

Se supone que ρ, p y c son cantidades positivas y que $x_0 \geq 0$.

Se pide: (a) Resolver el problema para valores genéricos de N, ρ, p y c. (b) Encontrar el control óptimo y los valores que tomará el estado controlado, suponiendo que $N = 5$, $\rho = 0,94$, $p = 3$, $c = 0,02$, $x_0 = 25$.

SOLUCIÓN. Como en los ejemplos anteriores empezamos por el final del horizonte temporal.

- Final: sea $x(N)$ dado.
  Será:
  $$J_N^* \{x(N)\} = \rho^N p x(N).$$
- Período N: sea $x(N-1)$ dado.
  La ecuación de Bellman para este período será:
  $$\begin{aligned} J_{N-1}^* \{x(N-1)\} &= \max_{u(N-1) \geq 0} \left\{ -\rho^{N-1} c\,[u(N-1)]^2 + J_N^* \{x(N-1) + u(N-1)\} \right\} \\ &= \max_{u(N-1) \geq 0} \left\{ -\rho^{N-1} c\,[u(N-1)]^2 + \rho^N p\,[x(N-1) + u(N-1)] \right\} \end{aligned}$$

  Ignoramos por el momento la condición de no negatividad de la variable de decisión, y resolvemos el siguiente problema:
  $$\max_u \; \varphi(u) = -\rho^{N-1} c u^2 + \rho^N p\,(x + u)\,.$$

  Imponemos las condiciones de optimalidad:
  $$\begin{aligned} \varphi'(u) &= 0 = -2\rho^{N-1} c u + \rho^N p \Longrightarrow u = \frac{\rho p}{2c} \\ \varphi''(u) &= \; -2\rho^{N-1} c < 0, \ \text{que corresponde a un máximo.} \end{aligned}$$

  Como el valor obtenido para u es positivo, resulta que el valor del control que resuelve la ecuación de Bellman correspondiente a este período es:
  $$u^*(N-1) = \frac{\rho p}{2c},$$

y

$$J_{N-1}^{*}\left\{x(N-1)\right\}=\rho^{N}px(N-1)+\frac{\rho^{N+1}p^{2}}{4c}.$$

- Período $N-1$: sea $x(N-2)$ dado.
  La ecuación de Bellman para este período será:

$$\begin{aligned}J_{N-2}^{*}\left\{x(N-2)\right\}&=\max_{u(N-2)\geq 0}\left\{-\rho^{N-2}c\left[u(N-2)\right]^{2}+J_{N-1}^{*}\left\{x(N-2)+u(N-2)\right\}\right\}\\&=\max_{u(N-2)\geq 0}\left\{-\rho^{N-2}c\left[u(N-2)\right]^{2}+\rho^{N}p\left[x(N-2)+u(N-2)\right]\right.\\&\qquad\left.+\frac{\rho^{N+1}p^{2}}{4c}\right\}.\end{aligned}$$

Ignoramos por el momento la condición de no negatividad de la variable de decisión, y resolvemos el siguiente problema:

$$\max_{u}\ \varphi(u)=-\rho^{N-2}cu^{2}+\rho^{N}p\left(x+u\right).$$

Imponemos las condiciones de optimalidad:

$$\begin{aligned}\varphi'(u)&=0=-2\rho^{N-2}cu+\rho^{N}p\Longrightarrow u=\frac{\rho^{2}p}{2c}\\\varphi''(u)&=\ -2\rho^{N-2}c<0,\ \text{que corresponde a un máximo.}\end{aligned}$$

Como el valor obtenido para u es positivo, resulta que el valor del control que resuelve la ecuación de Bellman correspondiente a este período es:

$$u^{*}(N-2)=\frac{\rho^{2}p}{2c},$$

y

$$J_{N-2}^{*}\left\{x(N-2)\right\}=\rho^{N}px(N-2)+\left(\rho^{N+1}+\rho^{N+2}\right)\frac{p^{2}}{4c}.$$

- Período $N-2$: sea $x(N-3)$ dado.
  La ecuación de Bellman para este período será:

$$\begin{aligned}J_{N-3}^{*}\left\{x(N-3)\right\}&=\max_{u(N-3)\geq 0}\left\{-\rho^{N-3}c\left[u(N-3)\right]^{2}+J_{N-2}^{*}\left\{x(N-3)+u(N-3)\right\}\right\}\\&=\max_{u(N-3)\geq 0}\left\{-\rho^{N-3}c\left[u(N-3)\right]^{2}+\rho^{N}p\left[x(N-3)+u(N-3)\right]\right.\\&\qquad\left.+\left(\rho^{N+1}+\rho^{N+2}\right)\frac{p^{2}}{4c}\right\}.\end{aligned}$$

Ignoramos por el momento la condición de no negatividad de la variable de decisión, y resolvemos el siguiente problema:

$$\max_{u}\ \varphi(u)=-\rho^{N-3}cu^{2}+\rho^{N}p\left(x+u\right).$$

Imponemos las condiciones de optimalidad:

$$\varphi'(u) = 0 = -2\rho^{N-3}cu + \rho^N p \Longrightarrow u = \frac{\rho^3 p}{2c}$$

$$\varphi''(u) = \ -2\rho^{N-3}c < 0, \text{ que corresponde a un máximo.}$$

Como el valor obtenido para u es positivo, resulta que el valor del control que resuelve la ecuación de Bellman correspondiente a este período es:

$$u^*(N-3) = \frac{\rho^3 p}{2c},$$

y

$$J^*_{N-3}\{x(N-3)\} = \rho^N px(N-3) + \left(\rho^{N+1} + \rho^{N+2} + \rho^{N+3}\right)\frac{p^2}{4c}.$$

- En general, procediendo de esta manera se obtiene que, para $k = 0, 1, \ldots, N-1$:

$$u^*(k) = \rho^{N-k}\frac{p}{2c}, \qquad (6.18)$$

y

$$J^*_k\{x(k)\} = \rho^N px(k) + \left(\rho^{N+1} + \rho^{N+2} + \cdots + \rho^{2N-k}\right)\frac{p^2}{4c}. \qquad (6.19)$$

En (6.18) se ve que si aumenta p, aumenta la cantidad que se añade en cada período. De la misma forma, si aumenta c, disminuye la cantidad que se añade en cada período. Por otra parte, si $\rho \in (0, 1)$, la cantidad que se añade en el futuro es más barata, por lo que al aumentar k también aumenta $u^*(k)$.

(b) A partir de (6.18), (6.19) y la ecuación de estado, se obtienen los siguientes resultados, para los valores de los parámetros especificados en el enunciado:

	$x^*(k)$	$u^*(k)$	$J^*_k\{x(k)\}$
$k = 0$	25	55, 04	399, 251
$k = 1$	80, 04	58, 56	459, 840
$k = 2$	138, 6	62, 29	524, 306
$k = 3$	200, 89	66, 27	592, 871
$k = 4$	267, 16	70, 5	665, 820
$k = 5$	337, 66	-	743, 426

■

6.4 PROBLEMA DE CONTROL DE UN SISTEMA LINEAL, CON OBJETIVO CUADRÁTICO, EN TIEMPO DISCRETO

En este Apartado se estudia la versión para tiempo discreto del problema analizado en la Sección 4 del Capítulo 5. Al igual que en el caso de tiempo continuo, se obtiene la solución analítica, que permite resolver problemas de gran tamaño. El sistema controlado que se obtiene es lineal.

El enunciado del problema, en términos matemáticos, es el siguiente:

$$\begin{aligned}
\max_{\{u(k)\}_{k=0}^{N-1}} J &= \frac{1}{2}\sum_{k=0}^{N-1}\left[x(k)^T W_k x(k) + u(k)^T \Lambda_k u(k)\right] + \frac{1}{2}x(N)^T W_N x(N),\\
\text{sujeto a } &: x(k+1) = A_k x(k) + B_k u(k), \text{ para } k = 0, 1, \ldots, N-1,\\
\text{con } &: x(0) = x_0, \qquad (6.20)
\end{aligned}$$

en donde, para una k dada:

- $x(k)$ es el vector de estado (n-dimensional),
- $u(k)$ es el vector de control (m-dimensional),
- A_k, B_k, W_k, Λ_k son matrices dadas, siendo A_k de dimensiones $n \times n$, $B_k : n \times m$, $W_k : n \times n$, siendo simétrica y semidefinida negativa, $\Lambda_k : m \times m$ y definida negativa, v^T es el vector traspuesto de v.

A continuación, en la Proposición 6.2, se resuelve el problema, por programación dinámica.

Proposición 6.2 *Para el Problema (6.20) se obtiene la siguiente solución óptima: para* $k = 0, 1, \ldots, N-1$, *el control óptimo y la función valor son, respectivamente:*

$$u^*(k) = G_k x(k), \qquad J_k^*\{x(k)\} = \frac{1}{2}x(k)^T K_k x(k),$$

en donde,

$$G_k = -\Theta_k^{-1}\Psi_k^T,$$

y

$$K_k = \Phi_k - \Psi_k \Theta_k^{-1} \Psi_k^T, \qquad \textit{para } k = 0, 1, \ldots, N-1, \quad \textit{y } K_N = W_N,$$

siendo,

$$\begin{aligned}
\Phi_k &= W_k + A_k^T K_{k+1} A_k,\\
\Theta_k &= \Lambda_k + B_k^T K_{k+1} B_k,\\
\Psi_k &= A_k^T K_{k+1} B_k.
\end{aligned}$$

Además, la evolución del sistema controlado, viene dada por:

$$x^*(K+1) = [A_k \mid B_k G_k] x^*(k), \qquad \textit{para } k = 0, 1, \ldots, N-1 \qquad (6.21)$$

DEMOSTRACIÓN. Utilizamos el método de inducción sobre k.

Vamos resolviendo el problema dado, hacia atrás en el tiempo, procediendo como en los ejemplos del apartado anterior.

- Final: sea $x(N)$ dado.
  Entonces, la aportación al funcional objetivo, por el hecho de que el sistema finalice en dicho estado, es:

$$J_N^*\{x(N)\} = \frac{1}{2}x(N)^T W_N x(N) = \frac{1}{2}x(N)^T K_N x(N), \qquad (6.22)$$

  en donde se ha definido la matriz $K_N = W_N$, que será útil en próximos pasos a seguir.

- Período N: sea $x(N-1)$ dado.
  La ecuación de Bellman para este período es:

$$J^*_{N-1}\{x(N-1)\} = \max_{u(N-1)}\left\{\frac{1}{2}x(N-1)^T W_{N-1}x(N-1) + \frac{1}{2}u(N-1)^T \Lambda_{N-1}u(N-1) + J^*_N\{A_{N-1}x(N-1) + B_{N-1}u(N-1)\}\right\}$$

Teniendo en cuenta (6.22), se obtiene que la expresión anterior es igual a:

$$\begin{aligned}
&J^*_{N-1}\{x(N-1)\}\\
&= \max_{u(N-1)}\left\{\frac{1}{2}x(N-1)^T W_{N-1}x(N-1) + \frac{1}{2}u(N-1)^T \Lambda_{N-1}u(N-1)\right.\\
&\quad + \frac{1}{2}\left[A_{N-1}x(N-1) + B_{N-1}u(N-1)\right]^T\\
&\quad \left.\cdot K_N\left[A_{N-1}x(N-1) + B_{N-1}u(N-1)\right]\right\}\\
&= \max_{u(N-1)}\left\{\frac{1}{2}x(N-1)^T\left[W_{N-1} + A^T_{N-1}K_N A_{N-1}\right]x(N-1)\right.\\
&\quad + \frac{1}{2}u(N-1)^T\left[\Lambda_{N-1} + B^T_{N-1}K_N B_{N-1}\right]u(N-1)\\
&\quad \left. + x(N-1)^T A^T_{N-1}K_N B_{N-1}u(N-1)\right\}\\
&= \max_{u(N-1)}\left\{\frac{1}{2}x(N-1)^T\Phi_{N-1}x(N-1) + \frac{1}{2}u(N-1)^T\Theta_{N-1}u(N-1)\right.\\
&\quad \left. + x(N-1)^T\Psi_{N-1}u(N-1)\right\},
\end{aligned}$$

en donde:

$$\begin{aligned}
\Phi_{N-1} &= W_{N-1} + A^T_{N-1}K_N A_{N-1},\\
\Theta_{N-1} &= \Lambda_{N-1} + B^T_{N-1}K_N B_{N-1},\\
\Psi_{N-1} &= A^T_{N-1}K_N B_{N-1}.
\end{aligned}$$

Imponiendo la condición necesaria de mínimo (gradiente igual a cero), se obtiene que:

$$u(N-1)^T\Theta_{N-1} + x(N-1)^T\Psi_{N-1} = 0,$$

por ser Θ_{N-1} matriz simétrica, se tiene que:

$$\Theta_{N-1}u(N-1) + \Psi^T_{N-1}x(N-1) = 0,$$

de donde se llega a que:

$$u(N-1) = -\Theta^{-1}_{N-1}\Psi^T_{N-1}x(N-1).$$

Obsérvese que la matriz Θ_{N-1} posee inversa, ya que por hipótesis, Λ_{N-1} es definida negativa y $K_N = W_N$ es semidefinida negativa, por lo que Θ_{N-1} es definida negativa y por consiguiente no singular y posee matriz inversa. La condición es también suficiente de optimalidad global, por ser cóncava la función objetivo.

Podemos poner:

$$u^*(N-1) = G_{N-1}x(N-1),$$

en donde:

$$G_{N-1} = -\Theta_{N-1}^{-1}\Psi_{N-1}^T = -\left[\Lambda_{N-1} + B_{N-1}^T K_N B_{N-1}\right]^{-1} B_{N-1}^T K_N A_{N-1}.$$

Entonces,

$$\begin{aligned} J_{N-1}^*\{x(N-1)\} = \frac{1}{2}x(N-1)^T\Phi_{N-1}x(N-1) & \\ + \frac{1}{2}x(N-1)^T G_{N-1}^T\Theta_{N-1}G_{N-1}x(N-1) & \\ + x(N-1)^T\Psi_{N-1}G_{N-1}x(N-1). & \end{aligned}$$

Se puede poner:

$$J_{N-1}^*\{x(N-1)\} = \frac{1}{2}x(N-1)^T K_{N-1}x(N-1),$$

en donde:

$$K_{N-1} = \Phi_{N-1} + G_{N-1}^T\Theta_{N-1}G_{N-1} + 2\Psi_{N-1}G_{N-1} = \Phi_{N-1} - \Psi_{N-1}\Theta_{N-1}^{-1}\Psi_{N-1}^T.$$

- Hipótesis de inducción: período $k+1$. Sea $x(k)$ dado. Supongamos que la proposición es cierta para k (según la hipótesis de inducción). Ahora hay que demostrar que también se cumple para $k-1$ (que corresponde al perído k).
- Período k: sea $x(k-1)$ dado.
La ecuación de Bellman para este período es:

$$\begin{aligned} J_{k-1}^*\{x(k-1)\} = \max_{u(k-1)} \Big\{ & \frac{1}{2}x(k-1)^T W_{k-1}x(k-1) + \frac{1}{2}u(k-1)^T\Lambda_{k-1}u(k-1) \\ & + J_k^*\{A_{k-1}x(k-1) + B_{k-1}u(k-1)\}\Big\}. \end{aligned}$$

Teniendo en cuenta la expresión para J_k^* de la hipótesis de inducción, se obtiene que la expresión anterior es igual a:

$$\begin{aligned} J_{k-1}^*\{x(k-1)\} &= \max_{u(k-1)} \Big\{ \frac{1}{2}x(k-1)^T W_{k-1}x(k-1) + \frac{1}{2}u(k-1)^T\Lambda_{k-1}u(k-1) \\ &\quad + \frac{1}{2}\left[A_{k-1}x(k-1) + B_{k-1}u(k-1)\right]^T K_k \\ &\quad \cdot \left[A_{k-1}x(k-1) + B_{k-1}u(k-1)\right]\Big\} \\ &= \max_{u(k-1)} \Big\{ \frac{1}{2}x(k-1)^T\left[W_{k-1} + A_{k-1}^T K_k A_{k-1}\right]x(k-1) \\ &\quad + \frac{1}{2}u(k-1)^T\left[\Lambda_{k-1} + B_{k-1}^T K_k B_{k-1}\right]u(k-1) \\ &\quad + x(k-1)^T A_{k-1}^T K_k B_{k-1}u(k-1)\Big\} \\ &= \max_{u(k-1)} \Big\{ \frac{1}{2}x(k-1)^T\Phi_{k-1}x(k-1) + \frac{1}{2}u(k-1)^T\Theta_{k-1}u(k-1) \\ &\quad + x(k-1)^T\Psi_{k-1}u(k-1)\Big\}, \end{aligned}$$

en donde:

$$\Phi_{k-1} = W_{k-1} + A_{k-1}^T K_k A_{k-1},$$
$$\Theta_{k-1} = \Lambda_{k-1} + B_{k-1}^T K_k B_{k-1},$$
$$\Psi_{k-1} = A_{k-1}^T K_k B_{k-1}.$$

Imponiendo la condición necesaria de mínimo (gradiente igual a cero), se obtiene que:

$$u(k-1)^T \Theta_{k-1} + x(k-1)^T \Psi_{k-1} = 0,$$

por ser Θ_{k-1} matriz simétrica, se tiene que:

$$\Theta_{k-1} u(k-1) + \Psi_{k-1}^T x(k-1) = 0,$$

de donde se llega a:

$$u(k-1) = -\Theta_{k-1}^{-1} \Psi_{k-1}^T x(k-1).$$

Obsérvese que la matriz Θ_{k-1} posee inversa, ya que por hipótesis, Λ_{k-1} es definida negativa y K_{k+1} es semidefinida negativa, por lo que Θ_{k-1} es definida negativa y por consiguiente no singular y posee matriz inversa. La condición es también suficiente de optimalidad global, por ser cóncava la función objetivo.

Podemos poner:

$$u^*(k-1) = G_{k-1} x(k-1),$$

en donde:

$$G_{k-1} = -\Theta_{k-1}^{-1} \Psi_{k-1}^T = -\left[\Lambda_{k-1} + B_{k-1}^T K_k B_{k-1}\right]^{-1} B_{k-1}^T K_k A_{k-1}.$$

Entonces,

$$\begin{aligned} J_{k-1}^* \{x(k-1)\} = {} & \frac{1}{2} x(k-1)^T \Phi_{k-1} x(k-1) \\ & + \frac{1}{2} x(k-1)^T G_{k-1}^T \Theta_{k-1} G_{k-1} x(k-1) \\ & + x(k-1)^T \Psi_{k-1} G_{k-1} x(k-1). \end{aligned}$$

Se puede poner:

$$J_{k-1}^* \{x(k-1)\} = \frac{1}{2} x(k-1)^T K_{k-1} x(k-1),$$

en donde:

$$\begin{aligned} K_{k-1} &= \Phi_{k-1} + G_{k-1}^T \Theta_{k-1} G_{k-1} + 2\Psi_{k-1} G_{k-1} \\ &= \Phi_{k-1} - \Psi_{k-1} \Theta_{k-1}^{-1} \Psi_{k-1}^T. \end{aligned}$$

El sistema controlado es lineal, según expresión (6.21). Ello se comprueba inmediatamente sustituyendo en la ecuación de estado el control óptimo obtenido.

6.5 LA PROGRAMACIÓN DINÁMICA PARA PROBLEMAS DE CONTROL EN TIEMPO CONTINUO

Aunque los problemas de control óptimo en tiempo continuo han sido estudiados en los Capítulos 4 y 5, vamos a ver en este apartado cómo la programación dinámica, presentada como método de solución para problemas de control en tiempo discreto, se puede aplicar al caso de tiempo continuo.

Consideremos el problema básico de control óptimo, tal como se formula en el Capítulo 4:

$$\begin{aligned} \max_{u(t)} J &= \int_{t_0}^{t_1} F(x,u,t)dt + S[x(t_1)], \\ \text{sujeto a} &: \dot{x} = f(x,u,t), \\ \text{con} &: x(t_0) = x_0, \\ u(t) &\in \Omega(t), \end{aligned}$$

en donde, para cada $t \in [t_0, t_1]$, $u(t)$ es el vector m-dimensional de variables de control (recordemos que un control para ser admisible tiene que ser una función continua a trozos), siendo $x(t)$ el vector n-dimensional de variables de estado. Se supone que F, f y S poseen derivadas parciales primeras contínuas.

En la Sección 4.7 se ha definido la función valor, de la siguiente forma:

$$\begin{aligned} V^*(x,t) &= \max_{u(\tau)} \int_{t}^{t_1} F(x,u,\tau)d\tau + S[x(t_1)], \\ \text{sujeto a} &: \dot{x} = f(x,u,\tau), \text{ para } t \le \tau \le t_1, \\ \text{con} &: x(t) = x, \\ & \quad u(\tau) \in \Omega(\tau). \end{aligned}$$

Por tanto, dados $x \in \mathbb{R}^n$, $t \in [t_0, t_1]$, $V^*(x,t)$ proporciona el máximo valor del funcional objetivo del problema de control, que comienza en el instante t, con el estado x. En particular, $V^*(x_0, t_0)$ da el valor objetivo óptimo del problema original.

Proposición 6.3 *La función valor verifica la ecuación de Hamilton-Jacobi-Bellman, que es la siguiente:*

$$\begin{aligned} 0 &= V_t^*(x,t) + \max_{u\in\Omega} \left\{ F(x,u,t) + \nabla_x V^*(x,t) f(x,u,t) \right\}, \\ \textit{con} &: V^*(x,t_1) = S(x), \end{aligned}$$

en donde V_t^* es la derivada parcial de la función valor con respecto a t y $\nabla_x V^*$ es el vector de derivadas parciales de la función V^* con respecto a las variables de estado x.

Aunque no vamos a demostrar formalmente la proposición anterior, seguiremos un razonamiento que nos ayude a ver cómo se obtiene la ecuación.

Sean (x, t) fijos. Consideramos $t + \Delta t$, siendo $\Delta t > 0$, "pequeño". Suponemos que la función valor es conocida en $t + \Delta t$, y vamos un paso hacia atrás en el tiempo como si fuera tiempo discreto. La función valor se puede aproximar de la siguiente forma:

$$
\begin{aligned}
V^*(x, t) &\simeq \max_{u \in \Omega} \left\{ F(x, u, t)\Delta t + V^*(x + \Delta x, t + \Delta t) \right\} \\
&= \max_{u \in \Omega} \left\{ F(x, u, t)\Delta t + V^*(x + f(x, u, t)\Delta t, t + \Delta t) \right\}.
\end{aligned}
$$

Utilizando la fórmula de Taylor:

$$
V^*(x + f(x, u, t)\Delta t, t + \Delta t) \simeq V^*(x, t) + \nabla_x V^*(x, t) f(x, u, t)\Delta t + V_t^*(x, t)\Delta t,
$$

se obtiene:

$$
\begin{aligned}
V^*(x, t) &\simeq \max_{u \in \Omega} \left\{ F(x, u, t)\Delta t + V^*(x, t) + \nabla_x V^*(x, t) f(x, u, t)\Delta t + V_t^*(x, t)\Delta t \right\} \\
&= V^*(x, t) + V_t^*(x, t)\Delta t + \max_{u \in \Omega} \left\{ F(x, u, t)\Delta t + \nabla_x V^*(x, t) f(x, u, t)\Delta t \right\}.
\end{aligned}
$$

Simplificando y dividiendo los dos miembros por Δt, queda finalmente:

$$
0 = V_t^*(x, t) + \max_{u \in \Omega} \left\{ F(x, u, t) + \nabla_x V^*(x, t) f(x, u, t) \right\},
$$

que es la ecuación de Hamilton -Jacobi-Bellman.

De la definición de la función valor, se obtiene inmediatamente que:

$$
V^*(x, t_1) = S(x).
$$

La siguiente proposición relaciona una solución de Hamilton-Jacobi-Bellman con el control óptimo del problema dado, estableciendo además condiciones de suficiencia.

Proposición 6.4 *Supongamos que $W(x, t)$ es una solución de la ecuación de Hamilton-Jacobi-Bellman, es decir, que W posee todas sus derivadas parciales primeras y son continuas en x y t, y verifica que:*

$$
0 = W_t(x, t) + \max_{u \in \Omega} \{ F(x, u, t) + \nabla_x W(x, t) f(x, u, t) \}, \forall x, t, \tag{6.23}
$$

$$
con : \; W(x, t_1) = S(x), para\ todo\ x. \tag{6.24}
$$

Supongamos también que $\mu^*(x, t)$ alcanza el máximo en la ecuación (6.23), para todo x y t. Sea $x^*(t)$, para $t_0 \leq t \leq t_1$, la trayectoria de estado obtenida a partir de la condición inicial x_0, al aplicar el control $u^*(t) = \mu^*(x, t)$, para $t_0 \leq t \leq t_1$. Suponemos también que la ecuación diferencial

$$
\dot{x}^*(t) = f(x^*(t), \mu^*(x, t), t),
$$

tiene una única solución cuando parte de cualquier par (x, t) y que la trayectoria de control $\mu^*(x^*(t), t)$, para $t_0 \leq t \leq t_1$, es una función de t continua a trozos.

Entonces, W es la única solución a la ecuación de Hamilton-Jacobi-Bellman y es igual a la función valor, es decir:

$$
W(x, t) = V^*(x, t), \; para\ todo\ x, t.
$$

Además, la trayectoria de control $u^*(t)$, para $t_0 \leq t \leq t_1$, es óptima.

DEMOSTRACIÓN. Sean $\tilde{u}(t)$, para $t_0 \leq t \leq t_1$, una trayectoria arbitraria de control admisible, y $\tilde{x}(t)$, para $t_0 \leq t \leq t_1$ la trayectoria de estado correspondiente.

En virtud de la expresión (6.23), y teniendo en cuenta que

$$\frac{d\tilde{x}}{dt} = f(\tilde{x}, \tilde{u}, t),$$

se verifica que:

$$\begin{aligned} 0 &\geq W_t(\tilde{x}, t) + F(\tilde{x}, \tilde{u}, t) + \nabla_x W(\tilde{x}, t) f(\tilde{x}, \tilde{u}, t) \\ &= F(\tilde{x}, \tilde{u}, t) + \frac{d}{dt}\left[W(\tilde{x}(t), t)\right]. \end{aligned}$$

Integrando se obtiene:

$$0 \geq \int_{t_0}^{t_1} F(\tilde{x}(t), \tilde{u}(t), t)dt + W(\tilde{x}(t_1), t_1) - W(\tilde{x}(t_0), t_0).$$

Teniendo en cuenta (6.23) y que $\tilde{x}(t_0) = x_0$, se obtiene:

$$W(x_0, t_0) \geq \int_{t_0}^{t_1} F(\tilde{x}(t), \tilde{u}(t), t)dt + S\left[\tilde{x}(t_1)\right].$$

Utilizando $u^*(t)$ y $x^*(t)$ en lugar de $\tilde{u}(t)$ y $\tilde{x}(t)$, respectivamente, las desigualdades precedentes son igualdades, obteniéndose que:

$$W(x_0, t_0) = \int_{t_0}^{t_1} F(x^*(t), u^*(t), t)dt + S\left[x^*(t_1)\right],$$

por lo que se deduce que

$$\int_{t_0}^{t_1} F(x^*(t), u^*(t), t)dt + S\left[x^*(t_1)\right] \geq \int_{t_0}^{t_1} F(\tilde{x}(t), \tilde{u}(t), t)dt + S\left[\tilde{x}(t_1)\right],$$

siendo por tanto $u^*(t)$, para $t_0 \leq t \leq t_1$, el control óptimo, y $x^*(t)$,para $t_0 \leq t \leq t_1$, la trayectoria óptima del vector de estado.

Además, se verifica que

$$W(x_0, t_0) = V^*(x_0, t_0).$$

La deducción anterior se puede repetir, y es válida para cualquier instante inicial $t \in [t_0, t_1]$ y cualquier estado inicial x, obteniéndose que

$$W(x, t) = V^*(x, t), \text{ para todo } x, t.$$

■

Ejemplo 6.7 Resolver, utilizando programación dinámica el siguiente problema de control lineal-cuadrático:

$$\begin{aligned} \max_u \ J &= \frac{1}{2}\int_0^T \left[x(t)^T Q x(t) + u(t)^T R u(t)\right] dt, \\ \text{sujeto a} \ &: \dot{x}(t) = Ax(t) + Bu(t), \\ \text{con} \ &: x(0) = x_0, \end{aligned}$$

siendo Q matriz simétrica semidefinida negativa de dimensiones $n \times n$, R matriz simétrica definida negativa de dimensiones $m \times m$, A y B matrices dadas, de dimensiones $n \times n$ y $n \times m$, respectivamente.

SOLUCIÓN. La ecuación de Hamilton-Jacobi-Bellman es:

$$0 = V_t(x,t) + \max_u \left\{ \frac{1}{2} x^T Qx + \frac{1}{2} u^T Ru + \nabla_x V(x,t)\,[Ax + Bu]) \right\},$$
$$\text{con} \; : \; V(x,T) = 0.$$

Establecemos la suposición de que la solución a esa ecuación es de la forma:

$$V(x,t) = \frac{1}{2} x^T P(t) x,$$

en donde $P(t)$ es una matriz simétrica n-dimensional.

Sustituyendo en la ecuación de Hamilton-Jacobi-Bellman, se obtiene:

$$0 = \frac{1}{2} x^T \frac{dP(t)}{dt} x + \max_u \left\{ \frac{1}{2} x^T Qx + \frac{1}{2} u^T Ru + x^T P(t)\,[Ax + Bu]) \right\} \qquad (6.25)$$

Derivando con respecto a u la expresión entre llaves e igualando a cero, se obtiene:

$$u^T R + x^T P(t) B = 0,$$

de donde se deduce que:

$$u^* = -R^{-1} B^T P(t) x.$$

Sustituyendo en (6.25), y teniendo en cuenta que:

$$x^T P(t) Ax = \frac{1}{2} x^T \left[P(t)A + A^T P(t) \right] x,$$

se obtiene:

$$0 = x^T \left[\frac{dP(t)}{dt} + Q + P(t)A + A^T P(t) - P(t) B R^{-1} B^T P(t) \right] x,$$
$$\text{con} \; : \; P(T) = 0.$$

Es decir:

$$-\frac{dP(t)}{dt} = Q + P(t)A + A^T P(t) - P(t) B R^{-1} B^T P(t),$$
$$\text{con} \; : \; P(T) = 0,$$

que es una ecuación de Riccati.

Por tanto, el control óptimo es:

$$u^*(t) = -R^{-1} B^T P(t) x(t),$$

y el sistema controlado será:

$$x^*(t) = \left[A - B R^{-1} B^T P(t) \right] x(t), \; \text{con} \; x(0) = x_0,$$

en donde $P(t)$ se encuentra resolviendo la ecuación de Ricatti.

Además,

$$J^* = V(x_0, 0) = \frac{1}{2} x_0^T P(0) x_0.$$

6.6 EJERCICIOS PROPUESTOS

Ejercicio 6.1 Se trata de construir una autopista entre dos ciudades A y K, existiendo varias ciudades por las que puede pasar la autopista, tal como se indica en el siguiente grafo, pudiendo clasificarse estas ciudades en grupos o fases y habiéndose asignado a los arcos del grafo el importe de los costes totales en cientos de millones de pesetas (costes de realización, costes de expropiación, etc.)

Determinar, utilizando programación dinámica, la autopista de coste mínimo que une las ciudades A y K.

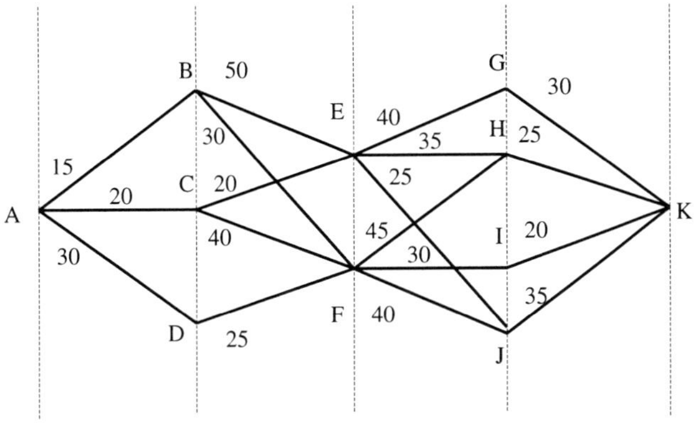

Ejercicio 6.2 Resolver los siguientes problemas de control, utilizando la programación dinámica:

a)

$$\min_{u(0),u(1),u(2)} [x(1)-10]^2 + [x(2)-15]^2 + u(0) + u(1) + u(2),$$
$$\text{sujeto a}: x(k+1) = 2x(k) + u(k), \text{ para } k = 0, 1, 2,$$
$$\text{con}: x(0) = 6, x(3) = 20.$$

b)

$$\max_{\{u(k)\}_{k=0}^{4}} J = \sum_{k=0}^{4} \left[10x(k) - 0.1u(k)^2\right],$$
$$\text{sujeto a} : x(k+1) = x(k) + u(k),$$
$$\text{con} : x(0) = 0.$$

Ejercicio 6.3 Resolver los siguientes problemas, utilizando la programación dinámica:

a)

$$\min_{\{u(k)\}_{k=0}^{3}} \sum_{k=0}^{3} \left[x(k)^2 + u(k)^2\right],$$
$$\text{sujeto a}: x(k+1) = x(k) + u(k), \text{ para } k = 0, 1, 2, 3,$$
$$\text{con}: x(0) = 0, x(4) = 8,$$
$$\text{siendo}: u(k), \text{ número entero no negativo.}$$

b)

$$\min_{\{u(k)\}_{k=0}^{3}} \sum_{k=0}^{3} \left[x(k)^2 + 2u(k)^2 \right],$$

$$\text{sujeto a} : x(k+1) = x(k) - u(k), \text{ para } k = 0, 1, 2, 3,$$
$$\text{con} : x(0) = 5,$$
$$\text{siendo} : u(k) \in \{0, 1, 2\}, \text{ para } k = 0, 1, 2, 3.$$

Ejercicio 6.4 Un científico vive en una ciudad B y tiene que estar en la ciudad A el próximo domingo. En cada uno de los días jueves, viernes y sábado, puede dar una conferencia en algunas de las ciudades A, B, C, con la excepción de que no puede ser en C el jueves. Se le ofrecen 20 unidades monetarias por conferencia en A, 22 en B y 25 en C, más gastos de estancia para una noche en la ciudad en la que ha dado la charla.

Utilizar la programación dinámica para obtener dónde debería pasar los tres días y noches finales de la semana para maximizar sus ingresos por las conferencias, menos los costes de transporte entre las ciudades.

Los costes de transporte son:

origen\ destino	A	B	C
A	-	6	4
B	6	-	8
C	4	8	-

Ejercicio 6.5 El servicio de compras de una empresa debe aprovisionar todos los meses cierta materia prima. El precio de compra y la demanda de dicha materia vienen dados para los próximos 6 meses por la tabla siguiente:

Mes	1	2	3	4	5	6
Demanda de toneladas	5	8	2	4	7	5
Precio de compra (por tonelada)	11	13	18	17	10	20

La capacidad de almacenaje se limita a 9 toneladas por mes. El stock inicial es igual a 2 y el final debe ser nulo. ¿Qué cantidades se deben comprar al principio de cada mes para que las compras supongan un gasto mínimo?

Ejercicio 6.6 La responsable de ventas de una editorial de libros de texto universitarios tiene 6 jóvenes vendedores a los que tiene que asignar a tres diferentes áreas en que ha dividido el país. Ha decidido que en cada área tiene que designar al menos a un vendedor, y que cada vendedor individual tiene que tener restringido su campo de actuación a una sola área. Ahora quiere determinar cuántos vendedores tiene que nombrar para cada una de las áreas, para maximizar las ventas.

La siguiente tabla da una estimación del incremento en ventas (en unidades apropiadas) en cada área si asigna determinado número de vendedores:

N^ode vendedores \ Área	1	2	3
1	32	20	28
2	48	42	41
3	70	56	63
4	89	70	75

Resolver el problema, utilizando programación dinámica.

Ejercicio 6.7 El Ayuntamiento de una ciudad ha recibido 5 millones de euros del Gobierno Autonómico, que debe gastar totalmente en las áreas de Juventud, Cultura y Medio Ambiente. El equipo de analistas del Ayuntamiento ha obtenido la siguiente estimación de los niveles de satisfacción de los ciudadanos, en función de la partida presupuestaria destinada a cada área (que siempre debe ser múltiplo de millón):

Área\Dinero	0	1	2	3	4	5
Juventud	0	5	5	6	7	11
Cultura	0	3	6	6	8	10
Medio Ambiente	0	5	6	8	9	14

Determinar, usando programación dinámica, la manera en que se han de repartir los 5 millones de euros si el Ayuntamiento quiere maximizar el nivel de satisfacción ciudadana.

Ejercicio 6.8 Se considera el problema:

$$
\begin{aligned}
\max_{\{u(k)\}_{k=k_0}^{k_1}} \quad J &= -\sum_{k=k_0}^{k_1} \alpha(k)u(k)^2, \\
\text{en donde}: \quad &\sum_{k=k_0}^{k_1} u(k) = A, \\
\text{con}: \quad &u(k) \geq 0, \ \text{para } k = k_0, k_0+1, \ldots, k_1,
\end{aligned}
$$

siendo $\alpha(k_0), \alpha(k_0+1), \ldots, \alpha(k_1)$ pesos no negativos, dados, $A > 0$, dado.

Se pide: (i) Formularlo como un problema de control óptimo en tiempo discreto. Escribir las ecuaciones de optimalidad. ¿Cómo es la solución?

(ii) Resolver el problema particular en que $k_0 = 0$, $k_1 = 2$, $A = 50$, $\alpha(0) = 1$, $\alpha(1) = 2$, $\alpha(2) = 1$, utilizando programación dinámica.

Ejercicio 6.9 Escribir las ecuaciones de Bellman para cada uno de los siguientes problemas de control óptimo en tiempo discreto.

a)

$$
\begin{aligned}
&\max_{u_1, u_2} \sum_{i=1}^{2} f(x_i, u_i) + 3\,(x_3)^2, \\
&\text{sujeto a}: x_{i+1} = f(x_i, u_i), \ \text{para } i = 1, 2, \\
&\text{con}: x(1) = 1.
\end{aligned}
$$

b)

$$
\begin{aligned}
&\max_{\{u_t\}_{t=0}^{T}} \sum_{t=0}^{T} [F(x_t) + G(x_t) + H(x_t, u_t)] + S\left[x_{T+1}\right], \\
&\text{sujeto a}: x_{t+1} = f(x_t, u_t, t), \ \text{para } t = 0, 1, \ldots, T, \\
&\text{con}: x_0 \text{ dado}, \\
&\qquad u_t \in \Omega_t.
\end{aligned}
$$

Ejercicio 6.10 Resolver el siguiente problema de control óptimo en tiempo continuo, utilizando el método de programación dinámica.

$$\begin{aligned} \max_{u(t)} J &= \int_0^4 e^{-0.05t}\left[2x(t) - x(t)^2 - 2u(t)^2\right] dt, \\ \text{sujeto a} &: \dot{x}(t) = u(t) \\ \text{con} &: x(0) = 1. \end{aligned}$$

CAPÍTULO 7

Otros métodos en tiempo discreto

Este capítulo complementa al Capítulo 6 en el estudio de problemas de control óptimo en tiempo discreto. En las dos primeras secciones se sigue con el método de programación dinámica, considerando una formulación alternativa de la ecuación de Bellman cuando hay descuento intertemporal en la Sección 1, y estudiando el problema con horizonte temporal infinito en determinadas condiciones de acotación, en la Sección 2. En las Secciones 3 y 4 se estudian otros métodos interesantes en optimización dinámica en tiempo discreto: multiplicadores de Lagrange, el principio del máximo en su versión para tiempo discreto y programación matemática. La habitual colección de ejercicios propuestos cierra el capítulo.

7.1 DESCUENTO EN EL PROBLEMA DE CONTROL ÓPTIMO EN TIEMPO DISCRETO

En el capítulo anterior se ha planteado el problema de control óptimo en tiempo discreto y se ha estudiado el método de programación dinámica para resolverlo. En muchas ocasiones los sumandos que constituyen el funcional objetivo del problema de optimización dinámica a resolver contienen un factor de descuento, y en tal caso las ecuaciones de Bellman, que componen el algoritmo de programación dinámica, se pueden expresar también de otra forma (muy parecida a la estudiada en el capítulo anterior), que en algunos casos conviene utilizar.

Se considera el siguiente problema de control óptimo en tiempo discreto, conteniendo el factor de descuento $\beta \in (0, 1)$:

$$\begin{aligned} \max_{\{u(k)\}_{k=0}^{N-1}} \quad J &= \sum_{k=0}^{N-1} \beta^k F[x(k), u(k), k] + \beta^N S[x(N)], \\ \text{sujeto a} &: x(k+1) = f(x(k), u(k), k), \text{ para } k = 0, 1, \ldots, N-1, \\ \text{con} &: x(0) = x_0, \\ & \quad u(k) \in \Omega(k). \end{aligned} \tag{7.1}$$

En la Proposición 6.1 se han obtenido las ecuaciones de Bellman, que constituyen el algoritmo de la programación dinámica, y permiten resolver el problema dado. Para la formulación (7.1) del problema, se obtiene:

$$J_N^* \{x(N)\} = \beta^N S[x(N)], \tag{7.2}$$

y para cada $k \in \{N-1, N-2, \ldots, 1, 0\}$

$$J_k^* \{x(k)\} = \max_{u(k)\in\Omega(k)} \left\{\beta^k F[x(k), u(k), k] + J_{k+1}^* \{f[x(k), u(k), k]\}\right\}. \tag{7.3}$$

Para el Problema (7.1), las ecuaciones de Bellman se pueden expresar también de la forma que se recoge en la siguiente proposición.

Proposición 7.1 *Para el Problema (7.1), las ecuaciones de Bellman se pueden expresar también en la siguiente forma equivalente a (7.2) y (7.3):*

$$V_N^* \{x(N)\} = S[x(N)], \tag{7.4}$$

y para cada $k \in \{N-1, N-2, \ldots, 1, 0\}$

$$V_k^* \{x(k)\} = \max_{u(k)\in\Omega(k)} \left\{F[x(k), u(k), k] + \beta V_{k+1}^* \{f[x(k), u(k), k]\}\right\}. \tag{7.5}$$

DEMOSTRACIÓN. Se define

$$V_N^* \{x(N)\} = \frac{1}{\beta^N} J_N^* \{x(N)\} = S[x(N)],$$

para $k = N-1, N-2, \ldots, 1, 0,$

$$V_k^* \{x(k)\} = \frac{1}{\beta^k} J_k^* \{x(N)\}.$$

Partiendo de (7.3) se tiene que

$$\begin{aligned} V_k^* \{x(k)\} &= \frac{1}{\beta^k} \max_{u(k)\in\Omega(k)} \left\{\beta^k F[x(k), u(k), k] + J_{k+1}^* \{f[x(k), u(k), k]\}\right\} \\ &= \max_{u(k)\in\Omega(k)} \left\{F[x(k), u(k), k] + \frac{1}{\beta^k} J_{k+1}^* \{f[x(k), u(k), k]\}\right\} \\ &= \max_{u(k)\in\Omega(k)} \left\{F[x(k), u(k), k] + \frac{\beta}{\beta^{k+1}} J_{k+1}^* \{f[x(k), u(k), k]\}\right\} \\ &= \max_{u(k)\in\Omega(k)} \left\{F[x(k), u(k), k] + \beta V_{k+1}^* \{f[x(k), u(k), k]\}\right\}. \end{aligned}$$

■

La diferencia entre $J_k^* \{x(k)\}$ y $V_k^* \{x(k)\}$ está en que $J_k^* x(k)$ da el valor óptimo, **descontado al período 1,** del funcional objetivo del problema truncado que contiene los períodos $k+1$ a N, cuyo estado inicial es $x(k)$, mientras que $V_k^* \{x(k)\}$ da el mismo valor pero sin descontar, es decir, en valor corriente del período $k+1$. En ambos casos se trata, por tanto, de la función valor, descontada al comienzo del horizonte temporal en el caso de J_k^* y expresada en valor corriente del período $k+1$ en el caso de la función V_k^*. En $k=0$ el valor descontado y sin descontar coinciden, por tanto, queda claro que

$$J_0^* \{x(0)\} = V_0^* \{x(0)\}.$$

Ejemplo 7.1 Resolver el siguiente problema, utilizando las ecuaciones de Bellman de la Proposición 7.1 (para el caso de minimización).

$$\min_{\{u(k)\}_{k=0}^{2}} \quad J = \sum_{k=0}^{2} \left\{0,9^k \left[u(k)^2 + (x(k)-2k)^2\right]\right\} + 0,9^3 \left(x(3)-5\right)^2,$$

$$\text{sujeto a} \ : \ x(k+1) = x(k) + (k+1)u(k), \ \text{para } k = 0, 1, 2,$$

$$\text{con} \ : \ x(0) = 0.$$

Solución. El esquema sobre el horizonte temporal del problema, indicando los períodos y los momentos en que se concretan los valores de las distintas variables, se recoge en la Figura 7.1.

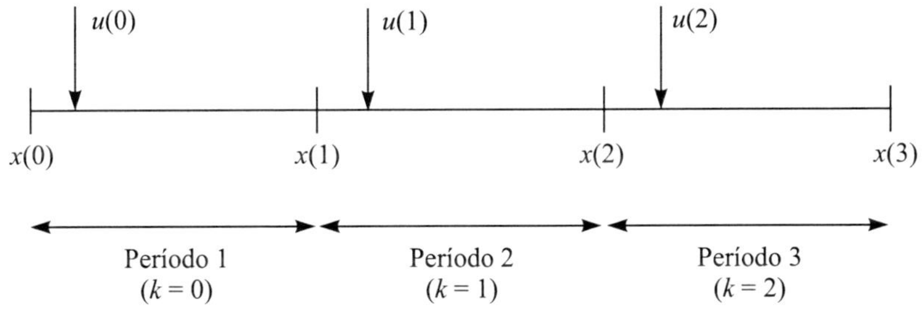

Figura 7.1 Ejemplo con tres períodos

Como es habitual en programación dinámica, comenzamos situándonos en el instante final.

- Final: sea $x(3)$ dado. De acuerdo con la Proposición 7.1, se define,

$$V_3^* \{x(3)\} = (x(3)-5)^2.$$

- Período 3: sea $x(2)$ dado. Siguiendo el resultado obtenido en la Proposición 7.1, la ecuación de Bellman para el período 3 es:

$$\begin{aligned} V_2^* \{x(2)\} &= \min_{u(2)} \left\{u(2)^2 + (x(2)-4)^2 + 0,9 V_3^* \{x(2)+3u(2)\}\right\} \\ &= \min_{u(2)} \left\{u(2)^2 + (x(2)-4)^2 + 0,9 \left(x(2)+3u(2)-5\right)^2\right\}. \end{aligned}$$

Hay que resolver el siguiente problema de programación matemática:

$$\min_{u} \alpha(u) = u^2 + 0,9 \left(x + 3u - 5\right)^2.$$

Imponiendo las condiciones de optimalidad, se tiene:

$$\alpha'(u) = 0 = 2u + 5,4(x + 3u - 5),$$
$$\alpha''(u) = 18,2 > 0, \text{ que es condición de mínimo.}$$

Por tanto, se ha obtenido que

$$u^*(2) = 1,48 - 0,30x(2),$$
$$V_2^*\{x(2)\} = 1,10x(2)^2 - 8,99x(2) + 18,47.$$

- Período 2: sea $x(1)$ dado.
  La ecuación de Bellman correspondiente a este período es:

$$V_1^*\{x(1)\} = \min_{u(1)} \left\{u(1)^2 + (x(1) - 2)^2 + 0,9V_2^*\{x(1) + 2u(1)\}\right\}$$
$$= \min_{u(1)} \left\{u(1)^2 + (x(1) - 2)^2 + 0{,}9\left\{1,10[x(1) + 2u(1)]^2 - 8,99[x(1) + 2u(1)] + 18,47\right\}\right\}.$$

Hay que resolver el siguiente problema de programación matemática:

$$\min_u \gamma(u) = u^2 + 0,9\left\{1,10(x + 2u)^2 - 8,99(x + 2u)\right\}.$$

Imponiendo las condiciones de optimalidad, se tiene:

$$\gamma'(u) = 0 = 2u + 3,96x + 7,92u - 16,18.$$
$$\gamma''(u) = 9,92 > 0, \text{ que es condición de mínimo.}$$

Por tanto, se ha obtenido que

$$u^*(1) = 1,63 - 0,40x(1),$$
$$V_1^*\{x(1)\} = 1,20x(1)^2 - 3,63x(1) + 4,42.$$

- Período 1: sea $x(0) = 0$ dado.
  La ecuación de Bellman correspondiente es:

$$V_0^*\{0\} = \min_{u(0)} \left\{u(0)^2 + 0,9V_1^*\{u(0)\}\right\}$$
$$= \min_{u(0)} \left\{u(0)^2 + 0,9\left\{1,20u(0)^2 - 3,63u(0) + 4,42\right\}\right\}.$$

Se obtiene que

$$u^*(0) = 0,65, \ V_0^*\{0\} = 2{,}73.$$

Haciendo ahora el recorrido de principio a final, se obtiene finalmente que

$$x^*(0) = 0, \ u^*(0) = 0,65, \ x^*(1) = 0,65, \ u^*(1) = 1,37,$$
$$x^*(2) = 3,39, \ u^*(2) = 0,46, \ x^*(3) = 4,77,$$

siendo el valor óptimo del funcional objetivo igual a 2, 73.

7.2 EL PROBLEMA DE CONTROL ÓPTIMO EN TIEMPO DISCRETO CON HORIZONTE TEMPORAL INFINITO

7.2.1 Enunciado del problema

Se considera un sistema dinámico cuya evolución en el tiempo viene descrita por el siguiente sistema de ecuaciones en diferencias finitas:

$$\begin{aligned} x(k+1) &= f(x(k), u(k)), \text{ para } k = 0, 1, 2, \ldots \\ \text{con } &: x(0) = x_0, \end{aligned} \tag{7.6}$$

siendo f una función:

$$\begin{array}{rccc} f : D_1 (\subset \mathbb{R}^n) \times D_2 (\subset \mathbb{R}^m) & \longrightarrow & \mathbb{R}^n \\ (x, \qquad\qquad u) & \longrightarrow & f(x, u). \end{array}$$

Se supone que

$$u(k) \in \Omega(k) \subset \mathbb{R}^m, \text{ para } k = 0, 1, 2, \ldots$$

en donde para cada k, $\Omega(k)$ es el conjunto de controles admisibles.

Para cada k se considera el control obtenido a partir de una función μ_k, de manera que

$$\begin{array}{rccc} \mu_k : & D_1 (\subset \mathbb{R}^n) & \longrightarrow & D_2 (\subset \mathbb{R}^m) \\ & x(k) & \longrightarrow & \mu_k(x(k)), \end{array}$$

con $\mu_k(x(k)) = u(k) \in \Omega(k)$.

Sea

$$\pi = \{\mu_0, \mu_1, \ldots, \mu_k, \ldots\}$$

una ley de control admisible (también llamada política).

Si al sistema (7.6) se le aplica la ley de control admisible π, se verifica que:

$$\begin{aligned} x(k+1) &= f(x(k), \mu_k(x(k))), \text{ para } k = 0, 1, 2, \ldots \\ \text{con } &: x(0) = x_0, \end{aligned}$$

El funcional objetivo es:

$$J = \lim_{N \to \infty} \sum_{k=0}^{N-1} \beta^k F(x(k), u(k)).$$

Por tanto, el problema que vamos a estudiar es el siguiente:

Dado un estado inicial x_0, *se trata de encontrar una ley de control admisible* $\pi^* = \{\mu_0^*, \mu_1^*, \ldots, \mu_k^*, \ldots\}$ *para la que se maximice el funcional*

$$\begin{aligned} J_\pi(x_0) &= \lim_{N \to \infty} \sum_{k=0}^{N-1} \beta^k F(x(k), \mu_k(x(k))), \\ \textit{sujeto a} &: x(k+1) = f(x(k), \mu_k(x(k))), \textit{ para } k = 0, 1, 2, \ldots \\ \textit{con} &: x(0) = x_0, \\ & \mu_k(x(k) \in \Omega(k), \textit{ para } k = 0, 1, 2, \ldots \end{aligned} \tag{7.7}$$

Sea Π el conjunto de todas las leyes de control admisible.

Suponiendo que el Problema (7.7) tiene solución óptima, sea

$$J^*(x_0) = \max_{\pi \in \Pi} J_\pi(x_0) = J_{\pi^*}(x_0).$$

En lo que sigue vamos a suponer que se cumplen las dos condiciones siguientes:

$$\exists M \in \mathbb{R} \text{ tal que } 0 \leq F(x,u) \leq M, \forall (x,u) \in D_1 \times D_2, \quad (7.8)$$

$$0 < \beta < 1. \quad (7.9)$$

A partir de las condiciones (7.8) y (7.9) se verifica que $J^*(x_0)$ está acotado, para todo $x_0 \in D_1$. En efecto:

$$0 \leq J^*(x_0) \leq \lim_{N\to\infty} \sum_{k=0}^{N-1} \beta^k M = M \sum_{k=0}^{\infty} \beta^k = M \frac{1}{1-\beta}.$$

Una familia importante de leyes de control o políticas admisibles es la clase de políticas estacionarias, en la cual en cada etapa o período se aplica la misma función μ para obtener el control, es decir,

$$\pi = \{\mu, \mu, \ldots, \mu, \ldots\}, \text{ siendo } \mu(x(k)) \in \Omega(k), \text{ para } k = 0, 1, 2, \ldots$$

Para tal política estacionaria, se utiliza la notación

$$J_\mu(x_0) = J_\pi(x_0) = \lim_{N\to\infty} \left\{ \sum_{k=0}^{N-1} \beta^k F(x(k), \mu(x(k)) \right\}.$$

Si una política estacionaria $\{\mu^*, \mu^*, \ldots, \mu^*, \ldots\}$ es óptima, significa que

$$J^*(x_0) = J_{\mu^*}(x_0).$$

7.2.2 Solución al problema mediante programación dinámica

Consideremos un problema de N etapas, obtenido a partir del problema de horizonte temporal infinito, por truncación. Este problema consiste en encontrar una ley de control admisible $\pi_N^* = \{\mu_0^*, \mu_1^*, \ldots, \mu_{N-1}^*\}$ para la que se maximice el funcional

$$\begin{aligned} J_{\pi_N}(x_0) &= \sum_{k=0}^{N-1} \beta^k F(x(k), \mu_k(x(k)), \\ \text{sujeto a } &: x(k+1) = f(x(k), \mu_k(x(k))), \text{ para } k = 0, 1, 2, \ldots, N-1, \\ \text{con } &: x(0) = x_0, \\ & \mu_k(x(k) \in \Omega(k), \text{ para } k = 0, 1, 2, \ldots, N-1. \end{aligned} \quad (7.10)$$

Aplicando la Proposición 7.1 se obtiene el valor óptimo del funcional objetivo de este problema para cada estado inicial x_0, que es $J_0(x_0) = V_0(x_0)$, último paso del algoritmo de programación dinámica:

$$V_N(x) = 0, \; x \in D_1,$$

y para cada $l \in \{N-1, N-2, \ldots, 1, 0\}$,

$$V_l(x) = \max_{u\in\Omega} \{F(x,u) + \beta V_{l+1}[f(x,u)]\}, \ x \in D_1.$$

Si en lugar de utilizar los índices en orden decreciente los utilizamos en orden creciente, considerando $k = N - l$, los pasos del algoritmo de programación dinámica se pueden expresar:

$$V_0(x) = 0, \ x \in D_1,$$

y para cada $k \in \{0, 1, \ldots, N-1\}$,

$$V_{k+1}(x) = \max_{u\in\Omega} \{F(x,u) + \beta V_k[f(x,u)]\}, \ x \in D_1,$$

siendo el valor óptimo del funcional objetivo del Problema 7.10, para cada estado inicial x_0, igual a $V_N(x_0) = J_N(x_0)$. Esta forma de expresar las ecuaciones de Bellman, que constituyen el algoritmo de programación dinámica para el problema truncado, con orden creciente de los subíndices de V, resulta más adecuada para extender la solución al caso de infinitos períodos.

La notación que se introduce a continuación será útil en la obtención de los resultados fundamentales de este apartado.

Para funciones,

$$\begin{array}{rcl} V : D_1 & \longrightarrow & \mathbb{R} \\ x & \longrightarrow & V(x), \end{array} \qquad \begin{array}{rcl} \mu : D_1 & \longrightarrow & D_2 \\ x & \longrightarrow & \mu(x), \end{array}$$

con $\mu(x) \in \Omega(x)$, $\forall k = 0, 1, 2, \ldots$, $\forall x \in D_1$, definimos:

$$T(V)(x) = \max_{u\in\Omega} \{F(x,u) + \beta V[f(x,u)]\}, \tag{7.11}$$

$$T_\mu(V)(x) = \max_{u\in\Omega} \{F(x,\mu(x)) + \beta V[f(x,\mu(x))]\}. \tag{7.12}$$

T transforma la función V en otra función

$$\begin{array}{rcl} T(V) : D_1 & \longrightarrow & \mathbb{R} \\ x & \longrightarrow & T(V)(x), \end{array}$$

de la misma forma, T_μ transforma la función V en otra función $T_\mu(V)$.

Definimos

$$T^0(V)(x) = V(x), \ T^k(V)(x) = T\left[T^{k-1}(V)\right](x),$$

$$T^0_\mu(V)(x) = V(x), \ T^k_\mu(V)(x) = T_\mu\left[T^{k-1}_\mu(V)\right](x),$$

para $k = 1, 2, \ldots$

Se verifica que

$$V_0(x) = 0,$$
$$V_k(x) = T^k(V_0)(x), \ \text{para } k = 1, 2, \ldots$$

Seguidamente se presentan los resultados fundamentales de este apartado. Los Lemas 7.1 y 7.2 se utilizarán en las demostraciones de la Proposición 7.2, que indica cómo se puede calcular la función

$J^*(x)$, y 7.3, que establece la condición necesaria y suficiente de optimalidad para el problema que nos ocupa.

Lema 7.1 *Sean V y V' dos funciones de D_1 en $\mathbb{R}$, tales que $V(x) \leq V'(x)$, para todo $x \in D_1$, y sea μ una función de D_1 en D_2, verificando que $\mu(x) \in \Omega(x)$, $\forall x \in D_1$.*

Para $k = 1, 2, \ldots$, se verifica que:

a) $T^k(V)(x) \leq T^k(V')(x)$, *para todo* $x \in D_1$,

b) $T^k_\mu(V)(x) \leq T^k_\mu(V')(x)$, *para todo* $x \in D_1$.

DEMOSTRACIÓN. Por inducción sobre k:

- Para $k = 1$.
  Por (7.11) se cumple que

$$T(V)(x) = \max_{u\in\Omega} \{F(x, u) + \beta V[f(x, u)]\}.$$

Por ser $V \leq V'$ y $0 < \beta < 1$, se verifica que

$$\beta V[f(x, u)] \leq \beta V'[f(x, u)],$$

y por tanto,

$$\begin{aligned} T(V)(x) &= \max_{u\in\Omega} \{F(x, u) + \beta V[f(x, u)]\} \\ &\leq \max_{u\in\Omega} \left\{F(x, u) + \beta V'[f(x, u)]\right\} = T(V')(x). \end{aligned}$$

- Supongamos que el enunciado a) se cumple para $k - 1$. Es decir,

$$T^{k-1}(V)(x) \leq T^{k-1}(V')(x), \ \forall x \in D_1.$$

Veamos que también se cumple para k:

$$\begin{aligned} T^k(V)(x) &= T\left[T^{k-1}(V)\right](x) = \max_{u\in\Omega}\left\{F(x, u) + \beta T^{k-1} V[f(x, u)]\right\} \\ &\leq \max_{u\in\Omega}\left\{F(x, u) + \beta T^{k-1} V'[f(x, u)]\right\} = T\left[T^{k-1}(V')\right](x) = T^k(V')(x). \end{aligned}$$

Análogamente se demuestra b) a partir de (7.12).

■

Se define la siguiente función:

$$\begin{aligned} e : D_1 &\longrightarrow \mathbb{R} \\ x &\longrightarrow e(x) = 1. \end{aligned}$$

El siguiente Lema se demuestra fácilmente.

Lema 7.2 *Para cada función* $V : D_1 \longrightarrow \mathbb{R}$, *política estacionaria* $\{\mu, \mu, \dots, \mu, \dots\}$, *número real* r *y número entero* $k = 1, 2, \dots$, *se verifica:*

a) $T^k(V + re)(x) = T^k(V)(x) + \beta^k r$, *para todo* $x \in D_1$,

b) $T^k_\mu(V + re)(x) = T^k_\mu(V)(x) + \beta^k r$, *para todo* $x \in D_1$.

DEMOSTRACIÓN. Por inducción sobre k:

- Para $k = 1$.
  Partiendo de (7.11), se tiene que

$$\begin{aligned} T^1(V + re)(x) &= \max_{u \in \Omega} \{F(x, u) + \beta\,(V + re)\,[f(x, u)]\} \\ &= \max_{u \in \Omega} \{F(x, u) + \beta V\,[f(x, u)] + \beta r\} \\ &= \max_{u \in \Omega} \{F(x, u) + \beta V\,[f(x, u)]\} + \beta r = T^1(V)(x) + \beta r. \end{aligned}$$

- Supongamos que el enunciado a) se cumple para $k - 1$. Es decir,

$$T^{k-1}(V + re)(x) = T^{k-1}(V)(x) + \beta^{k-1} r, \ \forall x \in D_1.$$

  Veamos que también se cumple para k:

$$\begin{aligned} T^k(V + re)(x) &= T\left[T^{k-1}(V + re)\right](x) \\ &= \max_{u \in \Omega} \left\{F(x, u) + \beta\left(T^{k-1}(V + re)\right)[f(x, u)]\right\} \\ &= \max_{u \in \Omega} \left\{F(x, u) + \beta\left(T^{k-1}(V)\right)[f(x, u)] + \beta\beta^{k-1} r\right\} \\ &= T^k(V)(x) + \beta^k r, \ \forall x \in D_1. \end{aligned}$$

Análogamente se demuestra b), a partir de (7.12).

■

Proposición 7.2 (Convergencia del algoritmo de programación dinámica) *Para cualquier función acotada* $V : D_1 \longrightarrow \mathbb{R}$, *se verifica que:*

$$J^*(x) = \lim_{k \to \infty} T^k(V)(x), \qquad \forall x \in D_1.$$

DEMOSTRACIÓN. Para cada estado inicial $x \in D_1$, y cada política $\{\mu_0, \mu_1, \dots\}$, teniendo en cuenta (7.8), se verifica que:

$$\lim_{N \to \infty} \sum_{k=0}^{N-1} \beta^k F(x(k), \mu_k(x(k)) \le \sum_{k=0}^{N-1} \beta^k F(x(k), \mu_k(x(k)) + M \sum_{k=N}^{\infty} \beta^k.$$

Tomando máximo en ambos lados, se obtiene:

$$J^*(x) \leq V_N(x) + M\frac{\beta^N}{1-\beta}, \ \forall x \in D_1, \ N = 0, 1, 2, \ldots$$

Por otra parte, como por (7.8) es $F(x, u) \geq 0$, $\forall (x, u) \in D_1 \times D_2$, se verifica que

$$V_N(x) \leq J^*(x), \ \forall x \in D_1.$$

Por tanto,

$$J^*(x) = \lim_{N\to\infty} V_N(x), \ \forall x \in D_1.$$

Para cualquier función acotada $V : D_1 \longrightarrow \mathbb{R}$, sea r un escalar tal que

$$V_0 - re \leq V \leq V_0 + re,$$

en donde V_0 es la función cero.

Aplicando T^k a esta relación y usando el Lema 7.2, se obtiene:

$$T^k(V_0) - \beta^k re \leq T^k(V) \leq T^k(V_0) + \beta^k re.$$

Como $T^k(V_0)$ converge a J^* y $\beta^k r$ converge a cero, se obtiene el resultado que se quería demostrar.

■

Corolario 7.1 *Para cualquier función acotada $V : D_1 \longrightarrow \mathbb{R}$, se verifica que:*

$$J_\mu(x) = \lim_{k\to\infty} T_\mu^k(V)(x).$$

DEMOSTRACIÓN. Basta repetir los pasos de la demostración anterior, partiendo de la política estacionaria $\{\mu, \mu, \ldots, \mu, \ldots\}$.

■

Proposición 7.3 (Condición necesaria y suficiente de optimalidad)

a) *La función J^* verifica:*

$$J^*(x) = \max_{u\in\Omega} \left\{F(x, u) + \beta J^*\left[f(x, u)\right]\right\}, \text{para } x \in D_1, \tag{7.13}$$

o lo que es lo mismo:

$$J^*(x) = T(J^*)(x), \text{para } x \in D_1.$$

Además, J^* es la única solución acotada a esta ecuación.

b) *Una política estacionaria $\{\mu^*, \mu^*, \ldots\}$ es óptima si y sólo si $\mu^*(x)$ alcanza el máximo en (7.13), $\forall x \in D_1$. Es decir,*

$$T(J^*)(x) = T_{\mu^*}(J^*)(x), \quad \text{para } x \in D_1.$$

DEMOSTRACIÓN.

a) En la demostración de la proposición anterior, se había obtenido:

$$V_k \leq J^* \leq V_k + \frac{M\beta^k}{1-\beta}e.$$

Aplicando la función T y usando los Lemas 7.1 y 7.2, se obtiene:

$$V_{k+1} \leq T(J^*) \leq V_{k+1} + \frac{M\beta^{k+1}}{1-\beta}e.$$

Teniendo en cuenta que V_{k+1} converge a J^*, como se ha demostrado en la Proposición 7.2 y tomando límites cuando k tiende a infinito se obtiene que $J^* = T(J^*)$.
Veamos la unicidad: si V está acotada y verifica que $V = T(V)$, entonces,

$$V = \lim_{k\to\infty} T^k(V),$$

de donde se deduce que $V = J^*$.

(b) De (a) se deduce que si $\{\mu, \mu, \dots\}$ es una política estacionaria, entonces

$$J_\mu(x) = F\left[x, \mu(x)\right] + \beta J_\mu\left[f(x, \mu(x)\right], \ \forall x \in D_1, \tag{7.14}$$

o lo que es lo mismo,

$$J_\mu(x) = T_\mu(J_\mu)(x), \ \forall x \in D_1.$$

Además, J_μ es la única solución acotada de esta ecuación.
Si $\mu^*(x)$ maximiza el lado derecho de la ecuación (7.13), para cada $x \in D_1$, entonces tenemos que

$$J^*(x) = F\left[x, \mu^*(x)\right] + \beta J^*\left[f(x, \mu^*(x)\right], \ \forall x \in D_1.$$

Por la unicidad en (7.14), debe ser

$$J^*(x) = J_{\mu^*}(x), \ \forall x \in D_1,$$

lo que implica que la política estacionaria $\{\mu^*, \mu^*, \dots\}$ es óptima y por (7.14) será $J_{\mu^*} = T_{\mu^*}(J_{\mu^*})$.
Por tanto,

$$J^* = T_{\mu^*}(J^*),$$

que implica que $\mu^*(x)$ alcanza el máximo en (7.13), $\forall x \in D_1$.

■

Ejemplo 7.2 Resolver el siguiente problema de crecimiento económico óptimo:

$$\begin{aligned} \max_{\{c(t)\}_{k=0}^{\infty}} \ J &= \sum_{t=0}^{\infty} \beta^t \ln c(t), \\ \text{sujeto a} &: \ k(t+1) = k(t)^\alpha - c(t), \ \text{para } t = 0, 1, 2, \dots \\ \text{siendo} &: \ 0 \leq c(t) \leq k(t)^\alpha, \\ \text{con} &: \ k(0) = k_0, \end{aligned}$$

en donde, para cada $t = 0, 1, 2, \dots, c(t)$ es el consumo, y $k(t)$ es el stock de capital.
α y β son parámetros reales dados, pertenecientes al intervalo $(0, 1)$.

SOLUCIÓN. En primer lugar, vamos a buscar la función $J^*(k)$, que da el valor óptimo del funcional objetivo en función de una condición inicial k, utilizando la Proposición 7.2.

Para ello, consideramos la función

$$V_0(k) = 0,$$

a la que vamos a aplicar de manera iterada la ecuación (7.11).

Será, por tanto

$$V_1(k) = \max_{0\leq c\leq k^\alpha} \left\{\ln(c) + \beta V_0(k^\alpha - c)\right\} = \ln k^\alpha = \alpha \ln k,$$

ya que $V_0 = 0$, y el logaritmo neperiano es una función estrictamente creciente.

Iterando una vez más,

$$V_2(k) = \max_{0\leq c\leq k^\alpha} \left\{\ln(c) + \beta V_1(k^\alpha - c)\right\} = \max_{0\leq c\leq k^\alpha} \left\{\ln(c) + \beta \left[\alpha \ln(k^\alpha - c)\right]\right\}. \tag{7.15}$$

Consideramos el problema auxiliar

$$\max_c \; h(c) = \ln(c) + \beta\alpha \ln(k^\alpha - c).$$

Aplicamos las condiciones de optimalidad a este problema:

$$h'(c) = 0 = \frac{1}{c} - \frac{\beta\alpha}{k^\alpha - c},$$

de donde se deduce que

$$c = \frac{1}{1+\alpha\beta} k^\alpha.$$

$$h''(c) < 0, \text{ que corresponde a un máximo.}$$

Como el valor óptimo del problema auxiliar pertenece al intervalo cerrado $[0, k^\alpha]$, es también el valor óptimo de c que resuelve el lado derecho de la ecuación (7.15), por lo que se obtiene:

$$\begin{aligned} V_2(k) &= \ln\left(\frac{k^\alpha}{1+\alpha\beta}\right) + \alpha\beta \ln\left(\frac{\alpha\beta k^\alpha}{1+\alpha\beta}\right) \\ &= \alpha(1+\alpha\beta)\ln k - (1+\alpha\beta)\ln(1+\alpha\beta) + \alpha\beta \ln \alpha\beta. \end{aligned}$$

Iterando una vez más, se tiene que

$$\begin{aligned} V_3(k) &= \max_{0\leq c\leq k^\alpha} \left\{\ln(c) + \beta V_2(k^\alpha - c)\right\} \\ &= \max_{0\leq c\leq k^\alpha} \{\ln(c) + \alpha\beta(1+\alpha\beta)\ln(k^\alpha - c) \\ &\qquad - \beta(1+\alpha\beta)\ln(1+\alpha\beta) + \alpha\beta^2 \ln\alpha\beta\}. \end{aligned} \tag{7.16}$$

Consideramos el problema auxiliar

$$\max_c \; g(c) = \ln(c) + \alpha\beta(1+\alpha\beta)\ln(k^\alpha - c) - \beta(1+\alpha\beta)\ln(1+\alpha\beta) + \alpha\beta^2 \ln\alpha\beta.$$

Aplicamos las condiciones de optimalidad a este problema:

$$g'(c) = 0 = \frac{1}{c} - \frac{\alpha\beta(1+\alpha\beta)}{k^\alpha - c},$$

de donde se deduce que

$$c = \frac{1}{1 + \alpha\beta + \alpha^2\beta^2} k^\alpha.$$

$$g''(c) < 0, \text{ que corresponde a un máximo.}$$

Como el valor óptimo del problema auxiliar pertenece al intervalo cerrado $[0, k^\alpha]$, es también el valor óptimo de c que resuelve el lado derecho de la ecuación (7.16), obteniéndose finalmente que

$$\begin{aligned} V_3(k) &= \alpha(1 + \alpha\beta + \alpha^2\beta^2)\ln k - (1 + \alpha\beta + \alpha^2\beta^2)\ln(1 + \alpha\beta + \alpha^2\beta^2) \\ &\quad + \alpha\beta(1 + \alpha\beta)\ln(\alpha\beta(1 + \alpha\beta)) - \beta(1 + \alpha\beta)\ln(1 + \alpha\beta) + \alpha\beta^2\ln(\alpha\beta). \end{aligned}$$

Hasta ahora, hemos obtenido que

$$V_t(k) = A_t \ln k + B_t,$$

para ciertas constantes A_t, B_t, para $t = 0, 1, 2, 3$.

Como la Proposición 7.2 asegura que

$$J^*(k) = \lim_{t \to \infty} V_t(k), \text{ para cada estado inicial } k,$$

los resultados obtenidos para $V_t(k)$, $k = 0, 1, 2$ y 3, nos permiten establecer la hipótesis de que

$$J^*(k) = A \ln k + B,$$

para ciertas constantes A y B que calcularemos, a partir de la expresión (7.13), en la Proposición 7.3.

$$A \ln k + B = \max_{0 \le c \le k^\alpha} \left\{ \ln(c) + \beta \left[A \ln(k^\alpha - c) + B \right] \right\}. \tag{7.17}$$

Consideramos el problema auxiliar

$$\max_c \ \varphi(c) = \ln(c) + \beta \left[A \ln(k^\alpha - c) + B \right].$$

Aplicamos las condiciones de optimalidad a este problema:

$$\varphi'(c) = 0 = \frac{1}{c} - \frac{\beta A}{k^\alpha - c},$$

de donde se deduce que

$$c = \frac{1}{1 + A\beta} k^\alpha.$$

$$\varphi''(c) < 0, \text{ que corresponde a un máximo.}$$

Como el valor óptimo del problema auxiliar pertenece al intervalo cerrado $[0, k^\alpha]$, es también el valor óptimo de c que resuelve el lado derecho de la ecuación (7.17), obteniéndose que

$$\begin{aligned} A \ln k + B &= \ln\left(\frac{k^\alpha}{1 + A\beta}\right) + \beta\left[A \ln\left(k^\alpha - \frac{k^\alpha}{1 + A\beta}\right) + B\right] \\ &= (\alpha + \alpha\beta A)\ln k + \beta B + \beta A \ln(\beta A) - (1 + \beta A)\ln(1 + \beta A), \end{aligned}$$

de donde se deduce que

$$A = \alpha + \alpha\beta A \Longrightarrow A = \frac{\alpha}{1-\alpha\beta},$$

y

$$\begin{aligned} B &= \beta B + \beta A \ln(\beta A) - (1+\beta A)\ln(1+\beta A) \\ &= \beta B + \frac{\alpha\beta}{1-\alpha\beta}\ln\left(\frac{\alpha\beta}{1-\alpha\beta}\right) - \frac{1}{1-\alpha\beta}\ln\left(\frac{1}{1-\alpha\beta}\right), \end{aligned}$$

que implica que

$$B = \frac{\alpha\beta}{1-\alpha\beta}\ln(\alpha\beta) + \ln(1-\alpha\beta).$$

Por tanto, utilizando la Proposición 7.3 se puede asegurar que

$$\mu^*(k) = \frac{1}{1+A\beta}k^\alpha = (1-\alpha\beta)k^\alpha,$$

que permite que se alcance el máximo en (7.17), da la política estacionaria óptima del problema dado, por lo que para $t = 0, 1, 2, \ldots$

$$c^*(t) = (1-\alpha\beta)k(t)^\alpha,$$

es el control óptimo del problema.

Sustituyendo en la ecuación de estado, se obtiene que la trayectoria óptima del stock de capital sigue la ecuación en diferencias

$$k^*(t+1) = \alpha\beta\left[k^*(t)\right]^\alpha, \text{ para } t = 0, 1, 2, \ldots, \text{ con } k^*(0) = k_0,$$

cuya solución es:

$$k^*(t) = \alpha^{1+\alpha+\alpha^2+\cdots+\alpha^{t-1}}\beta^{1+\alpha+\alpha^2+\cdots+\alpha^{t-1}}(k_0)^{\alpha^t}.$$

El valor óptimo del funcional objetivo es igual a:

$$J^*(k_0) = \frac{\alpha}{1-\alpha\beta}\ln k_0 + \frac{\alpha\beta}{1-\alpha\beta}\ln(\alpha\beta) + \ln(1-\alpha\beta).$$

■

Para profundizar en el estudio de problemas de control óptimo en tiempo discreto con horizonte temporal infinito se recomiendan los libros de Bertsekas (1987), Bertsekas (1995) y Stokey Lucas (1989).

7.3 RESOLUCIÓN DEL PROBLEMA DE CONTROL ÓPTIMO EN TIEMPO DISCRETO POR EL MÉTODO DE LOS MULTIPLICADORES DE LAGRANGE

7.3.1 Planteamiento del problema

Se considera de nuevo el problema básico de control óptimo en tiempo discreto estudiado en el Capítulo 6 pero suponiendo, además, por una parte que las funciones que aparecen en el funcional objetivo y en la ecuación de estado son diferenciables, y por otra parte que todas las variables de control toman valores reales y no están sujetas a restricciones.

$$\begin{aligned} \max_{\{u(k)\}_{k=o}^{N-1}} \quad & J = \sum_{k=0}^{N-1} F\left[x(k), u(k), k\right] + S\left[x(N)\right], \\ \text{sujeto a} \ : \ & x(k+1) = f\left(x(k), u(k), k\right), \ \text{para } k = 0, 1, \ldots, N-1, \\ \text{con} \ : \ & x(0) = x_0, \end{aligned} \tag{7.18}$$

en donde para cada $k = 0, 1, \ldots, N-1$, $u(k)$ es el vector m-dimensional de variables de control, que no está sujeto a restricciones, y para cada $k = 0, 1, \ldots, N-1, N$, $x(k)$ es el vector n-dimensional de variables de estado.

Se supone que las funciones F, S y f son diferenciables.

Un problema de control óptimo cuya formulación corresponda a la presentada en (7.18), se puede resolver por programación dinámica, como se ha estudiado en el capítulo anterior, y también por el método tradicional de multiplicadores de Lagrange, como veremos en este apartado.

Antes de presentar el método para el caso general, veamos un ejemplo introductorio.

7.3.2 Un ejemplo con dos períodos

Vamos a resolver el siguiente ejemplo por dos métodos distintos, el de programación dinámica, estudiado en el Capítulo 6 y el método de multiplicadores de Lagrange, muy conocido en programación matemática.

Ejemplo 7.3 Se considera el siguiente problema de control óptimo en tiempo discreto:

$$\begin{aligned} \min_{u(0), u(1)} \quad & J = [x(1)-2]^2 + [x(2)-1]^2 + u(0)^2 + u(1)^2, \\ \text{sujeto a} \ : \ & x(0) = 3, \\ & x(1) = \frac{1}{2}x(0) + u(0) + 2, \\ & x(2) = x(1) + 2u(1) + 1. \end{aligned}$$

Vamos a resolver el problema de dos formas distintas: (i) Por el método de programación dinámica, estudiado en el capítulo anterior. (ii) Por el método de multiplicadores de Lagrange.

Solución por programación dinámica

El esquema, con los períodos y situación de las variables, aparece en la Figura 7.2.

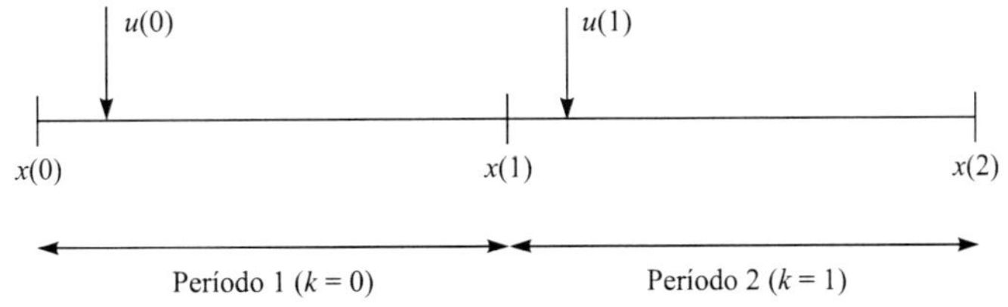

Figura 7.2 Ejemplo con dos períodos

Comenzamos por el instante final, a continuación estudiamos el período 2 y terminamos con el período 1.

- Final: sea $x(2)$ dado.
  Será
$$J_2^*\{x(2)\} = [x(2) - 1]^2$$
- Período 2: sea $x(1)$ dado.
  La ecuación de Bellman para el período 2 es:
$$J_1^*\{x(1)\} = \min_{u(1)} \left\{[x(1) - 2]^2 + u(1)^2 + [x(1) + 2u(1)]^2\right\}.$$
  Hay que resolver:
$$\min_u \; g(u) = u^2 + (x + 2u)^2.$$
  Aplicamos las condiciones de optimalidad, obteniendo:
$$g'(u) = 0 = 2u + 4(x + 2u) \Longrightarrow u = -\frac{2}{5}x.$$
$$g''(u) = 10 > 0, \text{ que corresponde a un mínimo.}$$
  Por tanto,
$$u^*(1) = -\frac{2}{5}x(1),$$
  y
$$J_1^*\{x(1)\} = \frac{6}{5}x(1)^2 - 4x(1) + 4.$$
- Período 1: sea $x(0) = 3$.
  La ecuación de Bellman correspondiente es:
$$J_0^*\{3\} = \min_{u(0)} \left\{u(0)^2 + \frac{6}{5}\left(\frac{7}{2} + u(0)\right)^2 - 4\left(\frac{7}{2} + u(0)\right) + 4\right\},$$
  de donde se obtiene que
$$u^*(0) = -1,$$
$$J_0^*\{3\} = \frac{5}{2}.$$

Haciendo ahora el recorrido de principio a final, se obtiene la solución óptima del problema dado:
$$x(0) = 3, u^*(0) = -1, x^*(1) = \frac{5}{2}, u^*(1) = -1, x^*(2) = \frac{3}{2}, \text{ con } J^* = \frac{5}{2}.$$

7.3.3 Solución por el método de los multiplicadores de Lagrange

El problema dado se puede formular como:
$$\min \; J = [x(1) - 2]^2 + [x(2) - 1]^2 + u(0)^2 + u(1)^2,$$
$$\text{sujeto a : } x(1) = \frac{7}{2} + u(0),$$
$$x(2) = x(1) + 2u(1) + 1.$$

Este problema es un programa matemático diferenciable, con restricciones de igualdad, siendo $u(0)$, $u(1)$, $x(1)$ y $x(2)$, las variables de decisión. Se puede resolver, por tanto, por el método de multiplicadores de Lagrange. Para ello, se introducen los multiplicadores $\lambda(0)$ y $\lambda(1)$, asociados respectivamente a las restricciones primera y segunda, y se define la función lagrangiana:

$$\mathcal{L} = \mathcal{L}(u(0), u(1), x(1), x(2), \lambda(0), \lambda(1)) = [x(1) - 2]^2 + [x(2) - 1]^2 + u(0)^2 \\ + u(1)^2 + \lambda(0)\left[\frac{7}{2} + u(0) - x(1)\right] + \lambda(1)\left[x(1) + 2u(1) + 1 - x(2)\right].$$

Las condiciones de Lagrange son:

$$\frac{\partial \mathcal{L}}{\partial u(0)} = 0 = 2u(0) + \lambda(0), \tag{7.19}$$

$$\frac{\partial \mathcal{L}}{\partial u(1)} = 0 = 2u(1) + 2\lambda(1), \tag{7.20}$$

$$\frac{\partial \mathcal{L}}{\partial x(1)} = 0 = 2\left[x(1) - 2\right] - \lambda(0) + \lambda(1), \tag{7.21}$$

$$\frac{\partial \mathcal{L}}{\partial x(2)} = 0 = 2\left[x(2) - 1\right] - \lambda(1), \tag{7.22}$$

$$\frac{\partial \mathcal{L}}{\partial \lambda(0)} = 0 = \frac{7}{2} + u(0) - x(1), \tag{7.23}$$

$$\frac{\partial \mathcal{L}}{\partial \lambda(1)} = 0 = x(1) + 2u(1) + 1 - x(2). \tag{7.24}$$

De (7.20) se obtiene que $\lambda(1) = -u(1)$, y de (7.22) se llega a que $\lambda(1) = 2x(2) - 2$. Por tanto, $u(1) = 2 - 2x(2)$, o lo que es igual: $x(2) = 1 - \frac{1}{2}u(1)$.

De (7.24), se obtiene la segunda restricción, es decir, $x(2) = x(1) + 2u(1) + 1$. Por tanto,

$$1 - \frac{1}{2}u(1) = x(1) + 2u(1) + 1 \Longrightarrow u(1) = -\frac{2}{5}x(1).$$

De (7.19), es $\lambda(0) = -2u(0)$.

Partiendo de (7.21), y sustituyendo $\lambda(0)$, $\lambda(1)$ y $u(1)$ por los valores obtenidos, se tiene que

$$2x(1) - 4 + 2u(0) + \frac{2}{5}x(1) = 0 \Longrightarrow x(1) = \frac{5}{3} - \frac{5}{6}u(0).$$

De (7.23) se obtiene que

$$x(1) = \frac{7}{2} + u(0),$$

por lo que

$$\frac{5}{3} - \frac{5}{6}u(0) = \frac{7}{2} + u(0) \Longrightarrow u(0) = -1,$$

y por tanto,

$$x(1) = \frac{5}{2},$$

por lo que

$$u(1) = -1, x(2) = \frac{3}{2}, \lambda(0) = 2, \lambda(1) = 1.$$

El programa dado es convexo, por ser la función objetivo convexa y las restricciones lineales, por lo que la solución obtenida al aplicar las condiciones de Lagrange es solución óptima global del problema dado.

Por tanto,

$$x(0) = 3, u^*(0) = -1, x^*(1) = \frac{5}{2}, u^*(1) = -1, x^*(2) = \frac{3}{2},$$
$$\lambda^*(0) = 2, \lambda^*(1) = 1, \text{ con } J^* = \frac{5}{2}.$$

■

7.3.4 El método de los multiplicadores de Lagrange

Se considera el Problema (7.18), que se puede expresar en la siguiente forma:

$$\begin{aligned}
\max\ J = & \sum_{k=0}^{N-1} F\left[x(k), u(k), k\right] + S\left[x(N)\right], \\
\text{sujeto a}: \ & f(x_0, u(0), 0) - x(1) = 0, \\
& f(x(1), u(1), 1) - x(2) = 0, \\
& \dots\dots\dots\dots\dots\dots\dots \\
& f(x(k), u(k), k) - x(k+1) = 0, \\
& \dots\dots\dots\dots\dots\dots\dots \\
& f(x(N-1), u(N-1), N-1) - x(N) = 0.
\end{aligned} \tag{7.25}$$

Se introducen los multiplicadores $\lambda(0), \lambda(1), \dots, \lambda(k), \dots, \lambda(N-1)$, asociados respectivamente a las restricciones del problema dado. Se supone que para cada $k = 0, 1, \dots, N-1$, $\lambda(k)$ es un vector fila n-dimensional.

Se define la función lagrangiana (o el Lagrangiano):

$$\begin{aligned}
\mathcal{L} &= \mathcal{L}(u(0), \dots, u(N-1), x(1), \dots, x(N), \lambda(0), \dots, \lambda(N-1)) \\
&= \sum_{k=0}^{N-1} F\left[x(k), u(k), k\right] + S\left[x(N)\right] + \lambda(0)\left[f(x_0, u(0), 0) - x(1)\right] \\
&\quad + \lambda(1)\left[f(x(1), u(1), 1) - x(2)\right] + \cdots + \lambda(k)\left[f(x(k), u(k), k) - x(k+1)\right] \\
&\quad + \lambda(k+1)\left[f(x(k+1), u(k+1), k+1) - x(k+2)\right] \\
&\quad + \cdots + \lambda(N-1)\left[f(x(N-1), u(N-1), N-1) - x(N)\right],
\end{aligned}$$

es decir:

$$\mathcal{L} = \sum_{k=0}^{N-1} F\left[x(k), u(k), k\right] + S\left[x(N)\right] + \sum_{k=0}^{N-1} \lambda(k)\left[f(x(k), u(k), k) - x(k+1)\right], \tag{7.26}$$

siendo $x(0) = x_0$.

Aplicamos las condiciones de Lagrange:

$$
\begin{aligned}
\frac{\partial \mathcal{L}}{\partial u(0)} &= 0 = \frac{\partial F}{\partial u(0)} + \lambda(0)\frac{\partial f}{\partial u(0)},\\
&\cdots\cdots\cdots\cdots\cdots\cdots\\
\frac{\partial \mathcal{L}}{\partial u(N-1)} &= 0 = \frac{\partial F}{\partial u(N-1)} + \lambda(N-1)\frac{\partial f}{\partial u(N-1)},\\
\frac{\partial \mathcal{L}}{\partial x(1)} &= 0 = \frac{\partial F}{\partial x(1)} - \lambda(0) + \lambda(1)\frac{\partial f}{\partial x(1)},\\
&\cdots\cdots\cdots\cdots\cdots\cdots\\
\frac{\partial \mathcal{L}}{\partial x(N-1)} &= 0 = \frac{\partial F}{\partial x(N-1)} - \lambda(N-2) + \lambda(N-1)\frac{\partial f}{\partial x(N-1)},\\
\frac{\partial \mathcal{L}}{\partial x(N)} &= 0 = \frac{dS}{dx(N)} - \lambda(N-1),\\
\frac{\partial \mathcal{L}}{\partial \lambda(0)} &= 0 = f(x_0, u(0), 0) - x(1),\\
&\cdots\cdots\cdots\cdots\cdots\cdots\\
\frac{\partial \mathcal{L}}{\partial \lambda(N-1)} &= 0 = f(x(N-1), u(N-1), N-1) - x(N).
\end{aligned}
$$

con $x(0) = x_0$.

Estas condiciones se pueden expresar en la forma:

$$
\begin{aligned}
\frac{\partial \mathcal{L}}{\partial u(k)} &= 0 = \frac{\partial F}{\partial u(k)} + \lambda(k)\frac{\partial f}{\partial u(k)}, \text{ para } k = 0, 1, \ldots, N-1,\\
\frac{\partial \mathcal{L}}{\partial x(k)} &= 0 = \frac{\partial F}{\partial x(k)} - \lambda(k-1) + \lambda(k)\frac{\partial f}{\partial x(k)}, \text{ para } k = 1, 2, \ldots, N-1,\\
\frac{\partial \mathcal{L}}{\partial x(N)} &= 0 = \frac{dS}{dx(N)} - \lambda(N-1),\\
\frac{\partial \mathcal{L}}{\partial \lambda(k)} &= 0 = f(x(k), u(k), k) - x(k+1), \text{ para } k = 0, 1, \ldots, N-1,
\end{aligned}
\tag{7.27}
$$

con $x(0) = x_0$.

Si las funciones F y S son cóncavas y el conjunto de los puntos que verifican las restricciones de igualdad es convexo, en el problema dado, las condiciones de Lagrange son necesarias y suficientes de optimalidad global.

Ejemplo 7.4 Resolver el siguiente problema de control óptimo en tiempo discreto, utilizando el método de multiplicadores de Lagrange:

$$
\begin{aligned}
\max\ J &= \sum_{k=0}^{4} 0,9^k \left[20x(k) - 0,2u(k)^2\right] + 0,9^5\,[2x(5)],\\
\text{sujeto a}\ &:\ x(k+1) = x(k) + u(k), \text{ para } k = 0, 1, 2, 3, 4,\\
\text{com}\ &:\ x(0) = 10.
\end{aligned}
$$

SOLUCIÓN. Definimos la función lagrangiana:

$$\mathcal{L} = \sum_{k=0}^{4} 0,9^k \left[20x(k) - 0,2u(k)^2\right] + 0,9^5 \left[2x(5)\right]$$
$$+ \sum_{k=0}^{4} \lambda(k) \left[x(k) + u(k) - x(k+1)\right],$$

siendo $x(0) = 10$.

Las condiciones de Lagrange son:

$$\frac{\partial \mathcal{L}}{\partial u(k)} = 0 = -0,9^k \left[0,4u(k)\right] + \lambda(k), \text{ para } k = 0, 1, 2, 3, 4, \tag{7.28}$$
$$\frac{\partial \mathcal{L}}{\partial x(k)} = 0 = 0,9^k \left[20\right] - \lambda(k-1) + \lambda(k), \text{ para } k = 1, 2, 3, 4, \tag{7.29}$$
$$\frac{\partial \mathcal{L}}{\partial x(5)} = 0 = 0,9^5 \left[2\right] - \lambda(4), \tag{7.30}$$
$$\frac{\partial \mathcal{L}}{\partial \lambda(k)} = 0 = x(k) + u(k) - x(k+1), \text{ para } k = 0, 1, 2, 3, 4. \tag{7.31}$$

De (7.30) se obtiene que

$$\lambda(4) = 1,18.$$

De (7.29),

$$\lambda(3) = 14,30, \ \lambda(2) = 28,88, \ \lambda(1) = 45,08, \ \lambda(0) = 63,08.$$

De (7.28), se llega a que

$$u(0) = 157,7, \ u(1) = 125,2, \ u(2) = 89,1, \ u(3) = 49, \ u(4) = 4,5.$$

A partir de (7.31), y teniendo en cuenta que $x(0) = 10$, se obtiene:

$$x(1) = 167,7, \ x(2) = 292,9, \ x(3) = 382,0, \ x(4) = 431,0, \ x(5) = 435,5.$$

Sustituyendo los valores obtenidos en la función objetivo, se tiene que

$$J^* = 9796,286.$$

La función objetivo es cóncava y las restricciones son lineales, por lo que el programa es convexo y por consiguiente la solución obtenida es un máximo global.

■

Ejemplo 7.5 Aplicar las condiciones de Lagrange al siguiente problema de gestión de recursos naturales renovables:

$$\max \ J = \sum_{t=0}^{N-1} \beta^t \ln(1 + u(t)) + \beta^N s x(N),$$
$$\text{sujeto a } : \ x(t+1) = x(t) + r x(t) \left[1 - \frac{x(t)}{K}\right] - u(t),$$
$$\text{con } : \ x(0) = x_0,$$

en donde para $t = 0, 1, \ldots, N-1$, $u(t)$ es la cantidad de recurso que se extrae en el período correspondiente a t, para $t = 0, 1, \ldots, N$, $x(t)$ es el stock de recurso al comienzo del período correspondiente a t.

β, r, s y K son parámetros dados.

SOLUCIÓN. La función lagrangiana es:

$$\mathcal{L} = \sum_{t=0}^{N-1} \beta^t \ln(1+u(t)) + \beta^N s x(N)$$
$$+ \sum_{t=0}^{N-1} \lambda(t) \left[x(t) + r x(t) \left[1 - \frac{x(t)}{K} \right] - u(t) - x(t+1) \right],$$

siendo $x(0) = x_0$.

Las condiciones de Lagrange son:

$$\frac{\partial \mathcal{L}}{\partial u(t)} = 0 = \frac{\beta^t}{1+u(t)} - \lambda(t), \text{ para } t = 0, 1, \ldots, N-1$$
$$\frac{\partial \mathcal{L}}{\partial x(t)} = 0 = \lambda(t) + r\lambda(t) - \frac{2r}{K}\lambda(t)x(t) - \lambda(t-1), \text{ para } t = 1, \ldots, N-1,$$
$$\frac{\partial \mathcal{L}}{\partial x(N)} = 0 = \beta^N s - \lambda(N-1),$$
$$\frac{\partial \mathcal{L}}{\partial \lambda(t)} = 0 = x(t) + r x(t) \left[1 - \frac{x(t)}{K} \right] - u(t) - x(t+1), \text{ para } t = 0, 1, \ldots, N-1,$$

con $x(0) = x_0$.

■

7.3.5 El principio del máximo de Pontryagin en tiempo discreto

Las condiciones de Lagrange expresadas en (7.27) son condiciones necesarias de optimalidad local (necesarias y suficientes de optimalidad global en el caso convexo), para el Problema (7.18), que se estudia en esta sección. A partir de ellas, se deduce inmediatamente el principio del máximo de Pontryagin en tiempo discreto, que se presenta a continuación.

Para el Problema (7.18), se define el Hamiltoniano:

$$H(x, u, \lambda, k) = F(x, u, k) + \lambda f(x, u, k).$$

Teorema 7.1 (Principio del máximo de Pontryagin) *Sean $u^*(k)$ la secuencia óptima de controles para $k = 0, 1, \ldots, N-1$ y $x^*(k)$ la secuencia de estado óptima asociada, para $k = 0, 1, \ldots, N$. Entonces, existen unos valores de los multiplicadores $\lambda^*(k)$, para $k = 0, 1, \ldots, N-1$, tales que se verifican las siguientes condiciones:*

1)

$$\lambda^*(k-1) = \frac{\partial H\left[x^*(k), u^*(k), \lambda^*(k), k\right]}{\partial x}, \quad \textit{para } k = N-1, N-2, \ldots, 1,$$
$$\textit{con} : \lambda^*(N-1) = \frac{dS\left[x^*(N)\right]}{dx(N)}.$$

2)

$$\frac{\partial H\left[x^*(k), u^*(k), \lambda^*(k), k\right]}{\partial u} = 0, \textit{para } k = 0, 1, \ldots, N-1.$$

3)

$$x^*(k+1) = f(x^*(k), u^*(k), k), \textit{para } k = 0, 1, \ldots, N-1,$$
$$\textit{con} : x^*(0) = x_0.$$

Estas condiciones constituyen el principio del máximo de Pontryagin para tiempo discreto.

DEMOSTRACIÓN. Las condiciones de Lagrange (7.27), que como se ha visto previamente, son condiciones necesarias de optimalidad para el Problema (7.18), se pueden también expresar de la siguiente forma:

1)

$$\lambda(k-1) = \frac{\partial F\left[x(k), u(k), k\right]}{\partial x(k)} + \lambda(k)\frac{\partial f\left[x(k), u(k), k\right]}{\partial x(k)}, \quad \text{para } k = N-1, N-2, \ldots, 1,$$
$$\text{con} : \lambda(N-1) = \frac{dS\left[x(N)\right]}{dx(N)}.$$

2)

$$\frac{\partial F\left[x(k), u(k), k\right]}{\partial u(k)} + \lambda(k)\frac{\partial f\left[x(k), u(k), k\right]}{\partial u(k)} = 0, \ \text{para } k = 0, 1, \ldots, N-1.$$

3)

$$x(k+1) = f(x(k), u(k), k), \ \text{para } k = 0, 1, \ldots, N-1,$$
$$\text{con} : x(0) = x_0.$$

Utilizando el Hamiltoniano, las condiciones anteriores se pueden expresar como:

1)

$$\lambda(k-1) = \frac{\partial H\left[x(k), u(k), \lambda(k), k\right]}{\partial x}, \ \text{para } k = N-1, N-2, \ldots, 1,$$
$$\text{con} : \lambda(N-1) = \frac{dS\left[x(N)\right]}{dx(N)}.$$

2)

$$\frac{\partial H\left[x(k), u(k), \lambda(k), k\right]}{\partial u} = 0, \text{ para } k = 0, 1, \ldots, N-1,$$

3)

$$x(k+1) = f(x(k), u(k), k), \text{ para } k = 0, 1, \ldots, N-1,$$
$$\text{con : } x(0) = x_0.$$

y el teorema queda demostrado.

■

Si el programa es convexo (función objetivo cóncava y conjunto factible convexo), las condiciones anteriores son necesarias y suficientes de optimalidad global.

Observación 7.1 En un problema de control óptimo en tiempo discreto en el que el estado del sistema al final del horizonte temporal esté dado, es decir $x(N) = x_N$ dado, $x(N)$ ya no es una variable de decisión sino un dato, por lo que no estará entre las variables de las que depende el Lagrangiano, y por tanto de (7.27) hay que quitar la ecuación:

$$\frac{\partial \mathcal{L}}{\partial x(N)} = 0 = \frac{dS}{dx(N)} - \lambda(N-1),$$

por consiguiente, entre las condiciones que constituyen el principio del máximo en tiempo discreto, desaparece la condición final:

$$\lambda(N-1) = \frac{dS\left[x(N)\right]}{dx(N)}.$$

Por tanto, al igual que en el caso de tiempo continuo, cuando hay condición final (de tipo igualdad) para el estado x, desparece la condición final para la variable λ.

Ejemplo 7.6 Resolver el siguiente problema de asignación, utilizando el principio del máximo de Pontryagin en tiempo discreto:

$$\max_{\{u(k)\}_{k=0}^{N-1}} J = \sum_{k=0}^{N-1} \sqrt{u(k)},$$
$$\text{sujeto a : } x(k+1) = x(k) - u(k), \text{ para } k = 0, 1, \ldots, N-1,$$
$$\text{con : } x(0) = C,$$
$$x(N) = 0.$$

SOLUCIÓN. Se define el Hamiltoniano:

$$H(x, u, \lambda, k) = \sqrt{u} + \lambda(x - u).$$

Se tiene que:

$$\frac{\partial H}{\partial x} = \lambda, \quad \frac{\partial H}{\partial u} = \frac{1}{2\sqrt{u}} - \lambda.$$

Apliquemos las condiciones del principio de máximo:

1)
$$\lambda(k-1) = \frac{\partial H\left[x(k), u(k), \lambda(k), k\right]}{\partial x} = \lambda(k), \text{ para } k = N-1, N-2, \ldots, 1,$$

por lo que
$$\lambda(k) = \lambda \text{ (constante), para } k = 0, 1, \ldots, N-1.$$

2)
$$\frac{\partial H\left[x(k), u(k), \lambda(k), k\right]}{\partial u} = 0, \text{ para } k = 0, 1, \ldots, N-1,$$

es decir,
$$\frac{1}{2\sqrt{u(k)}} - \lambda = 0 \Longrightarrow u(k) = \frac{1}{4\lambda^2} = u \text{ (constante)}, \forall k.$$

3)
$$\begin{aligned} x(k+1) &= x(k) - u(k), \text{ para } k = 0, 1, \ldots, N-1, \\ \text{con } &: x(0) = C, \ x(N) = 0. \end{aligned}$$

Por tanto,

$$\begin{aligned} &x(0) = C, \ x(1) = C - u, \ x(2) = C - 2u, \ x(3) = C - 3u, \ldots, \\ &x(k) = C - ku, \ldots, x(N) = C - Nu = 0 \Longrightarrow u = \frac{C}{N}. \end{aligned}$$

Como la función objetivo es cóncava y las restricciones son lineales, la solución obtenida es máximo global.

Por tanto:

$$\begin{aligned} u^*(k) &= \frac{C}{N}, \text{ para } k = 0, 1, \ldots, N-1, \\ x^*(k) &= \frac{C(N-k)}{N}, \text{ para } k = 0, 1, \ldots, N, \\ \lambda^*(k) &= \frac{\sqrt{N}}{\sqrt{4C}}, \text{ para } k = 0, 1, \ldots, N-1, \\ J^* &= \sqrt{NC}. \end{aligned}$$

■

7.3.6 Descuento y Hamiltoniano "valor presente"

Se considera el problema:

$$\begin{aligned} \max_{\{u(k)\}_{k=o}^{N-1}} \ J &= \sum_{k=0}^{N-1} \beta^k F\left[x(k), u(k), k\right] + \beta^N S\left[x(N)\right], \\ \text{sujeto a } &: x(k+1) = f\left(x(k), u(k), k\right), \text{ para } k = 0, 1, \ldots, N-1, \\ \text{con } &: x(0) = x_0, \end{aligned} \tag{7.32}$$

en donde para cada $k = 0, 1, \dots, N-1$, $u(k)$ es el vector m-dimensional de variables de control, que no está sujeto a restricciones, y para cada $k = 0, 1, \dots, N-1, N$, $x(k)$ es el vector n-dimensional de variables de estado y $\beta \in (0, 1]$ es el factor descuento.

Se supone que las funciones F, S y f son diferenciables.

La función lagrangiana es:

$$\mathcal{L} = \sum_{k=0}^{N-1} \beta^k F\left[x(k), u(k), k\right] + \beta^N S\left[x(N)\right] + \sum_{k=0}^{N-1} \lambda(k)\left[f(x(k), u(k), k) - x(k+1)\right],$$

siendo $x(0) = x_0$.

Las condiciones de Lagrange son:

$$\begin{aligned}
\frac{\partial \mathcal{L}}{\partial u(k)} &= 0 = \beta^k \frac{\partial F}{\partial u(k)} + \lambda(k)\frac{\partial f}{\partial u(k)}, \text{ para } k = 0, 1, \dots, N-1,\\
\frac{\partial \mathcal{L}}{\partial x(k)} &= 0 = \beta^k \frac{\partial F}{\partial x(k)} - \lambda(k-1) + \lambda(k)\frac{\partial f}{\partial x(k)}, \text{ para } k = 1, 2, \dots, N-1,\\
\frac{\partial \mathcal{L}}{\partial x(N)} &= 0 = \beta^N \frac{dS}{dx(N)} - \lambda(N-1),\\
\frac{\partial \mathcal{L}}{\partial \lambda(k)} &= 0 = f(x(k), u(k), k) - x(k+1), \text{ para } k = 0, 1, \dots, N-1,
\end{aligned} \tag{7.33}$$

con $x(0) = x_0$.

El Hamiltoniano asociado al Problema (7.32) será:

$$H(x, u, \lambda, k) = \beta^k F(x, u, k) + \lambda f(x, u, k).$$

Se define el Hamiltoniano "valor presente", representado por $\mathcal{H}$ de la siguiente forma:

$$\mathcal{H} = \beta^{-k} H = F(x, u, k) + \beta^{-k}\lambda f(x, u, k).$$

Sea

$$m(k) = \beta^{-k}\lambda(k),$$

por lo que

$$\mathcal{H}(x, u, m, k) = F(x, u, k) + m f(x, u, k).$$

A continuación se expresan las condiciones que constituyen el principio del máximo para el Problema (7.32), utilizando el Hamiltoniano "valor presente".

A partir de las condiciones de Lagrange (7.33), y teniendo en cuenta que

$$\lambda(k) = \beta^k m(k),$$

se obtiene que:

$$\begin{aligned}
0 &= \beta^k \frac{\partial F}{\partial u(k)} + \beta^k m(k)\frac{\partial f}{\partial u(k)}, \text{ para } k = 0, 1, \dots, N-1,\\
0 &= \beta^k \frac{\partial F}{\partial x(k)} - \beta^{k-1} m(k-1) + \beta^k m(k)\frac{\partial f}{\partial x(k)}, \text{ para } k = 1, 2, \dots, N-1,\\
0 &= \beta^N \frac{dS}{dx(N)} - \lambda(N-1),\\
0 &= f(x(k), u(k), k) - x(k+1), \text{ para } k = 0, 1, \dots, N-1,
\end{aligned}$$

con $x(0) = x_0$, de donde se obtiene inmediatamente el principio de máximo en tiempo discreto, utilizando el Hamiltoniano "valor presente":

1)

$$m(k-1) = \beta \frac{\partial \mathcal{H}[x(k), u(k), m(k), k]}{\partial x}, \text{ para } k = N-1, N-2, \ldots, 1,$$
$$\text{con : } m(N-1) = \beta \frac{dS[x(N)]}{dx(N)}.$$

2)

$$\frac{\partial \mathcal{H}[x(k), u(k), m(k), k]}{\partial u} = 0, \text{ para } k = 0, 1, \ldots, N-1.$$

3)

$$x(k+1) = f(x(k), u(k), k), \text{ para } k = 0, 1, \ldots, N-1,$$
$$\text{con : } x(0) = x_0.$$

■

Ejemplo 7.7 (Problema de gestión de una mina) El gestor de una mina debe determinar el plan óptimo de extracción de mineral $u(k)$, para $k = 0, 1, 2, 3, 4, 5, 6$. La mina debe ser abandonada en $k = 7$. Se supone que todo el mineral que se extrae se vende al precio $p = 1$. El coste de extraer $u(k)$ viene dado por:

$$c(k) = \frac{u(k)^2}{x(k)},$$

en donde $x(k)$ es el stock de mineral que hay en la mina al comienzo del período correspondiente al índice k.

Se supone que $x(0) = 1250$, y que se utiliza un tipo de descuento $\delta = 0,04$.

SOLUCIÓN. Para el tipo de descuento dado, se tiene que el factor de descuento es

$$\beta = \frac{1}{1 + 0,04} = 0,96.$$

El problema es

$$\max_{\{u(k)\}_{k=0}^{6}} J = \sum_{k=0}^{6} 0,96^k \left[u(k) - \frac{u(k)^2}{x(k)} \right],$$
$$\text{sujeto a : } x(k+1) = x(k) - u(k), \text{ para } k = 0, 1, \ldots, 6,$$
$$\text{con : } x(0) = 1250.$$

Vamos a resolver el problema aplicando el principio del máximo de Pontryagin, utilizando el Hamiltoniano "valor presente", que en este caso es:

$$\mathcal{H}(x, u, m, k) = u - \frac{u^2}{x} + m(x - u).$$

Se tiene que:

$$\frac{\partial \mathcal{H}}{\partial x} = \frac{u^2}{x^2} + m, \quad \frac{\partial \mathcal{H}}{\partial u} = 1 - 2\frac{u}{x} - m.$$

Las condiciones del principio del máximo son:

1)

$$m(k-1) = 0,96\left[\frac{u(k)^2}{x(k)^2} + m(k)\right], \text{ para } k = 6, 5, \ldots, 1,$$
$$\text{con : } m(6) = 0.$$

2)

$$1 - 2\frac{u(k)}{x(k)} - m(k) = 0, \text{ para } k = 0, 1, \ldots, 6.$$

3)

$$x(k+1) = x(k) - u(k), \text{ para } k = 0, 1, \ldots, 6,$$
$$\text{con : } x(0) = 1250.$$

Definimos la siguiente variable auxiliar:

$$y(k) = \frac{u(k)}{x(k)}.$$

De la condición 2) se obtiene:

$$y(k) = \frac{1 - m(k)}{2}, \text{ para } k = 0, 1, \ldots, 6. \tag{7.34}$$

A partir de la condición 1), se llega a que:

$$m(k-1) = 0,96\left[y(k)^2 + m(k)\right], \text{ para } k = 6, \ldots, 1, \text{ con } m(6) = 0. \tag{7.35}$$

Partiendo de que $m(6) = 0$, se obtiene $y(6)$ por (7.34), de donde se llega a $m(5)$ por (7.35), luego $y(5)$ por (7.34), $m(4)$ por (7.35) y así sucesivamente hasta llegar a $y(0)$. Los valores que se obtienen son los que aparecen en la Tabla 7.1.

k	6	5	4	3	2	1	0
$m^*(k)$	0	0,24	0,37	0,45	0,50	0,54	0,57
$y^*(k)$	0,5	0,38	0,31	0,27	0,25	0,23	0,21

Tabla 7.1 Valores óptimos de m y de y

Ahora se pueden calcular $u(k)$ y $x(k)$, teniendo en cuenta que, para $k = 0, 1, \ldots, 6$:

$$u(k) = y(k)x(k),$$
$$x(k+1) = x(k) - u(k), \text{ con } x(0) = 1250.$$

Partiendo de $x(0)$, se calcula $u(0)$, a continuación $x(1)$ seguido de $u(1)$, luego $x(2)$, $u(2)$, $x(3)$, y así sucesivamente hasta $u(6)$ y $x(7)$. Se obtienen los valores que aparecen en la Tabla 7.2:

k	0	1	2	3	4	5	6	7
$u^*(k)$	262,5	227,1	190,1	154	129	109,2	89,1	
$x^*(k)$	0	987,5	760,4	570,3	416,3	287,3	178,1	89

Tabla 7.2 Cantidad óptima a extraer y correspondiente stock de mineral

El valor óptimo del funcional objetivo es:

$$J^* = 771,769943.$$

Como la función objetivo del problema es cóncava y las restricciones son lineales, el programa es convexo y por tanto, los resultados que se obtienen constituyen un máximo global.

■

7.4 RESOLUCIÓN DEL PROBLEMA DE CONTROL ÓPTIMO EN TIEMPO DISCRETO POR PROGRAMACIÓN MATEMÁTICA

El método de multiplicadores de Lagrange, utilizado para resolver el Problema (7.18), considera a las variables de estado y de control como variables de decisión y a las ecuaciones de estado como restricciones de igualdad, siendo el funcional objetivo la función a optimizar. Se aplican entonces las condiciones de Lagrange, que son condiciones necesarias de optimalidad local para programas matemáticos diferenciables con restricciones de igualdad. La idea de tratar un problema de control óptimo en tiempo discreto como un programa matemático es válida también cuando hay restricciones adicionales para las variables de estado y de control. En particular, cuando en el problema a resolver todas las funciones y todos los parámetros están especificados, es posible obtener la solución óptima del problema utilizando algún programa informático de programación matemática, del tipo correspondiente al problema que se obtiene (lineal, no lineal, de variables enteras,...).

Se considera de nuevo el problema básico de control óptimo en tiempo discreto estudiado en el Capítulo 6, pero suponiendo además que las funciones que aparecen en el funcional objetivo y en la ecuación de estado son diferenciables, y que junto a las restricciones a las variables de control puede haber otras restricciones adicionales afectando a variables de estado y de control:

$$\begin{aligned}
\max_{\{u(k)\}_{k=o}^{N-1}} \quad J &= \sum_{k=0}^{N-1} F\left[x(k), u(k), k\right] + S\left[x(N)\right], \\
\text{sujeto a} &: x(k+1) = f\left(x(k), u(k), k\right), \text{ para } k = 0, 1, \ldots, N-1, \\
\text{con} &: x(0) = x_0, \\
&\quad u(k) \in \Omega(k), \\
\text{y también} &: (x(k+1), x(k)) \in \Lambda(k), \text{ para } k = 0, 1, \ldots, N-1,
\end{aligned} \tag{7.36}$$

en donde para cada $k = 0, 1, \ldots, N-1$, $u(k)$ es el vector m-dimensional de variables de control y para cada $k = 0, 1, \ldots, N-1, N$, $x(k)$ es el vector n-dimensional de variables de estado.

Se supone que las funciones F, S y f son diferenciables.

En los ejemplos siguientes veremos cómo se pueden resolver problemas de control óptimo en tiempo discreto con la ayuda de programas informáticos diseñados para encontrar la solución óptima de problemas de programación matemática.

En el siguiente ejemplo se utiliza el programa LINDO, que resuelve problemas de programación lineal.

Ejemplo 7.8 Una empresa tiene compromisos adquiridos para la entrega de un producto durante los próximos seis meses. El coste de producción del bien varía mensualmente por los cambios en los costes de materiales. La compañía puede producir como máximo 100 unidades al mes en

	Mes					
	1	2	3	4	5	6
Compromiso de entrega (unidades)	95	85	110	115	90	105
Coste por unidad en jornada normal (euros)	30	30	32	32	31	32
Coste por unidad en horas extraordinarias (euros)	35	35	37	37	36	37

Tabla 7.3 Demandas a satisfacer y costes de producción

jornada laboral ordinaria y hasta 15 unidades adicionales en horario extraordinario. En la Tabla 7.3 se recogen las demandas a satisfacer y los costes de producción mensuales.

El coste de almacenamiento de inventario por cada unidad que no se vende es de 2 euros.

La compañía desea determinar el número de unidades que debe producir cada mes en jornada ordinaria y en horas extras, para satisfacer los pedidos al menor coste. Se supone que al comienzo del primer mes no hay existencias y se desea que al final del sexto mes el almacén esté vacío.

SOLUCIÓN. Para $i = 1, 2, \dots, 6$, las variables de estado son

$$x_i : \text{número de unidades almacenadas al final del mes } i\text{-ésimo.}$$

Las variables de control son:

- u_i: número de unidades producidas en tiempo normal en el mes i-ésimo,
- v_i: número de unidades producidas en horas extras en el mes i-ésimo.

El problema a resolver por la empresa es:

$$\begin{aligned}
& \min\ 30u_1 + 30u_2 + 32u_3 + 32u_4 + 31u_5 + 32u_6 + \\
& + 35v_1 + 35v_2 + 37v_3 + 37v_4 + 36v_5 + 37v_6 + \\
& + 2x_1 + 2x_2 + 2x_3 + 2x_4 + 2x_5 + 2x_6, \\
\text{s.a.}:\ & x_1 = u_1 + v_1 - 95, \\
& x_2 = x_1 + u_2 + v_2 - 85, \\
& x_3 = x_2 + u_3 + v_3 - 110, \\
& x_4 = x_3 + u_4 + v_4 - 115, \\
& x_5 = x_4 + u_5 + v_5 - 90, \\
& x_6 = x_5 + u_6 + v_6 - 105, \\
& x_6 = 0, \\
& u_1 \leq 100, v_1 \leq 15, \\
& u_2 \leq 100, v_2 \leq 15, \\
& u_3 \leq 100, v_3 \leq 15, \\
& u_4 \leq 100, v_4 \leq 15, \\
& u_5 \leq 100, v_5 \leq 15, \\
& u_6 \leq 100, v_6 \leq 15, \\
& x_i \geq 0, u_i \geq 0, v_i \geq 0,\ i = 1, 2, \dots, 6.
\end{aligned}$$

Lo introducimos en LINDO en la forma siguiente:

```
MAX  30U1+30U2+32U3+32U4+31U5+32U6+35V1+35V2+37V3+37V4+36V5+37V6+
2X1+2X2+2X3+2X4+2X5+2X6
SUBJECT TO
2) U1<=100
3) U2<=100
4) U3<=100
5) U4<=100
6) U5<=100
7) U6<=100
8) V1<=15
9) V2<=15
10) V3<=15
11) V4<=15
12) V5<=15
13) V6<=15
14) U1+V1-X1=95
15) U2+V2+X1-X2=85
16) U3+V3+X2-X3=110
17) U4+V4+X3-X4=115
18) U5+V5+X4-X5=90
19) U6+V6+X5-X6=105
20) X6=0
END
```

obteniéndose la solución después de 7 iteraciones

```
LP OPTIMUM FOUND AT STEP 7
OBJECTIVE FUNCTION VALUE
1) 18810.00
VARIABLE          VALUE          REDUCED COST
  U1         100.000000          0.000000
  U2         100.000000          0.000000
  U3         100.000000          0.000000
  U4         100.000000          0.000000
  U5          95.000000          0.000000
  U6         100.000000          0.000000
  V1           0.000000          4.000000
  V2           0.000000          2.000000
  V3           0.000000          2.000000
  V4           5.000000          0.000000
  V5           0.000000          5.000000
  V6           0.000000          4.000000
  X1           5.000000          0.000000
  X2          20.000000          0.000000
  X3          10.000000          0.000000
  X4           0.000000          8.000000
  X5           5.000000          0.000000
  X6           0.000000         35.000000
```

ROW	SLACK OR SURPLUS	DUAL PRICES
2)	0.000000	1.000000
3)	0.000000	3.000000
4)	0.000000	3.000000
5)	0.000000	5.000000
6)	5.000000	0.000000
7)	0.000000	1.000000
8)	15.000000	0.000000
9)	15.000000	0.000000
10)	15.000000	0.000000
11)	10.000000	0.000000
12)	15.000000	0.000000
13)	15.000000	0.000000
14)	0.000000	-31.000000
15)	0.000000	-33.000000
16)	0.000000	-35.000000
17)	0.000000	-37.000000
18)	0.000000	-31.000000
19)	0.000000	-33.000000
20)	0.000000	0.000000

Obsérvese que en el programa LINDO se utiliza punto en lugar de coma para separar la parte entera de la parte decimal de un número.

Por tanto, el coste mínimo es 18,810 euros y la distribución mensual óptima de producción viene dada por:

Producción en jornada normal

U1=100, U2=100, U3=100, U4=100, U5=95, U6=100.

Producción en horas extras:

sólo se produce en horas extras en el cuarto mes V4=5.

Cantidad almacenada:

X1=5, X2=20, X3=10, X4=0, X5=5, X6=0.

■

A continuación se presenta un problema de gestión óptima de recursos pesqueros, que vamos a resolver utilizando la hoja de cálculo Excel.

Ejemplo 7.9 (Un problema de gestión óptima de recursos pesqueros) Se considera una pesquería cuya dinámica de población sigue la siguiente ecuación en diferencias finitas:

$$x(k+1) = x(k) + F[x(k)] - u(k), \text{ para } k = 0, 1, \dots, N-1,$$
$$\text{con} : x(0) \text{ dado,}$$

en donde, para cada k, $x(k)$ es la biomasa expresada en peso (es el stock de pescado que hay en el mar en el período correspondiente a k), $u(k)$ es el peso de las capturas realizadas en el período, $F(x)$

representa el crecimiento natural de la biomasa. Los beneficios netos por las capturas vienen dados por la función:

$$\pi(k) = \ln[1 + u(k)].$$

Sea β el factor de descuento, dado por:

$$\beta = \frac{1}{1+\delta},$$

en donde δ es el tipo de descuento. Se supone que el valor de cada unidad de biomasa que quede en stock al final del horizonte temporal es igual a m.

Se pide:

(i) Formular el problema de gestión óptima de la pesquería a lo largo del horizonte temporal dado.

(ii) Resolverlo, para

$$F(x) = rx\left(1 - \frac{x}{K}\right),$$

$r = 0,65$, $K = 125$, $m = 0,085$, $\delta = 0,04$, $N = 15$, $x(0) = 95$.

SOLUCIÓN. (i) El problema es:

$$\begin{aligned}
\max_{\{u(k)\}_{k=0}^{N-1}} J &= \sum_{k=0}^{N-1} \beta^k \ln[1 + u(k)] + \beta^N m x(N),\\
\text{sujeto a}: &\ x(k+1) = x(k) + F[x(k)] - u(k), \ \text{para } k = 0, 1, \ldots, N-1,\\
\text{con}: &\ x(0) = x_0,\\
&\ u(k) \geq 0, \ \text{para } k = 0, 1, \ldots, N-1,\\
&\ x(k) \geq 0, \ \text{para } k = 1, \ldots, N.
\end{aligned}$$

(ii) El problema es:

$$\begin{aligned}
\max_{\{u(k)\}_{k=0}^{N-1}} J &= \sum_{k=0}^{14} \beta^k \ln[1 + u(k)] + \beta^{15} m x(N),\\
\text{sujeto a}: &\ x(k+1) = x(k) + rx(k)\left(1 - \frac{x(k)}{K}\right) - u(k), \ \text{para } k = 0, 1, \ldots, 14,\\
\text{con}: &\ x(0) = 95,\\
&\ u(k) \geq 0, \ \text{para } k = 0, 1, \ldots, 14,\\
&\ x(k) \geq 0, \ \text{para } k = 1, \ldots, 15,
\end{aligned}$$

siendo

$$r = 0,65, \ \ K = 125, \ \ m = \beta = \frac{1}{1+\delta}, \ \text{con } \delta = 0,04.$$

Vamos a resolver el problema, utilizando la hoja de cálculo Excel y el complemento Solver, que es un algoritmo de programación no lineal, que forma parte de Excel.

Para ello, entramos en Excel y vamos introduciendo los datos del problema de la siguiente forma:

1. En la celda `A1` escribimos: `r=`.
2. En la celda `B1` escribimos: `0,65`.
3. En `A2`: `K=`.
4. En `B2`: `125`.
5. En `A3`: `m=`.
6. En `B3`: `0,085`.
7. En `A4`: `delta=`.
8. En `B4`: `0,04`.
9. Escribimos en `A5`: `beta=`.
10. En `B5`: `=1/(1+$B$4)`.
11. Introducimos en `A6`: `x(0)=`.
12. En `B6`: `95`.

obteniéndose por tanto la disposición que aparece en la Tabla 7.4.

	A	B	C	D	E
1	r=	0,65			
2	K=	125			
3	m=	0,085			
4	delta=	0,04			
5	beta=	0,96153846			
6	x(0)=	95			
7					

Tabla 7.4 Disposición de valores de los parámetros

Ahora se introducen las ecuaciones de estado, las variables de control y la función objetivo de la siguiente forma:

Primera columna:

1. En la celda `A8` escribimos: `k`.
2. En `A9`: `0`.
3. En `A10`: `1+A9` y arrastramos en dicha columna hasta la celda `A24`, es decir, se copia esta fórmula en la celdas `A11` a `A24`.

Segunda columna:

1. En la celda `B8` escribimos: `u(k)`.
2. En `B9`: `15` y arrastramos en dicha columna hasta `B23`. Son valores iniciales arbitrarios que damos a las variables de decisión del problema.

Tercera columna:

1. En `C8` escribimos: `x(k)`.
2. En `C9`: `=$B$6`.
3. En `C10`: `=C9+$B$1*C9*(1-C9/$B$2)-B9` y arrastramos hasta `C24`.

Cuarta columna:

1. En `D8` escribimos: `objetivo`.
2. En `D9`: `=($B$5 ^ A9)*LN(1+B9)` y arrastramos hasta `D23`.
3. En `D24`: `=($B$5 ^ A24)*$B$3*C24`.

4. En `D25`: `=SUMA($D$9:$D$24)`. obteniéndose el contenido que aparece en la Tabla 7.5:

	A	B	C	D
1	r=	0,65		
2	K=	125		
3	m=	0,085		
4	delta=	0,04		
5	beta=	0,96153846		
6	x(0)=	95		
7				
8	k	u(k)	x(k)	objetivo
9	0	15	95	2,77258872
10	1	15	94,82	2,66595069
11	2	15	94,7006715	2,56341413
12	3	15	94,6213786	2,46482128
13	4	15	94,5686072	2,37002046
14	5	15	94,5334503	2,27886583
15	6	15	94,5100122	2,19121714
16	7	15	94,4943796	2,10693956
17	8	15	94,4839499	2,02590342
18	9	15	94,47699	1,94798406
19	10	15	94,472345	1,8730616
20	11	15	94,4692446	1,80102077
21	12	15	94,4671751	1,73175074
22	13	15	94,4657936	1,66514494
23	14	15	94,4648714	1,6011009
24	15		94,4642558	4,45847508
25				36,5182593
26				

Tabla 7.5 Solución factible inicial

En la tabla anterior aparece una solución factible inicial (en las celdas `B9` a `B23`):

$$u(k) = 15, \qquad \text{para } k = 0, 1, \ldots, 14,$$

que hemos elegido arbitrariamente. A partir de estos valores, en la tabla anterior se obtienen los valores correspondientes para $x(k)$ (celdas `C9` a `C24`, en la tercera columna) y para la función objetivo (celda `D25`, que es la suma de las celdas `D9` a `D24`). A partir de esta solución inicial, hay que utilizar el Solver para que obtenga la solución óptima del problema de programación no lineal que tenemos formulado. Hay que asegurarse de que Solver está en el menú correspondiente a Herramientas, en la barra de menús (si no es así hay que cargarlo, posiblemente desde Herramientas, eligiendo Complementos y ahí seleccionando Solver). A continuación se procede de la siguiente forma:

1. Se activa la celda `D25` (situando el cursor sobre la misma).
2. En la barra de menús vamos a Herramientas.
3. Seleccionamos Solver.

4. En la celda objetivo, comprobamos que ya aparece `$D$25`.
5. En Valor de la celda objetivo se selecciona opción Máximo.
6. En la casilla correspondiente a Cambiando las celdas, escribimos: `$B$9:$B$23`

(con ello se expresa que los valores correspondientes a las variables de decisión se encuentran en las celdas `B9` a `B23`).

7. Hacer clic sobre Agregar.
8. En Referencia de la celda, escribimos: `$B$9:$B$23`.
9. Seleccionamos >=.
10. En Restricción escribimos: `0`

(con ello se expresan las restricciones de que las variables $u(k)$ deben ser ≥ 0).

11. De nuevo, hacer clic sobre Agregar.
12. En Referencia de la celda, escribimos: `$C$9:$C$24`.
13. Seleccionamos >=.
14. En Restricción escribimos: `0`

(con ello se expresan las restricciones de que las las variables $x(k)$ deben ser ≥ 0).

15. Hacer clic en Aceptar.
16. Hacer clic en Resolver.

Solver realiza iteraciones, partiendo de la solución factible inicial que hemos dado, y ya nos devuelve la solución óptima, tal como aparece en la Tabla 7.6:

	A	B	C	D
8	k	u(k)	x(k)	objetivo
9	0	33,1162757	95	3,529774562
10	1	27,0129957	76,7037243	3,204488977
11	2	24,136888	68,9541505	2,981080258
12	3	22,5601499	64,913151	2,80883442
13	4	21,59992453	62,63522	2,665208102
14	5	20,981078	61,3483796	2,539904343
15	6	20,534316	60,6729052	2,42598721
16	7	20,1544426	60,4337302	2,319155128
17	8	19,7585362	60,5695864	2,21615237
18	9	19,2619103	61,1041724	2,11390277
19	10	18,5598647	62,1446308	2,008776375
20	11	17,5231247	63,8966094	1,896139688
21	12	16,0423624	66,675842	1,771171195
22	13	13,9475154	70,8553038	1,624279698
23	14	11,2390808	76,8572707	1,44636383
24	15		84,8588075	4,005122101
25				39,55634103

Tabla 7.6 Solución óptima

En la tabla anterior aparecen los valores óptimos de las variables de control (en las celdas `B9` a `B23`), de las variables de estado (en las celdas `C9` a `C24`), así como el valor óptimo de la función objetivo (en la celda `D25`).

■

7.5 EJERCICIOS PROPUESTOS

Ejercicio 7.1 Resolver el siguiente problema de Crecimiento Económico Óptimo:

$$\begin{aligned} \max_{\{c(t)\}_{k=0}^{\infty}} \ J &= \sum_{t=0}^{\infty} \beta^t \ln c(t), \\ \text{sujeto a} \ &: \ k(t+1) = Dk(t)^{\alpha} - c(t), \ \text{para } t = 0, 1, 2, \ldots \\ \text{siendo} \ &: \ 0 \leq c(t) \leq k(t)^{\alpha}, \\ \text{con} \ &: \ k(0) = k_0, \end{aligned}$$

en donde, para cada $t = 0, 1, 2, \ldots$, $c(t)$ es el consumo, y $k(t)$ es el stock de capital.

α y β son parámetros reales dados, pertenecientes al intervalo $(0, 1)$, D es un parámetro real positivo.

Ejercicio 7.2 Se considera el siguiente problema de control óptimo en tiempo discreto:

$$\begin{aligned} \min_{\{u(k)\}_{k=0}^{1}} \ J &= [x(0)-2]^2 + [u(0)-1]^2 + [x(1)-4]^2 + [u(1)-2]^2 + 2x(2), \\ \text{sujeto a} \ &: \ x(1) = x(0) - u(0), \\ & \quad x(2) = 2x(1) + u(1), \\ \text{con} \ &: \ x(0) = 1. \end{aligned}$$

Se pide: (i) Resolver el problema, utilizando el método de programación dinámica. (ii) Resolverlo, utilizando el método de multiplicadores de Lagrange.

Ejercicio 7.3 Aplicar las condiciones de Lagrange al siguiente problema:

$$\begin{aligned} \max_{\{c(t)\}_{t=0}^{T}} \ J &= \sum_{t=0}^{T} \beta^t \ln c(t), \\ \text{sujeto a} \ &: \ k(t+1) = k(t)^{\alpha} z(t) - c(t), \\ \text{con} \ &: \ k(0), \ \text{dado}, \\ & \quad k(T+1) = 0, \end{aligned}$$

en donde, para cada $t = 0, 1, \ldots T$, $k(t)$ es el stock de capital al comienzo del período t, $c(t)$ es el consumo en el período t, $z(t)$ es una medida de la tecnología en el período t, que se supone dada.

Ejercicio 7.4 Resolver el siguiente problema de optimización dinámica, utilizando el método de multiplicadores de Lagrange, y comprobando que se obtiene un máximo global:

$$\begin{aligned} \min J &= [x(1)-5]^2 + [x(2)-3]^2 + [x(3)-1]^2 + [u(0)-2]^2 + [u(1)-2]^2 + u(2)^2, \\ \text{sujeto a} \ &: \ x(1) = 6 - 2u(0), \\ & \quad x(2) = x(1) - 4u(1), \\ & \quad x(3) = x(2) - u(2). \end{aligned}$$

Ejercicio 7.5 Se considera el siguiente problema de control óptimo en tiempo discreto:

$$\begin{aligned} \min\ J &= \sum_{t=0}^{1} h\left[x(t), u(t)\right] + S\left[x(2)\right], \\ \text{sujeto a } &: x(t+1) - x(t) = f\left[x(t), u(t)\right], \ \text{para } t = 0, 1, \\ \text{con } &: x(0) = a, \text{ dado,} \end{aligned}$$

en donde x es la variable de estado y u es la variable de control.

Deducir las condiciones del principio del máximo de Pontriagyn para tiempo discreto (se pide, por tanto, llegar a obtener dichas condiciones, demostrando que es necesario que la solución óptima del problema dado cumpla dichas condiciones necesarias).

Ejercicio 7.6 Se considera una empresa con la siguiente función de beneficios:

$$\Pi_t = F(K_t, L_t) - w_t L_t - I_t,$$

en donde Π_t es el beneficio, K_t es el capital, L_t es el trabajo, w_t es el salario (exógeno) e I_t es la inversión en el período t, para $t = 0, 1, \ldots, T$. La función de producción , $F(K_t, L_t)$ tiene derivadas parciales primeras y segundas contínuas, verificando que $F_i > 0$ y $F_{ii} < 0$, para $i = K, L$. Los gestores de la empresa quieren maximizar el valor presente descontado de los beneficios a lo largo del horizonte temporal que comienza en $t = 0$ y termina en $t = T$, es decir,

$$\max\ J = \sum_{t=0}^{T} \beta^t \Pi_t,$$

en donde el factor descuento β es igual a:

$$\beta = \frac{1}{1+r}.$$

La restricción de acumulación de capital que tiene la empresa es:

$$K_{t+1} = (1-\delta)K_t + I_{t,}$$

en donde δ es la tasa de depreciación. La empresa inicialmente no tiene capital y al final del horizonte temporal dado debe tener un stock de capital igual a $\bar{K}$.

Obtener las cantidades óptimas de trabajo y de inversión, utilizando el principio del máximo en su versión para tiempo discreto.

Ejercicio 7.7 Resolver el siguiente problema de control óptimo en tiempo discreto, utilizando algún programa informático de programación no lineal:

$$\begin{aligned} \max\ J &= \sum_{k=0}^{6} \ln c(k), \\ \text{sujeto a } &: s(k+1) = 1,1s(k) - c(k), \ \text{para } k = 0, 1, \ldots, 6 \\ \text{con } &: s(0) = 1, \\ & \quad s(7) = 1,45, \\ & \quad c(k) \geq 0, s(k) \geq 0, \ \text{para cada } k. \end{aligned}$$

Ejercicio 7.8 Resolver el siguiente problema utilizando el principio del máximo:

$$\max_{\{u(k)\}_{k=0}^{6}} \quad J = \sum_{k=0}^{9} \left[u(k) - \frac{u(k)^2}{x(k)} \right],$$

$$\text{sujeto a} \; : \; x(k+1) = x(k) - u(k), \; \text{para } k = 0, 1, \ldots, 9,$$

$$\text{con} \; : \; x(0) = 1000.$$

Ejercicio 7.9 Resolver el problema formulado en el ejercicio anterior, incorporando la no negatividad de las variables de estado y de control, utilizando el Solver de la hoja de cálculo Excel.

Ejercicio 7.10 Resolver los ejercicios 7.2 y 7.4, utilizando Solver en la hoja de cálculo Excel.

APÉNDICE A

Control estocástico en tiempo discreto

En este Apéndice se hace una introducción al control estocástico. En particular se formula el problema para el caso de tiempo discreto y se resuelve mediante programación dinámica. En la Sección A.1 se hace una breve introducción general al control estocástico, para seguir en la Sección A.2 con el enunciado del problema en tiempo discreto. En la Sección A.3 se presenta el método de programación dinámica para el caso estocástico discreto, se demuestra que permite obtener la solución óptima del problema planteado y se ilustra con algunos ejemplos. Se estudia a continuación la versión correspondiente del problema lineal-cuadrático y se sigue con algunas propiedades y consideraciones sobre el control estocástico, antes de terminar con los ejercicios propuestos.

A.1 INTRODUCCIÓN

Tras el estudio de distintos tipos de problemas y diferentes métodos de optimización dinámica en un contexto determinístico es natural seguir formulando problemas y presentando métodos de solución, en un contexto estocástico. En este Apéndice sólo se estudia el problema de control estocástico en tiempo discreto con información completa y se presenta la programación dinámica, en este contexto estocástico, como método de solución. En Chow (1997) se resuelven problemas de optimización dinámica estocástica utilizando el método de multiplicadores de Lagrange.

La programación dinámica es el método más importante de optimización dinámica estocástica, tanto en el caso de tiempo discreto como en el caso de tiempo continuo. En este Apéndice sólo se estudia el problema para tiempo discreto, ya que la extensión del método de programación dinámica, estudiado en el Capítulo 6, es directa, mientras que para tiempo continuo se requiere un estudio previo de sistemas dinámicos estocásticos. En Cerdá (1992) se presenta una introducción al control estocástico para los casos de tiempo discreto (información completa e información incompleta) y tiempo continuo.

Los lectores interesados en control estocástico pueden consultar los libros de Astrom (1970), Bertsekas (1987, 1995 y 1996), Davis y Vinter (1985), Fleming y Rishel (1975), Maybeck (1982), Ross (1983), Stengel (1986) o Whittle (1982 y 1983). Los lectores interesados en control estocástico en economía pueden consultar los libros de Chow (1975 y 1981), Kendrick (1981 y 1988), Ljungqvist y Sargent (2000), Malliaris y Brock (1982), Sengupta y Fanchon (1997), Stokey y Lucas (1989) o Tapiero (1998).

A.2 ENUNCIADO DEL PROBLEMA

Consideramos el siguiente sistema dinámico formulado en tiempo discreto:

$$x(k+1) = f\left(x(k), u(k), v(k), k\right), \qquad \text{para } k = 0, 1, \ldots, N-1,$$
$$\text{con } : \ x(0) = x_0,$$

en donde, para cada k:

$x(k)$ es el vector de variables de estado, perteneciente al espacio S_k,

$u(k)$ es el vector de variables de control, perteneciente al espacio C_k,

$v(k)$ es el vector de perturbaciones aleatorias, perteneciente al espacio D_k.

La secuencia en la que van a ir tomando valores las diferentes variables, a través del tiempo, es la que aparece en la Figura A.1.

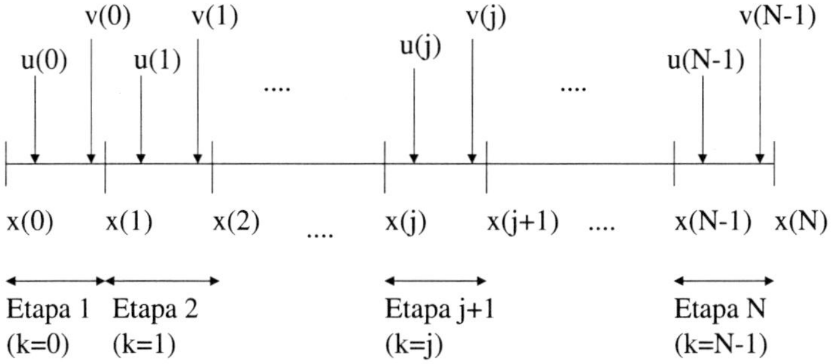

Figura A.1 Etapas y variables en el problema de control estocástico en tiempo discreto

El control $u(k)$ está restringido a tomar valores pertenecientes a un conjunto no vacío $\Omega_k\left[x(k)\right]$, que depende del estado del sistema en ese período k, es decir:

$$u(k) \in \Omega_k\left[x(k)\right], \text{ para cada } x(k) \in S_k, \ \forall k = 0, 1, \ldots, N-1.$$

La perturbación aleatoria $v(k)$ viene caracterizada por una distribución de probabilidad

$$P_k\left(\bullet \mid x(k), u(k)\right),$$

que puede depender explícitamente de $x(k)$, $u(k)$, pero es independiente de $v(k-1)$, $v(k-2)$, $\ldots$,$v(0)$.

Consideremos la clase de leyes de control (también llamadas políticas), que consiste en una secuencia de funciones:

$$\pi = \{\mu_0, \mu_1, \ldots, \mu_{N-1}\},$$

en donde cada función μ_k transforma el estado $x(k)$ en el control $u(k) = \mu_k[x(k)]$, de manera que se verifica que

$$\mu_k[x(k)] \in \Omega_k[x(k)], \text{ para todo } x(k) \in S_k.$$

Las leyes de control que cumplen esta condición se llamarán admisibles.

El problema consiste, exactamente, en lo siguiente:

Dado un estado inicial x_0, se trata de encontrar una ley de control admisible

$$\pi = \{\mu_0, \mu_1, \ldots, \mu_{N-1}\},$$

que maximice el funcional siguiente:

$$\begin{aligned}
\max\ J_\pi(x_0) &= E\left\{\sum_{k=0}^{N-1} F[x(k), \mu_k[x(k)], v(k), k] + S[x(N)]\right\}, \\
\text{sujeto a} &: x(k+1) = f[x(k), \mu_k[x(k)], v(k), k], \text{ para } k = 0, 1, \ldots, N-1, \\
\text{con} &: x(0) = x_0, \\
&\quad \mu_k[x(k)] \in \Omega_k[x(k)], \text{ para todo } x(k) \in S_k,
\end{aligned}$$

en donde $E\{\bullet\}$ significa esperanza matemática. Por otra parte, las funciones F, S y f están dadas.

Se trata de encontrar una ley de control óptimo π^*, para la cual se verifique:

$$J_{\pi^*}(x_0) = \max_{\pi \in \Pi} J_\pi(x_0),$$

en donde Π es el conjunto de leyes de control admisibles.

Entonces la función J^*, definida de la siguiente forma,

$$J^*(x_0) = J_{\pi^*}(x_0),$$

es la función que asigna a cada estado inicial x_0 el valor objetivo óptimo $J^*(x_0)$, y se llama función valor óptimo.

Observación A.1 Si el problema anterior es de minimizar, en lugar de maximizar, se puede expresar de la forma enunciada anteriormente, sin más que cambiar el signo del funcional objetivo.

Ejemplo A.1 (Un problema de control de inventario) Un comerciante se dedica a la venta de un único producto. Para los períodos $1, 2, \ldots, N$, se consideran las siguientes variables:

$x(k-1)$, es el stock disponible al principio del período k.

$u(k-1)$, es el stock pedido (e inmediatamente suministrado), al comienzo del período k.

$v(k-1)$, es la demanda durante el período k, con distribución de probabilidad dada.

Por otra parte,

h, es el coste de tener en stock una unidad no vendida al final del período k.

c, es el coste de cada unidad de stock pedida.

p, es el coste por unidad de demanda no atendida por no tener stock disponible.

B, es la capacidad de almacén.

Se supone que $v(0), v(1), \ldots, v(N-1)$ son variables aleatorias independientes y que el exceso de demanda no se pierde sino que es atendido en cuanto hay stock adicional disponible (es decir, que puede haber stock negativo).

Formular el problema de optimización dinámica estocástica que tiene ante sí el comerciante, si quiere minimizar costes.

SOLUCIÓN. La formulación del problema es:

$$\begin{aligned}
\min\ E\Bigg\{\sum_{k=0}^{N-1} [cu(k) + p \max(0, v(k) - x(k) - u(k)) \\
+ h \max(0, x(k) + u(k) - v(k))]\Bigg\}, \\
\text{sujeto a}: x(k+1) = x(k) + u(k) - v(k), \\
\text{con}: x(0) = x_0, \text{ dado}, \\
0 \leq u(k) \leq B - x(k), \text{ para } k = 0, 1, \ldots, N-1.
\end{aligned}$$

■

Ejemplo A.2 (Un problema de control estocástico de un sistema lineal con función objetivo cuadrática) Se trata de calcular

$$\{u(0), u(1), \ldots, u(N-1)\}$$

para los que se alcanza el

$$\begin{aligned}
\min\ J = E\left\{\sum_{k=0}^{N-1}\left[\frac{1}{2}x(k)^T W_k x(k) + \frac{1}{2}u(k)^T \Lambda_k u(k)\right] + \frac{1}{2}x(N)^T W_N x(N)\right\}, \\
\text{sujeto a}\ :\ x(k+1) = A_k x(k) + B_k u(k) + v(k), \text{ para } k = 0, 1, \ldots, N-1, \\
\text{con}\ :\ x(0) = x_0,
\end{aligned}$$

en donde, para cada k,

$x(k)$ es el vector de variables de estado, n-dimensional.

$u(k)$ es el vector de variables de control, m-dimensional.

Por otra parte,

$$\{v(k)\}_{k=0,1,\ldots,N-1}$$

son vectores aleatorios normales, tales que:

$$\begin{aligned}
E\{v(k)\} = 0,\ E\left\{v(k)v(k)^T\right\} = Q_k, \text{ para todo } k, \\
E\left\{v(k)v(l)^T\right\} = 0, \text{ para } k \neq l,
\end{aligned}$$

por lo que se trata de vectores aleatorios normales, serialmente incorrelados (por tanto, independientes) y de media cero.

Para cada $k = 0, 1, \ldots, N-1$, las matrices W_k, Λ_k, A_k y B_k están dadas. También la matriz W_N está dada. Se supone que las matrices $W_0, W_1, \ldots, W_N$ son simétricas, semidefinidas positivas y que las matrices $\Lambda_0, \Lambda_1, \ldots, \Lambda_{N-1}$ son simétricas, definidas positivas.

Este problema se estudia con detalle en la cuarta sección de este Apéndice.

■

A.3 SOLUCIÓN AL PROBLEMA FORMULADO MEDIANTE PROGRAMACIÓN DINÁMICA

En este Apéndice se estudia la programación dinámica, como método de solución del problema de control estocástico en tiempo discreto, formulado en la Sección A.2. De la misma forma que en el caso determinístico, estudiado en el Capítulo 6, se empieza por el final del horizonte temporal y se va estudiando el problema período a período hasta llegar al período inicial. La programación dinámica, en este caso, permite resolver un problema estocástico de N etapas mediante la resolución de N problemas estocásticos de una etapa.

La siguiente proposición da el método de solución al problema formulado.

Proposición A.1 *Sea $J^*(x_0)$ valor óptimo del funcional objetivo del problema dado. Entonces,*

$$J^*(x_0) = J_0^*(x_0),$$

en donde la función J_0^* viene dada por el último paso del siguiente algoritmo, que comienza al final del horizonte temporal y va hasta el principio del mismo y, por tanto, va hacia atrás en el tiempo.

$$J_N^*[x(N)] = S[x(N)],$$

y para cada $k \in \{N-1, N-2, \ldots, 1, 0\}$

$$\begin{aligned} J_k^*[x(k)] = \max_{u(k)\in\Omega_k[x(k)]} & E_{v(k)}\{F[x(k), u(k), v(k), k] \\ & + J_{k+1}^*[f[x(k), u(k), v(k), k]]\}, \end{aligned}$$

que es la ecuación de Bellman para el problema que nos ocupa.

Además, si $u^*(k) = \mu_k^*[x(k)]$ maximiza el lado derecho de la ecuación de Bellman, para cada $x(k)$ y cada $k \in \{0, 1, \ldots, N-1\}$, la ley de control

$$\pi^* = \left\{\mu_0^*, \mu_1^*, \ldots, \mu_{N-1}^*\right\}$$

es óptima.

DEMOSTRACIÓN. El hecho de que la distribución de probabilidad que caracteriza a $v(k)$ dependa sólo de $x(k)$ y $u(k)$, pero no de los valores previos $v(k-1), v(k-2), \ldots, v(0)$ y el hecho de que $v(k-1), v(k-2), \ldots, v(0)$ son independientes, permite escribir lo siguiente:

$$\begin{aligned} J^*(x_0) &= \max_{\mu_0,\mu_1,\ldots,\mu_{N-1}} J(x_0,\mu_0,\mu_1,\ldots,\mu_{N-1}) \\ &= \max_{\mu_0,\mu_1,\ldots,\mu_{N-1}} E\left\{\sum_{k=0}^{N-1} F\left[x(k),\mu_k\left[x(k)\right],v(k),k\right] + S\left[x(N)\right]\right\} \\ &= \max_{\mu_0,\mu_1,\ldots,\mu_{N-1}} \Bigg[E_{v(0)}\Bigg\{F[x(0),\mu_0[x(0)],v(0),0] \\ &\qquad + E_{v(1)}\Bigg\{F[x(1),\mu_1[x(1)],v(1),1] \\ &\qquad + \cdots \\ &\qquad + E_{v(N-1)}\big\{F[x(N-1),\mu_{N-1}[x(N-1)],v(N-1),N-1] \\ &\qquad\qquad + S[x(N)]\big\}\ldots\Bigg\}\Bigg\}\Bigg]. \end{aligned}$$

Por tratarse de un sistema causal, la anterior expresión es igual a:

$$\begin{aligned} J^*(x_0) = \max_{\mu_0}&\Bigg[E_{v(0)}\Bigg\{F[x(0),\mu_0[x(0)],v(0),0] \\ &+ \max_{\mu_1}\Bigg[E_{v(1)}\Bigg\{F[x(1),\mu_1[x(1)],v(1),1] \\ &+ \ldots \\ &+ \max_{\mu_{N-1}}\big[E_{v(N-1)}\big\{F[x(N-1),\mu_{N-1}[x(N-1)],v(N-1),N-1] \\ &\qquad + S[x(N)]\big\}\big]\ldots\Bigg\}\Bigg]\Bigg\}\Bigg]. \end{aligned}$$

En esta ecuación, la maximización afecta a todas las funciones μ_k tales que

$$\mu_k\left[x(k)\right] \in \Omega_k\left[x(k)\right].$$

Además, la maximización está sujeta a la restricción de la ecuación del sistema:

$$x(k+1) = f\left[x(k),\mu_k\left[x(k)\right],v(k),k\right], \text{ para } k = 0,1,\ldots,N-1.$$

Utilicemos ahora el resultado de que, para cualquier función H de x, u, se verifica que:

$$\max_{\mu\in M} H\left[x,\mu(x)\right] = \max_{\mu\in U(x)} H(x,u),$$

en donde M es el conjunto de todas las funciones $\mu(x)$ tales que $\mu(x) \in U(x)$, para todo x.

Ahora, vamos definiendo las siguientes funciones:

$$J_N^*\left[x(N)\right] = S\left[x(N)\right],$$

y para cada $k \in \{N-1, N-2, \ldots, 1, 0\}$,

$$\begin{aligned} J_k^*\left[x(k)\right] = \max_{u(k)\in\Omega_k[x(k)]} &\left[E\left\{F\left[x(k),u(k),v(k),k\right]\right.\right. \\ &\left.\left. + \; J_{k+1}^*\left[f\left[x(k),u(k),v(k),k\right]\right]\right\}\right]. \end{aligned}$$

De acuerdo con la cadena de igualdades que teníamos, la proposición queda demostrada, siendo la ley de control óptimo

$$\pi^* = \left\{\mu_0^*, \mu_1^*, \ldots, \mu_{N-1}^*\right\},$$

si $\mu_k^*[x(k)]$ minimiza el lado derecho de la ecuación de Bellman para cada $x(k)$ y cada $k = 0, 1, \ldots, N-1$.

■

Ejemplo A.3 Se tiene una máquina que puede estar apta o no para funcionar. Si funciona durante una semana, proporciona un beneficio bruto de 100 unidades monetarias. Si se rompe durante la semana, el beneficio bruto es de 0 unidades monetarias. Si está en funcionamiento al comienzo de la semana y efectuamos una revisión preventiva, la probabilidad de que falle durante la semana es de 0,45. Si no efectuamos dicha revisión, la probabilidad de fallo es de 0,6. La revisión preventiva cuesta 20 unidades monetarias. Cuando la máquina está rota al comienzo de la semana, puede ser reparada urgentemente, al coste de 58 u.m., en cuyo caso fallará durante la semana con probabilidad 0,4, o puede ser reemplazada por una nueva máquina al coste de 110 u.m., que tiene garantía de funcionamiento durante la primera semana. Encontrar la política óptima de reparación, reemplazamiento y revisión preventiva que maximice el beneficio total sobre las cuatro semanas, suponiendo que se estrena máquina al comienzo de la primera semana.

SOLUCIÓN. Comencemos haciendo un esquema sobre el horizonte temporal del problema (cuatro semanas), indicando los períodos y los momentos en que se concretan los valores de las distintas variables, en la Figura A.2.

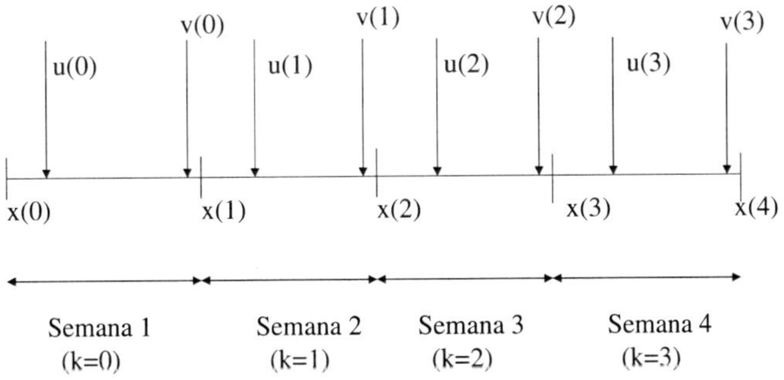

Figura A.2 Variables del problema en el Ejemplo A.3

Para $k = 0, 1, 2, 3$ y 4, definimos $x(k)$ como el estado de la máquina al final de la semana k, que coincide con el comienzo de la semana $k+1$. Sea $x(k) = A$, si al final de la semana k (o, lo que es lo mismo, al comienzo de la semana $k+1$), la máquina está apta para funcionar. Sea $x(k) = N$, si al final de la semana k (o al comienzo de la semana $k+1$), la máquina no está apta.

Para $k = 0, 1, 2$ y 3, sea $u(k)$ la acción a tomar al comienzo de la semana $k+1$.

Si $x(k) = A$, entonces $u(k) \in \{R, NR\}$, en donde R significa revisar, y NR significa no revisar. Si $x(k) = N$, entonces, $u(k) \in \{RU, MN\}$, en donde RU significa reparación urgente, mientras que MN significa máquina nueva.

De acuerdo con el enunciado del problema, tenemos que:

$$\begin{aligned}
\Pr\big(x(k+1) = A \mid x(k) = A, u(k) = R\big) &= 0,55,\\
\Pr\big(x(k+1) = N \mid x(k) = A, u(k) = R\big) &= 0,45,\\
\Pr\big(x(k+1) = A \mid x(k) = A, u(k) = NR\big) &= 0,40,\\
\Pr\big(x(k+1) = N \mid x(k) = A, u(k) = NR\big) &= 0,60,\\
\Pr\big(x(k+1) = A \mid x(k) = N, u(k) = RU\big) &= 0,60,\\
\Pr\big(x(k+1) = N \mid x(k) = N, u(k) = RU\big) &= 0,40,\\
\Pr\big(x(k+1) = A \mid x(k) = N, u(k) = MN\big) &= 1,\\
\Pr\big(x(k+1) = N \mid x(k) = N, u(k) = MN\big) &= 0.
\end{aligned}$$

Como se estrena máquina al comienzo de la primera semana y tiene garantía de funcionamiento de una semana, será $x(0) = A$, $x(1) = A$.

Resolvemos por programación dinámica:

- Cuarta semana:
  Cuando comience la cuarta semana, $x(3)$ será conocido.
  a) Supongamos que $x(3) = A$. En tal caso, hay que elegir $u(3) \in \{R, NR\}$.
  Si $u(3) = R$, entonces el beneficio esperado en la última semana será:
  $$-20 + 100 \times 0,55 + 0 \times 0,45 = 35.$$
  Si $u(3) = NR$, el beneficio en la última semana será:
  $$100 \times 0,4 + 0 \times 0,6 = 40.$$
  El máximo entre 35 y 40 es 40, por lo que si la cuarta semana empieza con la máquina apta para funcionar, la acción que debe tomarse es no revisar, siendo la aportación a la función objetivo igual a 40 unidades monetarias.
  b) Supongamos que $x(3) = N$. En tal caso, hay que elegir $u(3) \in \{RU, MN\}$.
  Si $u(3) = RU$, el beneficio esperado en la última semana será:
  $$-58 + 100 \times 0,6 = 2.$$
  Si $u(3) = MN$, el beneficio en la última semana será:
  $$-110 + 100 = -10.$$
  El máximo entre 2 y -10 es 2, por lo que si la cuarta semana empieza con la máquina no apta para funcionar, la acción que debe tomarse es reparación urgente y el beneficio esperado en esa cuarta semana es de 2 unidades monetarias.
- Tercera semana.
  Cuando comience la tercera semana $x(2)$ será conocido.
  a) Supongamos que $x(2) = A$. Habrá que elegir $u(2) \in \{R, NR\}$.
  Si $u(2) = R$, el beneficio esperado para las semanas tercera y cuarta, de manera conjunta, es:
  $$-20 + 0,55(100 + 40) + 0,45(0 + 2) = 57,9.$$

Si $u(2) = NR$, el beneficio esperado para el conjunto de las semanas tercera y cuarta es:

$$0,4(100 + 40) + 0,6(0 + 2) = 57,2.$$

El máximo entre 57,9 y 57,2 es 57,9.

b) Supongamos que $x(2) = N$. Habrá que elegir $u(2) \in \{RU, MN\}$.

Si $u(2) = RU$, el beneficio esperado para el conjunto de las semanas tercera y cuarta es:

$$-58 + 0,6(100 + 40) + 0,4(0 + 2) = 26,8.$$

Si $u(2) = MN$, el beneficio esperado para las semanas tercera y cuarta es:

$$-110 + 100 + 40 = 30$$

El máximo entre 26,8 y 30 es 30.

Por tanto, si al llegar la tercera semana la máquina está en condiciones de funcionamiento, la decisión será revisar y el beneficio esperado en las semanas tercera y cuarta conjuntamente será de 57,9 unidades monetarias. Si la máquina está rota, la decisión será poner una nueva y el beneficio esperado, de 30 unidades monetarias.

- Segunda semana.
Sabemos que $x(1) = A$, por lo que habrá que elegir $u(1) \in \{R, NR\}$.
Si $u(1) = R$, el beneficio esperado para las semanas segunda, tercera y cuarta, conjuntamente será:

$$-20 + 0,55(100 + 57,9) + 0,45(0 + 30) = 80,345.$$

Si $u(1) = NR$, el beneficio esperado para las semanas segunda, tercera y cuarta conjuntamente será:

$$0,4(100 + 57,9) + 0,6(0 + 30) = 81,16.$$

El máximo entre 80,345 y 81,16 es 81,16.
Por tanto en la segunda semana la acción óptima a tomar es no revisar, siendo la función valor igual a 81,16.

- Primera semana.
Sabemos que $x(0) = A$ y que $x(1) = A$, ya que tiene garantizado el funcionamiento, por lo que lógicamente no hay que revisar. Es decir, $u(0) = NR$. El beneficio que se obtiene en la primera semana es de 100 unidades monetarias, por lo que al aplicar la política óptima, el beneficio esperado será de 181,16 unidades monetarias.

Por tanto, el control óptimo es:

Primera semana: no revisión.

Segunda semana: no revisión.

Tercera semana: si la máquina funciona, revisión. Si la máquina no funciona, máquina nueva.

Cuarta semana: si la máquina funciona, no revisión. Si la máquina no funciona, reparación urgente.

El beneficio óptimo esperado será de 181,16 unidades monetarias.

■

Ejemplo A.4 Resolver el siguiente problema de control estocástico:

$$\min_{\{u(k)\}_{k=0}^{2}} \quad E\left\{\sum_{k=0}^{2}\left[x(k)^2+u(k)^2\right]+2x(3)\right\},$$
$$\text{sujeto a} : x(k+1) = x(k)+u(k)+v(k), \ \text{para } k=0,1,2,$$
$$\text{con} : x(0)=1,$$

en donde $v(0)$, $v(1)$, $v(2)$ son variables aleatorias independientes $N(0, 1)$.

SOLUCIÓN. Comencemos, como es habitual en programación dinámica, haciendo un esquema sobre el horizonte temporal del problema, en la Figura A.3, indicando los períodos, y los momentos en que se concretan los valores de las distintas variables.

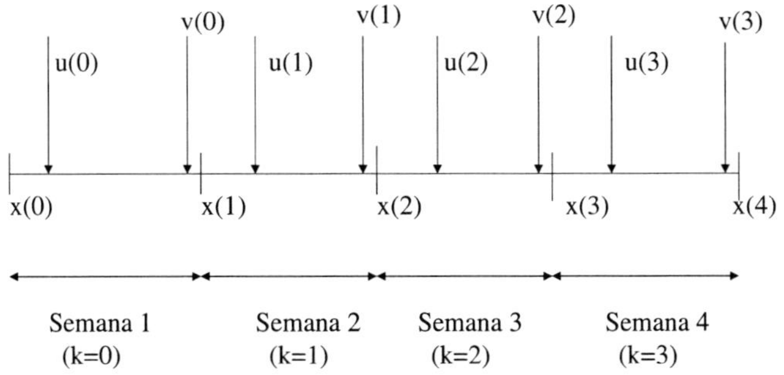

Figura A.3 Períodos y variables del problema en el Ejemplo A.4

- Final: sea $x(3)$ dado. Entonces,
$$J_3^*\left[x(3)\right] = 2x(3).$$
- Tercer período (k=2). Sea $x(2)$ dado.
La ecuación de Bellman correspondiente a este período es:
$$J_2^*\left[x(2)\right] = \min_{u(2)} E\left\{x(2)^2+u(2)^2+J_3^*\left[x(3)\right]\right\},$$
$$\text{en donde } x(3) = x(2)+u(2)+v(2).$$

Por tanto,

$$J_2^*\left[x(2)\right] = \min_{u(2)} E\left\{x(2)^2+u(2)^2+2x(2)+2u(2)+2v(2)\right\}.$$

Aplicando las propiedades de la esperanza matemática y teniendo en cuenta que $E\{v(2)\}=0$, resulta que hay que resolver el siguiente problema:

$$\min_{u(2)} \ g\left[u(2)\right] = x(2)^2+u(2)^2+2x(2)+2u(2).$$

Las condiciones de optimalidad son:

$$g'\left[u(2)\right] = 2u(2)+2 = 0 \Longrightarrow u(2) = -1.$$
$$g''\left[u(2)\right] = 2 > 0, \ \text{que corresponde a un mínimo.}$$

Por tanto,

$$u^*(2) = -1,$$
$$J_2^*[x(2)] = x(2)^2 + 2x(2) - 1.$$

- Segundo período (k=1). Sea $x(1)$ dado.
  La ecuación de Bellman para este período es:

$$J_1^*[x(1)] = \min_{u(1)} E\left\{x(1)^2 + u(1)^2 + J_2^*[x(2)]\right\},$$
$$\text{en donde } x(2) = x(1) + u(1) + v(1).$$

Sustituyendo, efectuando operaciones y teniendo en cuenta que $E\left\{v(1)^2\right\} = 1$, $E\{v(1)\} = 0$, se obtiene que

$$J_1^*[x(1)] = \min_{u(1)} \; 2x(1)^2 + 2u(1)^2 + 2x(1)u(1) + 2x(1) + 2u(1).$$

Hay que resolver el siguiente problema:

$$\min_{u(1)} \; h[u(1)] = 2x(1)^2 + 2u(1)^2 + 2x(1)u(1) + 2x(1) + 2u(1).$$

Las condiciones de optimalidad son:

$$h'[u(1)] = 4u(1) + 2x(1) + 2 = 0 \Longrightarrow u(1) = \frac{-x(1) - 1}{2}.$$
$$h''[u(1)] = 4 > 0, \text{ que corresponde a un mínimo.}$$

Por tanto,

$$u^*(1) = \frac{-x(1) - 1}{2},$$
$$J_1^*[x(1)] = \frac{3}{2}x(1)^2 + x(1) - \frac{1}{2}.$$

- Primer período (k=0). Sea $x(0) = 1$.
  La ecuación de Bellman correspondiente a este período es:

$$J_0^*[1] = \min_{u(0)} E\left\{1 + u(0)^2 + J_1^*[x(1)]\right\},$$
$$\text{en donde } x(1) = 1 + u(0) + v(0).$$

Sustituyendo y efectuando operaciones, se llega a que

$$J_0^*[1] = \min_{u(0)} \; \frac{5}{2}u(0)^2 + 4u(0) + \frac{9}{2}.$$

Hay que resolver el siguiente problema:

$$\min_{u(0)} \; j[u(0)] = \frac{5}{2}u(0)^2 + 4u(0) + \frac{9}{2}.$$

Las condiciones de optimalidad son:

$$j'[u(0)] = 5u(0) + 4 = 0 \Longrightarrow u(0) = -\frac{4}{5}.$$

$$j''[u(0)] = 5 > 0, \text{ que corresponde a un mínimo.}$$

Por tanto:

$$u^*(0) = -\frac{4}{5},$$

$$J_0^*[1] = \frac{29}{10}.$$

Haciendo ahora un recorrido de principio a final se obtiene finalmente que:

$$x^*(0) = 1, u^*(0) = -\frac{4}{5}, \text{ por lo que } x^*(1) = \frac{1}{5} + v(0).$$

Entonces,

$$u^*(1) = \frac{-x^*(1) - 1}{2},$$

pero el valor de $x^*(1)$ depende de $v(0)$ y no se conoce hasta el momento de la realización de la variable aleatoria $v(0)$, al final del primer período.

$$x^*(2) = -\frac{2}{5} + \frac{1}{2}v(0) + v(1),$$

y su valor no se conoce hasta el momento de la realización de las variables aleatorias $v(0)$ y $v(1)$, al final de los períodos uno y dos, respectivamente.

$$u^*(2) = -1.$$

$$x^*(3) = -\frac{7}{5} + \frac{1}{2}v(0) + v(1) + v(2),$$

y su valor no se conoce hasta el final del tercer período.

Por otra parte,

$$J^* = J_0^*[x(0)] = \frac{29}{10}.$$

■

A.4 PROBLEMA DE CONTROL ESTOCÁSTICO DE UN SISTEMA LINEAL, CON OBJETIVO CUADRÁTICO

En esta sección se estudia la versión para el caso estocástico del problema analizado en la Sección 4 del Capítulo 6, en el caso de que las perturbaciones aleatorias son de tipo aditivo. Al igual que en el caso determinístico, se obtiene la solución analítica, que permite resolver problemas de gran tamaño.

El enunciado del problema, en términos matemáticos, es el siguiente:

$$\max_{\{u(k)\}_{k=0}^{N-1}} J = E\left\{\frac{1}{2}\sum_{k=0}^{N-1}\left[x(k)^T W_k x(k) + u(k)^T \Lambda_k u(k)\right] + \frac{1}{2}x(N)^T W_N x(N)\right\},$$
$$\text{sujeto a : } x(k+1) = A_k x(k) + B_k u(k) + v(k), \text{ para } k = 0, 1, \ldots, N-1,$$
$$\text{con : } x(0) = x_0, \tag{A.1}$$

en donde, para dada k:

$x(k)$ es el vector de estado (n-dimensional),

$u(k)$ es el vector de control (m-dimensional),

A_k, B_k, W_k, Λ_k son matrices dadas, siendo A_k de dimensiones $n \times n$, $B_k : n \times m$, $W_k : n \times n$, siendo simétrica y semidefinida negativa, $\Lambda_k : m \times m$ y definida negativa, z^T es el vector traspuesto de z.

Por otra parte, $\{v(k)\}_{k=0}^{N-1}$ son vectores aleatorios independientes, tales que:

$$E\{v(k)\} = 0, \; E\left\{v(k)v(k)^T\right\} = Q_k, \; E\left\{v(k)v(l)^T\right\} = 0, \text{ si } k \neq l.$$

A continuación, en la Proposición A.2, se resuelve el problema, por programación dinámica.

Proposición A.2 *Para el Problema (A.1) se obtiene la siguiente solución óptima: para* $k = 0, 1, \ldots, N-1$, *el control óptimo y la función valor son, respectivamente:*

$$u^*(k) = G_k x(k), \qquad J_k^*\{x(k)\} = \frac{1}{2}x(k)^T K_k x(k) + \frac{1}{2}\sum_{i=k}^{N-1} E\left\{v(i)^T K_{i+1} v(i)\right\},$$

en donde,

$$G_k = -\Theta_k^{-1}\Psi_k^T,$$

y

$$K_k = \Phi_k - \Psi_k \Theta_k^{-1}\Psi_k^T, \text{ para } k = 0, 1, \ldots, N-1, \text{ con } K_N = W_N,$$

siendo,

$$\Phi_k = W_k + A_k^T K_{k+1} A_k,$$
$$\Theta_k = \Lambda_k + B_k^T K_{k+1} B_k,$$
$$\Psi_k = A_k^T K_{k+1} B_k.$$

Además, la evolución del sistema controlado, viene dada por:

$$x^*(k+1) = [A_k + B_k G_k]\, x^*(k) + v(k), \text{ para } k = 0, 1, \ldots, N-1. \tag{A.2}$$

DEMOSTRACIÓN. Utilizamos el método de inducción sobre k.

Vamos resolviendo el problema dado, hacia atrás en el tiempo, procediendo como en los ejemplos del apartado anterior.

- Final: sea $x(N)$ dado.
  Entonces, la aportación al funcional objetivo, por el hecho de que el sistema finalice en dicho estado, es:

$$J_N^* \{x(N)\} = E\left\{\frac{1}{2}x(N)^T W_N x(N)\right\} = \frac{1}{2}x(N)^T W_N x(N)$$
$$= \frac{1}{2}x(N)^T K_N x(N), \tag{A.3}$$

  en donde se ha definido la matriz $K_N = W_N$, que será útil en próximos pasos a seguir.
- Período N: sea $x(N-1)$ dado.
  La ecuación de Bellman para este período es:

$$J_{N-1}^* \{x(N-1)\} = \max_{u(N-1)} E\left\{\frac{1}{2}x(N-1)^T W_{N-1} x(N-1) + \frac{1}{2}u(N-1)^T \Lambda_{N-1} u(N-1) + J_N^* \{x(N)\}\right\},$$

  en donde:

$$x(N) = A_{N-1}x(N-1) + B_{N-1}u(N-1) + v(N-1).$$

  Teniendo en cuenta (A.3), se obtiene que la expresión anterior es igual a:

$$J_{N-1}^* \{x(N-1)\} = \max_{u(N-1)} E\left\{\frac{1}{2}x(N-1)^T W_{N-1} x(N-1) + \frac{1}{2}u(N-1)^T \Lambda_{N-1} u(N-1) + \frac{1}{2}x(N)^T K_N x(N)\right\},$$

  siendo

$$x(N) = A_{N-1}x(N-1) + B_{N-1}u(N-1) + v(N-1).$$

  Por tanto,

$$\begin{aligned}
J_{N-1}^* \{x(N-1)\} = \max_{u(N-1)} E\Bigg\{ & \frac{1}{2}x(N-1)^T \left[W_{N-1} + A_{N-1}^T K_N A_{N-1}\right] x(N-1) \\
& + \frac{1}{2}u(N-1)^T \left[\Lambda_{N-1} + B_{N-1}^T K_N B_{N-1}\right] u(N-1) \\
& + x(N-1)^T A_{N-1}^T K_N B_{N-1} u(N-1) \\
& + \frac{1}{2}x(N-1)^T A_{N-1}^T K_N v(N-1) \\
& + \frac{1}{2}u(N-1)^T B_{N-1}^T K_N v(N-1) \\
& + \frac{1}{2}v(N-1)^T K_N A_{N-1} x(N-1) \\
& + \frac{1}{2}v(N-1)^T K_N B_{N-1} u(N-1) + \frac{1}{2}v(N-1)^T K_N v(N-1)\Bigg\} \\
= \max_{u(N-1)} \Bigg\{ & \frac{1}{2}x(N-1)^T \Phi_{N-1} x(N-1) + \frac{1}{2}u(N-1)^T \Theta_{N-1} u(N-1) \\
& + x(N-1)^T \Psi_{N-1} u(N-1) \\
& + \frac{1}{2}E\left\{v(N-1)^T K_N v(N-1)\right\}\Bigg\},
\end{aligned}$$

en donde:

$$\begin{aligned}\Phi_{N-1} &= W_{N-1} + A_{N-1}^T K_N A_{N-1},\\ \Theta_{N-1} &= \Lambda_{N-1} + B_{N-1}^T K_N B_{N-1},\\ \Psi_{N-1} &= A_{N-1}^T K_N B_{N-1}.\end{aligned}$$

Imponiendo la condición necesaria de mínimo (gradiente igual a cero), se obtiene que:

$$u(N-1)^T \Theta_{N-1} + x(N-1)^T \Psi_{N-1} = 0,$$

por ser Θ_{N-1} matriz simétrica, se verifica que:

$$\Theta_{N-1} u(N-1) + \Psi_{N-1}^T x(N-1) = 0,$$

de donde se obtiene que:

$$u(N-1) = -\Theta_{N-1}^{-1} \Psi_{N-1}^T x(N-1).$$

Obsérvese que la matriz Θ_{N-1} posee inversa, ya que por hipótesis, Λ_{N-1} es definida negativa y $K_N = W_N$ es semidefinida negativa, por lo que Θ_{N-1} es definida negativa y por consiguiente no singular y posee matriz inversa. La condición es también suficiente de optimalidad global, por ser cóncava la función objetivo.

Podemos poner:

$$u^*(N-1) = G_{N-1} x(N-1),$$

en donde:

$$G_{N-1} = -\Theta_{N-1}^{-1} \Psi_{N-1}^T = -\left[\Lambda_{N-1} + B_{N-1}^T K_N B_{N-1}\right]^{-1} B_{N-1}^T K_N A_{N-1}.$$

Entonces,

$$\begin{aligned}J_{N-1}^* \{x(N-1)\} = &\frac{1}{2} x(N-1)^T \Phi_{N-1} x(N-1)\\ &+ \frac{1}{2} x(N-1)^T G_{N-1}^T \Theta_{N-1} G_{N-1} x(N-1)\\ &+ x(N-1)^T \Psi_{N-1} G_{N-1} x(N-1)\\ &+ \frac{1}{2} E\left\{v(N-1)^T K_N v(N-1)\right\},\end{aligned}$$

Se puede poner:

$$J_{N-1}^* \{x(N-1)\} = \frac{1}{2} x(N-1)^T K_{N-1} x(N-1) + \frac{1}{2} E\left\{v(N-1)^T K_N v(N-1)\right\},$$

en donde:

$$\begin{aligned}K_{N-1} &= \Phi_{N-1} + G_{N-1}^T \Theta_{N-1} G_{N-1} + 2\Psi_{N-1} G_{N-1}\\ &= \Phi_{N-1} - \Psi_{N-1} \Theta_{N-1}^{-1} \Psi_{N-1}^T.\end{aligned}$$

- Hipótesis de inducción: período $k+1$. Sea $x(k)$ dado. Supongamos que la proposición es cierta para k (según la hipótesis de inducción). Ahora hay que demostrar que también se cumple para $k-1$ (que corresponde al perído k).
  Período k: sea $x(k-1)$ dado.
  La ecuación de Bellman para este período es:

$$J_{k-1}^{*}\{x(k-1)\} = \max_{u(k-1)} \left\{ \frac{1}{2}x(k-1)^T W_{k-1}x(k-1) + \frac{1}{2}u(k-1)^T \Lambda_{k-1}u(k-1) + J_k^{*}\{x(k)\} \right\},$$

en donde

$$x(k) = A_{k-1}x(k-1) + B_{k-1}u(k-1) + v(k-1).$$

Teniendo en cuenta la expresión para J_k^{*} de la hipótesis de inducción, se obtiene que la expresión anterior es igual a:

$$J_{k-1}^{*}\{x(k-1)\} = \max_{u(k-1)} E\left\{ \frac{1}{2}x(k-1)^T W_{k-1}x(k-1) + \frac{1}{2}u(k-1)^T \Lambda_{k-1}u(k-1) + \frac{1}{2}x(k)^T K_k x(k) + \frac{1}{2}\sum_{i=k}^{N-1}\left[v(i)^T K_{i+1}v(i)\right] \right\},$$

siendo

$$x(k) = A_{k-1}x(k-1) + B_{k-1}u(k-1) + v(k-1).$$

Por tanto,

$$\begin{aligned} J_{k-1}^{*}\{x(k-1)\} &= \\ &= \max_{u(k-1)} E\left\{ \frac{1}{2}x(k-1)^T \left[W_{k-1} + A_{k-1}^T K_k A_{k-1}\right] x(k-1) \right. \\ &\quad + \frac{1}{2}u(k-1)^T \left[\Lambda_{k-1} + B_{k-1}^T K_k B_{k-1}\right] u(k-1) \\ &\quad + x(k-1)^T A_{k-1}^T K_k B_{k-1} u(k-1) + \frac{1}{2}x(k-1)^T A_{k-1}^T K_k v(k-1) \\ &\quad + \frac{1}{2}u(k-1)^T B_{k-1}^T K_k v(k-1) + \frac{1}{2}v(k-1)^T K_k A_{N-1} x(k-1) \\ &\quad + \frac{1}{2}v(k-1)^T K_k B_{k-1} u(k-1) + \frac{1}{2}v(k-1)^T K_k v(k-1) \\ &\quad \left. + \frac{1}{2}\sum_{i=k}^{N-1}\left[v(i)^T K_{i+1} v(i)\right] \right\} \\ &= \max_{u(k-1)} \left\{ \frac{1}{2}x(k-1)^T \Phi_{k-1} x(k-1) + \frac{1}{2}u(k-1)^T \Theta_{k-1} u(k-1) \right. \\ &\quad \left. + x(k-1)^T \Psi_{k-1} u(k-1) + \frac{1}{2}\sum_{i=k-1}^{N-1} E\left\{v(i)^T K_{i+1} v(i)\right\} \right\}, \end{aligned}$$

en donde:

$$\Phi_{k-1} = W_{k-1} + A_{k-1}^T K_k A_{k-1},$$
$$\Theta_{k-1} = \Lambda_{k-1} + B_{k-1}^T K_k B_{k-1},$$
$$\Psi_{k-1} = A_{k-1}^T K_k B_{k-1}.$$

Imponiendo la condición necesaria de mínimo (gradiente igual a cero), se obtiene que:

$$u(k-1)^T \Theta_{k-1} + x(k-1)^T \Psi_{k-1} = 0,$$

por ser Θ_{k-1} matriz simétrica, se verifica que:

$$\Theta_{k-1} u(k-1) + \Psi_{k-1}^T x(k-1) = 0,$$

de donde se obtiene que:

$$u(k-1) = -\Theta_{k-1}^{-1} \Psi_{k-1}^T x(k-1).$$

Obsérvese que la matriz Θ_{k-1} posee inversa, ya que por hipótesis, Λ_{k-1} es definida negativa y K_{k+1} es semidefinida negativa, por lo que Θ_{k-1} es definida negativa y por consiguiente no singular y posee matriz inversa. La condición es también suficiente de optimalidad global, por ser cóncava la función objetivo.
Podemos poner:

$$u^*(k-1) = G_{k-1} x(k-1),$$

en donde:

$$G_{k-1} = -\Theta_{k-1}^{-1} \Psi_{k-1}^T = -\left[\Lambda_{k-1} + B_{k-1}^T K_k B_{k-1}\right]^{-1} B_{k-1}^T K_k A_{k-1}.$$

Entonces,

$$\begin{aligned} J_{k-1}^* \{x(k-1)\} &= \frac{1}{2} x(k-1)^T \Phi_{k-1} x(k-1) \\ &+ \frac{1}{2} x(k-1)^T G_{k-1}^T \Theta_{k-1} G_{k-1} x(k-1) \\ &+ x(k-1)^T \Psi_{k-1} G_{k-1} x(k-1) + \frac{1}{2} \sum_{i=k-1}^{N-1} E\left\{v(i)^T K_{i+1} v(i)\right\}. \end{aligned}$$

Se puede poner:

$$J_{k-1}^* \{x(k-1)\} = \frac{1}{2} x(k-1)^T K_{k-1} x(k-1) + \frac{1}{2} \sum_{i=k-1}^{N-1} E\left\{v(i)^T K_{i+1} v(i)\right\},$$

en donde:

$$\begin{aligned} K_{k-1} &= \Phi_{k-1} + G_{k-1}^T \Theta_{k-1} G_{k-1} + 2\Psi_{k-1} G_{k-1} \\ &= \Phi_{k-1} - \Psi_{k-1} \Theta_{k-1}^{-1} \Psi_{k-1}^T. \end{aligned}$$

El sistema controlado es lineal. Ello se comprueba inmediatamente sin más que sustituir en la ecuación de estado el control óptimo obtenido.

■

A.5 PRINCIPIO DE EQUIVALENCIA CIERTA

El control óptimo del problema estocástico estudiado en la sección anterior coincide exactamente con el control óptimo del problema determinístico que se obtiene al sustituir en la ecuación de estado los elementos aleatorios que aparecen por su valor esperado, es decir, en este caso, al eliminar el sumando correspondiente al vector aleatorio en la ecuación de estado (ya que el valor esperado es cero) y el operador esperanza matemática en el funcional objetivo. Ello se comprueba inmediatamente a la vista de las Proposiciones 6.2 y A.2. Por cumplir esta propiedad se dice que el problema de control estocástico lineal-cuadrático con perturbaciones aleatorias de tipo aditivo verifica el principio de equivalencia cierta.

En un problema de control estocástico para el que se cumpla el principio de equivalencia cierta, se pueden sustituir las variables aleatorias que aparecen en la formulación del problema por sus esperanzas matemáticas, obteniendo de esta forma un problema de control determinístico, cuya solución óptima coincide con la del problema estocástico original. Por tanto, en tales casos se obtiene la solución óptima de un problema de control estocástico resolviendo un problema de control determinístico.

Lamentablemente, el principio de equivalencia cierta sólo se cumple en ciertos tipos de problemas, como los estudiados en la sección anterior. Si, por ejemplo, en el problema formulado en la sección anterior se supone que A_k o B_k son matrices aleatorias, con distribución de probabilidad dada, ya no se cumple el principio de equivalencia cierta.

El problema que se resuelve en el Ejemplo A.4 cumple el principio de equivalencia cierta. El lector puede comprobar que la solución óptima obtenida en el Ejemplo A.4 coincide con la del siguiente problema de control óptimo determinístico:

$$\begin{aligned} \min_{\{u(k)\}_{k=0}^{2}} \; & \sum_{k=0}^{2} \left[x(k)^2 + u(k)^2 \right] + 2x(3), \\ \text{sujeto a} : \; & x(k+1) = x(k) + u(k), \; \text{para } k = 0, 1, 2, \\ \text{con} : \; & x(0) = 1, \end{aligned}$$

En el siguiente ejemplo se resuelve un problema de control estocástico lineal-cuadrático, con perturbaciones aleatorias de tipo multiplicativo, para el que no se verifica el principio de equivalencia cierta.

Ejemplo A.5 Se considera el siguiente problema de control estocástico:

$$\begin{aligned} \min_{u(0),u(1)} \; & J = E\left\{ [x(0)-2]^2 + [x(1)-3]^2 + [x(2)-3]^2 + u(0)^2 + [u(1)-1]^2 \right\}, \\ \text{sujeto a} : \; & x(1) = ax(0) + 2u(0) + 1, \\ & x(2) = x(1) + bu(1) - 2, \\ \text{con} : \; & x(0) = 1, \end{aligned}$$

en donde x es la variable de estado, u es la variable de control, a es una variable aleatoria normal de media 1 y varianza 1 que se realiza al final del primer período, b es una variable aleatoria normal de media 3 y varianza 4 que se realiza al final del período 2, siendo a y b independientes.

Se pide: a) Resolver el problema. b) Comprobar que este problema no cumple el principio de equivalencia cierta.

SOLUCIÓN. En la Figura A.4 aparece el esquema habitual correspondiente a este problema.

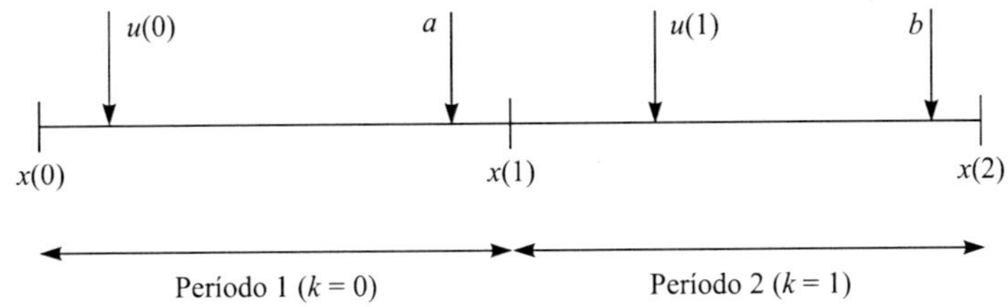

Figura A.4 Períodos y variables en el Ejemplo A.5

a) Resolvemos por programación dinámica.

- Final: sea $x(2)$ dado. Entonces,

$$J_2^* \{x(2)\} = [x(2) - 3]^2 .$$

- Segundo período: sea $x(1)$ dado.
  La ecuación de Bellman correspondiente al período es:

$$J_1^* \{x(1)\} = \min_{u(1)} E \left\{[x(1) - 3]^2 + [u(1) - 1]^2 + J_2^* \{x(2)\}\right\},$$

en donde

$$x(2) = x(1) + bu(1) - 2.$$

Por tanto,

$$J_1^* \{x(1)\} =$$
$$= \min_{u(1)} E \left\{[x(1) - 3]^2 + [u(1) - 1]^2 + [x(1) + bu(1) - 5]^2\right\}.$$

Efectuando operaciones y teniendo en cuenta que

$$E \{b\} = 3, \; E \left\{b^2\right\} = var(b) + [E \{b\}]^2 = 13,$$

se llega a que:

$$J_1^* \{x(1)\} = \min_{u(1)} \left[2x(1)^2 - 16x(1) + 35 + 14u(1)^2 - 32u(1) + 6x(1)u(1)\right].$$

Aplicando las condiciones de optimalidad se obtiene:

$$u^*(1) = \frac{16 - 3x(1)}{14},$$

y

$$J_1^* \{x(1)\} = \frac{19}{14}x(1)^2 - \frac{64}{7}x(1) + \frac{117}{7}.$$

- Primer período: sea $x(0) = 1$ dado.
  La ecuación de Bellman para este período es:

$$J_0^*\{1\} = \min_{u(0)} E\left\{1 + u(0)^2 + J_1^*\{x(1)\}\right\},$$

en donde

$$x(1) = a + 2u(0) + 1.$$

Por tanto,

$$J_0^*\{1\} = \min_{u(0)} E\left\{1 + u(0)^2 + \frac{19}{14}[a + 2u(0) + 1]^2 - \frac{64}{7}[a + 2u(0) + 1] + \frac{117}{7}\right\}.$$

Efectuando operaciones y teniendo en cuenta que

$$E\{a\} = 1, \ E\left\{a^2\right\} = var(a) + [E\{a\}]^2 = 2,$$

se llega a que:

$$J_0^*\{1\} = \min_{u(0)} \left[\frac{45}{7}u(0)^2 - \frac{52}{7}u(0) + \frac{87}{14}\right].$$

Aplicando las condiciones de optimalidad, se obtiene:

$$u^*(0) = \frac{26}{45},$$

y

$$J_0^*\{1\} = \frac{2563}{630}.$$

Haciendo ahora un recorrido de principio a final se tiene que:

$$x^*(0) = 1, \ u^*(0) = \frac{26}{45},$$

por lo que

$$x^*(1) = a + \frac{97}{45},$$

y el valor que tome finalmente no se conocerá hasta el final del período 1, cuando se realice la variable aleatoria a.

$$u^*(1) = \frac{16 - 3x^*(1)}{14},$$

$$x^*(2) = a - \frac{3}{14}ab + \frac{143}{210}b + \frac{7}{45},$$

y el valor que tome finalmente no se conocerá hasta el final del período 2, cuando se haya realizado la variable aleatoria b.

Por otra parte,

$$J^* = J_0^*\{x(0)\} = \frac{2563}{630}.$$

b) En el problema dado, sustituímos las variables aleatorias a y b por sus respectivas esperanzas matemáticas, que son 1 y 3, y quitamos el operador esperanza matemática en el funcional objetivo, obteniendo el siguiente problema de control óptimo determinístico:

$$\begin{aligned} \min_{u(0),u(1)} \; J = & \left\{[x(0)-2]^2+[x(1)-3]^2+[x(2)-3]^2+u(0)^2+[u(1)-1]^2\right\}, \\ \text{sujeto a } : \; & x(1) = x(0)+2u(0)+1, \\ & x(2) = x(1)+3u(1)-2, \\ \text{con } : \; & x(0) = 1. \end{aligned}$$

Resolvemos el problema por programación dinámica.

- Final: sea $x(2)$ dado. Entonces,

$$J_2^*\{x(2)\} = [x(2)-3]^2 .$$

- Segundo período. Sea $x(1)$ dado.
  La ecuación de Bellman correspondiente a este período es:

$$J_1^*\{x(1)\} = \min_{u(1)} \left\{[x(1)-3]^2+[u(1)-1]^2+J_2^*\{x(1)+3u(1)-2\}\right\}.$$

  Se resuelve dicha ecuación de Bellman, obteniéndose la siguiente solución:

$$u^*(1) = \frac{16-3x_1}{10},$$

$$J_1^*\{x(1)\} = \frac{11}{10}x(1)^2 - \frac{32}{5}x(1) + \frac{94}{10}.$$

- Primer período: sea $x(0)=1$, dado.
  La ecuación de Bellman correspondiente a este período es:

$$J_0^*\{1\} = \min_{u(0)} \left\{1+u(0)^2+J_1^*\{2+2u(0)\}\right\}.$$

  Se resuelve dicha ecuación de Bellman, obteniéndose la siguiente solución:

$$u^*(0) = \frac{10}{27},$$

$$J_0^*\{1\} = \frac{34}{27}.$$

Comparando los controles óptimos obtenidos para el problema determinístico definido en este apartado y para el problema estocástico resuelto en a), se observa que son diferentes, por lo que no se cumple el principio de equivalencia cierta.

■

A.6 CONTROLES EN BUCLE CERRADO Y EN BUCLE ABIERTO

Se llama control en bucle cerrado a aquel que se expresa en función del estado del sistema:

$$u^*(k) = \mu_k^*[x(k)], \text{ para } k = 0, 1, \ldots, N-1.$$

Se llama control en bucle abierto a aquel que se expresa por los valores numéricos que toma en cada período:

$$u^*(k) = r_k, \text{ para } k = 0, 1, \ldots, N-1,$$

siendo r_k un vector numérico.

En los ejemplos A.3, A.4 y A.5 se ha obtenido el control como una función del estado del sistema en el momento de aplicar ese control, es decir, se ha obtenido un control en bucle cerrado. En problemas de control estocástico, como norma general no se conocerá el estado del sistema $x(k)$ hasta que llegue el período k, debido al efecto de las perturbaciones aleatorias que influyen en el sistema, y que no serán conocidas exactamente hasta que llegue el momento en que se produzcan. Por ello, en general, al resolver el problema de control estocástico se obtendrá el control óptimo como un control en bucle cerrado y no se podrá concretar el valor numérico que tomará dicho control hasta que llegue dicho período, con el conocimiento del valor que tome la variable $x(k)$. Hay una clase de problemas de control estocástico, llamados semilineales, que constituyen una excepción a ese criterio general.

En los problemas de control óptimo determinístico, aunque en primera instancia se obtenga el control óptimo en bucle cerrado, se puede llevar ese resultado a la ecuación de evolución del sistema, partir de la condición inicial y obtener el control en bucle abierto. (En algunos problemas de control determinístico jerarquizado, que no se estudian en este libro, éso no será posible).

Por tanto, como norma general, el control óptimo de un problema determinístico se puede expresar en bucle abierto. En cambio, en el caso estocástico sólo se puede expresar en bucle cerrado y no en bucle abierto. Ésa es una diferencia importante entre los casos determinístico y estocástico.

A.7 EJERCICIOS PROPUESTOS

Ejercicio A.1 Se considera el problema de control de inventario del Ejemplo A.1. En este caso se supone que el stock y la demanda son variables enteras no negativas. Se supone también que se pierde el exceso de demanda $v(k) - x(k) - u(k)$, por lo que la ecuación del sistema será:

$$x(k+1) = \max(0, x(k) + u(k) - v(k)).$$

Sean $B = 2$, $N = 3$, $c = 2$, $h = 1$, $p = 3$, $x(0) = 0$. La demanda $v(k)$ tiene la misma distribución de probabilidad para todos los períodos y viene dada por:

$$\Pr(v(k) = 0) = 0,2; \;\; \Pr(v(k) = 1) = 0,5; \;\; \Pr(v(k) = 2) = 0,3.$$

Calcular el stock que hay que pedir al comienzo de cada período para minimizar el coste.

Ejercicio A.2 En el problema general enunciado en este Apéndice, se considera ahora el caso en el que el funcional objetivo es de la forma:

$$\max\ E\left\{\sum_{k=0}^{N-1} \beta^k F[x(k), u(k), v(k), k] + \beta^N S[x(N)]\right\},$$

en donde β es el factor de descuento, con $0 < \beta < 1$.

Demostrar que en ese caso, una forma alternativa del algoritmo de programación dinámica viene dada por:

$$V_N^* \{x(N)\} = S[x(N)],$$

y

$$V_k^* \{x(k)\} = \max_{u(k) \in \Omega_k[x(k)]} E\left\{F[x(k), u(k), v(k), k] + \beta V_{k+1}^* \{f[x(k), u(k), v(k), k]\}\right\},$$

para $k = N - 1, \ldots, 1, 0$.

Ejercicio A.3 Resolver el siguiente problema:

$$\min_{\{u(k)\}_{k=0}^{3}} E\left\{\sum_{k=0}^{3}\left[(x(k)-1)^2 + u(k)^2\right]\right\},$$

$$\text{sujeto a}: x(k+1) = x(k) + 2u(k) + v(k), \text{ para } k = 0, 1, 2, 3,$$

$$\text{con}: x(0) = 0,$$

siendo, para cada k, $v(k)$ variable aleatoria normal de media cero y varianza uno, y siendo $v(0)$, $v(1)$, $v(2)$ y $v(3)$ independientes.

Ejercicio A.4 Un agricultor que produce anualmente $x(k)$ unidades de cierta cosecha, almacena $[1 - u(k)]x(k)$ unidades de su producción, en donde $0 \leq u(k) \leq 1$, e invierte las restantes $u(k)x(k)$ unidades y así incrementa la producción al año siguiente al nivel $x(k+1)$ dado por:

$$x(k+1) = x(k) + v(k)u(k)x(k), \text{ para } k = 0, 1, \ldots, N-1.$$

Los escalares $v(k)$ son variables aleatorias independientes con idénticas distribuciones de probabilidad, que no dependen de $x(k)$ o $u(k)$. Además:

$$E\{v(k)\} = \bar{v} > 0.$$

El problema consiste en encontrar la política de inversión óptima que maximiza el total del producto almacenado esperado sobre N años, que es:

$$E\left\{\sum_{k=0}^{N-1}[1 - u(k)]x(k) + x(N)\right\}.$$

Ejercicio A.5 Una persona tiene 6000 euros para invertir. Supongamos que puede invertir dicha cantidad en dos inversiones I_1 o I_2 al comienzo de cada uno de los tres próximos años. Ambas inversiones tienen rendimientos inciertos. Para la inversión I_1 obtendrá una cantidad de 12000 euros (es decir, un beneficio de 6000 euros) con probabilidad 0,2 y una cantidad de 6000 euros con probabilidad 0,8. Para la inversión I_2 obtendrá la cantidad de 0 euros (perderá lo que ha invertido) con probabilidad 0,3 y obtendrá 10000 euros con probabilidad 0,7. La persona puede hacer sólo una inversión al año, como máximo, y cada vez sólo puede invertir la cantidad de 6000 euros. Utilizar programación dinámica para calcular la política de inversiones que maximice la cantidad esperada de dinero que tendrá al final del tercer año.

Ejercicio A.6 El siguiente sistema lineal formulado en tiempo discreto

$$x_1(k+1) = x_1(k) + x_2(k) + v_1(k),$$
$$x_2(k+1) = x_2(k) + u(k) + v_2(k),$$

tiene que ser controlado para minimizar

$$J = E\left\{\sum_{k=0}^{2}\left[4x_1^2(k) + u^2(k)\right]\right\},$$

en donde para cada $k = 0, 1, 2$ y para cada $i = 1, 2$, $v_i(k)$ es una variable aleatoria normal de media cero y varianza uno, siendo dichas variables incorreladas en el tiempo.

Obtener la secuencia óptima de control $\{u(0), u(1), u(2)\}$, si el estado inicial es $x_1(0) = 1$, $x_2(0) = 0$.

Ejercicio A.7 En el problema enunciado en la Sección 2 de este Apéndice, se considera ahora el caso en el que el funcional objetivo es de la forma:

$$E\left\{\exp\left[\sum_{k=0}^{N-1} F\left[x(k), u(k), v(k), k\right] + S\left[x(N)\right]\right]\right\}.$$

Se pide:

a) Demostrar que el coste óptimo y una política óptima, se pueden obtener a partir del siguiente algoritmo de programación dinámica:

$$J_N^*\left\{x(N)\right\} = \exp\left\{S\left[x(N)\right]\right\},$$

y

$$J_k^*\left\{x(k)\right\} = \max_{u(k)\in\Omega_k[x(k)]} E\left\{J_{k+1}^*\left\{f\left[x(k), u(k), v(k), k\right]\right\}\exp F\left[x(k), u(k), v(k), k\right]\right\}.$$

b) Se definen las funciones

$$L_k^*\left\{x(k)\right\} = \ln J_k^*\left\{x(k)\right\}.$$

Supongamos también que F es función de $x(k), u(k), k$, pero no de $v(k)$. Demostrar que el algoritmo de programación dinámica del apartado anterior se puede también escribir:

$$L_N^*\left\{x(N)\right\} = S\left[x(N)\right],$$

y

$$L_k^*\left\{x(k)\right\} = \max_{u(k)\in\Omega_k[x(k)]}\left[F\left[x(k), u(k), k\right] + \ln E\left\{\exp L_{k+1}^*\left[f\left[x(k), u(k), v(k), k\right]\right]\right\}\right].$$

Bibliografía

Alvarez, F., Amman, H. (1999). "Learning by Doing under Uncertainty". *Computational Economics*, 14, pp. 255-262.

Alvarez, F., Cerdá, E. (1999). "A Solution Method for a Class of Learning by Doing Models with Multiplicative Uncertainty". *Top*, vol. 7, nº 1, pp. 1-23.

Alvarez, F., Cerdá, E. (2001). "When does Learning by Doing generate current losses? *Spanish Economic Review*, 3, pp. 55-69.

Alvarez, F., Cerdá, E. (2003). "Learning by doing in a T-period production planning. Analytical solution". *European Journal of Operational Research*, 150, pp. 353-369.

André, F.J., Cerdá, E. (2001). "Optimal Sequence of Landfills in Solid Waste Management". *Optimal Control Applications and Methods*, 22, 5/6, pp. 205-229.

André, F.J., Cerdá, E. (2004). "Landfill Construction and Capacity Expansion". *Environmental and Resource Economics,* 28, pp. 409-434.

André, F.J., Cerdá, E. (2006). "On the dynamics of recycling and natural resources". *Environmental and Resource Economics,* 33, pp. 199-221.

André, F.J., Cerdá, E. (2006). "On Natural Resource Substitution". *Resources Policy,* 30, pp. 233-246.

André, F.J., Cerdá, E. (2011). "A unified view of production, recycling and natural resource conservation. The production and recycling function". *International Journal of Ecological Economics and Statistics,* 23, N. F11, pp. 56-83.

Amman, H., Kendrick, D., Rust, J. (eds) (1996). *Handbook of Computational Economics*. Vol 1. Elsevier, Amsterdam.

Antón, J., Cerdá, E., Huergo, E. (1998). "Sensitivity Analysis in a Class of Dynamic Optimization Models". *Top*, vol. 6, nº 1, pp. 97-121.

Arkin, V.I., Evstigneev, I.V. (1987). *Stochastic Models of Control and Economic Dynamics*. Academic Press, Orlando, Florida.

Arrow, K.J., Kurz, M. (1970). *Public Investment, the Rate of Return, and Optimal Fiscal Policy*. John Hopkins University Press, Baltimore.

Aström, K.J. (1970). *Introduction to Stochastic Control Theory*. Academic Press, London.

Barbolla, R., Cerdá, E., Sanz, P. (2011). *Optimización. Programación Matemática y Aplicaciones a la Economía*. Garceta Grupo Editorial, Madrid.

Bellman, R. (1957). *Dynamic Programming*. Princeton University Press, Princeton.

Bellman, R., Dreyfus, S. (1962). *Applied Dynamic Programming*. Princeton University Press, Princeton.

Benveniste, L.M., Scheinkman, J.A. (1979). "On the Differentiability of the Value Function in Dynamic Models of Economics". *Econometrica*, 47, pp. 727-732.

Benveniste, L.M., Scheinkman, J.A. (1982). "Duality Theory for Dynamic Optimization Models of Economics: The Continuous Time Case". *Journal of Economic Theory*, pp. 1-19.

Berkovitz, L.D. (1974). *Optimal Control Theory*. Springer-Verlag, New York.

Bertsekas, D.P. (1987). *Dynamic Programming. Deterministic and Stochastic Models*. Prentice Hall, Englewood Cliffs, New Jersey.

Bertsekas, D.P. (1995). *Dynamic Programming and Optimal Control*. Vols. I and II. Athena Scientific, Belmont, MA.

Bertsekas, D.P., Tsitsiklis, J.N. (1996). *Neuro-Dynamic Programming*. Athena Scientific, Belmont, MA.

Bryson, A.E. (1999). *Dynamic Optimization*. Addison Wesley Longman, California.

Burghes, D., Graham, A. (1980). *Introduction to Control Theory including Optimal Control*. Ellis Horwood, Chichester.

Caballero, R., Calderón, S., Gómez, T., Ruiz, F. (1992). *Estabilidad en Análisis Dinámico y Control Óptimo con Aplicaciones a la Economía*. Ediciones Edinford S.A., Málaga.

Caballero, R., Gómez, T., González, M., Miguel, F., Muñoz, M.M., Rey, L., Ruiz, F. (1998). *Análisis Dinámico para Economistas*. Universidad de Málaga / Manuales.

Caparrós, A., Cerdá, E., Ovando, P., Campos, P. (2010). "Carbon sequestration with reforestations and biodiversity-scenic values". *Environmental and Resource Economics, 45, 1, pp. 49-72.*

Caputo, M. (1990). "Comparative Dynamics via Envelope Methods in Variational Calculus". *Review of Economic Studies*, 57, pp. 689-697.

Caputo, M. (1990). "How to do Comparative Dynamics on the Back of an Envelope in Optimal Control Theory". *Journal of Economic Dynamics and Control*, 14, pp. 655-683.

Caputo, M. (2005). *Foundations of Dynamic Economic Analysis. Optimal Control Theory and Applications.* Cambridge University Press, Cambridge, United Kingdom.

Carlson, D.A., Haurie, A.B., Leizarowitz, A. (1991). *Infinite Horizon Optimal Control. Deterministic and Stochastic Systems.* Second Edition. Springer-Verlag, Berlin Heidelberg.

Carraro, C., Sartore, D. (1987). *Developments of Control Theory for Economic Analysis.* Kluwer Academic Publishers, Dordrecht.

Cass, D. (1965). "Optimum Growth in an Aggregate Model of Capital Accumulation". *Review of Economic Studies*. pp. 233-240.

Cerdá, E. (1989). *Control Estocástico de Modelos con Expectativas Racionales.* Editorial de la Universidad Complutense, Madrid.

Cerdá, E. (1990). "Control Óptimo de Sistemas Lineales con Expectativas Racionales". *Investigaciones Económicas* (2ª época), vol.XIV, nº 1, pp. 85-111.

Cerdá, E. (1992). "Control Estocástico", en Caballero, R. (ed). *Seminario de Optimización Estática y Dinámica en Economía.* Ediciones Edinford SA, Málaga, pp. 378-429.

Cerdá, E. (1992). "Control of Linear Systems with Rational Expectations. The Case of Incomplete Information". *Trabajos de Investigación Operativa*, vol. 7, nº 1, pp. 51-61.

Cerdá, E. (1992). "Generalizaciones del Filtro de Kalman a Modelos con Expectativas Racionales". *Revista Española de Economía*, vol.9, nº 1, pp. 129-148.

Cerdá, E. (2004). "Bellman´s Principle of Optimality and Equations" and "Euler´s Theorem and Equations". En Segura and Rodríguez (eds.). *An Eponymous Dictionary of Economics,* Edward Elgar, Cheltenham, United Kingdom.

Cerdá, E. (2008). "Economía de los recursos naturales no renovables". *Matematicalia,* Vol. 4, Núm. 3.

Cesari, L. (1983). *Optimization. Theory and Applications.* Springer-Verlag, New York.

Clark, C.W. (1990). *Mathematical Bioeconomics. The Optimal Management of Renewable Resources.* Second edition. Wiley-Interscience, New York.

Conrad, J.M. (1994). "Programación Dinámica y Gestión de los Recursos Naturales", en Azqueta, D. y Ferreiro, A. (eds). *Análisis Económico y Gestión de Recursos Naturales.* Alianza Editorial, Madrid.

Conrad, J.M. (1999). *Resource Economics.* Cambridge University Press, New York.

Conrad, J.M., Clark, C.W. (1987). *Natural Resource Economics. Notes and Problems.* Cambridge University Press, New York.

Chiang, A. (1992). *Elements of Dynamic Optimization.* McGraw-Hill.

Chow, G. (1975). *Analysis and Control of Dynamic Economic Systems.* John Wiley and Sons, New York.

Chow, G. (1981). *Econometric Analysis by Control Methods.* John Wiley and sons, New York.

Chow, G. (1992). "Dynamic Optimization without Dynamic Programming". *Economic Modelling*, 9, pp. 3-9.

Chow, G. (1997). *Dynamic Economics. Optimization by the Lagrange Method.* Oxford University Press, New York.

Chui, C.K., Chen, G. (1988). *Linear Systems and Optimal Control.* Springer-Verlag, Berlin.

Dasgupta, P., Stiglitz, J. (1988). "Learning by Doing , Market Structure and Industrial and Trade Policies". *Oxford Econ. Papers*, 40, pp. 246-268.

Davis, M.H.A., Vinter, R.B. (1985). *Stochastic Modelling and Control.* Chapman and Hall.

Deissenberg, C., Hartl, R. (2005). *Optimal Control and Dynamic Games: Applications in Finance, Management Science and Economics.* Advances in Computational Management Science. Spriger, Dordrecht, The Netherlands.

Diwekar, U. (2008). *Introduction to Applied Optimization.* Second Edition. Springer Optimization and its Aplications, 22. Springer, New York.

Dixit, A.K. (1990). *Optimization in Economic Theory.* Second edition. Oxford University Press, New York.

Dixit, A,K., Pindyck (1994). *Investment Under Uncertainty.* Princeton University Press, Princeton.

Dockner, E., Jorgensen, S., Van Long, N., Sorger, G. (2000). *Differential Games in Economics and Management Science.* Cambridge University Press, Cambridge, United Kingdom.

Dorfman, R. (1969). "An Economic Interpretation of Optimal Control Theory". *American Economic Review*, 59, pp. 817-831.

Duffie, D. (1992). *Dynamic Asset Pricing Theory.* Princeton University Press, Princeton.

Easley, D., Kleinberg, J. (2010). *Networks, Crowds and Markets: Reasoning About a Highly Connected World.* Cambridge University Press, New York.

Elsgoltz, L. (1977). *Ecuaciones Diferenciales y Cálculo Variacional.* Mir-Moscú.

Engwerda, J.C. (2005). *LQ Dynamic Optimization and Differential Games.* Wiley, Chichester, England.

Fleming, W.H., Rishel, R.W. (1975). *Deterministic and Stochastic Optimal Control.* Springer-Verlag, New York.

Friesz, T.L. (2010). *Dynamic Optimization and Differential Games.* International Series in Operations Research and Management Science. Springer, New York.

Fryer, M.J., Greenman, J.V. (1987). *Optimisation Theory. Applications in OR and Economics.* Edward Arnold, London.

Gass, S., Harris, C. (eds) (1996). *Encyclopedia of Operations Research and Management Science.* Kluwer Academic Publishers, Dordrecht.

Gopal, M. (1984). *Modern Control System Theory.* Wiley Eastern Limited, New Delhi.

Grass, D., Caulkins, J.P., Feichtinger, G., Tragler, G., Behrens, D.A. (2010). *Optimal Control of Nonlinear Processes with Applications in Drugs, Corruption and Terror.* Springer-Verlag, Berlin.

Hadley, G., Kemp, M.C. (1971). *Variational Methods in Economics.* North-Holland, New York.

Halanay, A., Samuel, J, (1997). *Differential Equations, Discrete Systems and Control . Economic Models.* Kluwer Academic Publishers, Dordrecht.

Halkin, H. (1974). "Necessary Conditions for Optimal Control Problems with Infinite Horizon". *Econometrica*, 42, pp. 267-272.

Hernández-Lerma, O. (1989). *Adaptive Markov Control Processes.* Springer-Verlag, New York.

Holly, S., Hughes Hallet, A.J. (1989). *Optimal Control, Expectations and Uncertainty.* Cambridge University Press, Cambridge, UK.

Horwood, J., Whittle, P. (1986). "Optimal Control in the Neighbourhood of an Optimal Equilibrium with Examples from Fisheries Models". *IMA J. Math appl. Med Biol.*, 3, pp. 129-142.

Hotelling, H. (1931). "The Economics of Exhaustible Resources". *Journal of Political Economy*, 39, pp. 137-175.

Intriligator, M.D. (1973). *Optimización Matemática y Teoría Económica.* Prentice Hall, Englewood Cliffs, New Jersey.

Judd, K.L. (1998). *Numerical Methods in Economics.* The MIT Press, Cambridge, Massachussets.

Kalman, R.E. (1960). "On the General Theory of Control Systems". *Proc. of the First IFAC Congress*, Butterworths, London, pp. 481-491.

Kalman, R.E. (1960). "Contributions to the Theory of Optimal Control". *Boletín de la Sociedad Matemática Mexicana*, pp. 102-119.

Kamien, M.I., Schwartz, N.L. (1991). *Dynamic Optimization. The Calculus of Variations and Optimal Control in Economics and Management.* Second edition. North-Holland, Amsterdam.

Kendrick, D.A. (1976). "Applications of Control Theory to Macroeconomics", in Intriligator (ed). *Frontiers of Quantitative Economics.* North-Holland.

Kendrick, D.A. (1981). *Stochastic Control for Economic Models.* McGraw Hill, New York.

Kendrick, D.A. (1988). *Feedback: A New Framework for Macroeconomic Policy.* Kluwer Academic Publishers, Dordrecht.

Kendrick, D.A. (1990). "QLPWIN: Software for deterministic quadratic linear control problems in the windows environment". *Tech. paper, T-0-2, Center for Economic Research.* The University of Texas, Austin, Texas.

Kendrick, D.A., Coomes, P. (1984). "DUAL: A Program for Quadratic Linear Stochastic Control Problems". *Discussion paper 84-15, Center for Economic Research.* The University of Texas, Austin, Texas.

Kendrick, D.A., Mercado, P.R., Amman, H.M. (2006). *Computational Economics.* Princeton University Press, Princeton.

Kennedy, J.O.S. (1986). *Dynamic Programming. Applications to Agriculture and Natural Resources.* Elsevier Applied Science Publishers.

Kirk, D.E. (2004). *Optimal Control Theory: An Introduction.* Dover Publications, New York.

Klein, M.W. (1998). *Mathematical Methods for Economics.* Addison-Wesley.

Kumar, P.R., Varaiya, P.P. (1986). *Stochastic Systems: Estimation, Identification and Adaptive Control.* Prentice Hall, Englewood Cliffs, N.J.

Kushner, H.J. (1971). *Introduction to Stochastic Control.* Holt, New York.

Kwakernaak, H., Sivan, R. (1972). *Linear Optimal Control Systems.* Wiley Interscience, New York.

Lee, E.B., Markus, L. (1967). *Foundations of Optimal Control Theory.* John Wiley, New York.

Leitmann, G. (1981). *The Calculus of Variations and Optimal Control.* Plenum Press, New York.

Leonard, D., Van Long, N. (1992). *Optimal Control Theory and Static Optimization in Economics.* Cambridge University Press.

Levy, A. (1992). *Economic Dynamics.* Avebury, Aldershot.

Li, D., Haimes, Y.Y. (1989). "Multiobjective Dynamic Programming: The State of the Art". *Control Theory and Advanced Technology*, vol. 5, pp. 471-483.

Ljungqvist, L., Sargent, T.J. (2000). *Recursive Macroeconomic Theory.* MIT Press, Cambridge, Massachussets.

Luenberger, D.G. (1969). *Optimization by Vector Space Methods.* John Wiley and sons, New York.

Luenberger, D.G. (1979). *Introduction to Dynamic Systems. Theory, Models and Applications.* John Wiley and sons.

Macki, J., Strauss, A. (1982). *Introduction to Optimal Control Theory.* Springer-Verlag, New York.

Malliaris, A.G., Brock, W.A. (1982). *Stochastic Methods in Economics and Finance.* Nort-Holland, New York.

Mangasarian, O.L. (1966). "Sufficient Conditions for the Optimal Control of Nonlinear Systems". *SIAM Journal Control*, 4, pp. 139-152.

Marti, K., Ermoliev, Y., Pflug, G.C. (2004). *Dynamic Stochastic Optimization.* Lecture Notes in Economics and Mathematical Systems. Springer, New York.

Maurer, H. (1999). "Suficient Conditions and Sensitivity Analysis for Economic Control Problems". *Annals of Operations Research*, 88, pp. 3-14.

Maybeck, P.S. (1982). *Stochastic Models, Estimation and Control.* Vol. 1, 2 and 3. Academic Press, London.

McNelis, P., Yoshino, N. (1992). "Monetary Stabilization with Interest Rate Instruments in Japan: A Linear Quadratic Control Analysis". *Bank of Japan, Monetary and Economic Studies*, vol. X, 2, pp. 79-106.

Michel, P. (1982). "On the Transversality Conditions in Infinite Horizon Optimal Control Problems". *Econometrica*, 50, pp. 975-985.

Murata, Y. (1982). *Optimal Control Methods for Linear Discrete-Time Economic Systems*. Springer-Verlag, New York.

Murata, Y. (1977). *Mathematics for Stability and Optimization of Economic Systems*. Academic Press, London.

Neck, R. (1984). "Stochastic Control Theory and Operational Research". *European Journal of Operations Research*, 17, pp. 283-301.

Nowak, A.S., Szajowski, K. (2005). *Advances in Dynamic Games: Applications to Economics, Finance, Optimization and Stochastic Control*. Annals of the International Society of Dynamic Games. Birkhäuser, Boston, USA.

Oniki, H. (1973). "Comparative Dynamics (Sensitivity Analysis) in Optimal Control Theory". *Journal of Economic Theory*, 6, pp. 265-283.

Pallu de la Barrière , R. (1980). *Optimal Control Theory*. Dover, New York.

Perman, R., Ma, Y., McGilvray, J., Common, M. (2003). *Natural Resource and Environmental Economics*. 3rd edition. Pearson Education Limited, New York.

Petit, M.L. (1990). *Control Theory and Dynamic Games in Economic Policy Analysis*. Cambridge University Press.

Pham, H. (2009). *Continuous-time Stochastic Control and Optimization with Financial Applications*. Springer-Verlag, Berlin.

Pitchford, J.D. (1977). "Two State Variable Problems", in Pitchford, J.D., Turnovsky, S.J. (eds). *Applications of Control Theory to Economic Analysis*. North-Holland, Amsterdam.

Pontryagin, L.S., Boltyanskii, V.G., Gamkrelidze, R.V., Mishchenko, E.F. (1962). *The Mathematical Theory of Optimal Processes*. Wiley-Interscience, New York.

Reed, W.J. (1994). "Teoría del Control Óptimo", en Azqueta, D. y Ferreiro, A. (eds). *Análisis Económico y Gestión de Recursos Naturales*. Alianza Editorial, Madrid.

Rodriguez, M.V., Arenas, M., Bilbao, A., Cerdá, E. (2000). "Management of Surgical Waiting Lists in Public Hospitals". in Haimes, Y.Y., Steuer, R.E. (eds). *Research and Practice in Multiple Criteria Decision Making*. Springer-Verlag, Berlin, Heidelberg. pp. 473-482.

Ross, S.M. (1983). *Introduction to Stochastic Dynamic Programming*. Academic Press, New York.

Rust, J. (1996). "Numerical Dynamic Programming in Economics", in Amman, H. et al. (eds). *Handbook of Computational Economics*. Elsevier, Amsterdam.

Sargent, T.J. (1987). *Dynamic Macroeconomic Theory*. Harvard University Press, Cambridge, Massachussets.

Schrage, L. (1997). *Optimization Modeling with LINDO*. 5th edition. Brooks/Cole Publishing Company, Pacific Grove, California.

Seierstad, A. (2009). *Stochastic Control in Discrete and Continuous Time*. Springer, New York.

Seierstad, A., Sydsaeter, K. (1987). *Optimal Control Theory with Economic Applications.* North-Holland, Amsterdam.

Sengupta, J.K., Fanchon, P. (1997). *Control Theory Methods in Economics.* Kluwer Academic Publishers.

Sethi, S.P. (1974). "Sufficient Conditions for the Optimal Control of a Class of Systems with Continuous Lags". *Journal of Optimization Theory and Applications*, 13, pp. 545-552.

Sethi, S.P., Thompson, G.L. (2000). *Optimal Control Theory. Applications to Management Science.* Second Edition. Kluwer Academic Publishers, Dordrecht, The Netherlands.

", in Kuhn, H.W., Szegö, G.P. (eds). *Mathematical Systems Theory and Economics.* Vol. 1. Springer-Verlag, New York.

Shone, R. (1997). *Economic Dynamics. Phase Diagrams and their Economic Application.* Cambridge University Press, Cambridge, UK.

Slotine, J.J.E., Li, W. (1991). *Applied Nonlinear Control.* Prentice Hall, Englewood Cliffs, New Jersey.

Stachurski, J. (2009). *Economic Dynamics: Theory and Computation.* The MIT Press, Massachusetts, USA.

Stein, J.L. (2006). *Stochastic Optimal Control, International Finance and Debt Crises.* Oxford University Press, New York.

Stengel, R.F. (1986). *Stochastic Optimal Control.* Wiley-Interscience, New York.

Stokey, N.L., Lucas, R.E. (1989). *Recursive Methods in Economic Dynamics.* Harvard University Press, Cambridge, Massachussets.

Sundaram, R.K. (1996). *A First Course in Optimization Theory.* Cambridge University Press.

Sydsaeter, K., Hammond, P., Seierstad, A., Strom, A. (2005). *Further Mathematics for Economic Analysis.* Pearson Education Limited, Essex, England.

Takayama, A. (1967). "Regional Allocation of Investment: A Further Analysis". *Quarterly Journal of Economics*, 81, pp. 330-337.

Takayama, A. (1985). *Mathematical Economics.* Second edition. Cambridge University Press, New York.

Tapiero, C.S. (1988). *Applied Stochastic Models and Control in Management.* North-Holland, New York.

Tapiero, C.S. (1998). *Applied Stochastic Models and Control for Finance and Insurance.* Kluwer Academic Publishers, Boston.

Tu, P.N.V. (1991). *Introductory Optimization Dynamics.* Second revised and enlarged edition. Springer-Verlag, Heidelberg.

Turnovsky, S.J. (1995). *Methods of Macroeconomic Dynamics.* The MIT Press, Cambridge, Massachussets.

Van, C., Dana, R.A. (2010). *Dynamic Programming in Economics.* Dynamic Modeling and Econometrics in Economics and Finance. Kluwer Academic Publishers, Boston.

Van Hilten, O., Kort, P.M., Van Loon, P.J.J.M. (1993). *Dynamic Policies of the Firm. An Optimal Control Approach*. Springer-Verlag, Berlin Heidelberg.

Whittle, P. (1982). *Optimization over time. Dynamic Programming and Stochastic Control.* Vol. 1. John Wiley and sons, Cichester.

Whittle, P. (1983). *Optimization over time. Dynamic Programming and Stochastic Control.* Vol. 2. John Wiley and sons, Cichester.

Whittle, P. (1990). *Risk-Sensitive Optimal Control*. John Wiley and sons, Chichester.

Yong, J., Zhou, X.Y. (1999). *Stochastic Modeling and Applied Probability.* Springer, New York.

Índice analítico

D

E

F

G

H

I

L

M

N

P

R

T

V